农业农村实用技术丛书

草食动物（牛、羊、兔）养殖管理关键技术问答

◎ 吕建秋　主编

中国农业科学技术出版社

图书在版编目（CIP）数据

草食动物（牛、羊、兔）养殖管理关键技术问答 / 吕建秋主编 . —北京：中国农业科学技术出版社，2018. 12

ISBN 978-7-5116-3893-9

Ⅰ. ①草… Ⅱ. ①吕… Ⅲ. ①家畜—饲养管理—问题解答 Ⅳ. ①S815.4-44

中国版本图书馆 CIP 数据核字（2018）第 216701 号

责任编辑　崔改泵　李　华
责任校对　李向荣
出 版 者　中国农业科学技术出版社
　　　　　北京市中关村南大街12号　　邮编：100081
电　　话　（010）82109708（编辑室）（010）82109702（发行部）
　　　　　（010）82109709（读者服务部）
传　　真　（010）82106650
网　　址　http: // www.castp.cn
经 销 者　各地新华书店
印 刷 者　北京富泰印刷有限责任公司
开　　本　710mm × 1 000mm　1/16
印　　张　23
字　　数　451千字
版　　次　2018年12月第1版　　2019年1月第2次印刷
定　　价　98.00元

《草食动物（牛、羊、兔）养殖管理关键技术问答》

编委会

前　言

草食动物的主要优势在于食“草”，我国是地少人多的国家，大力发展牛、羊、兔等节粮型草食动物是畜牧业产业结构调整的主要内容。随着人们生活水平的不断提高，草食动物产品（牛奶、牛肉、羊奶、羊肉、兔肉等）的需求量与日俱增，养殖草食动物将成为我国最具活力和发展潜力的养殖产业，成为广大农民发家致富的重要途径。但是，我国草食动物养殖业与发达国家还有很大差距，有很多问题亟待解决。例如，粗饲料资源的开发与合理利用，地方品种的保种和改良，肉、奶制品的质量控制，牧场废弃物的处理和利用，疫病的防控等。本书内容主要包括草食动物（牛、羊、兔）场舍选址和建造、常用品种及其生产性能、各生长阶段的饲养管理、饲料资源的开发与利用、疫病的防治技术、粪尿等废弃物的处理、企业经营策略、产品质量追溯等，并以问答的形式对主要问题和知识点进行了阐述，希望能为广大基层农技推广人员及草食动物养殖户提供有效的指导。

在本书编写过程中，由于编者写作和表达各有特点，因而本书写作风格各异。在统稿过程中，本书保留了每位作者的个性。限于编者的水平，书中难免存在不当之处，恳请同行和读者批评指正。

编者

2018年9月

目　　录

牛养殖管理关键技术问答

羊养殖管理关键技术问答

兔养殖管理关键技术问答

1. 国家有哪些关于肉牛良种及冻精补贴的政策?

（1）肉牛良种及冻精补贴。一般到当地畜牧局指定部门购买冻精可获得冻精补贴，基本上所有地区都有，一般按照每头能繁母牛每年使用2剂冻精，每剂冻精可获得5～20元补贴不等，有些地区可获得全额补贴。

（2）补贴程序。首先农业部组织专家对种公牛进行评选，确定冻精生产单位，公布入选种公牛编号和生产性能等技术指标。省级畜牧、财政部门按照项目实施指导意见的要求，组织进行集中选购，采购合同到农业部进行备案；省级财政部门负责与种公牛站进行结算后，再由供精单位按照补贴后的优惠价格向养殖者提供精液。肉牛良种补贴选择的种公牛站应是自主经营、自负盈亏的企业，并取得《种畜禽生产经营许可证》，入选种公牛必须达到特级。

优质种公牛

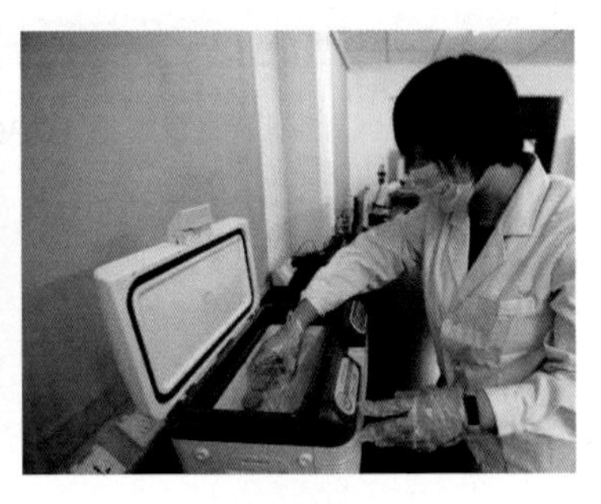

冻精技术

★赛科星种公牛数据库，网址链接：http://data.saikexing.com/Bull_Show.aspx？id=154
★中新网，网址链接：http://www.sd.chinanews.com.cn/zt/9/2017-08-14/2662.html

（编撰人：孙宝丽；审核人：李耀坤）

2. 肉牛优良品种引进主要包括哪些形式? 标准化养殖场在引种过程中应注意哪些问题?

目前，我国肉牛优良品种的引进方式主要有两种：一种是引进活体牛；另一种是引进冻精和胚胎。标准化养殖场在引进种牛或者冻精、胚胎的同时，要注意以下几方面。

（1）调查了解引种地区牛群的质量和健康状况，准备好引进肉牛所食用的饲草，准备好隔离舍，对隔离舍进行消毒。

（2）引种时必须向当地动物防疫监督部门提出申请和登记，需要取得当地动物防疫监督部门的同意，才可继续引种；同时需要输出地动物防疫监督机构检疫，取得合格证明。

（3）重视运输过程，减少对种牛的应激反应。可在运输车上铺放垫料，运输前避免喂食过饱，运输应选择在阴凉的天气和时间点，到场后补充维生素和新鲜饲料。

（4）注意引进的牛种应适合当地的气候和饲料。

（5）如引进冻精或胚胎需要提前查看精液质量或胚胎质量。

种公牛

★慧聪网，网址链接：http://b2b.hc360.com/viewPics/supplyself_pics/250416194.html

（编撰人：孙宝丽；审核人：李耀坤）

3. 我国肉牛杂交配套系的利用情况如何？

我国主要的商品肉牛杂交配套是将本地黄牛与外来品种及其二元杂和三元杂进行杂交；三元杂肉牛也是我国高档牛肉的主要来源。例如，以秦川黄牛为母本，红安格斯、日本褐牛为父本进行杂交改良，建立两个二元杂交系，即秦安、秦和。随着我国经济的发展和人民对肉制品多样性需求的改变，再将二元杂交后代交叉杂交进行三元杂交，即建立起两个三元杂交系，即秦安和以及秦和安；这4个杂交配套系能有效地保存和利用不同品种肉牛的优良特性，实现利用杂交优势生产优质牛肉。目前，我国肉牛杂交配套系生产过程中所使用的父本主要是从国外引进的一些专门化的肉牛品种，包括利木赞、海福特、西门塔尔及安格斯等品种；在进行杂交生产时，应充分考虑各品种的体型外貌、生产、繁殖及生态适应性等各方面的特征，因地制宜，充分发挥各个种的种质特征，以增加经济效益。

二元杂

三元杂

★慧聪网，网址链接：http://b2b.hc360.com/viewPics/supplyself_pics/222448734.html
★淘金地网，网址链接：http://www.taojindi.com/product/163079003.html

（编撰人：孙宝丽；审核人：李耀坤）

4. 我国著名的黄牛品种有哪些?

根据2008年《中国畜禽遗传资源目录》和2011年版《中国畜禽遗传资源志·牛志》等资料显示，目前我国共有黄牛品种62个，其中地方品种52个、培育品种9个。著名的黄牛品种有秦川牛、晋南牛、延边牛、南阳牛、鲁西牛、郏县红牛、蒙古牛等。

中国地方黄牛品种的品质及特性优良，虽然不属于专门的肉牛品种，但具有肉用性能。经济性状方面，多数能够役肉或役肉乳兼用，生物学特征多样且独特。以秦川牛、南阳牛、鲁西牛、晋南牛等为代表的中原黄牛，体格高大、有肩峰、结构紧凑、肉用性能优异，驯化程度高、适宜现代化养殖；以延边牛、蒙古牛等为代表的北方黄牛，体长宽深、骨骼粗壮、肩峰低或无肩峰，耐粗饲、适应性好、抓膘能力强，有较大的肉用潜力；以温岭高峰牛及云南瘤牛为代表的南方黄牛，体格矮小，公牛有高耸的肩峰，耐粗饲、潮湿和炎热，抗蜱等体外寄生虫病。

中国黄牛地方品种具有明显的集团特征：毛色多以黄色为主，均属短角型，役用性能强，肉质鲜美浓郁，已发现的遗传缺陷基因在群体中频率极低，利用秸秆类低营养价值粗饲料的能力强，具有耐干旱、抗性好等特性。但由于长期以来未对其进行系统选育，致使大部分地方品种仍处在较原始状态，多数存在个体小、生长速度慢，屠宰性能较低等缺陷。

秦川牛（公）

南阳黄牛（公）

★中国畜牧信息网，网址链接：http://m.92to.com/jujia/2016/12-09/14131603.html
★光影中国网，网址链接：http://bbs.01ny.cn/thread-1845548-1-1.html

（编撰人：李耀坤；审核人：孙宝丽）

5. 我国著名水牛品种有哪些？

水牛分为亚洲水牛和非洲水牛。亚洲水牛又分沼泽型水牛和河流型水牛两个亚种。中国水牛占我国水牛总数的97.7%，且均属于沼泽型。其中优良品种有上海水牛、河南信阳水牛、苏北海子水牛、湖南滨湖水牛、四川德昌水牛等。

根据分布地区、生态条件和体型大小，中国水牛可分为以下类群。

（1）滨海水牛。主要分布于东海海滨的上海郊区与江苏的盐城地区，役力强，肉用性能较好，例如上海水牛和海子水牛等，属大型水牛。

（2）湖区水牛。主要分布于长江中下游平原湖区，数量多、分布广，体型中等，在海拔1 800～2 600m的高原上能正常繁殖与使役。有滨湖水牛、江汉水牛、信阳水牛等。

（3）高原水牛。主要存在于高原平坝地区，体躯矮壮，体型中等。例如德昌水牛、德宏水牛等。

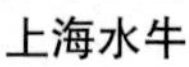

上海水牛

四川德昌水牛

★百度百科，网址链接：http://www.huitu.com/photo/show/20160409/114033415600.html
★汇图网，网址链接：https://baike.baidu.com/item/%E4%B8%8A%E6%B5%B7%E6%B0%B4%E7%89%9B

（4）华南水牛。肉用性能较好，体型较小。例如兴隆水牛、西林水牛等。

（编撰人：孙宝丽；审核人：李耀坤）

6. 怎样因地制宜选择肉牛品种?

我国地域辽阔，原生牛种数量多，且地域差别大，各个品种在生产性能和适应性方面呈现高度差异。因此根据我国自然资源状况、气候条件和地理特征，分区如下。

（1）南方地区指秦岭、淮河以南的地区推荐使用婆罗门牛、西门塔尔牛、安格斯牛和婆墨云牛。

（2）中原地区包括山西、河北、山东、河南、安徽和江苏6个省。推荐西门塔尔牛、安格斯牛、夏洛莱牛、利木赞牛和皮埃蒙特牛等国外肉牛品种，或本地区良种黄牛鲁西牛、南阳牛。

（3）东北地区包括黑龙江、吉林、辽宁3个省和内蒙古自治区的东部地区。建议使用西门塔尔牛、安格斯牛，夏洛莱牛、利木赞牛以及黑毛和牛进行杂交改良，同时国内品种如秦川牛、鲁西牛、南阳牛、晋南牛、延边牛等也推荐使用。

（4）西部地区推荐使用安格斯牛、西门塔尔牛、利木赞牛、夏洛莱牛，适宜推广的国内品种为秦川牛；四川西北地区牦牛品种和数量相对较大，已形成优势产业，应重点推广大通牦牛等牦牛品种。

利木赞牛

西门塔尔牛

★农村致富经，网址链接：http://www.nczfj.com/yangniujishu/pinzhong/

（编撰人：李耀坤；审核人：孙宝丽）

7. 针对不同养殖方式和经营目标，养殖场在引种过程中应选择哪种方式引种?

（1）原种场或种公牛站。主要的工作目标是培育出优秀的种公牛和种母牛，从而为社会提供纯种牛、优秀种公牛及其冻精或者胚胎。因此，引种时主要考虑以活体种牛和冻精为主，在条件允许的情况下适当考虑胚胎引种。

（2）舍饲架子牛繁育场。主要的经营目标是利用繁育牛群，为社会提供架子牛。因此在引种时主要考虑以冻精为主。

（3）放牧饲养养殖场。我国北方牧区如内蒙古、新疆等地饲养方式主要采用放牧饲养，人工授精的设备设施还不完备。因此，引种时考虑以种牛引进为主，采用本交方式配种。当然，在人工授精等设施完备的养殖场，也可以考虑冻精引种。

（4）农户或小规模养殖场。农户或小规模养殖场因为养殖数量较小，最佳的引种方式是利用冻精进行人工授精。

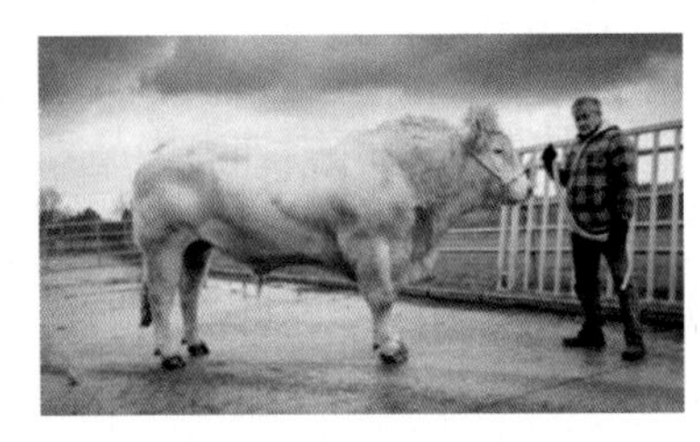

公牛站

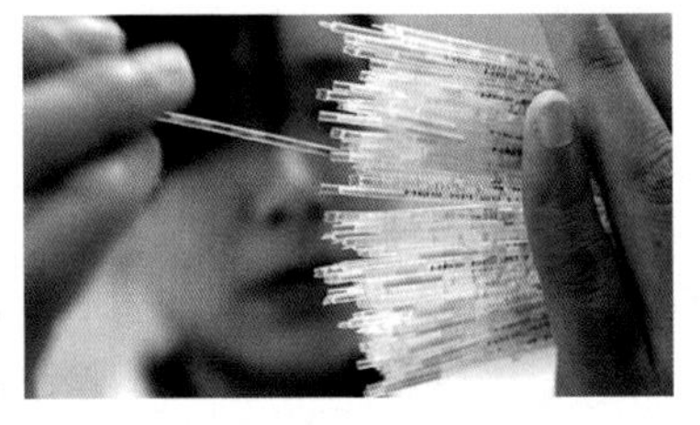

冻精

★百度图片，网址链接：http://www.xinhuanet.com/2015-11/10/c_1117098406.htm
★新华网，网址链接：https://image.baidu.com/search/detail? ct=503316480&z=0&ipn=d&word=公牛站

（编撰人：孙宝丽；审核人：李耀坤）

8. 尼里瑞菲水牛有何特性?

（1）产地分布。原产地巴基斯坦，目前在我国的广西、湖北、广东、江苏、安徽等省都有饲养。

（2）品种特性。尼里瑞菲是较好的乳用水牛品种，在我国自然环境条件下，表现出生长发育好，生产性能高，性温驯，适应性强等特性，并且有较稳定的遗传性状。用于改良中国沼泽型水牛，可大幅提高杂种后代生产性能。

（3）形态特征。尼里瑞菲水牛属于大型水牛，全身皮肤和被毛通常为黑色，额部、面部有白斑。成年公牛头短、宽而雄伟，头颈结合良好；角短、卷曲，角基粗大。前躯发达，体躯长、宽、深，胸深、宽，腹部紧凑、大小适中、尻部宽广、稍斜，四肢结实，蹄大、坚实。成年母牛头清秀、狭长，眼大有神，前额宽阔、略宽，鼻镜宽广，鼻梁平直，角卷曲。前驱轻狭、后驱宽重，腰角显露，尻部宽广、微斜，臀宽长、稍显倾斜。乳房发达，附着良好，乳静脉显露，乳头粗长，分布匀称。

（4）生产特性。成年公牛体重可达821kg，母牛达659kg。产肉性能良好，屠宰率51.3%。平均泌乳期产奶量为1 971.2kg，最高日产19.7kg，优秀母牛305天产奶量达3 396.4kg，乳脂率为6.35%。

（5）繁殖性能。公牛24月龄性成熟，30月龄初配。母牛18月龄性成熟，24～30月龄初配，全年发情，发情周期18～25d，妊娠期310d左右，产犊间隔398d。

尼里瑞菲水牛（母）

尼里瑞菲水牛（公）

★中国养殖网，网址链接：http://www.chinabreed.com/cattle/strain/2014/08/20140821637398.shtml

（编撰人：李耀坤；审核人：孙宝丽）

9. 秦川牛有何特性?

（1）外貌特征。秦川牛属于较大型役肉兼用品种，有紫红、红、黄色3种毛色。鼻镜肉红色约占63.8%，鼻镜肉亦有黑色、灰色和黑斑点的约占36.2%。脚呈肉色，有红、黑和红黑相间3种颜色的蹄壳。体格较高大，骨骼粗壮，肌肉丰满，体质健壮。头方正，肩膀斜而长，胸深而宽，肋长并张开。背腰宽而平直，荐股部微微隆起，后驱发育稍微较差。四肢粗壮而结实，前肢相距较宽。公牛头大颈短。母牛头清秀，颈部厚薄适中。

（2）生产性能。18月龄牛屠宰率、净肉率分别为58.3%、50.5%。肉质细嫩，大理石纹明显。秦川母牛常年发情，初情期平均9.3月龄。发情周期平均为21d，妊娠期285d，产后第一次发情约53d，公牛12月龄性成熟，母牛2岁左右开始配种。

秦川牛成年体尺体重

性别	体重（kg）	体高（cm）	体斜长（cm）	胸围（cm）	管围（cm）
公	594.5	141.5	160.5	200.5	22.4
母	381.2	124.5	140.9	170.8	16.9

秦川牛（公）

秦川牛（架子牛）

★中国畜牧信息网，网址链接：http://m.92to.com/jujia/2016/12-09/14131603.html
★陕西秦川牛业有限公司，网址链接：http://www.qinchuanniu.net/products_detail/productId=26.html

（编撰人：孙宝丽；审核人：李耀坤）

10. 南阳牛有何特性?

（1）外貌特征：有黄、红、草白3种被毛，面部、腹下和四肢下部毛色浅。体型高大，肌肉发达，结构紧凑。体质结实，毛细皮薄，鼻镜宽，口大方正。主要以萝卜角为主的角型，公牛角粗壮，颈侧多有皱襞，肩峰隆起8～9cm，肩胛斜长，前躯比较发达，睾丸对称。母牛头清秀，较窄长，角细小，颈薄呈水平状，长短适中，一般中后躯发育较好。但部分牛存在胸部深度不够，尻部较斜和乳房发育较差的缺点。肩部宽厚，胸骨凸出，肋间紧密，背腰平直，荐尾略高，尾巴较细。四肢端正，筋腱明显，蹄质坚实。

（2）生产性能。阉牛经过强度育肥可到达510kg，屠宰率达64.5%，净肉率55.8%，眼肌面积95.3cm^2，肉质鲜美细嫩，颜色鲜红，大理石纹明显。较早熟，母牛常年发情，8—9月龄初情期，发情周期17～25d。2岁左右开始初配。妊娠周期为289.8d，产后初次发情大约77d。

南阳牛成年体尺体重

性别	体重（kg）	体高（cm）	体斜长（cm）	胸围（cm）	管围（cm）
公	716.5	153.8	167.8	212.2	21.6
母	464.7	131.9	145.5	178.4	17.5

南阳牛（公）

南阳牛（母）

★百度文库，网址链接：https://wenku.baidu.com/view/da1db0a51eb91a37f0115c2d.html

（编撰人：李耀坤；审核人：孙宝丽）

11. 鲁西牛有何特性?

（1）外貌特性。体躯均匀，细致紧凑，是役肉兼用型。被毛有浅黄和棕红色，黄色占大多数，毛色前躯较后躯深。鼻镜大多数为浅肉色，部分有黑斑或黑点。角色呈现蜡黄或琥珀色。垂皮发达。公牛肩峰高并且宽厚，后躯发育较差，尻部肌肉不丰满，体躯呈梯形。母牛后躯发育较好，背腰短而平直，尻部稍微倾斜。前肢呈现正肢势，后肢弯曲度小，尾部细而长。

（2）生产性能。阉牛在18月龄平均屠宰率为57.2%，49%的净肉率，眼肌面积89.1cm^2，脂肪分布均匀，大理石纹明显，肉质良好。母牛性成熟较早，最早的10月龄开始发情，平均发情周期22d，发情持续2～3d，妊娠期平均285d。产后第一次发情平均35d。

鲁西牛成年体尺体重

性别	体重（kg）	体高（cm）	体斜长（cm）	胸围（cm）	管围（cm）
公	644.0	146.3	160.9	206.4	21.0
母	358.0	123.6	136.2	168.4	15.6

鲁西牛（公）

鲁西牛（母）

★百度文库，网址链接：https://wenku.baidu.com/view/da1db0a51eb91a37f0115c2d.html

（编撰人：孙宝丽；审核人：李耀坤）

12. 晋南牛有何特性?

（1）外貌特征。晋南牛主要以红色和枣红色被毛为主，粉红色的鼻镜和蹄壳。体型高大、结实。公牛头中等，颈短粗，背腰平直，顺风角，蹄大而圆，质地致密。母牛与公牛相比之下，头清秀，乳房发育不足，乳头细小。

（2）生产性能。成年育肥牛屠宰率为52.3%，净肉率43.4%。在泌乳期内平均泌乳量745kg，乳脂率在5.5%～6.1%。在9～10月龄母牛开始发情，在2岁左右初配，妊娠期在289d左右。平均发情周期21d。遗传性稳定，适应性强，抗病力强，繁殖率高，具有耐苦、耐劳、耐热、耐粗饲等特点。

晋南牛成年体尺体重

性别	体重（kg）	体高（cm）	体斜长（cm）	胸围（cm）	管围（cm）
公	650.2	139.7	173.3	201.3	21.5
母	382.3	124.7	147.5	167.3	16.5

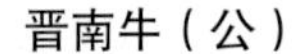

晋南牛（公）

晋南牛（母）

★百度文库《中国黄牛品种》，网址链接：https://wenku.baidu.com/view/da1db0a51eb91a37f0115c2d.html

（编撰人：孙宝丽；审核人：李耀坤）

13. 延边牛有何特性?

（1）外貌特性。延边牛是由朝鲜牛与本地牛长期杂交而成。延边牛是役肉兼用品种。体质结实，适应性强。胸深宽，骨骼坚实，长而密的被毛。公牛头方额宽，角基粗大，颈厚而隆起，肌肉发达。母牛头大小适中，角细而长，乳房发育好。毛色多呈浓淡不同的黄色，黄色占74.8%，浓黄色16.3%，淡黄色6.8%，其他毛色2.2%；鼻镜呈淡褐色，带有黑斑点。

（2）生产性能。平均57.7%的屠宰率，净肉率为47.2%，肉质柔嫩多汁，鲜美适口，大理石纹明显。眼肌面积75.8cm^2。母牛初情期出现在8～9月龄，13月龄时性成熟，母牛发情周期平均20.5d，发情持续期12～36h，平均20h。母牛终年发情，7—8月为旺季。常规初配时间为20～24月龄。

延边牛成年体尺体重

性别	体重（kg）	体高（cm）	体斜长（cm）	胸围（cm）	管围（cm）
公	480.0	130.6	151.8	186.7	19.9
母	380.0	121.8	141.2	171.4	16.7

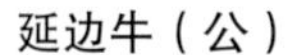

延边牛（公）

延边牛（母）

★百度文库《中国黄牛品种》，网址链接：https://wenku.baidu.com/view/da1db0a51eb91a37f0115c2d.html

（编撰人：孙宝丽；审核人：李耀坤）

14. 郏县红牛有何特性?

（1）外貌特征。中等体格，骨骼精壮，体躯较长呈长方形，役肉兼用体型。垂皮较发达，肩峰稍微隆起，四肢粗宽，蹄圆大结实。红色和浅红色牛有暗红色背线及色泽较深的尾帚，部分牛的尾帚中夹有白毛。角形很不一致，以向前上方弯曲和向两侧平伸者居多。角偏短、质细密、富光泽，色泽以红色和蜡黄色，角尖呈紫红为主。

（2）生产性能。体成熟早，2岁时达到成年体尺的90%。母牛的初情期为8～10月龄。初配年龄为1.5～2岁。繁殖年限为12～13岁，繁殖率70%～90%。产后发情多在2～3个月之内。3年可产2犊。母牛配种不受季节的限制。郏县红牛肉质鲜嫩，大理石纹明显色泽鲜红，平均屠宰率为57.7%。平均净肉重136.6kg，净肉率44.82%。

郏县红牛的体尺与体重

性别	头数	体尺（cm）				体重（kg）
		体高	体长	胸围	管围	
公	20	146.7 ± 6.5	183.3 ± 17.5	199.4 ± 8.8	20.8 ± 1.8	608.1 ± 64.0
母	120	131.4 ± 4.5	158.9 ± 12.4	187.1 ± 9.5	18.9 ± 1.1	460.0 ± 49.4

注：数据为河南省畜牧局2006年10月在郏县白庙和薛店乡的调查结果

郏县红牛（公）

郏县红牛（母）

★百度文库《中国黄牛品种》，网址链接：http://hn.cnr.cn/hnzt/jiaxian/tsjx/20150112/t20150112_517386204.shtm

（编撰人：孙宝丽；审核人：李耀坤）

15. 雷琼黄牛有何特性?

（1）外貌特征。雷琼黄牛耐湿热、耐粗饲、采食性能好；抗病力及适应性强，役用性能好。公牛角长且大、略弯曲或直立稍向外弯曲，头重，额平，呈锥形稍弯，眼睛大，耳平伸。颈粗壮，肩峰发达隆起，背线平直。四肢结实强健有力，明显的关节。蹄质坚硬，骨骼结实。尾长，下垂过飞节，尾梢呈黑色，皮薄有弹性。被毛黄色有黄和黑两种，黄色居多。大部分牛表现有十三黑的特征，鼻镜、眼睑、耳尖、四蹄、尾帚、背线和阴户及阴囊下部为黑色。母牛角细短或无角，呈灰白色，面形清秀，头部轻，额头平，眼睛细小，耳朵平伸，鬐甲低，颈内侧皮肤有皱褶，背线平直。

雷琼牛（公）

雷琼牛（母）

★中国黄牛品种，网址链接：https://wenku.baidu.com/view/da1db0a51eb91a37f0115c2d.html

（2）生产性能。雷琼黄牛体型较小，产肉率较高，肉质细嫩，同时皮质细密，深受消费者的欢迎。母牛一般在1岁半开始性成熟，2岁开始配种，青年母牛1年1胎，2年1胎出现多为老年母牛。

（编撰人：孙宝丽；审核人：李耀坤）

16. 蒙古牛有何特性？

（1）外貌特征。蒙古牛体质结实、粗糙。公牛头短宽粗重，牛角长，向前上方弯曲，呈蜡黄或青紫色。公牛角长40cm，母牛20cm。垂皮不发达，低平。胸扁深，背腰平直，后躯短窄，后肋开张良好。母牛乳房容积较小，乳头小。四肢短，多刀状后肢势。蹄中等大，蹄质结实。皮厚，冬季绒毛多。毛色多为黑色或黄色。乌珠穆沁牛是草原类型蒙古牛中体型最大的，安西牛是半荒漠地区中体型最大的。

（2）生产性能。阉牛平均宰前重可达376.9kg，53%的屠宰率，净肉率为44.6%，骨肉比（1∶5）~（1∶2），眼肌面积56.0cm^2。放牧催肥的牛一般都超不过这个肥育水平。母牛在放牧条件下，年产奶500~700kg，乳脂率为5.2%，是当地土制奶酪的原料，但不能形成现代商品化生产。

（3）繁殖性能。8~12月龄发情，2岁开始配种，发情周期为19~26d，产后第一次发情为65d以上，母牛发情集中在4—11月。平均妊娠期为284d。

蒙古牛成年牛体重和体尺

性别	头数	体重（kg）	体高（cm）	体斜长（cm）	胸围（cm）	管围（cm）
公	4	349.3	119.7	144.7	176.0	18.8
母	95	291.1±6.3	113.6±3.4	134.0±5.5	163.6±4.3	16.3±0.2

注：2006年7月由呼伦贝尔市畜牧工作站在新巴尔虎右旗克鲁伦河苏木测量

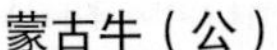

蒙古牛（公）　　蒙古牛（母）

★百度文库《中国黄牛品种》，网址链接：https://wenku.baidu.com/view/da1db0a51eb91a37f0115c2d.html

（编撰人：孙宝丽；审核人：李耀坤）

17. 渤海黑牛有何特性?

（1）体型外貌。渤海黑牛全身被毛、角、蹄、鼻镜及舌面皆呈黑色，体质结实，结构紧凑，背腰平直，低身广躯略呈长方形。母牛俊秀，额平，肩峰低或无。四肢较短、开阔结实，肢势端正。蹄呈木碗状，蹄质坚实。

（2）遗传性能。渤海黑牛性成熟早。公牛10～12月龄达性成熟，1.5～2岁可配种，利用年限6～8年。母牛8～10月龄达性成熟，初配年龄多在1.5岁左右，通常情况下1年1胎，一生可以产7胎或8胎，极个别在15岁以上仍有繁殖力。

（3）产肉性能。公牛在2岁时屠宰率57.9%，净肉率40.7%，肉骨比1∶5.9。渤海黑牛耐粗饲、出肉率高、肉质鲜嫩，是优良的肉牛良种。

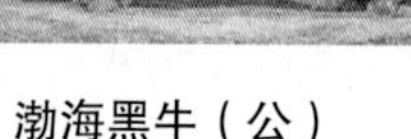

渤海黑牛（公）

渤海黑牛（母）

★中国畜牧业信息网，网址链接：http://www.caaa.cn/breed/cattle.php

（编撰人：孙宝丽；审核人：李耀坤）

18. 中国荷斯坦牛有何特性?

（1）外貌特征。中国荷斯坦牛属于专门化乳用型培育品种，体型高大，被毛为贴身短毛，毛色多呈现黑白花，花片分明，黑白相间，四肢膝关节以下及尾端呈现白色，也有少数呈现红白花，体质结实，体躯结构均匀。母牛头清秀，狭长，眼大而有神，鼻镜宽广，额骨结实，乳房发达且结构良好，乳静脉粗大而弯曲，附着良好，乳头大小适中。公牛头短，宽而雄伟，额部有少量卷毛，前驱发达。

（2）繁殖性能。荷斯坦牛性成熟早，公牛10～12月龄性成熟，18月龄可参加配种或采精生产冷冻精液，采精量5～8ml，可利用年限8～9年。母牛繁殖无季节性，10～12月龄性成熟，发情特征明显。发情周期18～21d，发情持续期10～24h，通常在15～18月龄、体重380kg以上初配。妊娠期282～285d，头胎产犊年龄24～27月龄，平均胎间距13～14个月。群体总繁殖率85%以上。

（3）产乳性能。在一般的饲养条件下，母牛在305天产乳量5 000kg以上，二胎6 000kg以上，乳脂率在3.4%～3.7%。乳蛋白率在2.8%～3.2%。

（4）产肉性能。根据测定未经育肥的淘汰母牛屠宰率为49.5%～63.5%，净肉率40.3%～44.4%；6月龄、9月龄、12月龄屠宰率分别为44.2%、56.7%、64.3%；经育肥24月龄的公牛屠宰率为57%。

（5）适应性能。中国荷斯坦牛培育过程长，经过在我国长期的饲养和风土驯化，已具有较强的适应性。

荷斯坦牛（母）

荷斯坦牛（公）

★中国畜牧业信息网，网址链接：http://www.caaa.cn/show/newsarticle.php？ID=147317

（编撰人：孙宝丽；审核人：李耀坤）

19. 天祝白牦牛有何特性？

（1）体型外貌。天祝白牦牛被毛纯白，密长丰厚。眼大有神（选留黑眼圈的），有角或无角。体型紧凑，肌肉发育良好，粉红色皮肤，有黑色素沉着斑点。前躯发达，胸宽而深，鬐甲高，尻部一般较窄。四肢粗短，结实有力。

（2）适应性。天祝白牦牛适应性强，耐严寒和粗放型的饲养管理。在高寒少氧的特殊环境影响下，天祝白牦牛进化过程中，形成了其特殊的生态生理特性。

（3）生产性能。天祝白牦牛既生产肉，又生产奶，还生产毛。公母牦牛出毛率差距很大，成年母牛产毛0.8kg左右；成年公牦牛产毛量平均为3kg以上；尾部的毛为最长，背的毛非常短。根据测定，其中无髓毛占74%，有髓毛仅占24%。在高山草原上没有补饲并自由放牧情况下，产乳母牛年产乳量400kg左右。屠宰率高达52%，净肉率为35%。此外，天祝白牦牛的繁殖能力相对青藏高原其他地区的牦牛比较好，繁殖率在65%左右。适合在海拔3 000m以上的地区生活，有耐粗饲、耐寒冷的特点。

（4）繁殖性能。12月龄发情，初配年龄为2.5～3岁，初配体重160kg，一般4岁才能体成熟。6～11月发情率高，个别12月也发情，7—9月为发情旺季。发情持续多为12～48h，因年龄、气温、体况及营养等因素的不同而有较大的差异，强度比普通牛种弱，不易辨认。

天祝白牦牛

★中国畜牧业信息网，网址链接：http://www.caaa.cn/show/newsarticle.php？ID=82985
★中国牛业网，网址链接：http://news.hexun.com/2017-10-13/191197498.html

（编撰人：孙宝丽；审核人：李耀坤）

20. 上海水牛有何特性？

（1）主要体征。被毛青灰色，成年牛为深灰色，全身毛粗稀疏，肌肉结实，四肢强健，皮细毛粗，头清秀，面平宽，额阔；公牛头略大；眼大凸出，耳小灵活。性情温驯，力大持久，耐粗耐热，繁殖率高，生长迅速，肌肉丰满，生活力强。

（2）繁殖性能。上海水牛的繁殖能力较强，平均怀孕期为335d，一般3年可产2胎。在管理较好，重视繁育的情况下成年母牛的年繁殖率达到87%，成活率为97.9%。母牛一生可产犊8胎以上，每胎泌乳期为8个月，产奶量虽比一般良种奶牛低，但奶质浓稠，含脂率特高，平均乳脂率为7.4%（与印度摩拉水牛的乳脂率7.5%相仿），最高达9%，高出4%的标准乳脂率1倍以上。

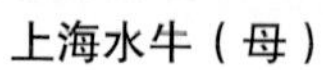

上海水牛（母）　上海水牛（犊牛）

★农村养殖网，网址链接：http://www.nczfj.com/yangniujishu/201010239.html

（编撰人：孙宝丽；审核人：李耀坤）

21. 德宏水牛有何特性?

（1）外貌特征。德宏水牛皮毛光滑，以褐、黑色被毛为主，颈下有一道半环形白色毛圈。公牛头短、额宽，嘴岔深，鼻孔大，母牛头窄长，嘴较小，眼清秀。公牛颈较宽厚，母牛颈较细长。体躯高大，体质结实，骨骼粗壮，结构匀称，具优良役用体型。

（2）繁殖性能。德宏水牛性成熟比较早，公牛平均1.5岁，母牛2.5岁，3岁开始初配，配种能力主要最高在5～8岁，15岁以后一般停止产犊，当年10月至次年3月发情明显，发情周期坝区平均22d，山区平均30d。怀孕期平均315d，产后发情约为36d。

（3）产肉性能。产肉能力良好，活重500kg，屠宰率为46%，净肉率37.7%；活重超过600kg，屠宰率50%，净肉率40.5%。

德宏水牛（公）

德宏水牛（母）

★在途网，网址链接：http://www.youabc.cn/techan/dehong-dehongshuiniu1.html

（编撰人：孙宝丽；审核人：李耀坤）

22. 德昌水牛有何特性?

（1）主要特性。体格较大，体质结实。被毛多为瓦灰色。角长1m以上者甚多，角间距有达180cm者。头大，额宽广，角根粗，胸部深，宽度适中，鬐甲部高于十字部，背腰平直，腹圆饱满，尻倾斜，尾根粗，四肢粗壮，蹄圆坚实。成年体高：公牛131cm，母牛128cm。成年体重：公牛530kg，母牛490kg。最大挽力：公牛446kg，母牛464kg。老牛屠宰率45%，净肉率36%，肉骨比4.1∶1。公牛性成熟期1.5～2岁，母牛2.5～4.3岁，公母牛初配年龄为3岁，繁殖率37%，犊牛成活率90%。

（2）繁殖性能。母牛初次发情在1.5～2岁，发情持续时间1～1.5d，发情周期20～21d。母牛3～4岁开始产犊，怀孕期11个月左右，多3年产2胎，终身产犊10头，最多13头，有效繁殖期为14～16年。公牛2岁可达性成熟，正式配种年龄为4岁。

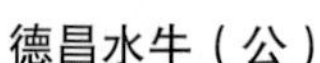
德昌水牛（公）　　德昌水牛（母）

★新疆金牧网，网址链接：https://ss1.bdstatic.com/70cFuXSh_Q1YnxGkpoWK1HF6hhy/it/u=3023142409，3601448786&fm=27&gp=0.jpg

（编撰人：孙宝丽；审核人：李耀坤）

23. 海子水牛有何特性？

（1）主要特性。被毛以石板青为主，脊部大多有一条深棕色的背线，凡被毛深色者，四肢部位多为白色。头较大，额宽，耳大灵活。颈长有颈纹，鬐甲后方成弓形隆起，背腰宽直，胸宽深，尻较缓斜。成年体高：公牛144cm，母牛134cm。成年体重：公牛590kg，母牛500kg。役用性能强，最大挽力：公牛515kg，母牛630kg，阉牛820kg。屠宰率：公牛43%，阉牛51%。净肉率：公牛33%，阉牛40%。

（2）繁殖性能。海子水牛寿命较长，繁殖年限亦长。几乎四季都可发情配种，有不少20岁以上的老母牛尚能产犊母牛12～16月龄性成熟，初配年龄31～36月龄。配种通常在发情后第二天和第三天进行。妊娠期多数在320～330d。种公牛自对牙起开始配种，一般8～9岁时即停配，经去势作役用。农场或牛场的种公牛，一般要配到10多岁。

海子水牛（公）　　海子水牛（母）

★中国养殖网，网址链接：http://www.chinabreed.com/cattle/strain/

（编撰人：孙宝丽；审核人：李耀坤）

24. 贵州白水牛有何特性?

（1）主要特性。全身被毛白色有光泽，夏秋季节被毛稀疏而短，冬春季节被毛致密且较长，皮肤呈粉红色，口为“红口”，鼻镜上常见黑灰斑点，体格紧凑匀称。双耳直立灵活，大小适中，尻长稍斜，后躯肌肉发育良好，四肢粗壮，蹄质坚实，多为木碗蹄，呈琥珀色，尾多至飞节。

（2）繁殖性能。贵州白水牛繁殖性能强，2.5 ~ 3岁达到性成熟开始配种，5 ~ 10岁期间配种能力最强。母牛3岁左右开始配种繁殖，发情周期19 ~ 24d，怀孕期310 ~ 330d，常年发情，冬末春初由于劳役重，缺乏草料而营养状况下降，母牛发情比例占20% ~ 30%，夏末秋初由于气温较适宜，膘情良好，母牛发情比例达70% ~ 80%，为母牛发情旺季。

（3）肉用性能。粗放条件下，成年白水牛屠宰率49.7%，净肉率39.5%，骨肉比1∶4.72，眼肌面积48.3cm^2，屠宰率51.2%，净肉率41.8%，骨肉比1∶5，且育肥增重快，肉质好。

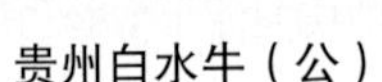

贵州白水牛（公）　　贵州白水牛（母）

★汇图网，网址链接：http://www.huitu.com/photo/show/20160401/200328057600.html

（编撰人：孙宝丽；审核人：李耀坤）

25. 福安水牛有何特性?

（1）产地分布。主要分布在福建福州、福安。

（2）主要特性。体躯高大，肌肉坚实丰满，四肢飞节以下和下腹呈灰白和白色，膝关节下和蹄各有一圈明显的黑带。成年体高：公牛129cm，母牛125cm。成年体重：公牛520kg，母牛460kg。役力强而耐久，最大挽力：公牛220kg，阉牛275kg。阉牛屠宰率55% ~ 68%，净肉率33% ~ 37%。公牛初配年龄为2.5 ~ 3岁，母牛为3岁，繁殖率60%，成活率95%。

（3）繁殖性能。母牛到1.5 ~ 2岁开始发情。发情周期15 ~ 35d，持续2 ~ 4d，部分母牛可出现“静默发情”。一般在发情开始20h后配种。母牛繁殖有明显的季节性。其主要原因是，春、夏使役繁重，体质下降，而秋、冬较为空闲，母牛亦膘肥体壮，发情较明显，容易掌握配种适期。而且，安排此时配种即在次年7—12月分娩，不误农时，对母牛健康和对犊牛长均有利。

福安水牛（公）

福安水牛（母）

★昵图网，网址链接：http://www.nipic.com/show/6135471.html

（编撰人：孙宝丽；审核人：李耀坤）

26. 江汉水牛有何特性？

（1）主要特性。毛色以铁青色和青灰色为多。角为“筛盘角”。颈长短适中，肩峰明显，无垂皮，乳头较短。前肢正直，后肢内靠。成年体高：公牛130cm，母牛127cm。成年体重：公牛550kg，母牛520kg。役用性能好，载重500～8 000kg，挽力为1 000kg。放牧条件下公牛日增重960g，母牛为517g，2岁牛经短期肥育后的屠宰率49%，净肉率37%，骨肉比1∶3.5，肉味鲜美。

（2）繁殖特性。公牛配种年龄为3岁，平均射精量2.3ml/次，精子浓度6.01亿/ml，活力0.8～0.9；8岁后配种能力下降。母牛2.5岁前后开始配种。可以常年发情，但在劳役负担较重或冬季营养不足时很少发情；平均妊娠期331d，产后第一次发情时间平均为42d。母牛繁殖年限一般为14～15岁，营养状况好、劳役负担轻的可达18岁，多数5年3胎或3年2胎。

江汉水牛青年（母）

江汉水牛青年（公）

★江汉热线，网址链接：http://bbs.jhrx.cn/thread-264738-1-1.html

（编撰人：孙宝丽；审核人：李耀坤）

27. 夏洛莱牛有何特性？

（1）主要特性。被毛为白色或乳白色，皮肤有色斑；肌肉特别发达，骨骼结实，四肢强壮。肌肉丰满，后臀肌肉很发达，并向后和侧面凸出，常形成“双肌”特征。生长速度快，瘦肉产量高。在良好的饲养条件下，6月龄公犊可达250kg，母犊210kg。日增重可达1 400g。在加拿大，良好饲养条件下公牛周岁可达511kg。

（2）肉用性能。产肉性能好，屠宰率一般为60%～70%，胴体瘦肉率为80%～85%。16月龄的育肥母牛胴体重达418kg，屠宰率66.3%。但是牛肌肉纤维比较粗糙，肉稚嫩度不够好。

夏洛莱牛（公）

夏洛莱牛（母）

★百度文库《牛种及其品种》，网址链接：https://wenku.baidu.com/view/6162ec7126fff705cc170ae5.html

（编撰人：孙宝丽；审核人：李耀坤）

28. 利木赞牛有何特性？

（1）主要特性。毛色为红色或黄色，口、鼻、眼周围、四肢内侧及尾帚毛色较浅，角为白色，蹄为红褐色。平均成年体重：公牛1 200kg、母牛600kg；在法国较好饲养条件下，公牛活重可达1 200～1 500kg，母牛达600～800kg。

（2）肉用性能。产肉性能高，胴体体质量好，眼肌面积大，前后肢肌肉丰满。集约饲养条件下，犊牛断奶后生长很快，10月龄体重即达408kg，12月龄体重可达480kg左右，哺乳期平均日增重为0.86～1.3kg；因该牛在幼龄期，8月龄小牛就可生产出具有大理石纹的牛肉。肉的营养价值高：蛋白质含量高达8%～9.5%，而且人食用后的消化率高达90%以上，能提供大量的热能，是猪肉的2倍以上，所以该牛肉长期以来倍受消费者的青睐。

利木赞牛（公）

利木赞牛（母）

★百度文库《牛种及其品种》，网址链接：https://wenku.baidu.com/view/6162ec7126fff705cc170ae5.html

（编撰人：孙宝丽，审核人：李耀坤）

29. 海福特牛有何特性？

（1）主要特性。体格小，骨纤细，肉用体型；头短，额宽；角向两侧平展且微向前下方弯曲，母牛角前端也有向下弯曲的。颈粗短垂肉发达，躯干呈矩形，四肢短，毛色主要为浓淡不同的红色，腹下部、颈部、四肢下部、鬐甲、尾帚和头出现白色的“六白”品种特征。

（2）生产性能。净肉率达57%，屠宰率为60%～65%，肉质细嫩，味道鲜美，肌纤维间沉积脂肪丰富，肉呈大理石状。

（3）繁殖性能。繁殖力高，小母牛6月龄开始发情，育成母牛18～90月龄、体重600kg开始配种。发情周期21d，发情持续期12～36h。妊娠期平均为277d。公牛体重大，但爬跨灵活，种用性能良好。

（4）适应性能。海福特牛性情温驯，合群性强。据黑龙江省畜牧研究所几年来试验测定，气温在17～35℃时，海福特牛的呼吸频率随气温的升高而加快，反之，则下降。

海福特牛（公）

海福特牛（母）

★百度文库《牛种及其品种》，网址链接：https://wenku.baidu.com/view/6162ec7126fff705cc170ae5.html

（编撰人：孙宝丽；审核人：李耀坤）

30. 安格斯牛有何特性?

（1）主要特性。黑色被毛和无角为主要特征。体型矮小，体质紧凑、结实。鼻孔较大，鼻镜较宽，鼻梁正直，嘴宽阔，口裂较深，上下唇整齐。颈中等长且较厚，垂皮明显，体躯宽深，呈圆筒状，四肢短而直，且两前肢、两后肢间距均较宽，体形呈长方形。全身肌肉丰满，体躯平滑丰润，腰和尻部肌肉发达，大腿肌肉延伸到飞节。

（2）产肉性能。肉用性能良好，牛胴体品质好、净肉率高、大理石花纹明显，早熟易肥、饲料转化率高。屠宰率60%～65%，牛肉嫩度和风味好。

（3）产奶性能。安格斯母牛乳房结构紧凑，泌乳力强，是肉牛生产配套系中理想的母系。据日本十胜种畜场测定，母牛挤奶天数173～185d，产乳量639kg，乳脂率3.94%。

（4）繁殖性能。12月龄母牛性成熟；13～14月龄进行初配。2～2.5岁产头胎牛，一般产犊牛间隔为1年，比其他肉牛品种产犊间隔要短，发情周期20d左右，发情持续期平均21h；情期受胎率78.4%，妊娠期280d左右。

安格斯牛（公）

安格斯牛（母）

★百度文库《牛种及其品种》，网址链接：https://wenku.baidu.com/view/6162ec7126fff705cc170ae5.html

（编撰人：李耀坤；审核人：孙宝丽）

31. 肉用短角牛有何特性?

（1）主要特性。肉用短角牛主要以红色被毛为主，偶尔有沙毛个体；鼻镜粉红色，眼圈色淡；皮肤细致柔软。肉用牛体型，体躯呈矩形，尻部丰满且宽广，股部多肉且宽大。体躯各部位结合良好，角呈蜡黄色或白色，角尖部黑色；颈部被毛较长且多卷曲，额顶部有丛生的被毛。该牛活重：成年公牛平均900～1 200kg，母牛平均600～700kg；公、母牛体高分别为136cm和128cm左右。

（2）生产性能。肉用性能良好，粗饲料利用能力强，产肉多且体重增长快，肉品质光滑细嫩。17月龄的牛活重可以达到500kg，屠宰率为65%以上。大理石纹很好，但脂肪沉积较差。

（3）繁殖性能。短角牛在6～10个月就达到性成熟期，在第8个月时就到发情期，发情周期为20d左右。其中，成年母牛发情期比较长，大多数为23d左右；青年母牛的发情期较短，大多数为19～21d；母牛发情时持续时间，随着季节和年龄的不同而改变，老龄母牛可长达35h左右；青年母牛发情时间比较短，多为26h左右；从季节上看，冬季时节持续的时间比较短，夏天相对较长。

短角牛（母）

短角牛（公）

★突袭网，网址链接：http://kaoyanziliaot.tuxi.com.cn/viewtsg-13-0509-088153072_284042646.html

（编撰人：孙宝丽；审核人：李耀坤）

32. 皮埃蒙特牛有何特性？

该牛种原产于意大利，可肉乳兼用。因含有双肌基因，所以是现阶段肉牛杂交改良公认的终端父本，已被世界多国引进。该牛被毛白晕色。公牛在性成熟时脖子、眼睛周围和四肢下半部为黑色。母牛全身白色，个别眼周、耳周为黑色。牛角尖端为黑色，平出微前弯。体型偏大，体躯呈圆筒状，肌肉发达。最著名的特点是双肌臀性状。出生的犊牛肌肉饱满，其后臀部肌肉有明显的肌肉沟，是很好的产肉体型。

该品种屠宰率平均大约68%，最高可达到72%，增重较快，断奶到屠宰平均日增重约1.5kg。公牛屠宰体重以550～600kg为宜，年龄在15～18月龄；母牛以400～440kg，年龄在14～15月龄为宜。因为“皮埃蒙特牛”沉积脂肪能力不强，所以无大理石花纹，背最长肌的横切面有些许雪花点脂肪花纹。

皮埃蒙特牛

★赶鲜网，网址链接：http://www.chinacattle.cn/news.asp? cid=%E7%89%9B%E6%96%87%E5%8C%96&csid=%E5%93%81%E7%A7%8D%E8%B5%84%E6%BA%90&aid=15118

（编撰人：李耀坤；审核人：孙宝丽）

33. 娟姗牛有何特性?

娟姗牛源自英吉利海峡杰茜岛，以乳脂率高闻名于世，许多西方国家（如加拿大、美国等）均有饲养。20世纪中以前中国也曾饲养，但现今血统已不纯一。该牛抗病性强、适应性强，其对乳房炎、肢蹄病等抗病力显著高于荷斯坦品种，且耐热能力强。该牛种为小型乳用牛，被毛细短富有光泽，以浅褐色最为常见。头小而轻，颈部凹陷，两眼凸出。角的大小中等，琥珀色，角尖为黑色，向前弯曲。乳房发育均匀，略小，乳静脉粗大弯曲。体躯成楔形。

娟姗牛是乳脂率较高、体型较小的奶牛品种，比通常的牛奶乳蛋白含量高20%、钙的含量高15%。年均产奶量3 500～4 000kg，乳脂率5%～6%。乳蛋白含量高荷斯坦品种约20%。成年公牛活重650～750kg，成年母牛活重340～450kg，犊牛初生重23～27kg。娟姗牛繁殖性能较高，性成熟早，顺产率和受胎率均比较高。通常，15～16月龄可开始配种。

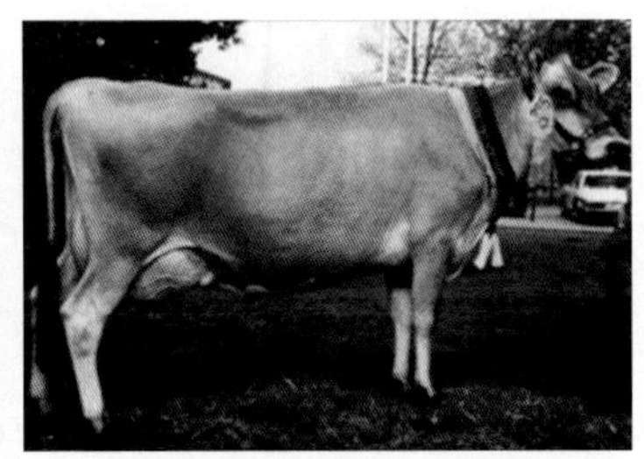

娟姗牛

★凤凰资讯网，网址链接：http://news.ifeng.com/a/20140722/41258144_0.shtml

（编撰人：孙宝丽；审核人：李耀坤）

34. 摩拉水牛有何特性?

摩拉水牛俗称印度水牛，是乳用牛，引入我国后，在广西、湖南、广东、四川、安徽等地均有分布。该牛种抗病力强，耐粗饲，耐热，繁殖率高，遗传稳定。体型高大，身体呈楔形，皮薄且较软，光泽性好；被毛多为黑色，也有棕色、褐灰色；头部较小，前额较为凸出，角为螺旋状，耳朵下垂。母牛乳房发育良好，乳静脉能见明显弯曲，乳头粗长。

该牛种年产奶量为2 200～3 000kg，乳脂率约7.6%。杂交后的品种相对于我国本地牛而言体型更大，生长发育更快，产奶量更高，但集群性强，产奶稍难。公牛24月性成熟，30月龄初配。母牛18月龄性成熟，24～30月龄初配，发情周期18～25d，全年发情，多集中在9—12月，妊娠期305～315d，产犊间隔427d。

摩拉水牛

★百度百科，网址链接：https://baike.baidu.com/item/%E6%91%A9%E6%8B%89%E6%B0%B4%E7%89%9B/4440803？fr=aladdin

（编撰人：孙宝丽；审核人：李耀坤）

35. 三河牛有何特性?

三河牛是乳肉兼用品种，产于额尔古纳市三河地区。三河牛品种盛多（如西门达尔牛、西伯利亚牛、日本北海道荷兰牛等），分别为复杂杂交、横交固定和选育提高而形成。

三河牛体格高大结实，肢势端正，四肢强健，蹄质坚实。大多数角向前弯曲，少数牛角向上。乳房大小中等，乳静脉弯曲明显，乳头大小适中，分布均匀。毛色为红白花，额部有白斑，尾尖为白色。三河牛产奶性能好，年平均产奶量大约4 000kg，乳脂率高于4%。在良好的饲养管理条件下，其产奶量能显著提高。

三河牛

★新浪博客，网址链接：http://blog.sina.com.cn/s/blog_4ecd2d450100ks3c.html

（编撰人：李耀坤；审核人：孙宝丽）

36. 新疆褐牛有何特性?

新疆褐牛是乳肉兼用品种，体格中等，身体结实，毛发、皮肤都是褐色，深浅不一。头顶和角多数有灰白或黄白色的背线。身体各部分发育均匀，额较宽，稍凹，头顶枕骨脊凸出，角大小适中，角尖稍直。颈垂较明显。鬐甲宽圆，背腰平直较宽，胸宽深，尻长宽适中，十字部稍高。乳房发育中等大，乳头长短粗细适中，四肢健壮且端正，牛蹄坚实。

新疆褐牛在伊犁、塔城牧区草原全年放养，产乳量受草场水草条件的影响，挤乳期大多集中在5—9月。牧区育种场在常年补饲的条件下，最高日产乳量甚至高达30kg，在城郊育种场全年舍饲条件下，母牛第1胎268d产乳5 212kg。新疆褐牛在放牧条件下，6月龄左右有性行为。母牛在2岁、体重达250kg时初配，公牛在1.5～2岁、体重达330kg以上时初配。母牛发情周期21.4d（16～31.5d），发情持续期1～2.5d。

新疆褐牛

★百度百科，网址链接：https://baike.baidu.com/item/%E6%96%B0%E7%96%86%E8%A4%90%E7%89%9B? func=retitle

（编撰人：孙宝丽；审核人：李耀坤）

37. 科尔沁牛有何特性？

科尔沁牛是乳肉兼用品种，因其主要来自内蒙古自治区东部地区的科尔沁草原而得名。科尔沁牛以西门塔尔牛为父本，以蒙古牛、三河牛以及蒙古牛的杂种母牛为母本，采用杂交育种的方法培育而成。

科尔沁牛毛发颜色为黄（红）白花，白头，体格粗壮，体质结实，结构匀称，胸宽深，背腰直，四肢端正，后躯及乳房发育良好，乳头分布均匀。成年公牛体重991kg，母牛508kg。犊牛初生重38.1～41.7kg。母牛280d产奶约3 200kg，乳脂率约4.17%，高产牛可达4 643kg。在自然放牧条件下120d产奶1 256kg。

科尔沁牛在常年放牧且短期补饲的条件下，18月龄屠宰率为53.3%，净肉率为41.9%。经过短期强度育肥，屠宰率可达61.7%，净肉率为51.9%。科尔沁牛适应性强、耐粗饲、耐寒、抗病强、易放牧，是牧区比较理想的一种兼用品种牛。

科尔沁牛

★百度百科，网址链接：https://baike.baidu.com/item/%E7%A7%91%E5%B0%94%E6%B2%81%E7%89%9B/7626856？fr=aladdin

（编撰人：孙宝丽；审核人：李耀坤）

38. 草原红牛有何特性？

草原红牛是乳肉兼用品种，由短角公牛与蒙古母牛长期杂交育成，具有适应性强，耐粗饲的特点。

该牛夏季完全依赖于草原放养，冬季不需补饲，仅依靠采食枯草就能维持生活。该牛对耐寒耐热力强，抗病力强，发病率低。其肉质鲜美细嫩，为烹制佳肴的上乘原料。皮可制革，毛可织毯。被毛多为紫红色或红色，部分牛的腹下或乳房有小片白斑。体格中等，大多数有角，呈倒八字形，略向内弯曲。颈肩结合良好，胸宽深，背腰平直，四肢端正，蹄质结实。乳房发育较好。成年公牛体重700～800kg，母牛为450～500kg。犊牛初生重30～32kg。

由于饲养条件和饲养方式的限制，草原红牛的繁殖季节主要在青草期，配种从4月中旬至10月中旬，呈现季节性配种的特点，配种方法采用人工授精和本交配种相结合的方式。

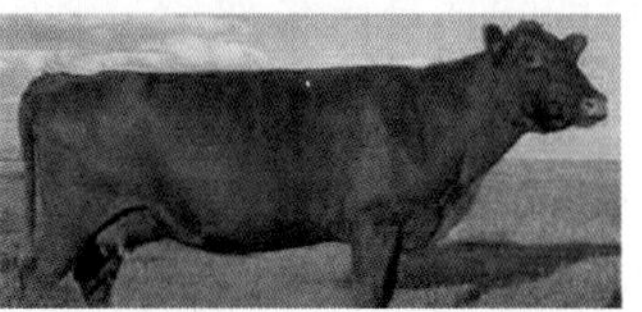

草原红牛

★百度百科，网址链接：https://baike.baidu.com/item/%E8%8D%89%E5%8E%9F%E7%BA%A2%E7%89%9B？fr=aladdin

（编撰人：李耀坤；审核人：孙宝丽）

39. 如何选择优良公牛？

（1）应选择全国著名公牛站的公牛冷冻精液。尽可能去了解牛冻精生产单位的资质情况，要了解该生产单位是否具有农业部颁发的生产许可证和产品合格证，并且制作的冷冻精是否按照国家标准生产。一般情况下，经过后裔测定的公牛数量越多，规模越大，该站的实力就越强，其公牛的品种就更为优秀。

（2）公牛应经后裔测定，且成绩优秀。测定标准通过对照其产奶量、乳脂率和乳蛋白率的高低来做出评判，联系到奶牛的相对育种，应大于100或在国内后裔测定中片名靠前的牛。

（3）注意贮存好冷冻精液。贮存过程中，要定时补充液氮罐中的液氨，取用冷冻精液时，要随取随用，冻精不可提至灌口下3.5cm以上，寻找冻精不应超过10s。

（4）用于人工授精的冻精取出后，应根据公牛站的要求解冻后输精。

（5）进行人工授精时，应正确掌握直肠把握输精法。

取冷冻精液

采食中的牛群

★网易图片，网址链接：http://3g.163.com/ntes/photoview/0025/8734.html

（编撰人：孙宝丽；审核人：李耀坤）

40. 肉牛的生长发育有什么特点?

肉牛在生长期间，身体各部位、各组织的生长速度是不同的，每个时期都有生长重点。早期的生长重点是头、四肢和骨骼；中期则转为体长和肌肉；后期即成年，重点是体重和脂肪。

牛在幼龄时四肢骨骼生长较快，以后则躯干骨骼生长较快。随着年龄的增长，牛的肌肉生长速度从快到慢，脂肪组织的生长速度由慢到快，骨骼的生长速度则较平稳。肉牛肌肉与脂肪比例的变化：胴体中肌肉生长主要由于肌肉纤维体积的增大，使肌纤维束相应增大。随着年龄增长，肉质的纹理变粗，因此，青年牛的肉质比老年牛嫩。脂肪的沉积，从初生到1岁期间较慢，仅稍快于骨骼，以后加快。肥育初期网油和板油增加较快，以后皮下脂肪很快增加，最后才加速肌纤维间的脂肪沉积。肌肉在胴体中的比例，先是增加而后下降，脂肪的比例持续增加，骨的比例持续下降。肌肉和脂肪组织的生长性能决定屠宰率，在正常饲养条件下，体重大，肌肉和脂肪得到充分生长，屠宰率就高。肥瘦能直接影响屠宰率，当体重相同时，肥度较好的牛屠宰率高。肉牛肌肉重占体重的百分数，是产肉量的重要指标。

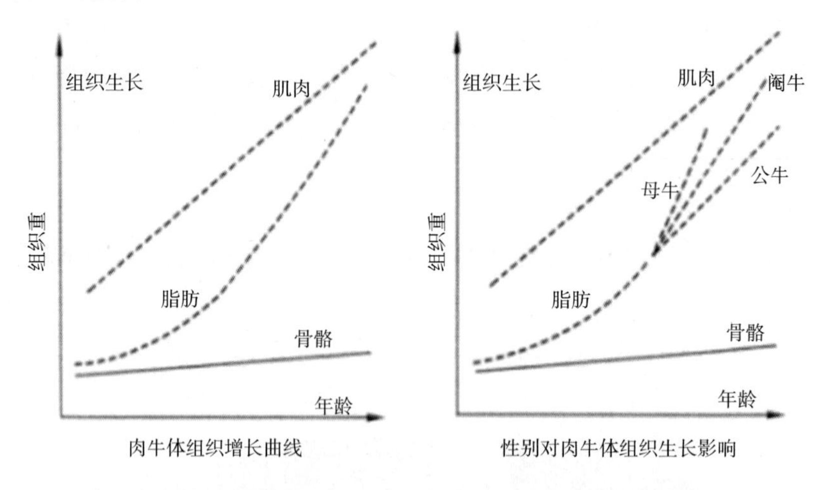

肉牛体组织增长曲线　　性别对肉牛体组织生长影响

★宋恩亮.肉牛养殖专家答疑[M].济南：山东科学技术出版社，2013.

（编撰人：李耀坤；审核人：孙宝丽）

41. 架子牛阶段如何降低饲料成本?

在饲养肉牛的过程中，架子牛饲养时间较长，因此降低架子牛的饲料成本，对于降低肉牛的饲养成本，提高养牛经济效益至关重要。不同饲养方式下牛群对于饲料的利用效率不同，拴系饲养方式下的饲喂与散栏饲养的自由采食相比，可以减少饲料的浪费，提高饲料的利用效率，降低饲料成本。在选择饲养合适的牛种之后，应当根据当地饲料资源特点和价格进行合理选择，特别是更多利用低成本的非粮饲料资源。另外，饲料种类需要做到合理配置，使其营养全面。除此之外，育肥牛到后期增重缓慢，料肉比提高，所以在适合的生长阶段及时出栏，可减少饲料的浪费，降低成本。

架子牛

★湖北日报网，网址链接：http://news.cnhubei.com/hbrb/hbrbsglk/hbrb10/201212/t2389302.shtml

（编撰人：孙宝丽；审核人：李耀坤）

42. 牛奶的营养价值有何特点？

（1）牛奶中的蛋白质含有8种必需氨基酸，适宜于构成肌肉组织和促进健康发育，对于正处在生长发育阶段的儿童、青少年更为重要。

（2）牛奶中所包含的脂肪因其颗粒小、熔点低，因此极易被人体吸收，且消化率高，可达97%。

（3）牛奶中的主要碳水化合物是乳糖，它可以调节胃酸，促进肠蠕动和消化腺分泌，起到消化作用。

（4）人体所需钙的最好来源是牛奶中所含的钙质。究其原因是相对于其他各类食物中含有的钙质，牛奶中的钙质在人体内的吸收率最高。而且，牛奶中的钙、磷比例适宜，是儿童青少年骨骼牙齿发育的理想营养来源。

（5）牛奶中包含有目前已知的所有维生素，如维生素A、维生素C、维生素D及B族维生素。

（6）牛奶中含有一些抗体物质，能够促进儿童发育。

不同乳中各营养成分含量

	人乳	牛奶	水牛奶	单位
总干物质	120	125	180	g/L
蛋白质	15.5	35	43	g/L
酪蛋白	8.5	28	36	g/L
乳清蛋白	7	7	7	g/L
糖类	75	45	45	g/L
乳糖	65	45	45	g/L
寡糖	10	痕量	痕量	g/L
脂肪	35	36	72	g/L
矿物质	2	7	7	g/L
钙	300	1 250	2 030	mg/L
磷	200	1 000	1 290	

★阳江新闻网，网址链接：http://www.yjrb.com.cn/health/yssj/683483.shtml

（编撰人：孙宝丽；审核人：李耀坤）

43. 乳用牛的营养需求有哪些？

（1）水分。奶牛每产奶1kg需要水1kg；每采食1kg干饲料需水3kg左右。

（2）能量。每头奶牛一天共需能量20～40Mcal，这占总采食营养物质能量的70%～80%。能量主要来源于饲料中的碳水化合物、脂肪和蛋白质，其中碳水化合物是最廉价、用量最大的能量来源。脂肪用量较少，占日粮2%即可。

（3）日粮中蛋白质不足，不仅明显地影响产奶量，而且会使体重下降，食量减少，抵抗力下降，出现繁殖机能障碍和代谢紊乱，一般认为奶牛日粮中应有15%～20%的粗蛋白质。

（4）矿物质。产奶牛每天需要钙15～25g维持需要，每产1kg奶又需要钙2.5～3g，所干奶牛每天需要钙70～90g。产奶牛每天磷的维持需要量为11～21g，每产1kg奶又需要1.7～2.4g。钠一般通过食盐的形式喂给，占精料的2%～3%。

（5）维生素。奶牛瘤胃里可以合成维生素B族、维生素C和维生素E，一般情况下不用补喂。维生素A、维生素D、维生素E不能在瘤胃里合成，要由饲料中供给。奶牛对维生素A的需要量每一天20 000～50 000IU。

不同食物各营养成分占比

1	食物名	地区	可食部分	能量	水分	蛋白质	脂肪	膳食纤维	碳水化物	视黄醇当量	硫胺素(VB1)	核黄素(VB2)	尼克酸(烟酸,VPP)	维生素E	钠	钙	铁	类别	抗血(V
2	大黄米（黍）		100	349	11.3	13.6	2.7	3.5	67.6		0.3	0.09	1.4	1.79	1.7	30	5.7	11	
27	奶油（焦克）	内蒙古	100	447	48.1	3.6	48.3		0		0.05	0.16	0.2		41.1	202	1	53	
28	奶油（食用工业）	上海	100	503	43.4	1.1	55.5		0	345	0.01	0.16	0.1	2.19	190.8	20	0.1	53	
29	牛乳（牦牛乳）	甘肃合作	100	112	75.3	2.7	3.3		17.9		0.03							53	
30	牛乳		100	54	89.8	3	3.2		3.4	24	0.03	0.14	0.1	0.21	37.2	104	0.3	53	

食物成份表 \ 新食物成份表 / 标准体重表 /

★中华企业录，网址链接：http://www.qy6.com/qyml/showp2587032.html

荷斯坦奶牛

★中华企业录，网址链接：http://www.qy6.com/qyml/showp2587032.html

（编撰人：孙宝丽；审核人：李耀坤）

44. 肉用牛的营养需求有哪些?

（1）生长期。一般该期日粮粗蛋白质含量为14%～19%，总可消化养分为68%～70%，精饲料采食量控制在体重的1.2%～1.5%，粗饲料自由采食，日增重0.7～0.8kg。研究表明，当肉牛体重超过200kg时，需要的能量应以蛋白质的数量和合成菌体蛋白质的结果来决定。随日粮能量提高（由25.1MJ/kg提高到46.0MJ/kg），体重为100～275kg牛体内日沉积氮量从14g增加到43g，说明菌体蛋白质合成需要能量。研究发现，对体重130～270kg去势牛的增重以及饲料利用率而言，过瘤胃蛋白质的数量不是制约因素。增加饲料中过瘤胃蛋白质数量，并不能提高肉牛的育肥成效。

（2）肥育期。肉牛肥育期分为肥育前期（13～18月龄）和肥育后期（18～24月龄）。此期营养特点是低蛋白质高能量，以满足肌间脂肪的沉积，形成大理石花纹肉的需要。肥育前期，限制饲养使肌肉最大限度生长，精料控制在体重的1.7%～1.8%，粗饲料自由采食，一般占总采食量的57%～49%，青贮料占日采食量的28%～24%，日增重达0.9～1.0kg。在肥育后期肉牛日粮中添加粗饲料的研究发现，当日粮中含30%青秸秆时，对生产无影响，如秸秆含量超过45%～50%时，生产性能降低，屠宰期延长和屠宰成绩降低。

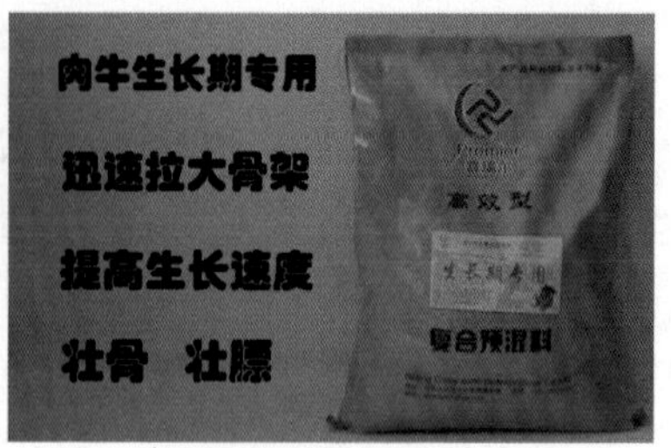

牛肉部位分割　　　　复合预混料

★东方肥牛王，网址链接：http://www.feiniuwang.com/html/2016/0107/937.html
★新浪博客，网址链接：http://blog.sina.com.cn/s/blog_138897a220102wtz2.html

（编撰人：孙宝丽；审核人：李耀坤）

45. 母牛过肥过瘦对繁殖有何影响?

母牛的营养供给和繁殖有密切联系，营养过剩和不足都会造成繁殖不利。若营养过剩，母牛极可能因肥胖而导致难产。若营养不足，则表现为体型瘦弱，不发情或出现妊娠中断的现象；怀孕期间的母牛膘情太差，则会导致产下的犊牛虚弱、体重过轻。若在母牛孕期内营养供给不足，也会对分娩后的再次配种造成干扰，主要体现为不发情或难受孕。繁殖率与母牛妊娠期蛋白质营养水平有关，若营养水平过低，会造成新生牛犊体重轻，以及分娩后的母牛难发情。要注重母牛的微量元素摄入，碘元素的缺乏会导致繁殖障碍、产下弱犊、死胎或犊牛颈部肿大（甲状腺肿）。若孕期内母牛营养中缺乏维生素A，则会造成产下弱犊或畸形犊，甚至出现弱视或幼犊死亡。因此，在饲养过程中，一定要注意繁殖母牛的营养搭配，在一定程度可保证其正常的繁殖机能的发挥。

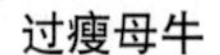
过瘦母牛　　　　过肥母牛

★搜狐网，网址链接：https://baike.baidu.com/pic/奶牛乳房炎
★百度图片，网址链接：https://image.baidu.com/search/detail?ct=503316480&z=0&ipn=d&word=母牛过肥

（编撰人：孙宝丽；审核人：李耀坤）

46. 对肉牛场青贮池的建造有哪些要求?

常见的青贮池可分为半地下式、地下式和地上式，无论是哪种形式的青贮池，池底应距离地下水位0.8m以上。青贮池应建在靠近牛舍的地方，建设应选择地势高燥、易排水的位置，防止漏水、漏气。一般青贮池为条形，三面为墙，一面敞开，池底稍有坡度，并设排水沟。青贮池高度一般为2.5 ~ 4.0m，采用倒梯形断面，内壁倾角6° ~ 9°；青贮池的宽度根据牧场每天所需要量与取料量而定；池长度因贮量和地形而定，一般小型青贮池长3.0 ~ 15.0m。修建青贮池时，池四角修成弧形，便于青贮料下沉，排出残留空气。池底要用水泥抹平，并设一定的斜度，青贮池四周要修排水沟，防止雨水排入池中。大型青贮池也可采用连池形式进行建设，便于操作和节省占地；侧壁可以采用钢筋混凝土，构建时应考虑压实青贮料时产生的侧压力，避免产生裂缝；寒冷地区建设的连体青贮池两侧池壁外可用土堆起，既可增强抗压力又可防止青贮池的冻结。

青贮窖

★百度经验，网址链接：https://jingyan.baidu.com/article/ca41422f252b681eaf99ed5b.html
★中国农业网，网址链接：http://www.zgny.com.cn/eproduct/2014-09-01/31261212.shtml

（编撰人：李耀坤；审核人：孙宝丽）

47. 肉牛场饲料搅拌设施有哪些?

规模化牛场的饲料加工搅拌一般使用TMR全日粮混合搅拌车完成，搅拌车可分为固定式和移动式两种。如按搅拌方式可分为立式搅拌车和卧式搅拌车。立式搅拌车的优点是占地小，耗能低，操控方便，省时省力，混合效果快捷均匀；而卧式搅拌车则具有适用性广、混合均匀度好、物料残留少、维护保养方便等优点。对于粗饲料和青贮饲料加工设备有铡草机、揉搓机等，可完成对饲料原料的切割、粉碎、成形、混合等工作。

固定式搅拌车

移动式搅拌车

慧聪网，网址链接：
https://b2b.hc360.com/viewPics/supplyself_pics/225041724.html

（编撰人：孙宝丽；审核人：李耀坤）

48. 如何利用甘蔗梢饲养肉牛?

甘蔗梢叶的利用方式主要有直接投喂、切碎后投喂、青（微）贮后投喂、制作成氨化饲料投喂、加工成脱水饲料投喂、干燥后加工成配合饲料投喂等。

（1）青贮甘蔗梢叶的原理主要是利用乳酸菌通过厌氧呼吸过程，将青贮原料中的碳水化合物变成以乳酸为主的有机酸，抑制有害微生物的生长繁殖，使甘蔗梢叶得以保存起来。

（2）近年来，国内对秸秆微贮的研发掀起了新的热潮，推出了多种青贮饲料添加剂，如EM复合微生物菌剂（由乳酸菌、酵母菌等组成）和复合生物菌酶——粮化酶等，促进了甘蔗梢叶的微贮利用。在粮化酶推出以前，使用EM复合微生物菌剂微贮的较多，现在使用较多的是粮化酶，一般是通过揉搓机将甘蔗尾叶揉丝、搓软后，放入微贮池（容器）或微贮袋中，分层加入粮化酶（按甘蔗梢叶干物质0.1%的用量根据说明先制好），压实、密封，在厌氧环境下经20～30d的发酵制成。

（3）氨化处理是通过氨化与碱化双重作用提高甘蔗梢叶的营养价值。通常利用尿素作氨源进行氨化处理，尿素用量为甘蔗梢叶质量（干物质）的3%，制作方法基本上与青贮相同，先将鲜甘蔗尾叶切短至2～3cm长，把尿素溶于水后分数次均匀洒在甘蔗梢叶上，边装边踩实压紧，用塑料膜封好。

（4）混配处理甘蔗梢叶也是一项成熟的技术。常见的做法是在青贮时加0.5%～1.0%的尿素。可以利用糖蜜、尿素与甘蔗梢叶混配，机械压块、装袋、密封作饲料，利用糖蜜中含有的糖分、丰富的维生素及微量元素、蛋白质等补充甘蔗梢叶缺少的能量，提高其适口性。

甘蔗梢青贮

甘蔗梢

★科普中国网，网址链接：http://www.cnncty.com/syjs/list.php？catid=105&page=9
★云南农业信息网，网址链接：http://www.ynagri.gov.cn/news7995/20140108/4580964.shtml

（编撰人：孙宝丽；审核人：李耀坤）

49. 如何使用糖蜜型营养舔砖（舔块）饲养肉牛？

营养舔砖能提高饲料利用率和转化率，节省精料，能够显著提高增重，是一种制作容易饲喂方便的好方法。蜜糖可为肉牛提供较多的可溶性糖，为瘤胃微生物合成菌体蛋白提供能量。使用糖蜜型营养舔砖时，不需要再补给盐、矿物元素和尿素。

放牧条件下，牛群日头均补给糖蜜型营养舔砖250～300g（自由采食），日增重可达300g以上。青年母牛和繁殖母牛在放牧条件下，或者以甘蔗梢、玉米秸秆等青贮为日粮的舍饲牛只，日头均补给糖蜜型营养舔砖200～300g（自由采食），基本可以满足生长和繁殖需要，无需补给精料。

育成牛和种公牛日头均补给糖蜜型营养舔砖300～400g（自由采食），一般可满足生长和中等强度配种（采精）营养需要，配种（采精）强度大时，适当补给精料，一般每头每天补给精料0.5～1.0kg。育肥肉牛时，日头均补给糖蜜型营养舔砖每头每天300～500g（自由采食），日增重500～600g。使用糖蜜型营养舔砖应注意防潮。

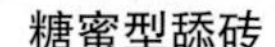

糖蜜型舔砖

牛群舔砖

★关山月.营养舔砖及其使用[J].中国供销商情：乳业导刊，2004（5）：37-38.

（编撰人：郭勇庆；审核人：李耀坤）

50. 多花黑麦草种植的技术特点如何?

（1）播种期。多花黑麦草播种季节分春、秋两季。两季播种各有优缺，春播收割利用期较长，且草质优良，但总产低；相对于春播，秋播总产高，且收割利用次数较多。我国南方，秋播时间在9月初至11月中旬，春播在2月上旬。

（2）播种操作。播种前，亩施有机肥1 000～1 500kg。如无猪栏肥等有机肥，可亩施钙镁磷肥25～30kg作基肥。施肥后翻耕整地做畦。考虑黑麦草种子小的缘故，以畦面平整无大土块为优。为了施播和收割方便，播种方式以条播为好。亩用种量1.5kg左右。若播种期较为干旱，可先将种子清水浸泡2～4h，有利于提高出苗成活率。

（3）管理。黑麦草在出苗期时，要及时除草。分蘖盛期以后，若已遮盖薄膜，可不除草。收割完成后，施加氮肥能加速生长，提高产量。苗期时要留意地老鼠和蝼蛄对草苗的为害，如有发现可用“毒丝本”农药防治。

（4）收割。黑麦草草层高度为30cm左右时，便可收割。收割时间、次数及产量不仅受肥水管理条件，还受到播种期的影响。初秋播种的，年内可割1～2次，次年立春至小满可割4次左右。10月播种的，如管理好，年内割1次，年后割2～3次。春播的，到6月可割3次。农户可根据畜禽饲养情况，合理安排播种期。

多花黑麦草

★百度百科，网址链接：https://baike.baidu.com/item/%E5%A4%9A%E8%8A%B1%E9%BB%91%E9%BA%A6%E8%8D%89/6967302

（编撰人：孙宝丽；审核人：李耀坤）

51. 成型牧草饲料的特点是什么?

成型牧草饲料是一种被加工成颗粒状、块状、饼状或片状等固型化的牧草饲料，它是用专门的加工设备将牧草或秸秆粉碎成草粉、草段后加工而成。其中，以颗粒饲料应用最广泛。成型牧草饲料需要严格的生产工艺条件，因此生产成本也较高，但与粉装、散装的牧草饲料相比而言，优势也显而易见：①保证了牧草、配合饲料和混合饲料各组分的均匀性；②提高了动物对牧草饲料的采食量、消化率以及适口性；③提高了动物的生产性能；④减少了贮藏成本和运输成本，使贮藏保存更稳定。

加工成草段的牧草饲料

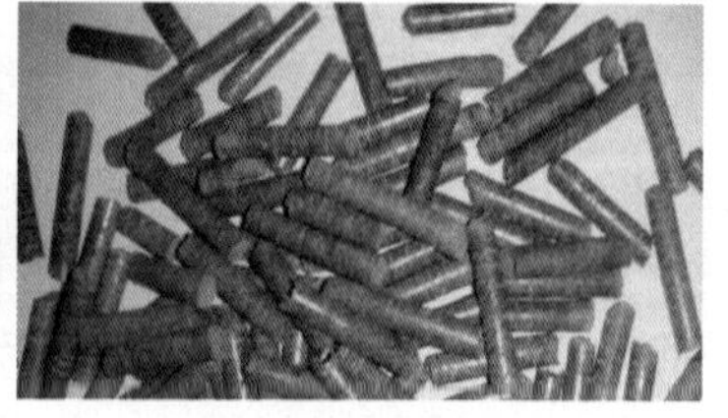

颗粒饲料

★阿里巴巴网，网址链接：http://m.1688.com/offer_search/-C4C1B2DDD3F1C3D7BDD5B8D1.html
★一呼百应网，网址链接：http://www.youboy.com/s82781692.html

（编撰人：孙宝丽；审核人：李耀坤）

52. 育成牛饲料搭配有哪些注意事项?

犊牛6月龄断奶后就进入育成期，刚断奶的牛由于消化机能比较差，要求粗饲料的质量要好。日粮以青粗饲料为主，可不搭配或少搭配混合精料；在枯草季节应补喂优质青干草、青贮料，并适当搭配混合精料。育成牛矿物质非常重要，钙、磷的含量和比例必须搭配合理，同时也要注意适当加微量元素。育成牛舍饲的基础饲料是干草、青草、秸秆等青贮饲料，饲喂量为体重的1.2%～2.5%，视其质量和大小而定，以优质干草为宜。

12月龄以后，育成牛的消化器官发育已接近成熟，同时母牛又无妊娠或产乳的负担，因此，此时期如能吃到足够的优质粗料就基本可满足营养需要，如果粗饲料质量差时要适当补喂少量精料，以满足营养需要。精粗料比例为75%粗料，25%的精料。

18月龄后，应以优质干草、青草、粗饲料为主，少喂或不喂精料。

饲喂精粗结合的饲料（李斌 摄）　　青年牛

★企汇网，网址链接：http://product.qihuiwang.com/298150677.html

（编撰人：郭勇庆；审核人：李耀坤）

53. 混合日粮配制有哪些技术要点？

（1）饲料原料与日粮的检测。科学配制全混合日粮的根本在于原料营养成分。原料的干物质含量和营养成分受产地、收割季节及调制方法不同，存在较大差异，因此TMR原料因每周或每批化验一次。全混合日粮制作的关键因素是原料的水分，其变化将引起干物质含量的变化。一般水分含量在35%～45%为最佳，过干或过湿均会影响干物质的采食量。

（2）饲料配方的选择。要综合考虑动物的生长发育、生产阶段、体况、饲料资源等因素来恰当的制定配方。

（3）搅拌机的选择。全混合日粮的生产是通过搅拌机的绞龙和刀片共同作用，将饲料切碎、揉搓、软化和搓细后充分混合而成。全混合日粮搅拌机的选择非常重要，应结合养殖场发展规模与方向、现场布局、饲养管理水平、经济条件、供电环境条件、成本指标等因素选择合适的搅拌机。

全混合日粮搅拌机

★百度图片，网址链接：https://image.baidu.com/search/detail?ct=503316480&z=0&ipn=d&word=TMR是什么

（编撰人：郭勇庆；审核人：李耀坤）

54. 墨西哥饲用玉米种植有何技术特点?

墨西哥玉米是一种具有环境适应性强、种植技术简单、营养价值高、产量高等优点的草本植物。墨西哥饲用玉米，株高可达3～4m，具有较强的分蘖力，且每丛有30～60个分枝，最多可达90多分枝，茎秆发达，茎叶茂盛，质地松脆，甘甜味，是草食动物的好饲料。

墨西哥饲用玉米年可刈割7～8次，亩产茎叶可达1万～2万kg。其粗蛋白含量13.8%，粗脂肪含量2%，粗纤维含量30%，消化率较高。由于其较强的适应性，耐酸、耐热，可在我国大部分地区广泛种植，生育期一般200～260d，不同地区可根据生育期和当地具体气候环境选择合适的播种时间，南方地区可四季播种。一般采用春播，温度保持在20℃左右，选用平整和地力较好的耕作地进行播种，行距35～40cm，株距30cm，播种方式采用穴播或育苗移栽，每穴2～3粒，播种后撒施基肥，盖3～4cm碎土。育苗移栽，用种量0.5kg。育苗移栽的在苗高20～30cm时即可移植大田。

播种初期（播种后的30～50d），育苗生长缓慢，且有杂草滋生，此时，不便封行，要及时中耕除草，施加磷、钾肥；出苗后的60～70d后，生长迅速，分蘖增多，需要更多的营养和水分，若地质较为贫瘠，则需要施加氮肥。之后每次刈割都应及时补肥、灌溉，以保证后茬的产量和品质。当株高1.5m左右便可刈割，留茬5cm左右，下次刈割留茬应增加2cm，不能割掉生长点。

墨西哥饲用玉米

★百度图片，网址链接：https://image.baidu.com/search/detail?ct=503316480&z=0&ipn=d&word=墨西哥饲用玉米

（编撰人：孙宝丽；审核人：李耀坤）

55. 如何制作苜蓿青贮?

苜蓿青贮制作方法有窖贮和包膜青贮两种。池（窖）贮制作步骤如下。

（1）在现蕾到初花期（20%开花）之间进行收割。

（2）晾晒时间12～24h，如若早晨刈割，则下午制作，或者下午刈割，第二天早晨制作。

（3）使用铡草机将苜蓿切割成2～5cm长。

（4）填装入青贮池（窖），大约每填装50cm厚度并摊平时，就用农用机械压实（尤其要注意靠近窖壁和拐角的地方），并在上面铺撒青贮饲料添加剂。

（5）逐层装填、压实，直到高出池面20～30cm，表面铺上塑料薄膜，覆土20～30cm密封。

（6）管理。窖口防止雨水渗入及空气流通。青贮池（窖）四周应设置有排水沟或排水坡度。

包膜贮存制作步骤如下：苜蓿适时收割、晾晒、铡短后，先用打捆机压制成形状规则且紧实的圆柱形草垛，接着用裹包机将草垛用塑料拉伸膜包裹密封严实。

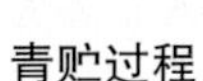

青贮过程　　草段

★内蒙古自治区农牧业厅，网址链接：http://www.nmagri.gov.cn/zxq/msxxlb/tl/403933.shtml
★突袭网，网址链接：http://sc.tuxi.com.cn/viewtsg-12-0907-08-3788881_234754850.html

（编撰人：孙宝丽；审核人：李耀坤）

56. 如何制作玉米青贮饲料？

（1）收割。收割时，玉米留茬15cm以上，最佳收割时干物质为28%～30%，即1/2乳线期。

（2）切碎。切碎便于压实，排出空气。切割长度视水分而定，0.9～1.95cm常用。粉碎时应使用同时具备切断和压扁功能的铡草机。玉米籽实破碎是青贮过程极其重要的环节，如若玉米籽实不能破碎，动物采食后就无法将其充分发酵和消化，营养就会随粪便而排出体外。青贮可以使用揉丝机，可以提高消化率和净食率。同时，为促进发酵，可在青贮中添加乳酸菌、有机酸等添加剂。

（3）压实。装窖时，每装15～30cm用款轮拖拉机压实一次，特别要注意压实青贮窖的四周和边角。全窖平均压实密度每立方米大于等于750kg。从青贮窖一边或中间以30° 斜面进行层层堆填，边填边压，逐层压实，行走时采用先直线行驶压平，再对角线进行压实。压实过程中由于车辆无法接近窖的边缘，因此需要人员在边缘进行踩压。

（4）封窖。封窖要求紧密不透风、不渗水，青贮池不能漏水、露气，一定要注意后期的维护工作。

玉米青贮饲料制作过程

★万方数据，网址链接：http://www.wanfangdata.com.cn/details/detail.do?_type=perio&id=nmgxmkx200903025

（编撰人：孙宝丽；审核人：李耀坤）

57. 什么是全混合日粮？如何加工全混合日粮？

全混合日粮（Total mixed ration，TMR）是按照营养需要设计的日粮配方，采用专门的机械搅拌或人工方法，将精粗料、添加剂等日粮各组分均匀混合，供反刍动物自由采食的一种营养平衡日粮。全混合日粮应用中，需根据生长阶段、生产性能等合理分群。机械加工制作方法步骤如下。

（1）原料填装。立式TMR搅拌车的填装顺序为干草、青贮饲料、农副产品和精饲料。卧式TMR搅拌车的填装顺序为精料、干草、青贮、糟渣类。添加原料的过程中，要注意避免将铁器、石块、包装绳等杂物混入搅拌车中。

（2）原料混合。通常采用边投料边搅拌的方式，在最后一批原料加完后再混合4～8min。原则上需要确保搅拌后日粮中长于4cm的粗饲料占全日粮的15%～20%。人工制作方法是通过人工把配制好的精料与定量的粗料多次掺和混匀。

TMR搅拌机

★万国企业网，网址链接：http://cn.trustexporter.com/cz286o3256469.htm
★光波网，网址链接：http://www.gbs.cn/qitaxingyezhuanyongshebei/g337638.html

（编撰人：孙宝丽；审核人：李耀坤）

58. 标准化养殖场玉米的最佳利用方法是什么？

我国肉牛长期养殖过程中，一直是将玉米粉碎成玉米面后与其他饲料原料混合后进行饲喂，但这种方式不是玉米的最佳利用方法，目前已经很少使用。国外发达国家普遍使用压片玉米，与玉米面相比，压片玉米能提高饲料利用率。另外，将高水分玉米湿贮是新发展起来的贮存技术，可减少干燥等成本，而且利用效率高。全株玉米青贮不仅可提高玉米的消化利用率，还可显著提高玉米秸秆的利用率。从我国肉牛养殖的生产实践来看，压片和全株青贮这两种利用方式非常广泛，被广大养殖者所接受和认可，在一些规模化的养殖场已经得到了普及；玉米湿贮技术现在正处于发展阶段，由于其低成本、高利用率的优势，已经成功地在一些养殖场进行了推广，该技术将是未来一段时间发展和推广的重点。

压片玉米

玉米秸秆

★弘林科技网，网址链接：http://www.sdnysl.com/exhview.asp？id=87
★新疆兴农网，网址链接：http://www.xjxnw.gov.cn/c/2017-01-25/1111977.shtml

（编撰人：孙宝丽；审核人：李耀坤）

59. 标准化牛场如何进行秸秆氨化？

（1）氨的用量。氨用量占干物质的1%～3%时，随着氨的用量的增加，体外消化率也随之增加；在3.5%～5%时，消化率提升不明显，所以氨用量一般在3%为宜。换算方式如下。

①尿素。每100kg秸秆需要3kg氨氨化，需要尿素的量为3kg（无水氨）÷（46%含氮量×1.21）=5.4kg尿素。

②无水氨。每100kg秸秆使用无水氨3kg。

③氨水。每100kg秸秆用含氨15%氨水16.5kg。含氨量在4%以下不能用，因为含水量过高，超过氨化所需量。

④碳铵。每100kg秸秆用含氮量15%的碳铵16.5kg。

（2）环境温度。氨化效果与环境温度密切相关。夏、秋两季适宜采用室外堆垛法，由于气温暖和，只要塑料布密封严，氨化时间短，效果好。在冬季采用水泥池氨化可克服冬季温度低的不足。当环境温度在17～25℃时，氨化时间为4周；当温度为4℃以下时，氨化时间需要8周。

（3）加水量。用无水氨或氨水时，不需要加水。用其他氮源需加水水解，加水量在30%～40%。

（4）氨化方法。堆垛法，塑料布放在最底层，按比例加入氮源，立即封口；水泥池法应做到不漏水、不漏气。

秸秆氨化

★农村致富经网，网址链接：http://www.nczfj.com/yzzz/201016825.html？spm=0.0.0.0.IDovc0
★张掖市政府门户网，网址链接：http://cl.zhangye.gov.cn/Item/7445.aspx

（编撰人：孙宝丽；审核人：李耀坤）

60. 标准化牛场如何制作半干青贮饲料？

半干青贮饲料是介于干草和青贮饲料之间的一类饲料，就是将晾晒后半干的牧草进行青贮，这样得到的饲料干物质含量多，有芳香味，适口性好。制作半干青贮饲料有如下几个步骤。

（1）收割。一般在牧草的抽穗期收割，收割后的牧草先在空地上晾晒半天，然后搂成草垄进行阴干晾晒1d左右，含水量不低于45%，可准备装贮。

（2）切碎。切碎长度一般为2～3cm，原料切碎压实，排出空气，汁液流出利于乳酸菌利用糖分。

（3）装窖和压实。要逐层平摊装填，同时压紧，排出空气，创造厌氧环境，这是制作的关键步骤。随装随压，整个过程尽可能迅速、不间断，防止雨水渗漏。

（4）封盖。装满后窖四周边缘的原料要与窖口相平，中间部分高出一些，整体呈弓形。上面用塑料薄膜覆盖密封，用沙袋或者车轮胎压实。贮藏60d后可开窖使用，每次取用后都要注意封堵，防止霉变。

半干饲料青贮

★百度百科，网址链接：https://baike.baidu.com/pic/%E9%9D%92%E8%B4%AE/2936759/0/e4dde71190ef76c6cdf8d9fd9716fdfaaf516739？fr=lemma&ct=single#aid=0&pic=e4dde71190ef76c6cdf8d9fd9716fdfaaf516739

★百度百科，网址链接：https://wapbaike.baidu.com/pic/%E9%9D%92%E8%B4%AE/2936759/0/500fd9f9d72a605915b1cb7c2934349b033bba36？bd_page_type=1&st=3&step=4&net=3

（编撰人：孙宝丽；审核人：李耀坤）

61. 为什么农区利用作物秸秆饲喂肉牛时必须进行一定的加工处理？

秸秆是农区肉牛饲养的主要饲料，需要进行一定的加工处理，否则会存在适口性差、消化率低还有营养物质含量少的问题。通过物理、化学和生物学等方法加工处理，能够提高秸秆的适口性，提高肉牛采食量，增强消化率，改善生产性能。在生产实践中对秸秆进行加工处理的常用方法有切短、揉搓、粉碎、压块、制粒、碱化、氨化、青贮、微贮等。此外，将秸秆加工处理后饲喂给肉牛，不但能够提高资源利用效率，而且可以作为肉牛饲料资源的补充，进而生产出优质的牛肉产品。

作物秸秆加工

★猪e网，网址链接：http://sl.zhue.com.cn/yaowen/201601/253691.html

（编撰人：孙宝丽；审核人：李耀坤）

62. 如何调制肉牛精饲料?

精料补充料包括添加剂预混料、蛋白质饲料、矿物质饲料和能量饲料几种，是由其混合制成，无法单独饲喂肉牛，应和粗饲料混合组成全价日粮后进行饲喂。

（1）营养生理性。要满足肉牛对各种营养物质的需要，同时使饲料组成多样化和适口性好，容积与消化生理特性相适应。由于肥育目标、日增重、肥育终重及粗料种类和品质等的不同，日粮精粗比和精料补充料的配方就不同。

（2）经济与可操作性。选用的原料应价格适宜，就近取材。如可以利用棉籽饼等替代部分大豆饼（粕），非蛋白氮饲料代替部分蛋白质饲料。随时把握肉牛的体重变化和饲料价格的上下浮动，及时调整精料补充料的配方以及饲喂量。

（3）安全性。禁止使用的动物源性饲料原料以及有毒有害物质污染过的原料作为精料补充料。此外，在配制优质肉牛的精料补充料时，尤其在最后的100d内，应减少叶黄素含量高的饲料的摄入（如黄玉米），以免导致牛肉脂肪颜色变黄而影响了牛肉的售价。

肉牛精料

牛羊浓缩饲料

★中国网库，网址链接：http://www.99114.com/? id=7264561
★慧聪网，网址链接：https://b2b.hc360.com/viewPics/supplyself_pics/345015225.html

（编撰人：郭勇庆；审核人：李耀坤）

63. 标准化养殖场育肥牛的饲料为什么要尽量保持稳定？

肉牛与猪禽等单胃动物最大的不同在于拥有功能特殊的瘤胃，瘤胃内寄生着多种微生物，这些微生物是肉牛消化利用粗饲料的基础。瘤胃微生物的种类和数量只有保持稳定才能保证肉牛健康，而只有在固定的日粮组成和喂量等条件下，瘤胃微生物的种类和数量才能保持稳定。日粮变化可导致瘤胃微生物也发生相应改变，但这种改变的完成需要一段时间的适应期，一般需要5 ~ 7d。如果饲料改变过快或过于频繁，轻则会使肉牛的食欲不振和饲料利用效率下降，重则会引起拉稀、瘤胃胀气等代谢疾病。另外，如果喂量不稳定，会导致肉牛饲料利用效率显著降低；标准化养殖场的育肥牛育肥时间短、养殖数量多，为避免饲料的浪费，提高肉牛养殖的经济效益，更要保持饲料原料和种类的稳定性，不要轻易大幅度的更换。

颗粒饲料饲喂

★慧聪网，网址链接：https://b2b.hc360.com/viewPics/supplyself_pics/276046878.html
★搜狐网，网址链接：http://www.sohu.com/a/162147319_740989

（编撰人：郭勇庆；审核人：李耀坤）

64. 肉牛场如何选址？

肉牛场应选择在地势干燥的地点，且光照条件良好的背风处，要求地下水水位较低，最好有缓坡，北面高南面低，有利于排水，总体最好平坦。不可以将牛场建立在风口、低凹处，否则在汛期将面临排水困难、寒冷季节防寒困难的问题。肉牛场的建设对土质也有一定的要求，沙壤地是较优材质，这样的土质通透性强，利于吸收雨水和尿液，不产生硬结，对清洁牛舍以及运动场都十分有利，最重要的是可以防止肢蹄病的发生。养牛场的附近还要有符合饮水标准的充足水源。牛场要建立在远离交通要道、村镇以及一些工厂，如屠宰场、化工厂等，一般要远离交通道路200m以外，远离村镇工厂500m以外，这样对卫生防疫以及防止受到污染都很重要。虽然牛场要建立在远离交通道路的地方，但是要注意牛场附近交通方便，以利于运输饲料、架子牛的购买、肉牛出栏销售以及粪肥销售，减少运输费用，因此，肉牛场应建立在离公路或铁路较近，交通便利的地方。为了降低养殖成本，肉牛场在建立时还要充分考虑到当地的饲草资源，就建立在距秸秆、青贮、干草等饲料资源较近的地方，这样便于饲料、饲草的供应，减少了饲料运费，从而降低养殖成本，提高养殖效益。

肉牛养殖场

★慧聪网，网址链接：http://b2b.hc360.com/viewPics/supplyself_pics/82803895073.html
★搜狐网，网址链接：http://www.sohu.com/a/30463519_234548

（编撰人：孙宝丽；审核人：李耀坤）

65. 如何规划布局肉牛场场区？

肉牛场一般分生活区、管理区、生产区和病牛隔离治疗区。

（1）生产区。包括生产区和生产辅助区。生产区主要包括牛舍、运动场、储粪池等，这是肉牛场的核心，应设在场区地势较低的位置，要能控制场外人员和车辆，使之完全不能直接进入生产区，要保证安全、安静。各牛舍之间要保持适当距离，布局整齐，以便防疫和防火。但也要适当集中，节约水电线路管道，缩短饲草饲料及粪便运输距离，便于科学管理。生产辅助区包括饲料库、饲料加工车间、青贮池、机械车辆库、采精授精室、液氮生产车间、干草棚等。饲料库、干草棚、加工车间和青贮池，离牛舍要近一些，位置适中一些，便于车辆运送草料，减少劳动强度。但必须防止牛舍和运动场因污水渗入而污染草料。所以，一般都应建在地势较高的地方。生产区和辅助生产区要用围栏或围墙与外界隔离。大门口设立门卫传达室、消毒室、更衣室和车辆消毒池，严禁非生产人员出入场内，出入人员和车辆必须经消毒室或消毒池进行消毒。

（2）管理区。包括办公室、财务室、接待室、档案资料室、活动室、实验室等。管理区要和生产区严格分开，保证50m以上距离。

（3）病牛隔离治疗区（包括兽医诊疗室、病牛隔离舍）。此区设在下风头，地势较低处，应与生产区距离100m以上。病牛区应便于隔离，单独通道，便于消毒，便于污物处理等。

（4）生活区。职工生活区应在牛场上风头和地势较高地段，并与生产区保持100m以上距离，以保证生活区良好的卫生环境。

肉牛场功能区布局

★昵图网，网址链接：http://www.nipic.com/show/12170134.html

（编撰人：孙宝丽；审核人：李耀坤）

66. 肉牛场的选址要点是什么？

（1）肉牛场应建在地势较高、环境干燥、背风向阳、地下水位较低的地方，具有缓坡的北高南低，总体平坦地方。切不可建在低洼、分口处，以免造成涝灾，排水不便及防寒困难。

（2）土质以沙壤土为好，土质松软，透水性强，雨水、尿液不易积聚。

（3）水源充足，干净卫生，保证生产及人、畜正常饮用。水质良好，不含毒物，确保人、畜健康安全。

（4）肉牛饲养所用饲料用量较大，尤其是粗饲料，且不便运输，因此肉牛场选址应靠近秸秆、青贮和干草饲料资源丰富的地方，以保证饲料供应，降低成本。

（5）架子牛和大批饲草饲料的购入，肥育牛和粪肥的销售，运输量很大，来往频繁，有些运输要求风雨无阻，因此，肉牛场应建在离公路或铁路较近的交通方便的地方。

（6）远离主要交通要道、村镇工厂500m以外，一般交通道路200m以外。还要避开对肉牛场污染的屠宰、加工和工矿企业，特别是化工类企业。符合兽医卫生和环境卫生的要求，周围无传染源。

（7）不占或少占耕地。

（8）要尽可能避免地方病，地方病大多因土壤、水质匮乏或含有某些元素而引起。地方病对肉牛的健康生长和肉质影响较大，防治会增加成本，因此要及时避免。

牛舍

建设中的牛舍

★农村致富网，网址链接：http://www.sczlb.com/cate-news/19374.html

（编撰人：孙宝丽；审核人：李耀坤）

67. 肉牛标准化养殖场的经营管理应包括哪些内容?

肉牛标准化养殖场的经营管理主要包括生产管理、技术管理、财务管理与经济效益评估等方面的内容。

（1）生产管理。主要包括计划管理、过程管理和绩效考核管理。为了使牛场的各项工作能够顺畅有序，牛场需要制定周转计划、饲料计划和饲养计划，进行计划管理。在肉牛场的生产过程中，要制定恰当的生产流程及操作规程，依据相应的指标和有关信息进行过程管理，并制定绩效考核评价指标体系，进行绩效考核管理。

（2）技术管理。主要包括营养需求分析、生长发育评定、饲料加工工艺评定、疾病控制研究、电子档案信息管理等内容。

（3）财务管理。主要包括资金管理与成本管理。资金管理，就是对企业在生产经营活动中所需要的各种资金的来源、分配和使用，实施计划、组织与调节、监督及核算等管理职能的总称。成本管理就是对产品整个生产销售过程中发生的各项成本费用开支进行的一系列管理工作，主要包括成本预测、决策计划、控制等管理内容。

肉牛养殖场

★搜狐网，网址链接：http://www.sohu.com/a/164095903_99919582
★搜狐网，网址链接：http://www.sohu.com/a/165614552_480318

（编撰人：孙宝丽；审核人：李耀坤）

68. 肉牛标准化养殖场如何进行财务收支管理?

肉牛养殖场支出=购买仔畜支出+购买饲料支出+兽药支出+工资支出+水电费+设备维修费+固定资产折旧费+管理费+销售费+保险费

每一笔财务支出必须认真填写支出凭证，并由经手人、主管领导及报账人签字方可报销，购买物资必须有统一发票。养殖场各部门及时进行财务处理，登记相应地账簿，定期与有关部门对账，保证双方账项一致。

肉牛养殖场收入=犊牛收入+育肥牛收入+粪便收入

销售部门根据标准及时开具发货凭证，由财务部会计记账凭证，登记有关收入和与客户应账款往来的会计账簿，同时定期对账进行核对，保证双方账项一致。

净利润=收入-支出

（编撰人：孙宝丽；审核人：李耀坤）

69. 肉牛标准化养殖场如何进行生产成本核算?

对肉牛养殖场的生产进行成本核算，是为了寻找降低饲养管理成本和提高效益的途径。根据肉牛养殖生产成本的特点，一般要计算牛群的饲养日成本、增重成本、活重成本和主产品成本，基本计算公式如下：饲养日成本=该肉牛群饲养费用/该肉牛群饲养头日数；育肥牛增重成本=（该群饲养费用-副产品价值）/该群增重；其中，该群增重=（该群期末存栏活重+本期离群活重）-（期初结转活重+期内转入活重+购入活重）；育肥牛活重单位成本=期初活重总成本+本期增重总成本+投入转入总成本-死畜残值期末存栏活重+期内离群活重；千克牛肉成本=（出栏牛饲养费-副产品价值）/出栏牛的牛肉总产量。

（编撰人：李耀坤；审核人：孙宝丽）

70. 肉牛标准化养殖场应如何建立经营管理的组织机构?

为提高肉牛场的市场应变能力，加大市场竞争力度，最大限度降低成本，提高肉牛养殖效益和社会效益，肉牛养殖场应建立企业管理制度，以公司为企业的经营法人，实行董事会领导下的总经理负责制，公司为独立的核算经济实体。同时，应设置完善的职能中心，包括：战略管理中心、账务监控中心、物资管理中心、技术研发中心、人力资源中心、行政法律中心、营销中心及售后服务中心等部分，相应地需要有办公室、生产技术部、销售部及饲料厂等部门的配套，只有具备了健全的组织机构，养殖场的管理才能做到标准化。

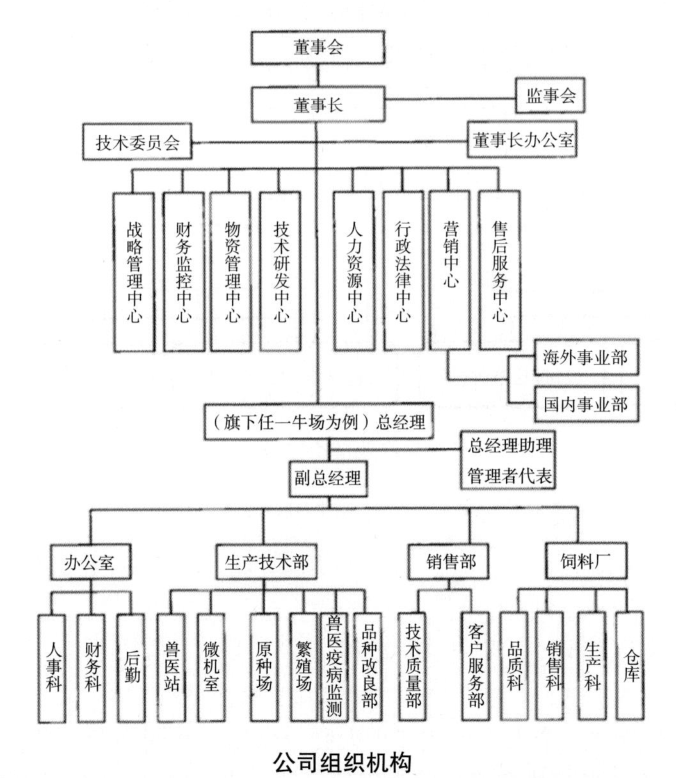

公司组织机构

★网址链接：http://xueshu.baidu.com/s? wd=%E8%82%89%E7%89%9B%E5%81%A5%E5%BA%B7%E5%85%BB%E6%AE%96%E7%99%BE%E9%97%AE%E7%99%BE%E7%AD%94&rsv_bp=0&tn=SE_baiduxueshu_c1gjeupa&rsv_spt=3&ie=utf-8&f=8&rsv_sug2=0&sc_f_para=sc_tasktype%3D%7BfirstSimpleSearch%7D&rsv_n=2

（编撰人：孙宝丽；审核人：李耀坤）

71. 肉牛产业链组织经营模式有哪些?

肉牛产业链是指与肉牛生产紧密相关且具有上下游关系的所有环节的整个流程，是将肉牛牛源供应、饲养、屠宰、加工、运输、销售等环节相连接的一个有机整体。肉牛产业链是一个错综复杂的系统，自然再生产和经济再生产相结合这一本质属性决定了肉牛产业链长、涉及利益主体众多的特点，不同利益主体之间链接方式的差异，决定了不用肉牛产业链组织模式的形成。肉牛产业链组织模式分为市场交易、契约式、合作式和纵向一体化几种类型。在肉牛产业链形成的早期，各主体之间以松散的关系结合，即通过市场交易的方式链接；随着肉牛产业链的不断发展，养殖户和企业之间以契约的形式建立起比较稳定的产业链组织形式，如公司+农户、公司+基地+农户；散户为抵御市场风险，转变市场信息短缺的处境，自行建立或积极加入养牛协会、专业合作社等中介组织，形成了合作式产业链组织模式，如公司+合作社+农户、公司+养牛协会+农户；而纵向一体化模式在中国起步较晚，对资金、技术、制度等有较高要求。

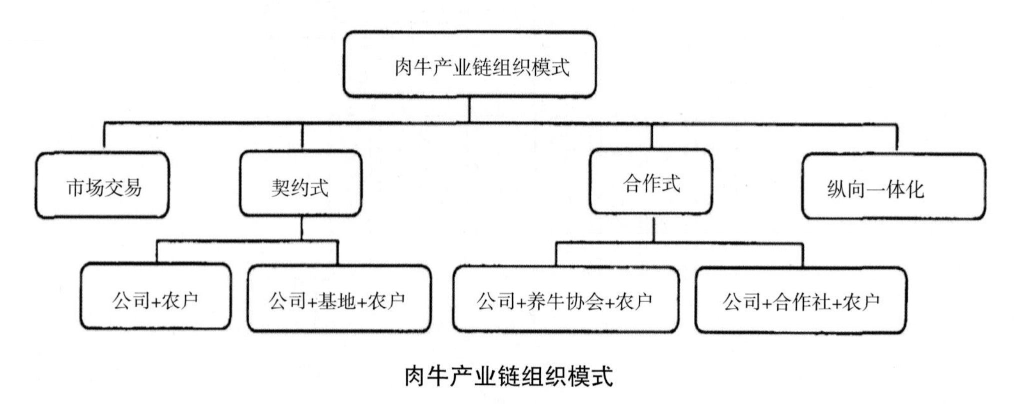

肉牛产业链组织模式

★田文霞，宋志勇. 肉牛健康养殖百问百答[M]. 中国农业出版社，2012.

（编撰人：孙宝丽；审核人：李耀坤）

72. 建立标准化肉牛养殖场如何进行资金筹措?

（1）自有资金。个人出资或几个人联合建场，共同经营管理，这是当前建立标准化肉牛养殖场筹措资金比较常用的一种方式，但是，肉牛养殖周期较长，投入资金较多；如个人出资或联合建场，需要慎重选择，做好长期规划，避免养殖场运转过程中资金短缺。

（2）对外募集。资金实行股份制融资，筹集闲置富余资金，吸引外来投资者；多数外来投资者并不具有养殖的专业知识，因此，在建场的过程中，需要吸纳专门的养牛人才，为养殖场的正常运转奠定基础。

（3）争取政府补贴。资金结合当地政策，争取政府无偿扶持资金或贴息、低息贷款，当前国家非常重视草食畜牧业的发展，对肉牛业发展有很大的政策扶持力度。

（4）银行贷款。这部分资金需要偿付银行较高的利息，一般只作为中短期的流动资金使用。

肉牛养殖场

★慧聪网，网址链接：https://b2b.hc360.com/viewPics/supplyself_pics/235662286.html

（编撰人：孙宝丽；审核人：李耀坤）

73. 肉牛舍内设施有几种布置方式？饲养密度多大？

按照牛只在舍内的分布方式，牛舍的布置方式可分为单列式、双列式和多列式。

（1）单列式布置只设置一排采食位，牛舍跨度和长度较短，一般为6m和60～80m。

（2）双列式牛舍设有两排采食位，根据牛采食时的相对位置，可分为对头式和对尾式饲喂牛舍，牛舍跨度一般大于10m。对头式饲喂牛舍是肉牛舍较常用的布置方式，牛舍中间设一条纵向饲喂通道，两侧牛群对头采食，每侧设置相应的清粪走道。这种牛舍布局，便于实现机械化饲喂，易于观察肉牛的采食状况。采用拴系饲养牛位应为1.0～1.2m宽，小群饲养每头牛占地面积不小于3.5m^2、以6～8m^{2}为宜。

对头式肉牛舍

★辽宁金农网，网址链接：http://yzq.lnjn.gov.cn/special/yxyy/tscy/2014/1/529362.shtml

（编撰人：孙宝丽；审核人：李耀坤）

74. 肉牛品牌化战略经营模式有哪些?

（1）产品品牌战略。产品的名字非常重要，将产品名与具体的面向人群联系在一起，并明确产品定位，迅速占领特定市场。

（2）产品线品牌战略。将肉牛的品质和价格统一定位于同类型的顾客和市场，将产品出售给同类型的顾客群，将同类型产品通过其他销售网点分销，或在一定的幅度内做少许价格浮动，提供优惠，这种战略一般得益于最初产品的成功。

（3）分类品牌战略。给予某一肉牛品种群以一个单独的名称和承诺，将该品种肉牛单独作为特定宣传的品牌和商标。

（4）伞状品牌战略。将不同品种的肉牛都归类到一个相同的品牌。这种战略适用于已经拥有较高市场地位的强势品牌。

（5）来源品牌战略。每个品质的肉牛具有两个品牌，形成双重品牌结构，所以它也被称为双重品牌化战略。

（6）担保品牌战略。为肉牛品质提供令消费者信任、有质量保证、信誉和竞争力的承诺。担保品牌战略与来源品牌战略较相似，区别在于前者的母品牌和子品牌处于比较松散的关系，对市场来说，主要是子品牌（产品品牌）在起作用，母品牌并不突出，只是起到背书或担保的作用（担保品牌往往是公司品牌）。在产品品牌、产品线品牌或分类品牌之下，担保品牌战略支持产品分类的广泛变化。

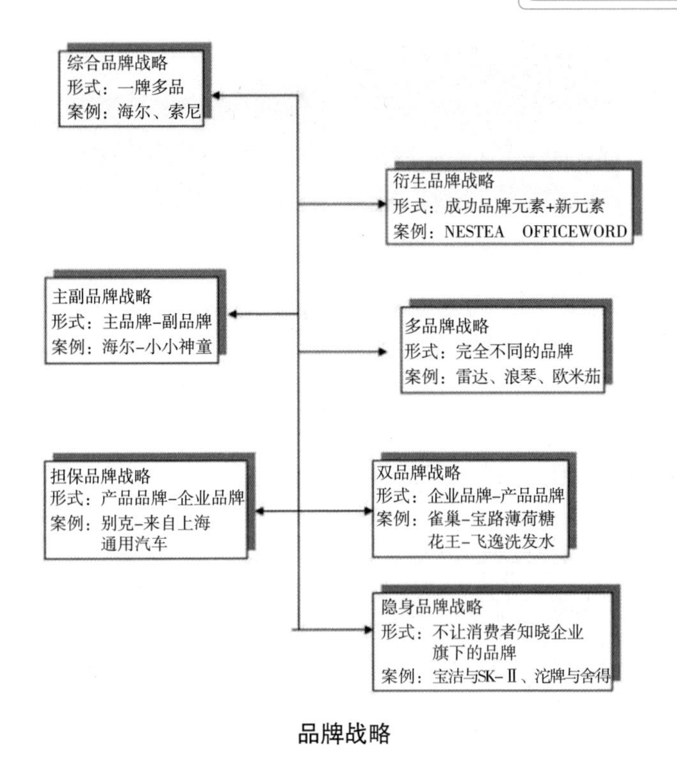

品牌战略

★新浪网，网址链接：http://blog.sina.com.cn/s/blog_7efa1d470101kc0q.html

（编撰人：孙宝丽；审核人：李耀坤）

75.《肉牛标准化示范场验收评分标准》必备条件中“年出栏育肥牛500头以上，或存栏能繁母牛50头以上”的依据是什么？

根据农业部《畜牧业统计年鉴》（2009）计算，我国年出栏9头以内的牛场（户）占全国的约97%，年出栏数占全国的总数约65%，合每场（户）年出栏2.4头。能繁母牛存栏量为50头，年出栏架子牛头数至少在30头以上，此阶段的出栏效率最高，因此《肉牛标准化示范场验收评分标准》必备条件中将能繁母牛存栏头数定为50头。育肥牛出栏50～99头的出栏效率与出栏1 000头以上的出栏效率基本相同，考虑到企业（育肥场）一般年出栏育肥牛300～800头，因此将500头作为最低出栏指标。因此，在肉牛标准化示范场验收过程中，年出栏肥育牛必须达到500头以上，或存栏能繁母牛必须达到50头以上，方可通过验收。

肉牛场

★搜狐网，网址链接：http://www.sohu.com/a/30463519_234548
★搜狐网，网址链接：http://www.sohu.com/a/125482265_602232

（编撰人：孙宝丽；审核人：李耀坤）

76. 标准化牛场如何建立饲养管理档案?

需要记录的档案资料如下。

（1）犊牛卡。外貌、耳号、出生日期、父母耳号、初生重以及体尺等数据。

（2）各阶段牛的体尺数据。耳号、胎次、产犊时间、测定日龄、体高、体长、胸围、管围、体重等。

（3）奶牛初乳期奶量登记。耳号、产犊日期以及初乳量等。

（4）转入转出情况。耳号、转入转出时间等。

（5）干奶牛情况。干奶日期、预产期、膘情、乳房情况等。

（6）产奶量记录。日产奶量、牛奶总产、成母牛日单产、挤奶牛日单产等。

（7）饲料消耗记录。挤奶头数、精料量、饲草量等。

（8）育种资料。奶牛发情记录（牛耳号、发情日期、产犊日期、子宫情况、处理方法）；奶牛配种记录（耳号、产犊日期、与配公牛、配种日期、配次、预产期、备注等）。

（9）兽医资料。兽医处方、犊牛发病统计、用药统计、成母牛发病死亡情况统计、防疫情况统计。

肉牛养殖场

★百度中文网，网址链接：https://image.baidu.com/search
★搜狐网，网址链接：http://www.sohu.com/a/162573853_99906963

（编撰人：李耀坤；审核人：孙宝丽）

77. 肉牛企业管理信息系统是怎样构成的？有何作用？

所谓管理信息系统（Management Information Systern，MIS），是一个由人、计算机及其他外围通信设备等共同构成的集信息的收集、传递、存贮、加工、维护和使用功能于一身的系统。该系统的主要任务是最大限度地利用现代计算机及网络通信技术加强企业的信息管理，通过对企业拥有的人力、物力、财力、设备、技术等资源的调查了解，建立正确的数据，加工处理并编制成各种信息资料及时提供给管理人员，以便进行正确的决策，不断提高企业的管理水平和经济效益。该系统的作用有：①提高了企业的工作效率。②优化了企业结构；③缩短了企业作业空间。④提升了企业智能决策能力。⑤提高企业员工素质。⑥实现了企业的高效运营管理，提高了企业在国内外市场上的竞争力。

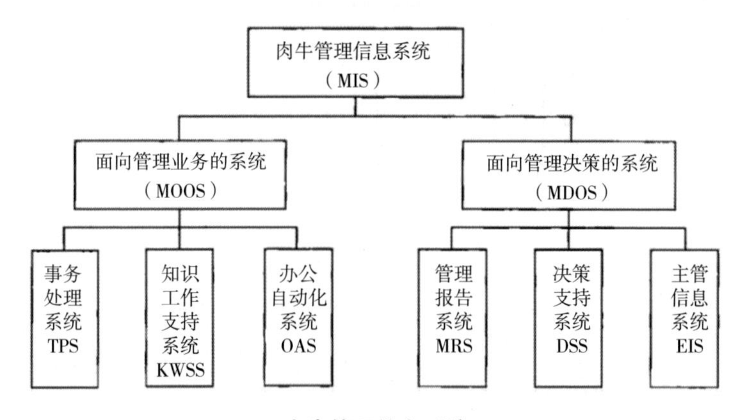

肉牛管理信息系统

★全国畜牧总站组.肉牛养殖技术百问百答[M]. 北京：中国农业出版社，2012.

（编撰人：孙宝丽；审核人：李耀坤）

78. 肉牛企业经营策略是怎么形成的？

企业经营策略不可一成不变，必须根据内部条件、外部环境的变动而进行调整。所谓经营策略，就是在肉牛企业经营管理中，为了实现某一经营目标，在一定的市场环境条件下，所有可能实现经营目标而采取的行动及其行动方针、方案和竞争方式，均可称为经营策略。正确运用经营策略要满足3个条件：①要按顺序采取行动，而不能改变，以不变应万变的行动，不能称为经营策略。②未来将会出现的情况是不确定的，如果可能发生的情况是确定的，就没有制定经营策略的必要了。③随着信息的获取越多，发生不确定情况的可能性越低，要及时对得到不确定事物的信息制定出解决方案。实践中，由于这3个条件的经常出现，使测定经营策略的工作相当复杂。

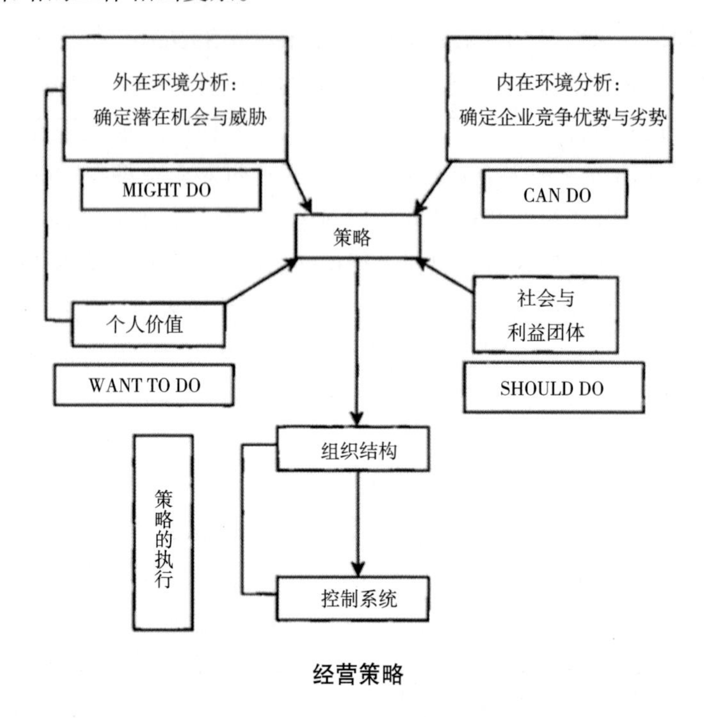

经营策略

★全国畜牧总站组. 肉牛养殖技术百问百答[M]. 北京：中国农业出版社，2012.

（编撰人：李耀坤；审核人：孙宝丽）

79. 肉牛养殖场投资的可行性研究内容有哪些?

肉牛养殖场投资可行性研究主要包括9个方面的内容，即：项目的背景和历史、市场和养殖场生产能力、材料和投入物、建养殖场地区和场址、项目设计、养殖场组织和管理费用、工作人员、建设进度安排、财务和经济估价。肉牛养殖是一个长链条的产业，每一个环节都很重要，因此，各方面的内容均要慎重考虑，一定要咨询相应的专家顾问进行关键技术及项目可行性分析，尽量减少不必要的人力、物力及财力的浪费，一方面可节约成本，另一方面，在一定程度上可规避肉牛养殖场投资的风险，确保投资人的收益。

（编撰人：刘德武；审核人：李耀坤）

80. 肉牛运动场建设有哪些要求?

肉牛运动场建设时应根据牛群规模和体型大小而定，一般设在牛舍之间的空地上，可在牛舍南侧，也可设在两侧。运动场要求保持干燥，地面材料以沙土最好，也可采用三合土地面或砖砌地面；运动场地面需设有一定坡度，利于排水。运动场内设置补饲槽、饮水池，方便运动时补饲以增加采食量，促进机体的生长发育；在寒冷地区运动场的饮水槽应加设保温措施，防止结冰；日照强烈地区应在运动场内设凉棚，利于牛只的休息。育肥牛一般应减少运动，饲喂后拴系在运动场休息，利于育肥。运动场围栏可采用钢管，也可用水泥柱。围栏包括横栏与栏柱，栏杆高1.2～1.5m，栏柱间隔1.5～3.0m，柱脚可用水泥包裹。育肥牛运动场面积约6m^2/头，繁殖牛运动场面积约15m^2/头。

运动场

★中科商务网，网址链接：http://www.zk71.com/products/u698924/97785_47852112.html

（编撰人：刘德武；审核人：李耀坤）

81. 如何建立肉牛产业技术经济评价指标体系?

中国肉牛产业要走高产、优质、高效、生态、安全的可持续发展道路，就必须实现肉牛养殖由数量增长型向质量效益型的转变，养殖方式由传统农户散养向适度规模化和标准化方向转变，产品由单一数量型向优质安全与数量并重的方向转变，提高肉牛的生产能力和饲料转化率，优化区域生产与加工结构、基础母牛与肉牛结构、产品档次结构。为此，应以产业政策支持为导向，以科技应用为主要推动力，以产业化经营为保障，实现肉牛产业的经济效益、社会效益和生态效益的良性循环。基于以上认识，构建肉牛产业技术经济分析指标。

经济评价指标

分类指标	群体指标		单位
技术分析指标	1. 畜群良种率		%
	2. 饲料转化率		%
	3. 胴体重		kg/头
	4. 胴体品质		级
	5. 牛群成灾率		%
经济效益分析指标	主体指标	6. 肉牛生产力	头/t
		7. 头均利润率	%
		8. 劳均生产率	%
	水平分析指标	9. 肉牛存栏量	头
		10. 肉牛出栏量	头
		11. 牛肉产量	t
		12. 劳动消耗	元/头
	结构指标	13. 牛群结构	
		14. 产品档次结构	
社会效益分析指标	15. 肉牛养殖业产值占农业总产值的比重		%
	16. 肉牛养殖户人均纯收入		元
	17. 吸纳劳动力就业人数		人
生态效益分析指标	18. 粪肥利用率		%
产业化经营分析指标	19. 养殖户组织化程度		个
	20. 规模养殖所占比重		%
	21. 龙头企业规模		家
	22. 全产业链模式企业数量		家

田文霞，宋志勇. 肉牛健康养殖百问百答[M]. 北京：中国农业出版社，2012.

（编撰人：孙宝丽；审核人：李耀坤）

82. 完整的肉牛产业链包括哪些内容？

我国养牛业历史悠久，但长期以来牛主要以役用为主。改革开放以来，随着现代化农业技术的普及以及居民牛肉需求的不断上升，我国商品肉牛业开始起步并逐渐形成了上游种牛繁育和养殖育肥、中游屠宰加工、下游产品批发流通和零售的完整产业链模式。上游的种牛繁育冻精配种逐渐成为主流，行业呈现垄断竞争，养殖肥育以散养为主，规模化低，养殖成本较高。中游大型屠宰加工企业少，开工率低，主要分布在肉牛优势产区，竞争小。小型屠宰场整体屠宰量大，与大型企业争夺牛源。下游批发流通以农产品批发市场为主，大型屠宰加工企业逐渐进入批发流通环节。零售以农贸市场、超市、生鲜电商为主要渠道。

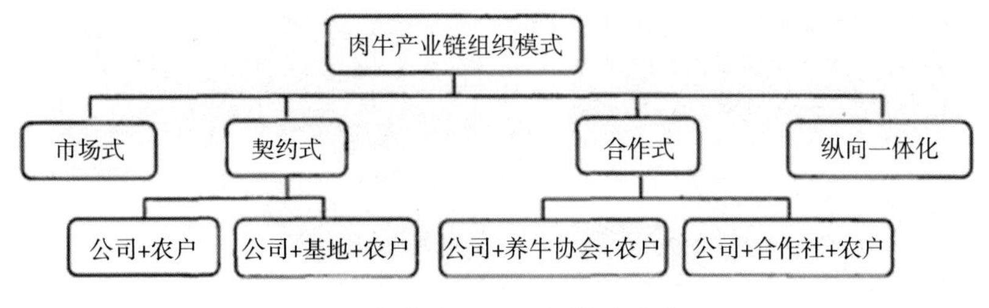

中国肉牛产业链组织模式分类

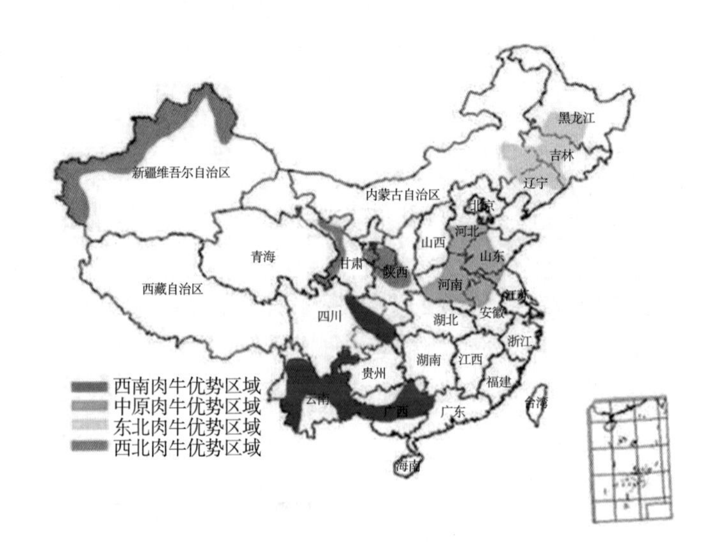

中国肉牛优势产区

★中国畜牧网，网址链接：http://www.chinafarming.com/stat/

（编撰人：刘德武；审核人：李耀坤）

83. 为什么肉牛标准化养殖强调做好记录和档案管理?

档案管理是衡量一个企业或牛场的生产经营水平的标志性事项。农业部发布的《畜禽标识与养殖档案管理办法》要求建立肉牛生产记录制度，配备专门或兼职的记录员，对日常生产、活动等进行记录，以便及时掌握肉牛的生产情况，记录资料包括：产犊记录、牛群周转记录、日饲料消耗记录、舍内环境温湿度记录、出入记录、卫生防疫与保健记录。

这些记录的数据既是生产经营中经济核算的重要信息来源，又是保障生产安全，活牛安全、牛肉安全的重要信息来源。利用这些记录提高生产效率，也是企业场户实现生产经营、提高经营效率和收益的有利工具。

肉牛登记管理信息平台

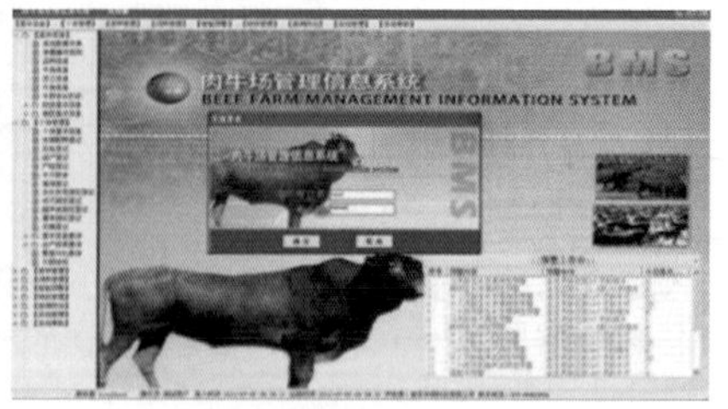

肉牛场管理信息系统

★软件产品网，网址链接：http://www.soft78.com/article/2013-07/2ff8080813f5d3d1b013f990c716e0436.html

（编撰人：孙宝丽；审核人：李耀坤）

84. 母牛个体档案包括哪些内容和项目？

母牛个体档案的主要内容包括：户（场）名、牛号、品种（杂交牛标明父本和主要母本）、谱系记录、体重、体尺（包括体高、十字部高、体斜长、胸围、腹围、管围）、出生年月、胎次、配种时间、预产日期、与配公牛品种及编号、产犊时间、性别、出生重、犊牛编号、规定疫病检免疫时间、产科病病史。按现代管理模式运行的母牛场，可采用现代信息采集技术，对各个母牛个体参数以及牧场环境参数等信息存入计算机数据库，作为饲养管理及育种的基础信息。

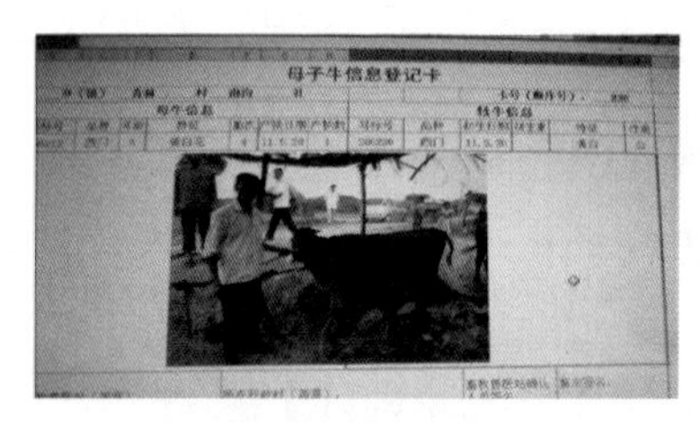

母子牛档案

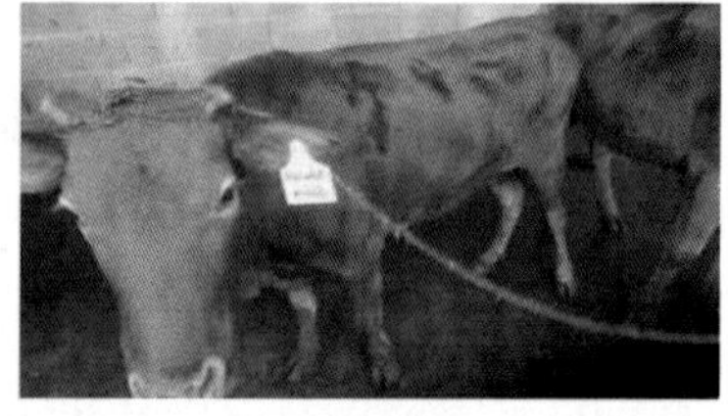

牛耳标

★心理观察网，网址链接：http://xinli.xkyn.com/wenti/xinli-1753994880527433668.htm

（编撰人：孙宝丽；审核人：李耀坤）

85. 为什么要建立肉牛育种数据库与遗传评估技术？目前情况如何？

目前我国肉用的种公牛有相当大的比例是来自于进口公牛，或者是进口公牛的纯繁后代。对种牛的选择缺乏核心育种技术环节和技术平台，遗传评定仅仅是通过体型线性评定。我国肉牛育种体系尚不完善，只有科学的利用肉牛育种数据管理和遗传评估技术，对肉用种牛的遗传检测、测定信息的收集。集中进行系统科学的种牛遗传评定，指导各个品种进行高效的选配工作，才能够提高我国肉牛产业的核心竞争力。

目前，农业部在中国农业科学院北京畜牧兽医研究所建立了国家肉牛遗传评估中心，开展全国肉牛遗传评估工作；吉林、河南已经成立了生产性能测定中心，负责区域内的生产性能测定工作。全国种公牛站存栏的4 000余头肉用种公牛，已全部纳入数据库管理。国家肉牛核心育种场大部分种牛的系谱和生产性能测定数据都已报送。部分单位已经启用国家肉牛生产性能测定数据收集平台报送数据，提高了数据质量和工作效率。国家肉牛信息管理系统，收集了包括雷琼黄牛、延边牛、秦川牛、南阳牛、西门塔尔牛等12个品种。

国家肉牛遗传评估中心网站

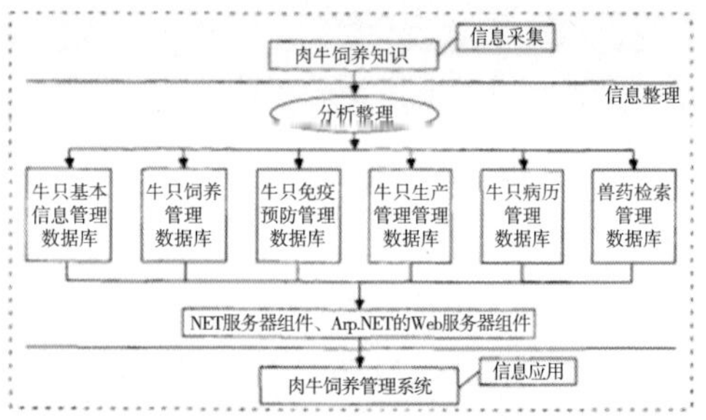

肉牛饲养管理系统的平台结构

★国家肉牛遗传评估中心，网址链接：http://www.ngecbc.org/index.jhtm

（编撰人：孙宝丽；审核人：李耀坤）

86. 为什么要开展肉牛生产性能测定工作？主要包括哪些内容？

性能测定是一种育种措施，主要是对家畜个体具有特定经济价值的某一性状的表型值进行测定或评定并记录，为高效的饲养管理和育种工作提供依据。建设现代畜牧产业，良种是根本。开展肉牛生产性能测定是实施种牛选择的基础，是提高种群选育水平的先决条件，不仅是肉牛选育的必要步骤，同时又是我国肉牛育种的最薄弱环节。肉牛生长性能测定内容主要包括如下方面。

（1）生长发育性状。不同月龄的体重测量如初生重、断奶重、12月龄重等，以及相对应月龄的体尺测量。

（2）育肥性状。育肥始重、育肥终重、育肥期日增重、饲料转化率。

（3）胴体性状。宰前中、屠宰率、净肉率、肉骨比、胴体形态、眼肌面积、大理石花纹情况。

（4）肉质性状。pH值、肉色、嫩度、脂肪颜色、大理石纹、失水率。

（5）繁殖性状。精液品质、睾丸围、采精量。

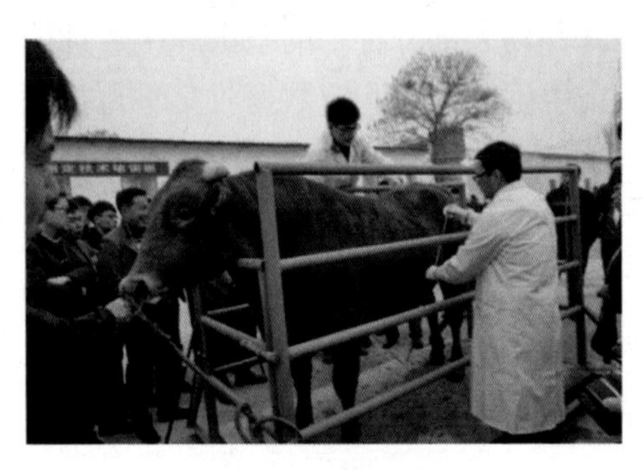

肉牛体尺现场测定

体尺测定

体高（A–M）

十字部高（B–N）

体斜长（E–D）

胸围（C–F–I–F–C）

腹围

管围（J）

体尺测定指标

★企博网，网址链接：http://www.bokee.net/bloggermodule/blog_viewblog.do？id=28330346

（编撰人：李耀坤；审核人：孙宝丽）

87. 建立肉牛质量安全可追溯体系有什么意义?

肉牛质量安全可追溯体系是指通过一定手段追溯牛肉在生产、加工和流通过程中任何指定阶段的体系，它是肉牛生产过程中安全风险管理的重要措施，也是牛肉供应链实现全程化管理的有效手段。牛只从出生到销售，所经过的不同饲养地点及与此相关的饲养、检疫、防疫、消毒和疾病等信息，都必须在牛的身份证上更新新的信息。这些信息同时也通过相应的生产链环节追溯管理子系统记入国家肉牛信息数据库中，从而可保证各级政府管理部门随时了解牛只所处的位置和状态，实现对肉牛生产链过程的全程质量安全监管。保证消费者所消费牛肉的质量安全，这是中国牛肉质量安全可追溯系统建设的基本目的之一。为了达到这一目的，肉牛屠宰或牛肉分割企业必须向牛肉产品批发和冷藏企业或牛肉零售商企业提交牛只、胴体及前期加工处理的所有相关信息。

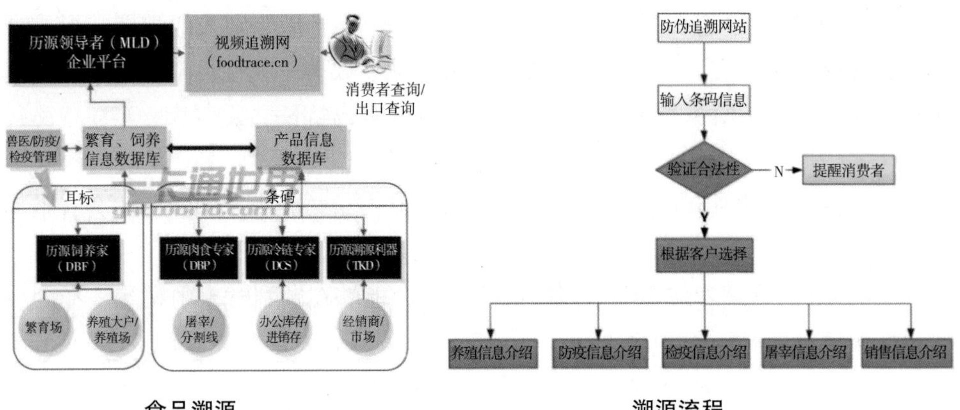

食品溯源　　　　溯源流程

★控制工程网，网址链接：http://article.cechina.cn/12/0420/09/20120420090850.htm
★百度中文网，网址链接：https://image.baidu.com/search/

（编撰人：李耀坤；审核人：孙宝丽）

88. 标准化肉牛养殖场经理应具备哪些基本素质?

一个肉牛场或一个企业经营管理水平的高低，实质上是管理人员的素质问题。一个标准化大型肉牛场的经理，一定要拥有以下素质。

（1）依靠专业基础知识作为职业经理人的肉牛场场长，必须具备基本的专业基础理论知识，能够运用自己的理论知识指导生产。

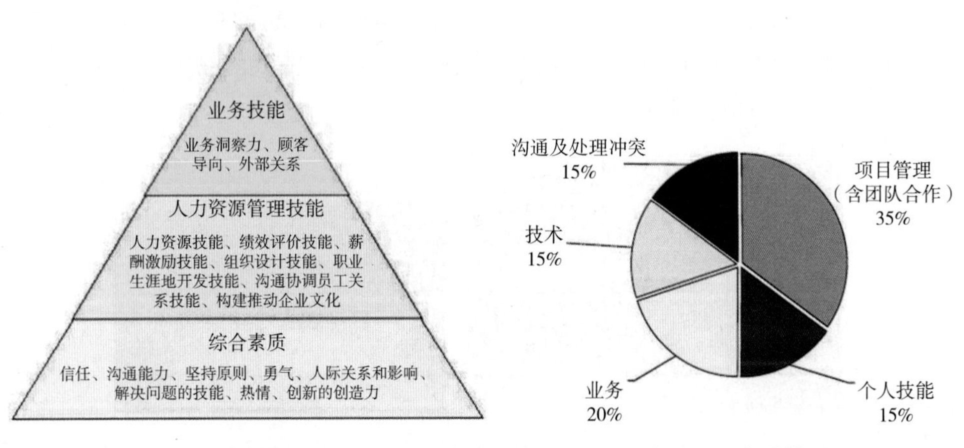

经理所需素质　　　　产业经理素质模型

★中韩人力网，网址链接：http://www.cn-kr.net/news/article_5718.html
★亿邦动力网，网址链接：http://www.ebrun.com/online_retail/13399.html

（2）知用人之道。了解自己的特长和不足，善于借鉴别人的智慧，形成自己的领导魅力，用实力与魅力去带领下属和团队；要善于挖掘员工的潜能，用人所长，避人所短，给予员工充分的机会来展现本身的特长之处。

（3）协调沟通水平。要善于在员工、主管以及领导等各层面上协调和沟通，始终使企业的所有员工都处于协调一致的状态，整个生产和经营才会有条不紊地进行。

（4）好的管理者应当拥有风险决策魄力，能够在顺利时未雨绸缪，在困境时更能镇定自若。

（编撰人：孙宝丽；审核人：李耀坤）

89. 标准化肉牛养殖场基础设施建设应注意哪些问题?

（1）选址要有长远眼光，有利于生物安全和粪污处理，符合科学的资源配置原理，需要从地势、水源、土质、交通、气候等方面综合考虑。

（2）内外部设施要实用，能为肉牛提供良好的生产和生长环境条件，符合肉牛各个生产阶段对环境温湿度、舍内通风、采食饮水、光照和运动等的要求。可建立对应配套的附属设施如氨化池、青贮窖、饲草切碎场地、干草储存场地、饲料加工厂、仓库、兽医室以及配种室等。

（3）圈栏的设计要有利于生产实践操作，生产区域的分布要便于生产管理。

（4）采用现代技术，如温度、通风的自动控制、料的自动输送记录系统等，着重注意环保方面的问题，需要建设化粪池以及牛粪发酵场等设施来处理标准化牛场所产生的大量粪尿等废弃物。

肉牛养殖场

★顺企网，网址链接：http://blog.11467.com/b62099.htm
★百度中文网，网址链接：https://image.baidu.com/search

（编撰人：孙宝丽；审核人：李耀坤）

90. 肉牛场常见的牛舍有几种类型?

肉牛舍类型可根据外墙设计不同分为开放式、半开放式和有窗式牛舍，也可以按照牛舍屋顶设计和结构的不同分为单坡式、双坡式、钟楼式、半钟楼式等样式。单坡式牛舍结构较简单、建设成本较低，多用于小规模牛场，与单列牛舍匹配建设。双坡式是如今我国牧场使用最为广泛的牛舍类型，这种形式的屋顶可适用于跨度较大的畜舍以及不同规模的畜群，同时保温和通风兼顾，这种屋顶易于修建，成本较低。钟楼式牛舍适用于南方地区，由于该类型牛舍利于通风和采光，但不利于冬季保温，如需要加大冬季通风量和屋顶采光，北方牧场也可以采用，但因其屋架构造复杂，木料投资较大，成本较高。北方地区冬季寒冷多风，建议采用有窗式单坡式牛舍或在双坡式牛舍上部设采光带，以充分利用冬季日光取暖；南方夏季炎热潮湿，建议采用开放程度高、跨度大、屋顶高的牛舍，以利用自然通风降温。

双坡式牛舍

★设计分享网，网址链接：http://www.pasteurfood.com/read/YmMzZjFjMjfljZXliJflvI，niZvoiI3orr7orqHlm74BMgEzNDABMjI1AXBpYy5iZXN0YjJiLmNvbS82OTg5Nzk4YTkwNTRlZTUwOTMyMDlmN2IzMjExMzBjNS5qcGcB5qCH5YeG5YyW54mb6IiN6K6+6K6h5Zu+/

（编撰人：孙宝丽；审核人：李耀坤）

91. 暴雨及洪灾后养牛场应如何消毒提防瘟疫?

牛舍和环境消毒首先要进行彻底的清扫和清洗，对洪水淹过的牛场、牛舍要清除淤积的泥土、沙石、粪便、垃圾及各种污物。按照由远及近、从上至下、由里到外的顺序逐一清扫和清洗，全方位不留死角。经过认真彻底清扫和清洗，不但可以清除大部分病原体，还可以大大减少粪便、垃圾等有机物的数量，有利于化学消毒剂发挥作用。彻底清扫清洗后即可进行化学消毒，一般要求使用2～3种不同作用类型的消毒药，进行2～3次消毒。

第一次消毒可用碱性消毒药，如2%～3%的火碱或10%～20%的石灰乳，用来粉刷地面、天棚、墙壁等，用2%火碱水溶液还可用于喷洒消毒。第二次消毒可用酚类（菌毒敌）或氧化剂（过氧乙酸）进行喷雾消毒。第三次用甲醛熏蒸消毒。应事先计算好消毒舍的容积，每立方米用甲醛42ml、高锰酸钾21g，关闭牛舍门窗及通气孔，舍内温度应在20℃左右，相对湿度70%以上，一般消毒24h，而后打开门窗通风即可。

道路及运动场消毒可用10%～20%漂白粉混悬液或干粉撒布，也可用1：200倍的复合酚喷洒。潮湿地面、粪池、粪堆及污水沟可撒布生石灰，干处撒生灰不起消毒作用，因生石灰遇水生成氢氧化钙，即熟石灰，解离出氢氧离子产生消毒作用。石灰乳应现用现配，配好后宜当天用完。

喷雾消毒

取出适量的生石灰粉末
放入到铁制容器中
石灰
向容器中加入适量的水，
比例为重量的4：1
生石灰加入水后会放出大量的
热量，使用过程中一定要注意

消毒石灰乳配制流程

★大学生村官之家网，网址链接：http://cunguan.youth.cn/wztt/201403/t20140324_4909727.htm

（编撰人：孙宝丽；审核人：李耀坤）

92. 肉牛场的消毒设施有哪些？

肉牛场大门处应建设消毒池，侧门设消毒室，人员进场须经淋浴室或消毒室更衣、换鞋后方可进入。所有入场车辆必须经过消毒，消毒池尺寸根据车轮间距以及道路宽度确定，消毒池宽应大于大卡车的轮距，一般与道路等宽，长度一般为车轮周长的1.5～2.5倍，小型消毒池一般长3.8m、宽3m、深0.1m；大型消毒池一般长7m、宽6m、深0.3m。池底设计应呈一定的坡度；消毒池内可添加2%氢氧化钠溶液；消毒液要保持药效，规模较大的牛场（工作人员45人以上）最好每天更换一次，小型的牛场可每个星期更换一次。针对牛场内的防疫，一般定时对牛舍周围及舍内设备设施进行消毒，多采用喷洒消毒液的方式。消毒时根据病原体的特点采用不同的消毒药品。常用的消毒药物有：过氧乙酸、高锰酸钾、漂白粉、次氯酸钾、碘酒、甲醛等。

消毒室

消毒池

★环保网，网址链接：http://jiaozuo.huangye88.com/huanbao-huanbaotongyong-xiaodufangfu/

（编撰人：郭勇庆；审核人：李耀坤）

93. 肉牛场水源水质有哪些要求？

肉牛场的水源一般分为降水（雨和雪水）、地面水（包括江河、湖、塘、水库的水）和地下水3种。水源要求水量充足，水质干净，便于取用和进行水源保护，并易于进行水的净化和消毒。水源水质必须符合我国饮用水水质卫生标准，有水质检验报告。肉牛场用水包括生产、生活，以及消防绿化等用水。在生产中肉牛饮水一般每头每天45L，管理中尽量少用水，不同工艺区别很大；人员生活用水一般每人每天100L；灌溉用水可根据参数计算水量，根据实际情况而定。肉牛场供水最好采用地下深层水，根据需水量计算确定机井水泵的大小及量程，通过水塔、水箱或压力罐供水，采用水塔或水箱供水其储水量以满足3～5d的供水需求为宜。

水塔

★百度百科，网址链接：https://baike.baidu.com/item/%E5%80%92%E9%94%A5%E5%A3%B3%E6%B0%B4%E5%A1%94/3117458? fr=aladdin

（编撰人：孙宝丽；审核人：李耀坤）

94. 肉牛舍食槽的建造要求有哪些？

牛舍食槽一般分为地面食槽和有槽食槽。机械饲喂的牛舍一般采用地面食槽，人工饲喂而无其他饮水设备的则多采用有槽食槽兼作水槽，放牧饲养一般设补饲食槽。地面食槽设计时食槽底部一般比牛站立的地面高15～30cm，食槽挡料板或墙比食槽底部高20～30cm，防止牛采食时将蹄子伸到食槽内，食槽宽60～80cm，如果需要将食槽兼作水槽，则可抬高中间饲喂走道，加深食槽，将槽底抹成圆弧形，以便牛群饮水。有槽食槽一般为混凝土或砖混结构，食槽外抹水泥砂浆，增加其坚固性，防止牛长期舔舐对食槽表面造成损害，槽底做成圆弧形；另外，也可用水磨石或瓷砖作为食槽表面。

牛舍食槽

★网易新闻网，网址链接：http://news.163.com/14/1115/10/AB37N78300014SEH.html
★百度知道，网址链接：http://zhidao.baidu.com/question/648322036347787725.html

（编撰人：刘德武；审核人：李耀坤）

95. 高档牛肉生产技术要点有哪些?

（1）肉牛的选择。可选择本地优秀的黄牛品种如晋南牛、秦川牛、鲁西牛等，也可选择国外的优秀肉牛品种如安格斯牛、海福特牛等，还可以是我国黄牛品种与欧洲大型肉牛品种杂交的后代。

（2）育肥条件。肉牛的育肥期长短要根据肉牛的年龄、性别和营养水平来定，一般去势牛和母牛育肥的年龄偏大，育肥时间短。育肥分为3个时期，育肥前期主要以青绿饲料和粗饲料为主，用于骨骼和瘤胃的发育；育肥中期为了加快肌肉的生长，需要注意日粮中蛋白质的补充；育肥后期需要沉积脂肪，肉牛以自由采食为主，并补充能量饲料。

（3）育肥牛的管理。肉牛在育肥前要做好驱虫和疫苗的接种工作，保持牛体的健康。在育肥前要做好分群工作。如从外部购入牛只，外来牛只需要在隔离舍饲养，确定健康后才可转入育肥舍饲养。

雪花牛肉

★爱福窝网，网址链接：http://www.fuwo.com/a/3083293.html
★慧聪网，网址链接：http://b2b.hc360.com/supplyself/223277973.html

（编撰人：郭勇庆；审核人：李耀坤）

96. 什么样膘情的牛适合人工控制发情?

人工控制母牛一起发情，就是通过外用药物来调整牛体内的激素平衡，只有激素平衡了母牛才能发情。人为选择了母牛的发情时间，也就控制了母牛产犊时间，这只是让母牛一起坐月子的第一步。阴道栓就是给牛量身定做的一种外援药物，它能够调节母牛体内激素的平衡，达到人工控制发情的目的。

阴道栓有两个作用，一是使没发情的牛提早发情，二是使已经发情的牛延缓发情。给牛使用阴道栓就是调整处于不同时期的母牛的排卵时间，达到一起发情的目的。

使用药物控制发情的牛不能太瘦，因为如果牛太瘦，就没有更多精力去发情生子了。如果给特别瘦的牛使用人工控制发情技术，即使牛怀孕了，也容易流产。在舍饲和半舍饲，或者在半放牧的过程中，一定要加强营养，特别是在做人工控制发情之前，要提供均衡的全价饲料，尤其是钙、磷，还有微量元素、维生素，使母牛膘情达到正常。

舍饲饲养模式

放牧饲养模式

★新农网，网址链接：http://www.xinnong.net/
★农村致富经，网址链接：http://www.nczfj.com/yangniujishu/

母牛过肥也不利于做人工控制发情。因为太胖卵巢周围会沉积大量的脂肪，脂肪沉积太多会抑制它发情排卵。因此母牛的膘情要达到中等程度，控制发情最好。

（编撰人：孙宝丽；审核人：李耀坤）

97. 牛场为何要分群、分栏、分舍饲养?

标准化肉牛养殖场的评分，涉及母牛群、育肥牛群的数量，并在场区布局中要求分成不同功能的牛舍。国内的养殖场有的只是进行肉牛育肥，但是由于牛源短缺，部分养殖场实行自繁自育，同时进行母牛、犊牛、青年牛和育肥牛的饲养。由于肉牛在不同生理阶段对饲料营养的需要和饲养管理的要求不同，因此在养殖场修建规划中，要合理规划牛舍的分布，按照牛群的生产目的、体重、年龄等指标对牛群分群、分栏、分舍饲养，避免不同生产目的牛用同一种饲料和饲养管理方式，这样既达不到生产目的，浪费饲料资源，也不利于防疫和管理。比如能繁母牛主要以新鲜的青绿饲料和粗饲料为主，减少精饲料饲喂量，防止体况过肥，饲养密度不宜过大，可采取放牧饲养，舍饲宜采用散栏饲养；对于育肥牛，为了改善肉品质和提高出栏效率，在饲养后期可提高饲料的精粗比，饲养方式可采用颈枷、拴系、散栏饲养。因此肉牛标准化示范场验收中要求有单独母牛舍、犊牛舍、育成舍、育肥牛舍。

奶牛舍

肉牛舍

★微商城网，网址链接：http://wap.koudaitong.com/v2/goods/1cgm0z1l5
★新浪网，网址链接：http://blog.sina.com.cn/s/blog_167eda6dc0102wqt3.html

（编撰人：郭勇庆；审核人：李耀坤）

98. 牛粪有什么用途?

牛粪污染是肉牛发展的突出问题，若能在能源化利用和饲料化运用等方面着手，则可以降低牛粪的污染问题对肉牛产业的影响。牛粪不仅可用于发电，还可以做沼气、煤的替代品。国内一些奶牛场，通过对场内产生的牛粪进行发酵发电，每年可以节省120万元的电费；另外，有的地区还发展牛粪燃料棒、牛粪蜂窝煤，用牛粪制作的牛粪燃料棒，燃烧值高；而牛粪蜂窝煤是将牛粪和煤按4：6的比例压制，减少了蜂窝煤燃烧对大气的污染。除此之外，牛粪里面还含有丰富的矿物元素和各种营养物质，可用作动物饲料的发酵；牛粪还可种植双孢菇及草菇等。利用奶水牛的牛粪进行沼气池发酵发电，生产的沼液可二次发酵生产液体肥料。因此，充分开发利用牛粪，不仅可增加养牛户的经济收入，还会带来诸多的经济效益、社会效益和生态效益。

牛粪

粪便蚯蚓养殖

★传道网，网址链接：http://www.xxnmcd.com/a/20150116/83300.html
★搜狐网，网址链接：http://www.sohu.com/a/162496760_810908

（编撰人：郭勇庆；审核人：李耀坤）

99. 牛粪中营养成分的种类及含量是多少?

牛粪质地紧密，其营养成分含量较低，尤其是氮元素含量低，碳氮比大，平均约为21。牛粪中含水量较高，发酵温度低，肥效迟缓，故被人称为“冷性肥料”。牛粪中含有机物含量为215.7～365.3g/kg，腐殖酸236.2g/kg，全氮3.2～41.3g/kg，全磷2.2～87.4g/kg，全钾2.1～33.1g/kg，锌含量31.3～634.7mg/kg，铜含量8.9～437.2mg/kg，pH值6.9～8.7。新鲜牛粪中干物质含量为22.56%，粗蛋白3.1%，粗脂肪0.37%，粗纤维9.84%，无氮浸出物5.18%，钙0.32%，磷0.08%。风干样中含粗蛋白13.74%，粗脂肪1.65%，粗纤维43.6%，无氮浸出物22.94%，钙1.40%，磷0.36%。

鲜牛粪

干牛粪

★传道网，网址链接：http://www.xxnmcd.com/a/20150116/83300.html
★兽药饲料招商网，网址链接：http://www.1866.tv/news/51204

（编撰人：郭勇庆；审核人：李耀坤）

100. 如何贮存牛粪便？

牛粪便贮存方式因粪便的含水量而异。

（1）堆粪场。建在地上，倒梯形，用水泥、砖等修建而成。堆粪场适用于干清方式清粪或固液分离处理后的固态粪便的贮存。

（2）贮粪池。一般在地下，且用水泥预制板封顶，用来贮存固液混合的粪便和污水。水冲方式清粪的牛场一般建造贮粪池，牛舍冲洗产生的粪尿污水混合物通过地下管道送至贮粪池，部分建有沼气工程的牛场也建有贮粪池。贮粪池要有防渗、防漏、防雨功能。

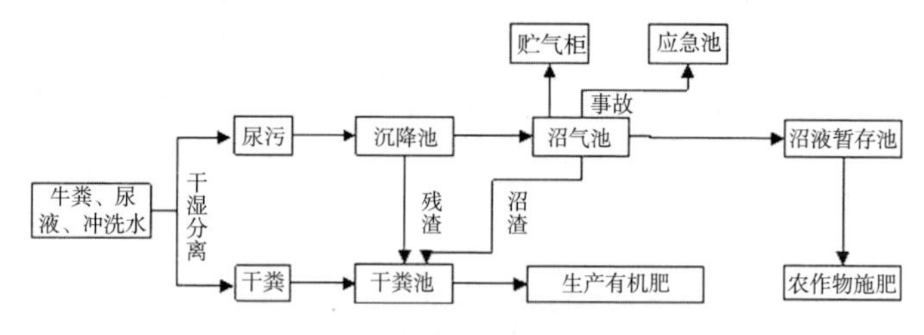

粪便处理流程

牛场粪堆积发酵

★养牛信息网，网址链接：http://cow.agrione.cn/technology/yangzhijishu/yangniu/niudesiyang/183354.html

（3）污水池。用来贮存从牛舍排尿沟排出的尿液和冲洗污水，堆粪场排水沟的污水也通过管道送至污水池。

（编撰人：郭勇庆；审核人：李耀坤）

101. 如何进行牛粪堆肥?

（1）自然堆肥。在自然条件下将牛粪搅匀摊开晾晒，降低粪便的水分，使粪便在好氧微生物的作用下发酵腐熟，制成有机肥料的过程。该技术投资小、易操作、成本低，适用于规模小的养牛场，但由于堆制过程中氨气损失较大，臭气泄露较严重等问题，易对环境造成污染。牛粪在自然堆制的过程中，为了加速分解，可将新鲜粪稍加晾干，再加其他粪混合堆积，可得到疏松优质的有机肥料。如能混入3%～5%钙镁磷肥或磷矿粉，更有利于提高质量。

（2）高温堆肥。在高温季节，把人、畜粪尿和秸秆杂草等进行翻堆，在通气条件下，快速腐熟而制成的肥料。高温堆肥对于促进农作物茎秆、人畜粪尿、杂草、垃圾污泥等堆积物的腐熟，以及杀灭其中的病体和杂草种子等，具有一定的作用。堆成的肥料具有能为土壤微生物活动提供能源与养分，能调节土壤水肥气热，提高土壤肥力，保肥保水，改良土壤结构，提高农作物产量质量，降低农业生产成本，提高农业综合生产能力等方面的作用，从而实现粪便减量化、稳定化和无害化的过程。

牛粪堆肥

★慧聪网，网址链接：http://b2b.hc360.com/supplyself/211713831.html
★勤加缘网，网址链接：http://www.qjy168.com/shop/p114391953

（编撰人：郭勇庆；审核人：李耀坤）

102. 如何收集牛的胚胎?

胚胎收集方法有手术法和非手术法两种。目前对于牛的胚胎采集多采用非手术法。此方法简单方便易行，对母牛的生殖道伤害较小，收集的效果较好。

（1）尾根第3～4尾椎处剪毛，酒精消毒，注射2%普鲁卡因或2%～4%盐酸利多卡因等进行尾椎硬膜外麻醉。如牛不安静，可肌注2%静松灵2～4ml。

（2）清洗外阴部，用消毒液消毒。一般每侧子宫角需冲卵液500ml，冲卵液温度保持在37℃，冲卵液的导出应顺畅，进出液量要相当，因此，操作时，可用手隔着直肠壁将子宫提高，促进液体回流。

（3）收集到的冲卵液，放置37℃无菌间等待检测。收集胚胎的冲卵液目前多采用改良的杜氏磷酸缓冲液，此液可用于冲洗胚胎，也可用于胚胎的保存液和培养液。

收集牛胚胎

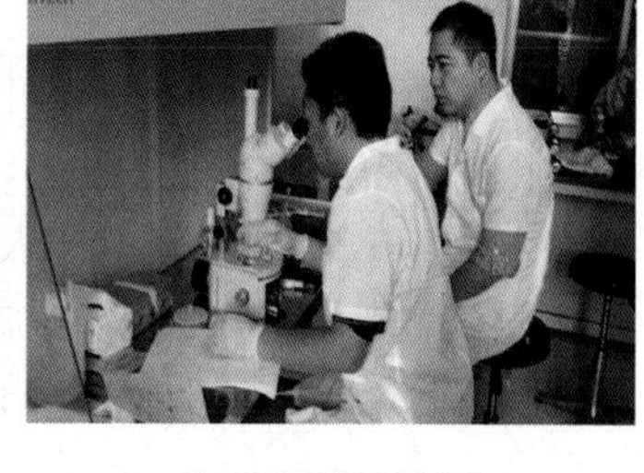

牛胚胎质量检测

★中国农业新闻网，网址链接：http://www.farmer.com.cn/jjpd/xm/xmdt/201602/t20160204_1178439.htm

（编撰人：孙宝丽；审核人：李耀坤）

103. 如何提高母牛的繁殖力？

（1）选择优良品种。选择生产母牛时，根据母牛的个体表现和遗传系谱进行选择，个体表现包括母牛的外貌特征、体重体型、早熟性、长寿性和产乳性能等性状。

（2）加强饲养管理，改善母牛饲养环境。对于不同阶段的母牛进行分阶段饲养。保证牛舍的清洁卫生，经常对牛进行刷拭，以保证牛体的清洁，做好疾病的防治工作，此外妊娠母牛要进行适当的运动。

（3）做好发情鉴定，及时配种，黄母牛大发情鉴定是最为重要的，主要有外部观察法、试情法、阴道检查法和直肠检查法4种方法。

（4）加大繁殖技术的应用水平，提高配种人员的技术素质实行人工授精，不仅能充分利用良种公牛，加速牛群改良，减少疾病的传播，节省费用，已成为养牛业的现代化科学繁殖技术。

发情中爬跨的牛

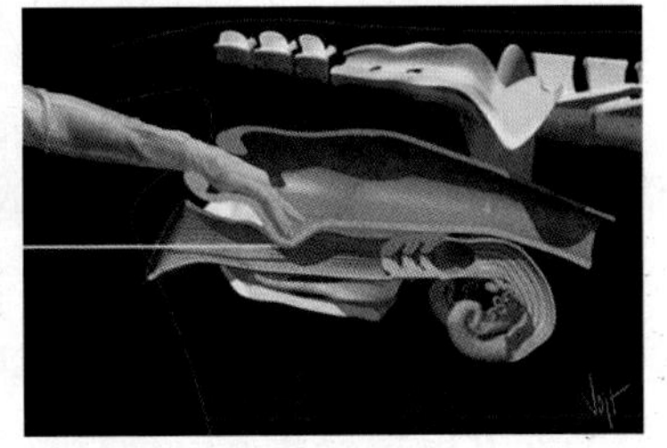

人工授精

★中国畜牧兽医采购网，网址链接：http://www.zgqxcg.com/jishu/show.php？itemid=5044
★狐狸文库网，网址链接：https://www.huliwenku.com/p/2u93gtdo.html

（编撰人：郭勇庆；审核人：李耀坤）

104. 如何提高奶犊牛的成活率？

（1）犊牛出生时要及时吃上初乳，初乳量要满足犊牛的需求，连续饲喂初乳5～7d。

（2）首先接产时要及时清除口腔和鼻孔内的黏液，避免犊牛发生窒息。刚出生的犊牛体抵抗力弱，易感病，因而要每天定时巡栏，及时发现生病犊牛，及时进行治疗。

（3）提高犊牛的饲养管理，定时定温喂奶，每天定时饲喂牛奶2～3次。做好补饲工作，初乳期要适当的让犊牛进行植物性饲料的采食。

（4）给犊牛提供良好舒适的生活环境。相对湿度和温度应适宜，冬暖夏凉，通风良好。每天要消毒。每次用完饲喂器皿要对其进行清洗和消毒。自由饮水，水质清洁。15日龄内犊牛饮温水，冬季水温保证在15℃以上。

犊牛人工喂奶

自动喂奶系统

★科技苑，网址链接：http://www.cyone.com.cn/cfsp/6447.html
★易牧网，网址链接：https://www.yimu100.com/item-100145.html

（编撰人：孙宝丽；审核人：李耀坤）

105. 如何提高肉牛养殖场经济效益?

（1）优良的品种是根本，以生长迅速，肉质好且饲料报酬高的改良品种为饲养的首选。

（2）饲料与饲养。以青粗饲料为主，适当增加精料给量，养牛成本中饲料费占70%左右，要开辟饲料来源，种牧草、搞秸秆青贮和黄贮，降低饲养成本，提高经济效益。饲养要专人、定时定量、加强观察、科学搭配粗粮细喂。

（3）严格防疫，做好免疫防疫工作，及时接种疫苗，做好养殖环境的防疫工作，制定各项规章制度并严格执行特别是场区管理制度、消毒制度和无害化处理制度等，减少和避免传染病的发生。

（4）严抓管理措施，牛舍温度控制。夏季舍内有通风换气和降温措施，冬季要有保暖措施。要经常刷拭牛体。做好育肥前驱虫。适时出栏。如果饲养周期过长，饲养成本增加，获利就会下降。

（5）市场预测与市场行情。拓宽销售渠道，饲养前要做好市场调查，预测行情，掌握主动权。增强科学养殖的技术水平，提高养牛生产者的素质，加强科学养殖技术培训，增加养牛科技含量。

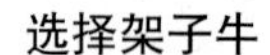
选择架子牛

专家进行技术指导

★搜狐网，网址链接：http://www.sohu.com/a/164095903_99919582
★肉牛养殖网，网址链接：http://image.baidu.com/search/detail?ct=503316480&z=0&ipn=d&word=肉牛养殖

（编撰人：孙宝丽；审核人：李耀坤）

106. 如何选择肥育用架子牛?

架子牛的选择应从以下几方面考虑。

（1）品种。不同的品种对架子牛育肥效果影响显著，所以要选择优良品种进行育肥。秦川牛、鲁西牛、等以及它们与西门塔尔、夏洛莱等国外优良品种杂交的后代牛均可用于架子牛育肥。

（2）性别。一般选择未去势的公牛，阉牛的增重速度和饲料转化率不如公牛，但阉牛育肥的大理石花纹较好，肉的等级较高，适合较高档的牛肉生产。

（3）年龄的选择。一般认为12月龄以后称之为架子牛，由于牛肉的嫩度等性状和年龄的关系很密切，故架子牛年龄不宜过大，育肥用的架子牛最大不宜超过4岁。

（4）体型外貌。理想的肉用牛特点为：头短额宽、体躯低垂、皮薄骨细、肌肉丰满、整个体型呈长方形或圆桶形，被毛细密而有光泽。

（5）健康。对要选购的牛要逐头检疫，对有传染病和寄生虫病的牛不得购买。检疫无问题的牛购回后应隔离观察并及时驱虫。一般经两周左右的隔离观察，确认无病后方可并入育肥群中。

架子牛体征选择

优良品种选择

★百度百科，网址链接：http://image.baidu.com/search/detail?ct=503316480&z=0&ipn=d&word=架子牛品种图片
★机电之家养殖栏目，网址链接：http://www.jdzj.com/p47/2015-4-21/8550761.html

（编撰人：孙宝丽；审核人：李耀坤）

107. 如何选择育肥牛的出栏时间和出售方法？

（1）出栏时间。根据牛的生长规律发现，肉牛在1岁之前生长增重速度快，1岁之后生长增重速度逐渐减慢，尤其是在1.5岁之后更慢，有试验研究表明年龄小的肉牛料重比要比年龄大的牛好，从饲料、资金、设备的利用率等多方面综合考虑，饲养年龄小的牛要比年龄大的更获利。在目前一般是在犊牛初生1.5周岁体重达到300kg左右适时出栏最为合适，此时的育肥牛生长增重速度快，肉质细嫩，育肥所消耗的饲料成本少，销售获得的利润高。

（2）出售方法。现在比较普遍的方法是按照牛的活重卖给肉牛商，但是如果育肥效果好、出肉率高，就应该按出肉率和副产品价格区分进行结算比较合算。也可以发展以畜—宰—消为主体的高档肉生产模式，把高档肉直接卖到专卖店，开创品牌。

架子牛群

★91加盟网，网址链接：http://www.91jm.com/news/72bTF3444849.htm

（编撰人：孙宝丽；审核人：李耀坤）

108. 什么是超声波测定技术？它在肉牛生产中有什么重要作用？

超声波测定技术是指利用超声波活体测膘仪在牛的活体12～13肋骨间对牛的眼肌面积、背膘厚、大理石条纹等指标进行测定，以此来进行肉牛肥育程度和脂肪沉积的判断。

在育种实践中，利用超声波测定技术对性状指标进行连续性测量，从而掌握生物学特性与特征值，可以用来对后备种公牛进行早期选择，此方法可以提高选择效率、缩短周期与选择的准确性。该方法也可用于高档牛肉的等级预测。目前，在畜牧业发达的国家均有利用超声波技术对活体肉牛宰前肉品质评定方法和标准。而我国在肉牛方面还没有颁布统一利用超声波技术对活体肉牛宰前肉品质评定方法和标准。

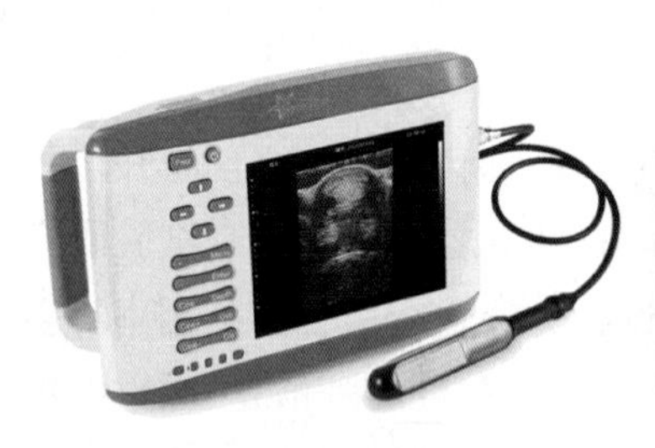
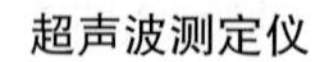

超声波测定仪

肉牛现场测定

★中国制造网，网址链接：http://cn.made-in-china.com/gongying/sonostar1-keNQLJzogiWu.html
★国家肉牛遗传评估中心，网址链接：http://www.ngecbc.org/html/hydt-17062615580983310209.jhtm

（编撰人：李耀坤；审核人：孙宝丽）

109. 去势可以提高牛肉品质，去势的方法有哪些？什么时间去势比较适宜？

在肉牛生产过程中对公牛去势不仅是为了降低公牛的好斗性或侵略性，避免胴体挫伤和肉色发暗，同时防止对饲养人员和牛群中其他个体造成伤害。此外，对去势后的公牛进行育肥，能够提高牛肉的嫩度、大理石花纹和口感等，使其在市场上能卖更高的价钱。

公牛比较常见的去势方法有3种，分别为免疫去势、化学去势和物理去势。免疫去势法是指通过给未成年的公牛注射某些去势激素或疫苗，对公牛的性激素中和或阻止其释放，从而导致失去生育能力。目前免疫去势在生产中多采用皮下注射1ml的疫苗（含400gGnRF蛋白复合物）并隔月再注射一次。化学去势法是给公牛的睾丸中注射一些化学药品，比如乳酸、苯酚、苯甲醇等，从而导致睾丸停止分泌性激素。物理趋势法是使用外科手术方法对公牛的睾丸进行手术切除。

去势时间：生长发育早期进行去势比后期去势引起的疼痛和不适更少，降低流血量和感染机会，并且能缩短体况恢复时间，减少去势引起的体重损失，降低集约饲养和去势操作的难度，方便生产管理。有研究表明犊牛在出生后2～6月龄去势效果最好，在集约化饲养中最迟不超过6月龄。

公牛去势

★中国牛业网，网址链接：http://www.caaa.cn/association/cattle/

（编撰人：孙宝丽；审核人：李耀坤）

110. 养牛场粪污处理利用的原则是什么？

对于养牛场粪污，应遵循“综合利用优先、资源化、无害化、减量化”的原则。一方面采用先进的生产工艺，减少污水排放量，实现产前控制；另一方面对已产生的粪污进行有效治理，实现资源化综合利用。努力提高饲料自给率，使畜禽粪便尽量还田，促成农业生态系统物质的充分转换和良性循环。

（1）可回收资源化原则。提高粪污的利用价值，多功能开发其能源、肥料价值，实现资源和能源的循环利用，将粪污所创造的价值最大化，从而作为牛场收入的一项途径。

（2）多层次分级处理原则。提倡固液分离，清污分流，分别将粪尿以不同的方式和渠道进行收集处理。

（3）低成本治理原则。从实际出发，结合牛场所处的周边环境条件，采取科学综合措施，降低牛场对周边环境的污染，从而降低环境的治理成本。

（4）无害化处理原则。对牛粪进行堆积发酵，利用生物处理技术，使其变为优质的有机肥料，变废为宝。

（5）全过程管理和末端治理原则。养牛场应根据国家畜禽粪污处理的相关政策和法规，从粪污的产生到达标排放整个过程全面严格的管理，避免造成对环境更大的污染。

粪污重复利用

★中国视图网，网址链接：http://www.shitutv.com/a/zhuanti/2017/0511/24359.html
★中国牛业网，网址链接：http://www.caaa.cn/association/cattle/more.php？action=standard

（编撰人：孙宝丽；审核人：李耀坤）

111. 养牛场环境卫生监测的内容有哪些？

养牛场环境卫生监测的内容主要包括：牛场内的温度、湿度、光照、气流等气候环境参数，有害气体（氨气、硫化氢、二氧化碳等）、空气中微生物粉尘等空气质量指标；水质、饲料；牛场内污染源及畜产品的监测。除此以外，还要保证牛场活动范围内无石头、硬块和积水。牛舍内的粪便要及时清理，对病牛尸体无害化处理。

通过养牛环境的监测可以了解牛场内外部的环境卫生状况，根据监测情况及时制定牛场的生产防疫计划，及时调整工作重心，防患于未然，从而提高养牛场的经济效益。

奶牛场挤奶厅监控录像

肉牛场监控录像

★和讯新闻网，网址链接：http://news.hexun.com/2017-10-13/191197498.html
★国家畜牧网，网址链接：http://www.guojixumu.com/

（编撰人：孙宝丽；审核人：李耀坤）

112. 异地育肥时新购入架子牛的标准化管理有哪些措施？

（1）隔离。新购入架子牛进场后应隔离饲养15d以上，防止疫病随牛引入。

（2）饮水。由于运输途中饮水困难，架子牛往往会发生严重缺水。因此架子牛进入围栏后，第一次饮水要适当控制，切忌让其暴饮，以10～15kg为宜，可加入盐（每头100g）。隔3～4h后方可让其自由饮水，同时水中必须加盐，掺些麸皮则效果更好。

（3）饲喂。新到的架子牛，最好的粗饲料是干草，其次是青贮玉米和青贮高粱，切忌用优质苜蓿干草或青贮苜蓿。用青贮饲料时要注意添加缓冲剂（如碳酸氢钠），以中和瘤胃酸度。首次喂量应限制，3d后可加量，6d后可自由采食。喂量由少到多，还必须补充无机盐和维生素。

（4）分群饲养。根据新购牛的大小强弱分群饲养，以11～16头为一群比较适宜，应选择在傍晚分群较好。同时要安排专人看管，防止分群当天牛进行打斗。

（5）驱虫。购入一周之后对牛群进行驱虫，一般采用阿维菌素，驱虫3日后，每头牛口服“健胃散”350～400g健胃。

（6）建立档案卡。给新牛群打上耳标耳号，认真填写采购记录表，建立身份识别，建立每头牛的档案。

（7）其他。根据当地疫病流行情况，进行疫苗注射。新到架子牛应在清洁、干燥处休息，注意观察，如有异常及时处理。

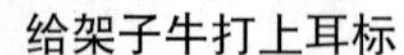
给架子牛打上耳标　　架子牛单独饲养

★114批发网，网址链接：http://www.114pifa.com/p5559/9982533.html
★慧聪网，网址链接：https://b2b.hc360.com/viewPics/supplyself_pics/248699614.html

（编撰人：李耀坤；审核人：孙宝丽）

113. 怎样计算母牛的预产期?

因牛的品种、营养、年龄、胎儿性别等不同，妊娠期长短有一定差异性。一般多为270～285d，平均为283d左右。早熟培育品种、妊娠母牛营养水平高、壮年母牛、怀雌性胎儿等妊娠期稍短，反之妊娠期稍长。

公式计算法：按“配种月份减3，配种日期加6”即可。如果配种月份在1月、2月、3月不够减时，须借1年（加12个月）再减。若配种日期加6时，天数超过1个月，减去本月天数后，余数移到下月计算。

例一：1号牛2017年5月1日配种受胎，计算该牛预产期。

月数：5−3=2（月）

日数：1+6=7（日）

该牛预产期为2018年2月7日。

例二：2号牛2017年2月28日配种受胎，计算该牛预产期。

月数：2+12−3=11（月）

日数：28+6=34（日）减去11月的30日，即

34−30=4（日），再把月份加上1，即

11+1=12（月）

该牛预产期为2017年12月4日。

运用超声波检查母牛怀孕情况

★经典网，网址链接：https://www.ishuo.cn/subject/lxqnuu.html

（编撰人：孙宝丽；审核人：李耀坤）

114. 对于标准化规模养殖场，怎样利用犊牛初乳灌服技术提高犊牛成活率?

犊牛初乳灌服技术就是利用灌服器在犊牛出生后半小时内人工灌服初乳，以提高机体免疫力，补充能量，排出胎粪，达到提高犊牛成活率的目的。对于犊牛初乳灌服有下面几点需要注意：

（1）灌服时间。初生犊牛最好在出生后半小时内吃到初乳，最晚不能超过1h。随后每隔6h灌服一次，每天共3次。

（2）灌服量。第一次灌服初乳的量为犊牛初生重的10%，以后每天饲喂3次，每次饲喂量不能超过犊牛体重的10%，连续饲喂3d。

（3）灌服方法。首次饲喂时使用初乳灌服器，之后采用常规方法用奶瓶灌服即可。

灌服袋

★慧聪网，网址链接：http://b2b.hc360.com/supplyself/80487530128.html

（编撰人：孙宝丽；审核人：李耀坤）

115. 种母牛选择时应注意哪些问题?

在育种群中挑选出品种优良的母牛作为种母牛，并用它作为良种公牛培育的母体。如何选取种母牛对良种牛的培育具有重大意义，对牛群基因的不断改良起到极为重要的作用。种母牛必须符合以下标准。

（1）所选种母牛的上一代仍为良种登记牛，且三代以内血统清楚，系谱内包括血统、本身外型、生产性能、所产母牛外貌以及是否出现过怪胎、难产等。

（2）外貌特征要求乳房、四肢等重要部位健全者。

（3）第1、2、3胎各产乳7 000kg、8 000kg及9 000kg以上，各胎总平均在8 000kg以上。

（4）乳脂率在3.4%或3.6%以上。

（5）产犊间隔不超过380d。

严格意义上讲，相对于种公牛的选择，种母牛的选择要求要更为细密。若单从种母牛个体本身的生产性能表型值作为选择依据是不妥善的。因此，在以上述标准为依据的基础上，探寻出种母牛选择时应遵循更合理、更科学的方法。

娟姗种母牛　　**荷斯坦种母牛**

★凤凰资讯网，网址链接：http://news.ifeng.com/a/20140722/41258144_0.shtml
★阿土伯网，网址链接：https://jinbeinainiuyangjidi.atobo.com.cn/

（编撰人：李耀坤；审核人：孙宝丽）

116. 初乳的成分与常乳有什么区别?

初乳是指母牛产犊后2～5d内所分泌的乳汁。让新生犊牛及时喝上初乳对其健康非常重要。与常乳相比，初乳呈黄色，有异味和苦味，其黏稠度也高于常乳，初乳密度随泌乳时间的延长呈下降趋势。初乳含有丰富的营养物质和免疫物质。初乳中矿物质含量明显高于常乳，乳蛋白和乳脂含量也远高于常乳，但乳糖含量很少。初乳中免疫球蛋白含量约为常乳的50～250倍，维生素含量一般可达常乳的7倍，溶菌酶含量约为常乳的2倍。研究表明，牛初乳中含有较多的生长因子，能够促进多种哺乳动物的细胞生长，而常乳含量较少，显示出较弱的促进作用。

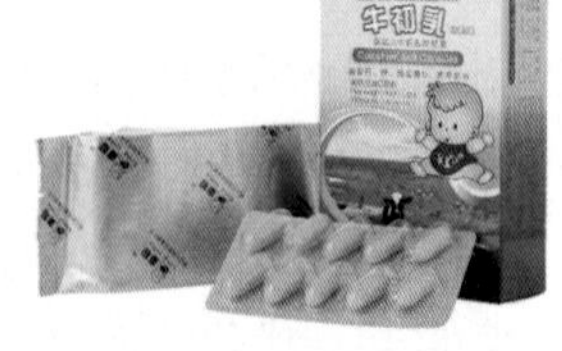

牛初乳片　　**儿童牛初乳胶囊**

★天天新品网，网址链接：http://www.xpw888.com/detail/yhd-9563169.htm
★母婴品牌网，网址链接：http://www.chinamypp.com/chanpin/4330/

（编撰人：孙宝丽；审核人：李耀坤）

117. 为什么说初情期不宜配种?

母牛第一次出现发情症状的时期称为初情期。一般体重在成年牛的45%～50%，年龄在9～12月龄时会出现第一次发情。初情期后，母牛生殖器官逐渐发育成熟且具备生殖能力，此时称为性成熟。性成熟一般在12～14月龄。母牛达到初情期基本具备了繁殖能力，但由于此时母牛生殖系统并未发育到最佳阶段，如果配种，会造成母牛负担较重，犊牛发育不良，影响母牛以后的繁殖性能。所以初情期不要给母牛配种，待其体成熟后进行配种，才能充分挖掘其繁殖潜能。

工作人员检查子宫情况

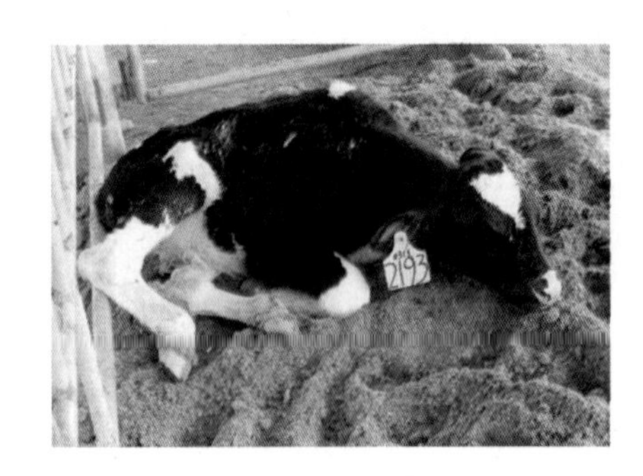

出生犊牛

★养牛网，网址链接：http://www.nczfj.com/yangniujishu/201019317.html
★突袭网，网址链接：http://www.tuxi.com.cn/viewtsg-17-1115-18-29111398_704111632.html

（编撰人：孙宝丽；审核人：李耀坤）

118. 干奶有何目的意义?

奶牛生产过程中，为确保母牛在妊娠后期胎儿能够正常的发育，有必要让母牛在泌乳期后能充分休息一段时间，从而恢复体况，让其乳腺组织能够得到休养。因此人为使母牛妊娠最后2个月停止产奶的过程，称为干奶。

干奶可以使体内胎儿后期快速发育；使乳腺组织得到周期性休养；有助于恢复母牛的身体状况，为下一胎产奶工作做好准备；有助于治疗乳房炎。干奶期平均约60d，过长、过短均有不利影响。如果干奶时间太短，则达不到干奶的效果，不仅会影响下一期的产奶量，而且犊牛的体质也明显偏弱；若干奶时间过长，则会出现母牛乳腺萎缩，母牛体况过肥，产后更易发生酮病、产后瘫痪等情况。

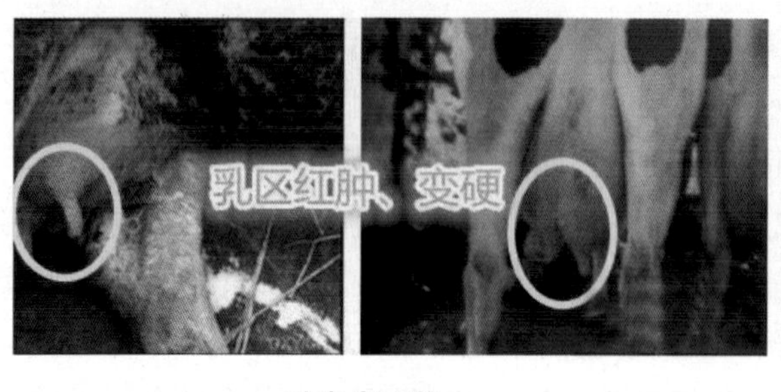

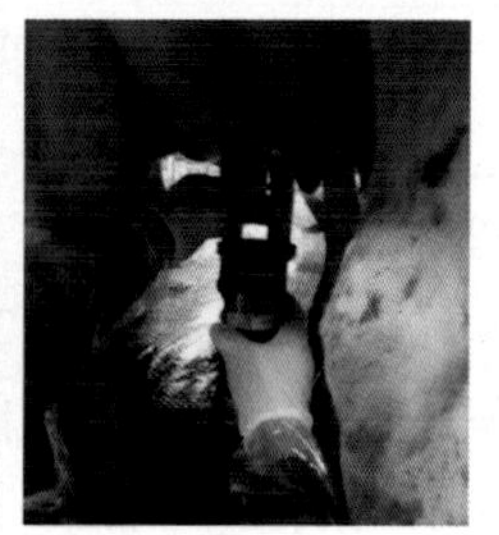

乳房炎症状　　检测隐乳

★百度百科，网址链接：https://baike.baidu.com/pic/奶牛乳房炎
★百度知道，网址链接：https://zhidao.baidu.com/question/752090692955818324.html

（编撰人：郭勇庆；审核人：李耀坤）

119. 补偿生长的概念，肉牛生产中如何利用这一特性？

在育肥牛怀孕期和出生后的生长发育过程中，经常因为饲料供应量或质量较低、饮水量不足、疾病、气候异常、生活环境突变等因素而导致生长发育受阻，增重减慢，甚至停止增重。一旦发育受阻的因素被解决，育肥牛就能够在短期内快速增重，把受阻期失去的重量弥补回来，有时甚至还会超出正常水平下的增重量，这种现象称为补偿生长。

要想利用这一特性就要正确利用补偿生长的规律。为了在育肥牛的生产中获得较好的补偿结果，应注意鉴别该牛是否生长受阻；鉴别生长受阻的主要依据为年龄和相应的体重、体质体况、体尺。一般情况下受阻的时间越晚，持续时间就越短，补偿的效果就越好。但若是犊牛从出生到3月龄阶段生长发育受阻，体轴骨的生长受影响最大，同时生殖系统也受影响，这种情况即使恢复了营养水平，生长也难以得到完全补偿。

发生补偿生长的牛只

★嘉祥县金龙养殖场，网址链接：http://yangzhi.huangye88.com/xinxi/35788827.html
★慧聪网，网址链接：https://b2b.hc360.com/viewPics/supplyself_pics/208619092.html

（编撰人：孙宝丽；审核人：李耀坤）

120. 堆肥无害化卫生学要求是什么?

堆肥是一种有机肥料，是通过将作物秸秆、垃圾、泥炭、绿肥、草皮等有机物与人、畜排便产物堆积、腐熟而成的。堆肥分为普通堆肥和高温堆肥。普通堆肥是在嫌气条件下腐熟而成，掺土多，堆温低（<50.1℃），变化小，腐熟时间较长，需3～5个月。高温堆肥是以纤维素多的物质为主要原料，加入人粪尿，须具备好气条件，有高温阶段。我国农业部行业标准“畜禽粪便无害化处理技术规范”（NY/T 1168—2006）要求，控制蚊蝇滋生，堆体周围没有活动的蝇、蛹或新羽化的成蝇。根据粪便厌氧无害化卫生学的要求：寄生虫卵的存活率不能超过5%，并且必须灭绝粪便池中的血吸虫卵。沼气池的粪渣要用作农肥的前提是必须经过无害化处理。

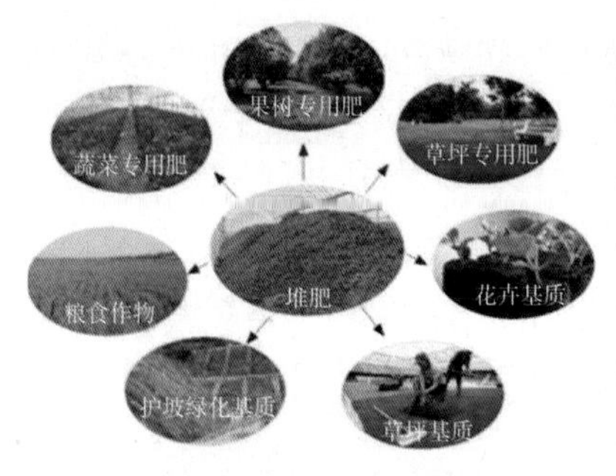

污泥堆肥用于不同作物

好氧堆肥

★慧聪网，网址链接：https://b2b.hc360.com/supplyself/473623711.html
★搜狐网，网址链接：http://www.sohu.com/a/155959169_649509

（编撰人：孙宝丽；审核人：李耀坤）

121. 如何观察牛的几项正常生理指标?

奶牛的基本生理指标有：体温、呼吸、脉搏、单位体积红细胞数、每毫升血红蛋白含量和单位体积白细胞数。食欲是牛只是否健康最可靠的指标。通常情况下，牛的食欲是牛是否生病的一个直观反映，可以通过观察给牛饲喂时食槽中的剩料来判断牛是否患病。另外，反刍是反映牛健康状况的另一指标。健康牛每日反刍8h左右，一般晚上居多。

成年牛的正常体温为38～39℃，犊牛为38.5～39.8℃。

成年牛每分钟呼吸15～35次，犊牛20～50次。

一般成年牛脉搏数为每分钟60～80次，青年牛70～90次，犊牛为90～110次。

正常牛每日排粪10～15次，排尿8～10次。健康牛的粪便有适当硬度，牛粪为一节一节的，但肥育牛粪稍软，排泄次数一般也稍多，尿一般透明，略带黄色。

观察牛粪便

观察牛尿液

★马蜂窝，网址链接：http://www.mafengwo.cn/photo/10799/scenery_1333093_1.html
★龙腾网，网址链接：http://www.ltaaa.com/bbs/thread-148774-1-1.html

（编撰人：孙宝丽；审核人：李耀坤）

122. 从事养殖业可享受哪些税收优惠政策？

（1）增值税。养殖本身不属于增值税的征收范围，根据增值税暂行条例第十六条的规定，农业生产者（包括从事农业生产的单位和个人）销售的自产农业产品（包括牧草、牛、羊等）不属于增值税范围。

（2）企业所得税。根据《中华人民共和国企业所得税法实施条例》第八十六条、企业所得税法第二十七条第一项规定，企业从事农、林、牧、渔业项目（包括肉牛养殖）的所得，可以免征、减征企业所得税。

根据国税发〔2001〕124号文件的有关规定，符合下列条件的企业，可暂免企业所得税：①经过全国农业产业化联席会议审查认定为重点龙头企业。②生产经营期间符合《农业生产国家重点龙头企业认定及运行监测管理办法》的规定。③从事种植业、养殖业和农林产品初加工，并与其他业务分别核算。

（编撰人：孙宝丽；审核人：李耀坤）

123. 粪便贮存设施的形式有哪些？

（1）堆粪场。适合干清方式清粪，或经过固液分离的固态粪便的贮存。通常建在远离牛舍的牛场下风向。堆粪场建造的大小要考虑牛场的规模和牛粪的贮存时间。用作肥料还田的牛场，应该综合考虑用肥的季节性变化，以用肥淡季和旺季为基础，设计并建造足够容量的堆粪场。

（2）贮粪池。一般建造于地下，选用水泥预制板封顶，从而贮存固液混合粪便和污水。贮粪池一般建造在选择用水冲洗方式清粪的牛场，这样牛舍冲洗产生的污水混合物将会通过地下管道送到贮粪池。此外，贮粪池应该有防渗、防漏、防雨等功能。

（3）污水池。用来贮存牛舍排出的尿液和冲洗污水，堆粪场排水沟的污水也通过管道送至污水池。污水池通常建在牛舍外地势低处，与运动场方向相反。池底和墙体表面做好防水工作，顶部用水泥预制板封顶。

堆粪场

污水池

★百度知道，网址链接：https://image.baidu.com/search/detail?ct=503316480&z=0&ipn=d&word=堆粪场

（编撰人：孙宝丽；审核人：李耀坤）

124. 高温堆肥堆制需要什么技术条件？

（1）堆肥堆制对含水量有一定要求，一般是干材料的60%～75%，可以用手握材料检验，当有水滴挤出时，表示水分适宜。

（2）堆肥堆制前期要求具有良好的空气条件，必要时可设置通气塔、通气沟等；而在后期，要保持厌气条件，使肥料处于隔绝空气状态下，通过压紧、封泥的方式来储存养分和加速腐殖质的积累。

（3）堆肥内堆温保持在50～60℃最佳，若温度过高，可能造成氮素的分解，可通过翻堆或加水来降温。

（4）要求堆肥材料的碳氮比为25∶1，这样才有利于微生物对有机物质的分解。

（5）控制适宜的pH值。在堆制堆肥时，每50kg秸秆加入1～1.5kg的石灰等碱物质，将堆肥的pH值控制在7.5左右。

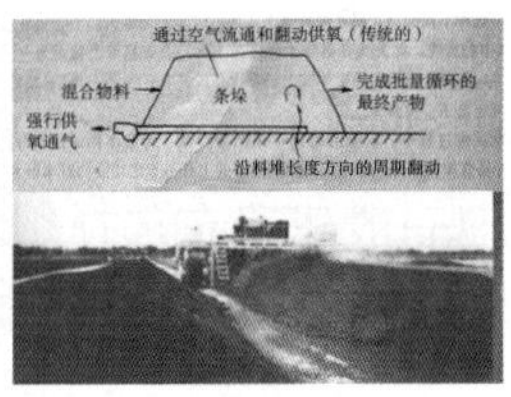

高温堆肥

★高贵涛. 农家高温堆肥制作二法[J]. 农民科技培训，2011（3）：16.

（编撰人：孙宝丽；审核人：李耀坤）

125. 中、小型养殖户如何定位其经营方式和规模?

中、小型养殖户主要存在于肉牛养殖业中。目前，基础母牛数量的迅速下降和牛肉品质问题是制约肉牛业持续、健康发展的两个主要问题。

（1）饲养母牛。在肉牛养殖产业中，要想确保产业的良性发展必须保证母牛种群达到存栏总数的40%。在条件允许的情况下，可以考虑投资中、小规模的母牛养殖场，小规模一般为20～30头，中等规模为30～50头。

（2）种养结合。提倡以农户为单位，“种养结合”和“自繁自养”的养殖模式，以“建立高档牛肉生产基地”为目标，为“公司+农户”的生产经营模式打下基础。肉牛养殖所需饲草就可以通过自家种植来解决，劳动力也来自自家，牛粪可在自家农田消化利用，犊牛来源于自家母牛，由此可以降低饲草饲料的生产成本和交易成本。

（3）适度规模。通常来说规模越大利益就越大，但同时风险也就越大。牛的生产周期长，从出生到成年配种产犊，至少耗费大约两年半，且每头牛的前期投资成本高，需要的流动资金较多、需要较长时间才能收回资金，因此投资一定要慎重，建议以中、小规模经营为主。

放养

舍饲

★多彩贵州网，网址链接：http://news.gog.cn/system/2016/07/05/014998820.shtml
★传道网，网址链接：http://www.xxnmcd.com/a/20141225/82127_3.html

（编撰人：孙宝丽；审核人：李耀坤）

126. 如何提高肉牛的采食量?

（1）日粮中精料和粗料合理搭配，先粗后精、少添勤喂，更换草料时逐渐过渡。粗饲料经粉碎、软化或发酵后与精饲料混合，有条件的可制成颗粒。当精料较少时，可以精带粗、少添勤喂，适当投喂青绿多汁饲料。

（2）采用自由采食，并确保每头肉牛应有45～70cm的食槽间距；食槽表面应光滑；每次上食槽饲喂不应少于2～3h；剩料不应大于3%～5%；拴系时颈链有足够的长度。

（3）在夏季防暑降温，尽量在早晚凉爽时饲喂，或夜里多喂1次；饲料不要在食槽中堆积，防止发热、变酸。饮水要充足，冬天水温应高一些，夏天水温要低一些。

（4）注意日粮的蛋白质平衡和纤维平衡，采食精料过多，粗饲料不足，引起瘤胃轻度酸中毒，用瘤胃缓冲剂可以缓解。提高精料中的能量和蛋白度的浓度、质量，减少精料量，增加草料供给量。在饲料中可适当添加增食剂和健胃药，促进牛的采食量。此外，为了提高粗饲料采食，可适量添加糖蜜于粗饲料中，以促进采食。

（编撰人：孙宝丽；审核人：李耀坤）

127. 肉牛主要的经济性状有哪些?

肉牛性能测定，涉及生长发育性状、繁殖性状、肥育性状、胴体及肉质性状5类。

（1）生长发育性状。生长发育性状指初生重、断奶重、周岁重、18月龄重、24月龄重、成年母牛体重、日增重及外貌评分，各年龄阶段的体尺性状，称为中等遗传力。

（2）肥育性状。肥育性状是指育肥开始、育肥结束及屠宰时的体重、日增重、外貌评分、饲料转化率等。

（3）胴体性状。胴体品质是衡量一头肉牛经济价值的最重要指标，主要包括热胴体重、冷胴体重、胴体脂肪覆盖率、屠宰率、净肉率、背膘厚、眼肌面积、部位肉产量等屠宰性状。应用超声波技术，活体测定背膘厚、眼肌面积、肌内脂肪含量、背部肉厚、臀部脂肪厚度等性状。

（4）肉质性状。肉质是一个综合性状，通过许多肉质指标来判定等级，常见的有肉色、大理石纹、嫩度、肌内脂肪含量、脂肪颜色、胴体登记、pH值、系水力或滴水损失、风味等。

（5）繁殖性状。母牛繁殖性状包括产犊间隔、初产年龄、难产度等；公牛繁殖性状包括情期一次受胎率、精液产量、睾丸围以及精液品质等。

（编撰人：李耀坤；审核人：孙宝丽）

128. 什么是干清粪工艺?

干清粪工艺是区别于水冲粪的一种清粪方式，指将动物的粪便和尿液排出后随即进行分流处理，干粪先后通过收集、清扫、运走等流程，尿液则从排尿沟中流出，然后再分别进行处理，这种工艺是目前养殖场比较提倡的。

该工艺的优点是粪便一经产生就进行了分流，能够维持舍内清洁，没有臭味，产生的污水浓度低且量少，便于处理。

干粪通过直接分离，养分的损失较小，肥料的价值高，经过适当的堆制以后，能够制作出具有高效生物活性的有机肥。实现干清粪、粪水分离，分别处理等流程是降低处理成本，提高处理效果的最佳方案，也可以减少和降低畜禽生产给环境造成的污染。

牛场干清粪工艺设施

★马克波罗网，网址链接：http://china.makepolo.com/product-picture/100897629080_0.html
★百度图片，网址链接：https://image.baidu.com/search/detail?ct=503316480&z=0&ipn=d&word=牛场干清粪工艺

（编撰人：郭勇庆；审核人：李耀坤）

129. 肉牛饲喂方法有哪些?

肉牛的饲料在喂饲前要进行加工。精料粉碎不细，则不易消化利用；精料过细牛又不爱吃。根据日粮中精料量区别饲喂。精料少，可采用多次添加精料的方

法，让牛尽量多采食些粗料；精料多，可与粗料混合饲喂。粗料应切短后饲喂，可提高牛的采食量，还减少浪费。在肉牛育肥阶段，当精料超过60%时粗料可切得长些。野草类可直接投喂，不必切短。块根、块茎和瓜类饲料喂前一定要切成小块，不可整个喂给，以免发生食道梗阻。豆腐渣、啤酒糟、粉渣等虽然含水分多，但干物质与精料相仿，可减少精料喂量。糟渣类的适口性好，牛很爱吃，但要避免过食而造成食滞，前胃弛缓、臌胀等。

饲喂肉牛以全混合日粮为佳，也可把精料和粗料混合饲喂。

在饲喂前3～4h，将加工处理的秸秆（青贮饲料）、副料（如糟渣类）、精料混合料分层铺匀，加入饲料总量40%～50%的水，喂时拌匀。同时饲喂肉牛要做到“三定”：定专人饲养，以便掌握牛吃料情况，观察有无异常现象发生。定饲喂时间，一般5时、17时分2次上槽，夜间最好能补喂1次。每次上槽前先喂少量干草或秸秆，然后再喂拌料。1h后再饮水，饮水要用15～25℃的清洁水。夏季可稍加些盐，以防脱水。定喂料量，不能忽多忽少。此外，饲养员要观察肉牛的吃食、粪便、反刍情况，小病及时治疗，大病淘汰。一般饲料中的水分不能满足牛体的需要，必须补充饮水，最好是自由饮水，干物质与水为1∶5。

青绿饲料饲喂

混合日粮饲喂

★科普中国，网址链接：http://www.cnncty.com/syjs/list.php？catid=105&page=9

（编撰人：孙宝丽；审核人：李耀坤）

130. 架子牛在运输过程中应注意哪些事项?

架子牛选购好以后，在运输前需要了解运输车辆的基本情况，如车辆的运载量、车辆的安全稳定性能以及司机的驾驶技术等方面。在运输时要避免路上时间太长，中途注意休息；如运输前喂得太饱，则会导致牛只产生不适，因此，架子牛装车前应适当限饲。另外，运输过程中牛只密度要适当，避免过密导致牛群挤压发生摔伤压伤等情况。到达目的地后，不要给牛立即饮水，让牛充分休息后（3～4h）再提供适量温水（夏天饮凉水），使牛安定下来；然后，供给优质的粗饲料，让其自由采食；精料的饲喂量要视牛只的排粪情况而定，而且只能提供牛体重1%左右的料量，以后逐渐增加。为了缓解运输途中所造成的应激，可以饲喂适量维生素A或营养剂，并注射抗生素2～3d，可预防疾病的发生。

架子牛

★百度百科，网址链接：https://baike.baidu.com/pic/%E6%9E%B6%E5%AD%90%E7%89%9B/2118607/0/f7246b600c3387443f1f76c35b0fd9f9d62aa0b3？fr=lemma&ct=single#aid=21878832&pic=b58f8c5494eef01f80f3fcceeafe9925bd317dd2

（编撰人：孙宝丽；审核人：李耀坤）

131. 乳用牛的外貌特点？

乳用牛以黑白花的荷斯坦奶牛居多。白花多分布牛体的下部，黑白斑界限明显。体格高大，结构匀称，头清秀狭长，眼大凸出，颈瘦长，颈侧多皱纹，垂皮不发达。前躯较浅、较窄，肋骨弯曲，肋间隙宽大。背线平直，腰角宽广，尻长而平，尾细长。四肢强壮，开张良好。乳房大，向前后延伸良好，乳静脉粗大弯曲，乳头长而大。被毛细致，皮薄，弹性好。

荷斯坦奶牛

★阿土伯，网址链接：https://www.atobo.com.cn/HotOffers/Detailed/518203.html

体型大，成年公牛体重达1 000kg以上，成年母牛体重500～600kg。犊牛初生重一般在45～55kg。泌乳期305天第一胎产乳量5 000kg左右，优秀牛群泌乳量可达7 000kg。少数优秀者泌乳量在10 000kg以上。母牛性情温顺，易于管理，适应性强，耐寒不耐热。

（编撰人：孙宝丽；审核人：李耀坤）

132. 奶牛健康养殖有什么意义？

“健康养殖”是指根据养殖对象的生物学特性，运用生态学、营养学原理来指导养殖生产，也就是说要为养殖对象营造一个良好的、有利于快速、健康生长的生态环境，提供充足的全价营养饲料，使其在生长发育期间最大限度地减少疾病的发生，使生产的食用产品无污染、个体健康、品质优良、营养丰富与天然鲜品相当。

奶牛健康养殖技术包含了更为广泛的内容，不同以往的传统养殖技术和管理方式，它在保证人类食品安全的基础上生产养殖产品。并且依靠眼前畜牧兽医的先进科学技术，着力解决畜牧业中存在的生态环保、无公害、规模化、标准化等问题，完成畜牧基础设施完善、科学管理、节约资源、环境友好、质量保证、效益和环境统一的目标。因此，发展集约式养殖、健康养殖技术和管理，是实现饲养环节的标准化生产，也是创建标准化饲养场的重要内容。

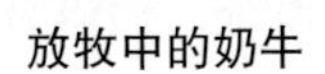

放牧中的奶牛

舍饲中的奶牛

★突袭网，网址链接：http://www.tuxi.com.cn/viewtsg-17-1115-18-29111398_704111632.html
★中国鸡蛋网，网址链接：http://www.cnjidan.com/news/967636/

（编撰人：孙宝丽；审核人：李耀坤）

133. 怎样识别健康牛与患病牛？

（1）看牛眼。健康牛眼明亮有神、洁净湿润；病牛眼睛无神、两眼下垂不振、反应迟缓、流眼泪，有眼屎。

（2）看牛耳。健康牛双耳常竖立而灵活；病牛低头垂耳、耳不摇动、耳温高或耳尖凉。

（3）看毛色。健康牛被毛整洁有光泽，富有弹性；患病牛被毛蓬乱而无光泽。

（4）看反刍。无病的牛每次采食30min后开始反刍30～40min，一昼夜反刍4～6次。病牛反刍减少或停止。

（5）看动态。无病的牛活动自如，休息时多呈半侧卧势，人一接近即行起立。病牛食欲、反刍减少，放牧常常掉群卧地，出现各种异常姿势。

（6）看大小。无病的牛粪便比较干硬，无异味。小便清亮无色或微带黄色，并有规律；病牛大小便无度，大便或稀或干、甚至停止，小便黄或带血。

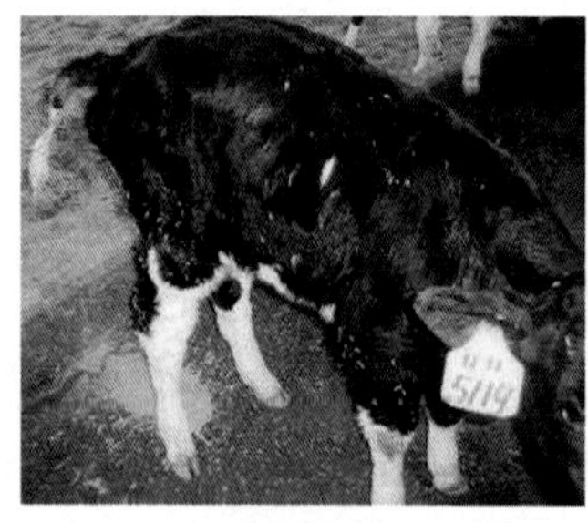

患病犊牛　　　　健康犊牛

★中国牛业网，网址链接：http://www.caaa.cn/breed/cattle.php
★农村致富经，网址链接：http://www.nczfj.com/yangniujishu/201023744.html

（编撰人：孙宝丽；审核人：李耀坤）

134. 为什么近亲繁殖能造成品种“退化”？

近亲繁殖即近交，是指亲缘关系较近的个体间交配。近交是育种工作的一种措施，可被用来固定优良性状，保持优良个体的血统，揭露有害基因。然而不正确的使用，会出现近交衰退的现象。

近交衰退，是指亲缘关系较近的个体间交配后产生的后代在生理活动、繁殖性能以及一些与适应性相关的性状，都不同程度出现了降低。具体表现在繁殖能力减退，遗传病率升高，生活力下降，适应性降低，体质变差，生长发育减缓，死胎和畸形胎数量升高。近交衰退的程度随着近交程度的高低而有不同。有学说认为，近交时由于两性细胞的差异变小，后代的生活能力降低。基因学说认为，近交导致基因结合，减少了基因互作的种类，降低了基因的非加性效应，同时使隐性有害基因的纯合几率上升从而更容易表现出有害的性状。从生理角度看，衰退是由于近交后代生理机能变差，内分泌不平衡，激素、酶类或其他蛋白质代谢异常所致。

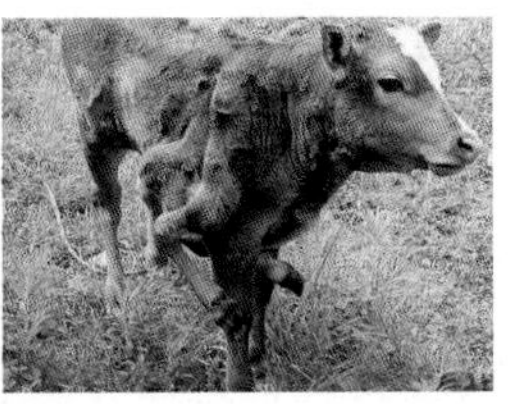

近亲繁殖的畸形牛

★学习啦，网址链接：http://www.xuexila.com/aihao/siyang/2558308.html

（编撰人：孙宝丽；审核人：李耀坤）

135. 如何给牛进行静脉注射?

静脉注射，多选在颈沟上1/3和中1/3交界处的颈静脉血管。必要时也可选乳静脉进行注射。注射前，局部剪毛消毒，排尽注射器或输液管中气体。以左手按压注射部下边，使血管怒张，右手持针，在按压点上方约2cm处，垂直或呈45°角刺入静脉内，见回血后，将针头继续顺血管推进1～2cm，接上针筒或输液管，用手扶持或用夹子把胶管固定在颈部，缓缓注入药液。注射完毕，迅速拔出针头，用酒精棉球压住针孔，按压片刻，最后涂以碘酒。注射时，对牛要确实保定，注入大量药液时速度要慢，以每分钟30～60滴为宜，药液应加温至接近体温，一定要排净注射器或胶管中的空气。注射刺激性的药液时不能漏到血管外。

牛颈静脉输液

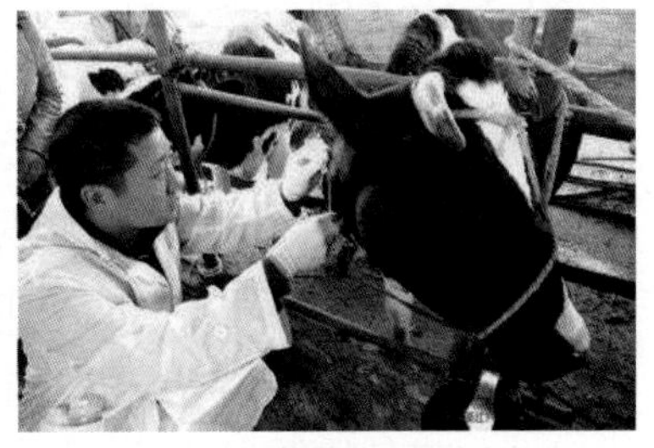

牛颈静脉注射

★猪友之家，网址链接：http://www.pig66.com/show-1230-181307-1.html

（编撰人：孙宝丽；审核人：李耀坤）

136. 牛骨软症是如何发生的？有何临床表现？

该病是由于成年牛饲料中缺磷所引起的磷钙代谢紊乱性疾病。主要因长期单纯喂给钙多于磷的饲料，或钙、磷均少的饲料，导致钙、磷比例不平衡而发病。妊娠牛因胎儿生长的需要，以及产奶盛期，大量钙、磷随乳排出，均可使体内钙、磷相对缺乏。病初，表现消化不良、异食，舔食墙壁、泥土、沙石，砖块等，不断地磨牙或空嚼。随后病牛喜卧，不愿站立，伏卧时常变换体位，有时呻吟；站立时拱背，四肢叉开，运步不灵活，出现不明原因的一肢或多肢跛行，或交替出现跛行。严重者骨骼肿胀、变形、疼痛，下颌骨肿大增厚使口腔闭合困难，各关节尤其是四肢关节粗大不灵活，四肢骨、肋骨、脊椎骨弯曲易骨折，尾椎骨移位、变软，肋骨与肋软骨结合部肿胀。

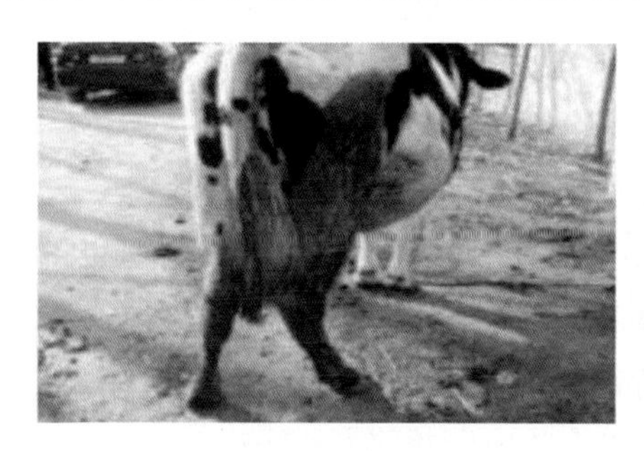

牛后肢呈“X”形

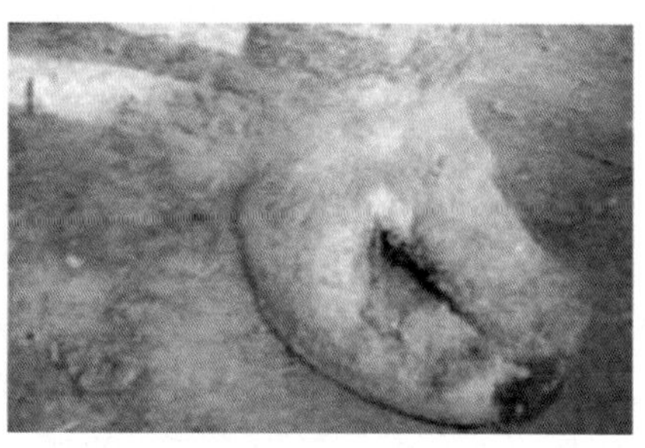

病程稍长变为芜蹄

★畜牧资讯网，网址链接：http://www.xmzxzg.com/jc/nb/2014/0219/19831.html

（编撰人：孙宝丽；审核人：李耀坤）

137. 黄牛的常见病有哪些？

（1）食道梗塞。食道内被吞食过大的块状饲料，如胡萝卜、白薯类块根或被未完全打碎和泡软的饼类饲料所引起的堵塞，突然发生食欲停止，头颈伸直、流涎、咳嗽，不断咀嚼并伴有吞咽的动作，摇头晃脑，惊恐不安。

（2）前胃弛缓。牛的前胃胃壁收缩无力，兴奋性减弱或缺乏。主要原因是食用过多难以消化或品质低劣的粗饲料，牛缺少运动以及牛自身缺乏矿物质和维生素。

（3）瘤胃鼓气。因牛采食过多易发酵的饲料而产生大量发酵气体，导致嗳气受阻，瘤胃臌胀过度。

（4）瘤胃积食。瘤胃内积有大量食物，超过瘤胃容量，胃壁过度扩张，神经功能受损，瘤胃功能丧失，不能正常运转。主要因为牛采食过量的粗饲料，或者在过度饥饿后一次性大量进食导致。

（5）心包炎。表现为心音杂乱，心律不齐。需要做好饲养管理，注意将饲料中的异物清除。

（6）牛流感。主要由于牛流行性感冒病毒侵袭而导致的热性、急性、传染性疾病。

瘤胃鼓气

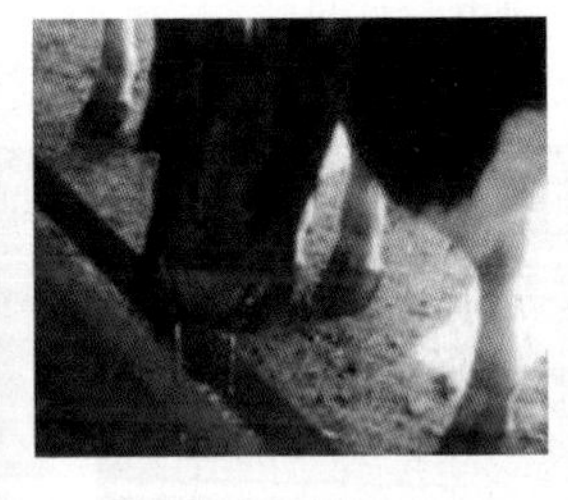

感冒初期病牛鼻流清涕

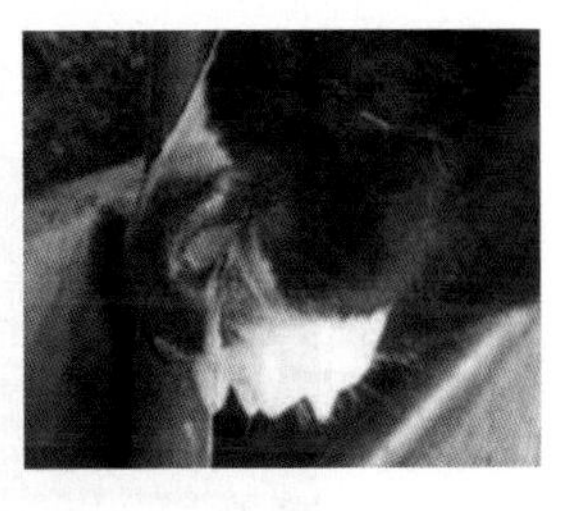

流出黄白色黏液脓性鼻液

牛流感

★兽药网，网址链接：http://www.514193.com/jibingfangzhi/45019.html

（编撰人：孙宝丽；审核人：李耀坤）

138. 牦牛体内寄生虫主要有哪些?

（1）线虫。胃肠道线虫寄生常常导致牦牛生产性能降低，严重时导致犊牛死亡，虫体寄生往往造成牦牛胃肠道炎症和出血，肝坏死和肝细胞变性，呈现出贫血和营养不良的征兆。

（2）绦虫。棘球蚴病又称包虫病，是由棘球蚴属绦虫的幼虫引起的，寄生在牦牛的肝、脾等器官，会导致周围器官组织的损坏，严重甚至导致死亡。

（3）吸虫。肝片吸虫病是由于肝片吸虫寄生在肝脏胆管里，可引起急性或慢性肝炎或胆囊炎，伴发全身性中毒和营养障碍，造成牛群大批死亡。

（4）血孢子虫。牦牛焦虫病是由寄生在牛红细胞内的血孢子虫，经传播引起的一种急性过程的季节性疾病。

（5）球虫。牦牛球虫病是因多种球虫寄生于牛肠道黏膜上皮细胞而引起的一种以患急性出血性肠炎为特征的原虫性寄生虫病，以2岁以内的犊牛发病率较高，死亡率也较高。

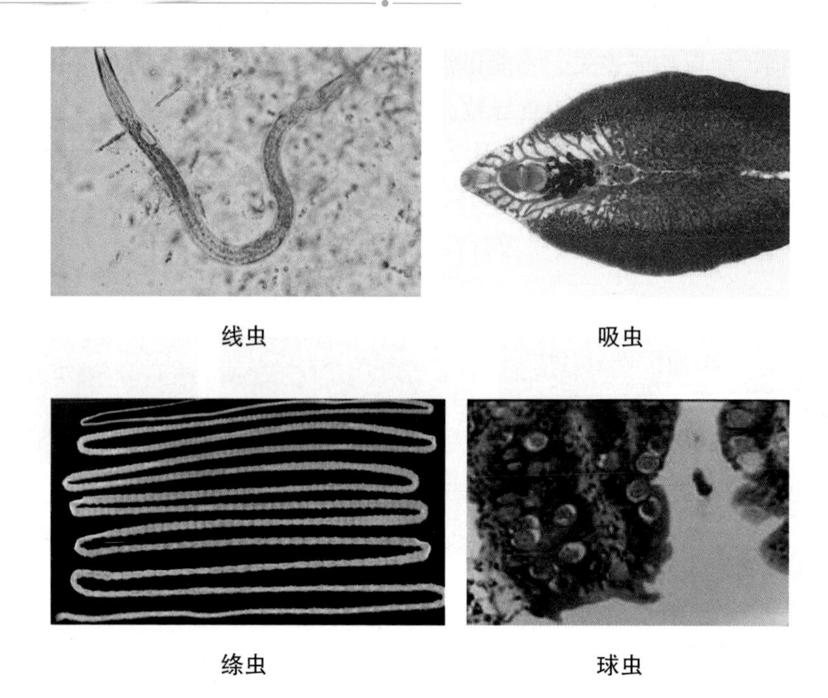

线虫　　吸虫

绦虫　　球虫

★正保医学教育网，网址链接：http://www.med66.com/html/2008/11/zh45131419521021180022016.html
★搜狐网，网址链接：http://www.sohu.com/a/134309000_643852
★百度百科，网址链接：https://baike.baidu.com/item/%E7%90%83%E8%99%AB

（编撰人：孙宝丽；审核人：李耀坤）

139. 为什么奶牛产前、产后容易生病？该如何预防？

奶牛产前、产后一般指产前、产后各15d内，又称为围产期。该期奶牛之所以较易生病，主要由下列因素引起。

（1）围产期奶牛体质差、抗病力弱、适应性低，容易受外界环境因素的影响而感染疾病，从而引发产前或产后瘫痪、干奶期乳房炎等。

（2）对围产期奶牛不够重视，缺乏科学的饲养管理。一是忽视干奶牛的饲养。由于错误地认为干奶牛不产奶，就不喂或少喂精料，而饲喂劣质粗饲料，导致妊娠后期奶牛营养缺乏。因此，干奶牛的饲养也应合理投放精粗料，注意营养平衡，满足其生产需要，尤其是蛋白质的需要。二是缺乏产科管理知识。对泌乳初期（产后15d内）体质虚弱的奶牛，如采取过早、大量投放精料和大量挤奶的方法进行催奶，就可导致一系列问题。如大量挤奶可引起产后瘫痪；过早大量饲喂精料，可引起真胃变位。所以，只有在奶牛乳房水肿消退、恶露排干净后，才能增加精料喂量。三是缺少围产期奶牛管理经验。牛分娩后乳房水肿严重，必须在乳房消肿后，方可用机械挤奶，否则只能手工挤奶，应加强母牛产后的运动，增加优质的粗饲料和青绿多汁饲料饲喂量，加强产后护理，建立常规消毒制度。做好牛舍环境卫生，预防胎衣不下，使母牛恶露早日排净，子宫形态和功能及早恢复。

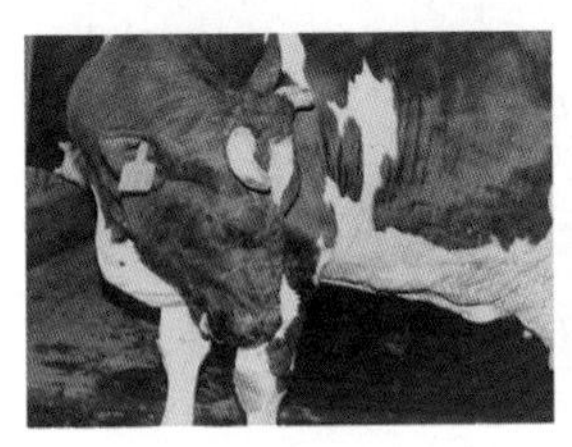

牛乳房水肿消退

牛产后血红蛋白尿

★丁香园论坛，网址链接：http://3g.dxy.cn/bbs/topic/5494710#!page=3

（编撰人：孙宝丽；审核人：李耀坤）

140. 如何防止犊牛腹泻？

犊牛腹泻可归纳为饲养管理因素和传染性因素。饲养管理性因素主要包括出生犊牛吃不到初乳或乳量不足，导致犊牛抗病力低而出现细菌性或病毒性腹泻；犊牛场环境不良，致病微生物大量滋生，导致腹泻；气候骤变、饲喂过量、霉变饲料、有毒饲草或饲料，导致腹泻等。传染性因素包括牛病毒性腹泻（黏膜病病毒）轮状病毒、冠状病毒、沙门菌病、梭菌性肠炎、副结核病、蛔虫病和球虫病等。预防措施如下。

（1）加强妊娠母牛和犊牛的饲养管理，母牛妊娠后期蛋白质和维生素饲料应供应充足；新生犊牛应及时饲喂适量初乳，避免过量或饲喂不足，增强抗病能力；注意牛舍要干燥、保温，减少应激等；经常对牛舍、牛栏、牛床、运动场和环境进行定期预防性消毒。

（2）加强消毒、免疫接种、定期预防性驱虫和药物治疗，控制传染性腹泻；病毒性腹泻没有特效药物，主要是加强饲养管理和疫苗预防。细菌性腹泻主要从饲养卫生管理、疫苗预防和药物防治3方面综合防治。预防寄生虫性腹泻需要定期驱虫，犊牛1月龄和5月龄时各驱虫1次。每15d用2%敌百虫溶液对圈舍场地喷洒1次；及时清除牛舍内外的粪便和尿液，堆积发酵以彻底杀灭虫卵。

（3）从外地购回犊牛需隔离观察，待检疫阴性和粪便虫卵检查阴性时方可并群。

犊牛

★农村致富经，网址链接：http://www.nczfj.com/yangniujishu/201016604.html

（编撰人：孙宝丽；审核人：李耀坤）

141. 高温季节如何预防奶牛中暑？

（1）防止牛舍温度过高。加大牛舍的通风量，把牛舍的门窗打开，在牛床上或者饲槽前安装喷淋设备，配合风机，起到降温效果。牛舍顶部可设置隔热层，来降低牛舍温度。

（2）防止阳光直射牛群。牛舍和运动场周围要搭建凉棚或种植绿化植被，牛棚顶部可盖一层遮阴网；运动场周围可种植藤蔓类植物，避免阳光直射牛群导致中暑。

（3）调整日粮结构。不合适的日粮比例会增加牛体的散热负担，粗饲料尤其是品质劣质的粗饲料会使奶牛的体增热增加，造成奶牛的厌食，从而使奶牛产奶量下降。因此要改善粗饲料的品质，并在保证奶牛粗纤维基本需要量（不低于日粮干物质的15%）的基础上，尽量减少粗饲料的饲喂量，相应地增加精饲料的喂量。另外，为了缓解奶牛的热应激，可以饲喂一些抗热应激的药物。

放牧饲养

★医学全在线畜牧网，网址链接：http://www.med126.com/shouyi/2016/20160612140707_1680659.shtml
★中国婴童网，网址链接：http://www.baobei360.com/Articles/Html/2017-08-07/146462.html

（4）合理饲喂。在炎热的夏季，管理人员可调整奶牛的喂料时间，可安排在清晨和傍晚进行饲喂。提供充足的饮水，还可在饮水中添加维生素C、小苏打来缓解热应激和饲喂高精料带来的负面影响。

（编撰人：孙宝丽；审核人：李耀坤）

142. 母牛发情不明显，应如何识别？

牛的发情期比较短，但发情时外部特征表现明显，因此牛的发情鉴定主要是外部观察法，也可用公牛试情法；阴道及分泌物的检查可与输精同时进行；另外，通过直肠检查可确定卵泡发育情况，从而可以准确确定排卵时间。临床实践和生产中常用的方法如下。

（1）直接观察法。发情开始后12～18h；接受其他牛爬跨，由烦躁转为安静；阴道分泌黏液量少，呈浑浊状、浓稠。

（2）阴道检查法。可观察到外阴肿胀开始消失，子宫颈口呈大蒜瓣状、粉红或带紫褐色，湿润、开张良好。

（3）直肠检查法。通过直肠检查触摸两侧卵巢上的卵泡发育情况来确定母牛是否发情，根据卵泡是否凸出于卵巢表面及大小、弹性、波动性和排卵来判断是否发情及配种或输精的适期。发情初期卵巢有所增大，卵泡部分凸出于卵巢表面，其直径在8mm以下，较硬；到卵泡成熟期，卵泡呈球状，凸出于卵巢表面，其直径可达10～24mm，卵泡壁变薄，富有弹性，有一触即破之感。同时，触摸子宫角后子宫有收缩（紧张）感，卵巢上有直径在1.5cm左右的卵泡，并有一触即破之感。

发情诊断

★百度贴吧，网址链接：http://tieba.baidu.com/p/2984116348

（编撰人：孙宝丽；审核人：李耀坤）

143. 母牛发情后发现有隐性子宫内膜炎怎么处理？

隐形子宫内膜炎多发生于母牛产后一个月，病牛症状表现不明显，性周期、发情、排卵正常，但是母牛屡配不孕或配种后流产。在发情和配种后直肠检查时，从阴门排出浑浊黏液或有脓汁点块的透明黏液，当子宫颈口闭锁时，就会形成子宫蓄脓，处理措施。

（1）将80万IU青霉素，100万IU链霉素，10ml生理盐水配成溶液冲洗子宫。将药物注入子宫颈，同时轻轻按摩子宫，使子宫充分吸收药物。每日1次，连用数天。

（2）先用生理盐水冲洗子宫，后用输精器吸取20ml鱼腥草注射液，采用直肠把握法一次性输入子宫腔。每日1次，连用3次。

（3）对于隐形子宫内膜炎也可用子宫清洗法。先采用0.1%的高锰酸钾溶液小心冲洗，然后向子宫腔内注入2支80万IU的青霉素钾。

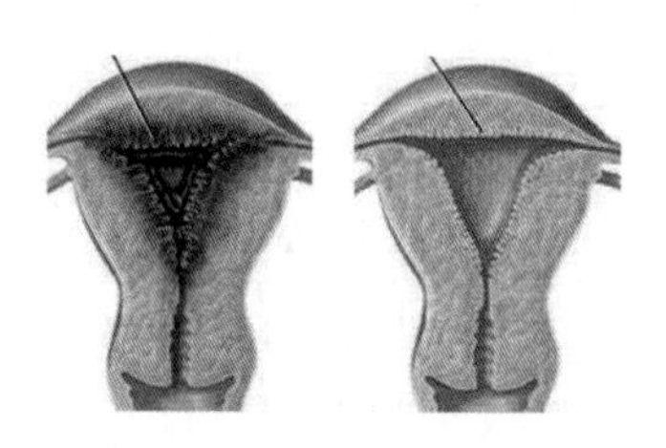

隐形子宫内膜炎　　正常子宫

★医通无忧网，网址链接：www.51etong.com

（编撰人：孙宝丽；审核人：李耀坤）

144. 母牛同期发情常用的方法有哪些？

（1）一次前列腺素法。肌内注射前列腺素（PG）及类似物是最方便和效率较高的同期发情方法，前列腺素2α（PGF2α）的注射量为20～30mg，前列腺素C（PGC）注射量为400～600μg。

（2）二次前列腺素法。因为前列腺素仅能溶解母牛排卵后5d后的黄体，一次前列腺素法处理仅有70%的母牛有发情反应，因此采用间隔11～12d二次用药的方法，可获得更高的发情率。

（3）孕激素阴道栓法。通过使用特制的放置工具将阴道栓放入阴道内，先将阴道栓收小，放入放置工具内，将放置工具推入阴道内顶出阴道栓，退出放置器即完成。

（4）前列腺素结合孕激素处理法。先注射孕激素7d，后肌内注射PGF2α。以上处理完成后，给予3～5mg促卵泡素（FSH）、700～1 000U孕马血清促性腺激素（PMSG）或50～150μg促排卵素。

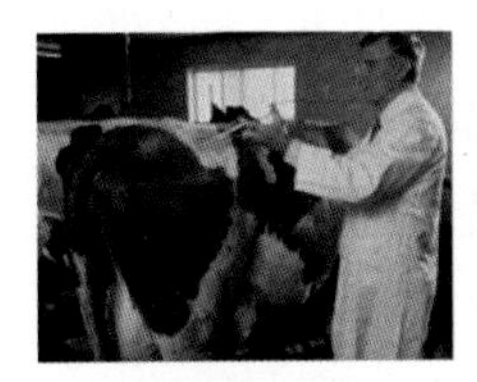
性激素注射

激素促情

★网易网，接网址：http://baby.163.com/special/peifangnaifen/naiyuan.html

（编撰人：孙宝丽；审核人：李耀坤）

145. 奶牛产后出血怎么办?

母牛产犊后出血的发病率约为3%，多为阴道流血。阴道流血过多时，可引发奶牛贫血症，所以必须及时止血，以防止牛患贫血症。牛产后很疲劳，应安排舒适的卧床；如发生产后子宫出血时，更需要使牛保持安静，得到充分休息，另外，应安排前低后高的卧位，使血液易于流通循环，降低血的压力，有利于止血。兽医可通过皮下注射脑垂体后叶素，增强母牛子宫节律性收缩，尤其能收缩血管，使其止血，用量为5～10ml；静脉注射时，可加葡萄糖溶液或生理盐水，缓慢注入。麦角新碱有使子宫平滑肌兴奋和收缩血管的作用，作用时间长，一般用一次即可，一次用量为5～10ml；多用于子宫收缩无力及子宫出血等情况，但不宜多次使用，可引起中毒，另外需要注意的是胎盘未排出前禁用。当发生纤维蛋白溶解亢进性出血时，可用6-氨基乙酸及羚基苄胺、止血环胺等抗纤维蛋白溶解药物治疗。

兽医诊断

产犊

★农村致富经，网址链接：http://www.nczfj.com/yangniujishu/201019032.html
★东北农业大学，网址链接：http://wlkc2013.neauce.com/syckxzyjb.htm

（编撰人：孙宝丽；审核人：李耀坤）

146. 肉牛钱癣病的主要临床表现有哪些？如何治疗？

肉牛钱癣病是一种多由疣毛癣菌、须毛癣菌及马毛癣菌所引起牛的慢性皮肤病和接触性传染病，因病牛皮肤上出现一些像铜钱一样的圆形癣斑而得名。该病潜伏期1～4周。患病成年牛头、颈、颜面部出现圆形癣斑的可能性最大，其次为胸、背、臀、乳房、会阴等处。犊牛则多发于口腔周围、眼眶、耳朵附近。严重者圆形癣斑可长遍全身。患处起初发生粟粒大的结节，表面覆盖鳞屑，随后逐渐扩大，呈隆起的圆斑，形成灰白色石绵状痂块，痂上残留少量短毛。癣痂小如铜钱，大如核桃。在病的早起和晚期都有剧痒、触痛。患畜坐立不安、不断摩擦伤口、食欲减退、体况较差、贫血以致死亡，在面部眼睛周围的小病灶常常融合在一起形成大病灶，即所谓的“眼镜框”现象。防治措施如下。

（1）预防。消灭传染源，阻断传播途径，牛舍全面消毒。对于病牛隔离饲养，集中治疗。健康牛群定期驱虫，饲喂全价日粮，补充维生素和矿物元素。

（2）治疗。小的凸起病灶可用剪刀或手术刀去除。对于大病灶需先剪毛，用温热的5%克辽林清洗患处，用钢锯条去除痂皮。常用的抗真菌药物有：硫酸铜1份+凡士林3份混成软膏外用，每5d涂1次，连用3次；涂擦10%碘酊、10%水杨酸酒精或者10%硫酸铜溶液，每隔1～2d 1次；克霉唑软膏涂擦，内服灰黄霉素5～10mg/kg体重。

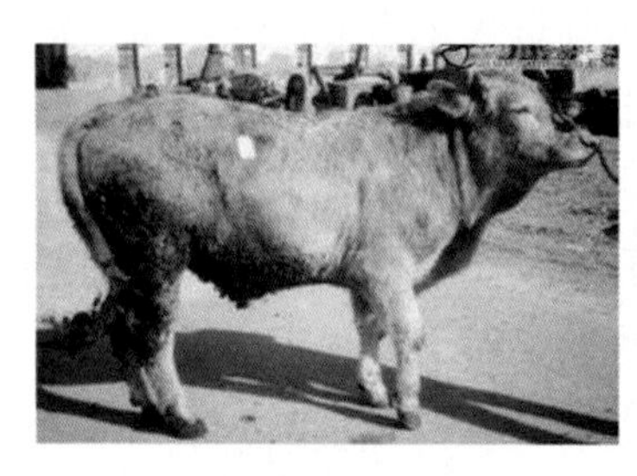

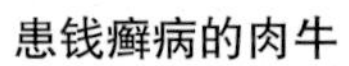

患钱癣病的肉牛

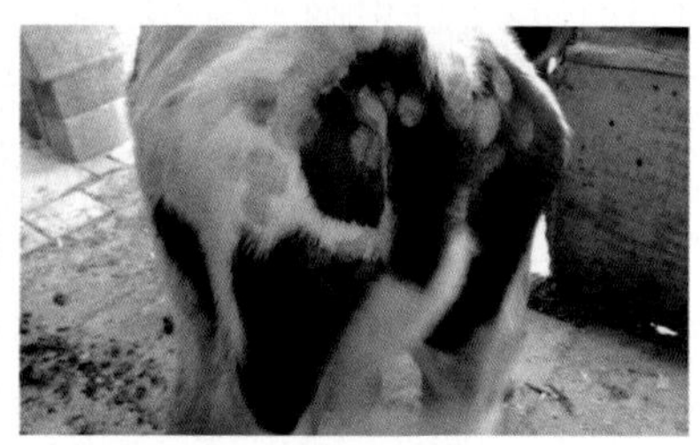

患钱癣病的奶牛

★搜狐网，网址链接：http://www.sohu.com/a/18891240_189398
★百度贴吧，网址链接：http://tieba.baidu.com/p/3069444994

（编撰人：孙宝丽；审核人：李耀坤）

147. 影响奶牛产奶量的因素有哪些？

（1）奶牛自身因素。品种是根本，淘汰产奶性能低的奶牛品种，引进高产奶量的奶牛品种可以从根本上提高产奶量。另外产奶量与奶牛的年龄和体况有密切关系。奶牛的产奶性能会随着奶牛健康状况的下降而降低，在一定范围内也会随着年龄的增大而降低。保持奶牛的健康对提高产奶量来说很有意义。另外，选育高耐热的奶牛品种可以抵抗夏季的高温，提高产奶量。

（2）营养因素。饲料配比不平衡会使奶牛产奶量下降。奶牛在产奶期需要大量的能量，如果饲料能量水平和蛋白质水平过低，母牛的产奶量容易下降。所以要保证饲料中营养物质充足。在炎热的夏季，高粗饲料饲喂容易使奶牛大量产热，产生热应激，降低产奶量。

（3）管理水平。管理水平的高低极大影响着产奶量。母牛产奶需要一个舒适整洁的环境，挤奶厅需要保证干净卫生无积水，防止母牛滑倒。着重注意母牛的乳房炎和热应激问题。兽医应多观察多走动，发现乳房炎的牛只及时治疗，避免影响奶牛的产奶性能。牛舍也需要保持适当的温度，防止奶牛因温度过高降低采食量从而降低产奶量。

荷斯坦奶牛

牛舍

★寻医问药网，网址链接：http://www.xywy.com/bj/jktx/20160612_827322.html
★慧聪网，网址链接：http://b2b.hc360.com/viewPics/supplyself_pics/222448734.html

（编撰人：孙宝丽；审核人：李耀坤）

148. 奶牛腹泻用什么药?

（1）及时补液，防止电解质紊乱。补液时根据脱水程度确定补液量。当奶牛严重脱水时，常常并发代谢性酸中毒，用碱性小苏打等药进行纠正。

（2）必要时可选用糖皮质激素类药。为了减轻毒血症，应大剂量应用糖皮质激素类药。临床常用地塞米松治疗各种严重感染，计量为0.5 ~ 1mg/kg。

（3）加大维生素C的用量。维生素C具有增强抵抗力等作用。维生素C缺乏可引起初生动物腹泻。

（4）提倡用中草药制剂。如奶牛诊断为病毒感染，临床上一般选用双黄连、板蓝根、黄芪注射液等中草药制剂。必须用抗生素时，在未做药敏试验之前，可选用中草药制剂或者酌情选用磺胺嘧啶钠、氨苄西林、恩诺沙星等药物。

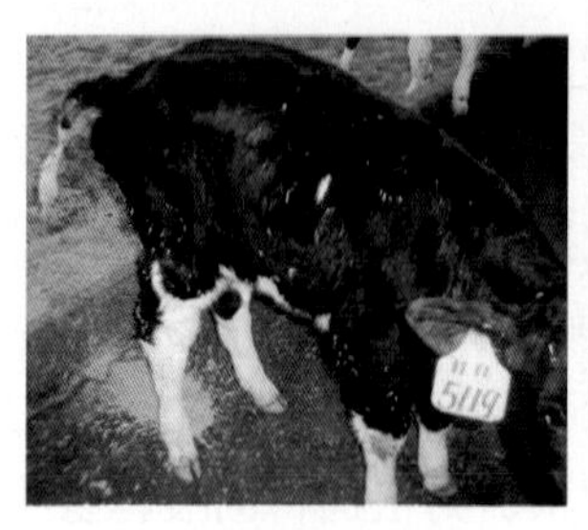

犊牛腹泻

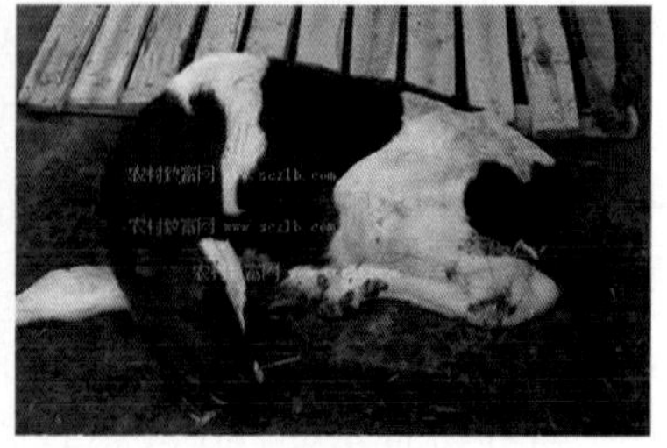

犊牛软瘫

★慧聪网，网址链接：http://b2b.hc360.com/viewPics/supplyself_pics/222448734.html
★农村致富经，网址链接：http://www.sczlb.com

（编撰人：孙宝丽；审核人：李耀坤）

149. 蜱传病的流行特点及临床症状有哪些?

蜱传病有地域性和明显的季节性，与蜱的生长季节相关。另外，蜱传病多为自然疫源性疾病，蜱传病包括原虫病、病毒性疾病、细菌性疾病和蜱中毒。原虫病症状主要为高烧不退、精神萎靡、贫血、黄疸、呼吸急促、心律不齐、便秘、腹泻及蛋白尿等。病毒性疾病主要症状为发病突然，高烧不退、肌肉酸痛，四肢关节剧烈酸痛，甚至不能行走等。细菌性疾病症状为牛感染后表现发热症状，伴有精神不振、消瘦、动作僵硬、跛行、关节肿胀疼痛。蜱中毒显著症状是运动四肢不协调，潜伏期为5～7d，在潜伏期会出现一些前期症状，如精神不振、无食欲、呕吐等，通常肢体远端开始麻痹，具体表现为弛缓性麻痹、运动性共济失调、肌无力、踝关节、膝关节及腹壁反射减弱等；随后逐渐呈上行性扩散，最后累及身体上部；在发病期间，对体温和血压没显著影响。

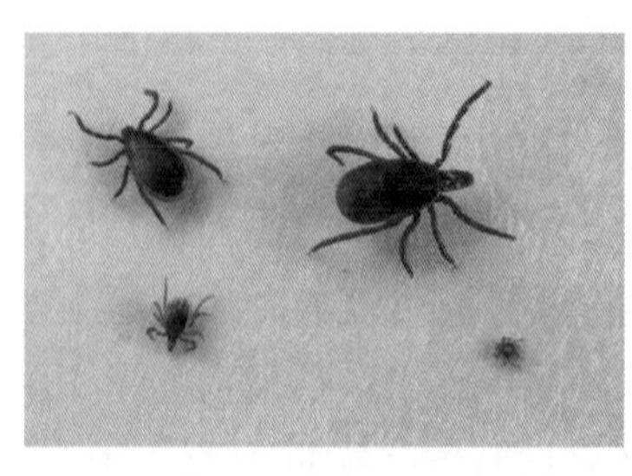

蜱虫

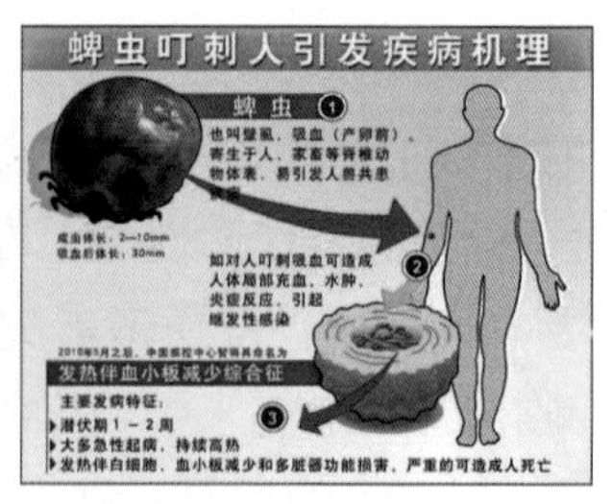

蜱传病传播途径

★搜狐网，网址链接：http://www.sohu.com/a/148609886_526766
★鲁中网，网址链接：http://news.lznews.cn/2013/0705/700170.html

（编撰人：孙宝丽；审核人：李耀坤）

150. 肉牛常见中毒病的救治方法有哪些?

肉牛常见的中毒包括有毒植物中毒、霉变饲料中毒、农药残留中毒、药物中毒、盐中毒、尿素中毒、蛇咬中毒、老鼠药中毒等。当发生中毒时，首先采用如下急救措施。

（1）毒物排除法。温水3～5L加活性炭150～200g或0.1%高锰酸钾液2～3L，反复洗胃，并人工灌服盐泻剂或硫酸钠50～100g，趁毒物还没有吸收使其从胃肠道排出。灌服牛奶和生鸡蛋1 500g也可以解毒。

（2）全身疗法静脉注射。静脉注射10%葡萄糖或生理盐水或复方NaCl溶液1.5～2L，均有稀释毒物，促进毒物排出的作用。

（3）对症疗法。根据中毒的实际病况来使用药物。心衰时，可肌内注射0.1%盐酸肾上腺素6～8ml或10%安钠加15～30ml来进行治疗；兴奋不安时，口服乌洛托品15g；肺水肿时，可静脉注射10%氯化钙注射液1～1.5L。

肉牛

★搜狐网，网址链接：http://www.51sole.com/b2b/cd_21878613.htm
★企汇网，网址链接：http://www.qihuiwang.com/product/q34045/91730093.html

（编撰人：孙宝丽；审核人：李耀坤）

151. 肉牛呼吸道疾病综合征的主要临床表现有哪些？如何防治？

（1）临床表现。结膜炎，眼珠分泌物增加，食欲下降；难以呼吸，气喘，腹式呼吸，常伴有咳嗽。急性发病的症状表现为发烧，甚至突然死亡。发病后牛只生长速度下降，僵牛数量增加，死亡的牛只数量也明显升高。牛发病后表现为呼吸困难，神经错乱等，病死率很高；生长育肥牛表现为发烧、咳嗽、采食减少、难以呼吸。如果牛场饲养条件较差，再加上饲养密度较大，往往会出现混合感染，牛群发病和死亡率及临床表现会更加复杂难治。

（2）防治方法。提高饲养管理水平、减少应激反应是控制该病的重要手段。坚持全进全出的饲养模式，维持适当的饲养密度，做好牛舍内小环境的调控，保持良好的空气流通，减少对牛只呼吸道的刺激。做好疫苗免疫工作，适时接种牛瘟、伪狂犬病、肉牛传染性胸膜肺炎、萎缩性鼻炎等疫苗；另外需要做好支原体预防工作，尤其是牛肺炎支原体的防控。在选用药物时，坚持广谱高效的原则，常用药物有泰力佳、氟本欣、爱力呼泰素、泰磺肥素等。

犊牛突然死亡

★搜狐网，网址链接：http://www.sohu.com/a/139306840_360088

（编撰人：孙宝丽；审核人：李耀坤）

152. 肉牛临床用药剂量应注意哪些问题?

药物的临床用药剂量一般是指成年肉牛的一次用药量。药物剂量的大小决定了药物对动物的作用效果，因为药物浓度的高低与药物的效果有直接关系。药物的剂量大小又面临着用药安全问题，如果药物在体内浓度超过限度时易发生不良反应，甚至引起药物中毒。所以兽医在给药时应根据药物在体内的代谢速度，以药物的半衰期为时间间隔恒速恒量给药。用药一定要认真掌握剂量，应谨遵医嘱或按药品说明书使用，不可轻易变更，尤其是药性较剧烈、药物用量很小的品种更应注意。牲畜用药后，要及时观察牲畜的表现，若牲畜出现中毒和过敏的状况，要立刻停止给药，同时采取措施急救，必要情况下，如需要使用抗生素治疗时，可以先对动物进行皮试，观察反应后再进行用药。

（编撰人：孙宝丽；审核人：李耀坤）

153. 如何诊断和防控牛病毒性腹泻（黏膜病）?

病毒性腹泻（黏膜病）临床症状表现为病牛食欲下降，流鼻汁，咳嗽，呼吸急促，颊黏膜乳头出现出血斑，上颚出现浅表溃疡，严重腹泻，稀粪呈水样，后期带有黏液和血液。防治措施如下。

（1）改善环境卫生条件，病死的牛要进行全部的焚烧处理，对牛场要全面地进行严格的隔离、封锁、消毒。严控货物与外来人员进出牛场。牛舍要用漂白粉进行不定期消毒，保证牛舍的干净、清洁。

（2）及时接种疫苗，除了发病牛和妊娠母牛外，要接种猪瘟兔化弱毒疫苗。

（3）对发病牛进行药物治疗，本病暂无特效治疗药物。所以以止泻、补液和防止电解质紊乱为原则，对病牛进行隔离，对症治疗。

牛黏膜病症状

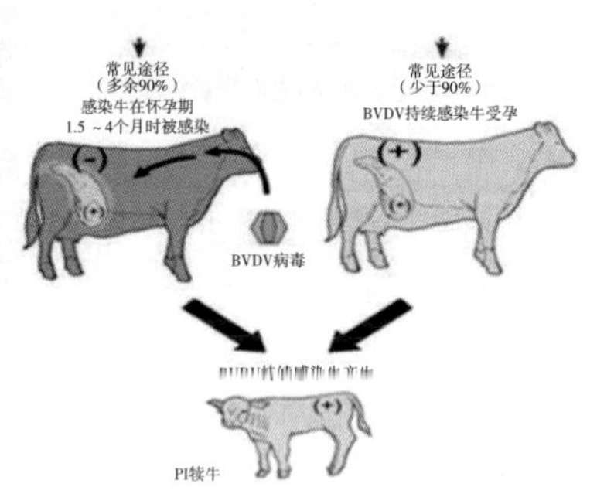

牛黏膜病传染途径

★牛浓网，网址链接：http://www.niunong.com.cn/
★牛联网，网址链接：http://www.niulianwang.com/

（编撰人：孙宝丽；审核人：李耀坤）

154. 如何诊断和控制肉牛口蹄疫?

口蹄疫属于烈性传染病，牛是属于易感群体，口蹄疫病的潜伏期长短不同，最长潜伏期可达到2～4周，最短的仅1周。肉牛感染口蹄疫病毒最明显的症状是体温升高，可达到40℃以上。牛患病2d后，口腔、面颊、唇部等部位就会长出含有黄色或透明的液体水泡，且大小不均，如果水泡开始出现糜烂或破裂的情况，那么直接会影响牛的进食速度和进食量。控制措施主要有如下方面。

（1）保证牛舍的环境卫生。制定消毒计划，定时对牛舍进行消毒。提供干净饮用水，及时清理牛的排泄物。确保牛舍的温度适宜、通风良好。有计划地对牛群接种疫苗，饲养人员需要在春季和秋季做好牛的疫苗注射，提高畜群的整体免疫水准，有效减少口蹄疫发病几率。

（2）营养方面。在饲喂时要选择优质的饲料及清洁的水源，按时按量，严禁喂食变质发霉或过期的饲料，也不能因为人为原因随意更换饲料或者打乱饲喂时间。确保牛群的营养供应，提高抵御疾病的能力。

（3）要有配合相关检疫检验部门的检疫制度，杜绝对患病牛进行买卖。养殖场或养殖户一旦发现病情，应立刻向有关部门上报反映，并同时对患病牛进行隔离和消毒，避免病毒进一步传播。

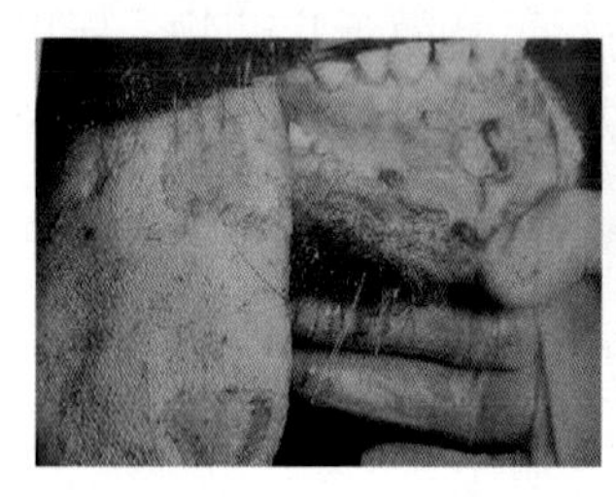
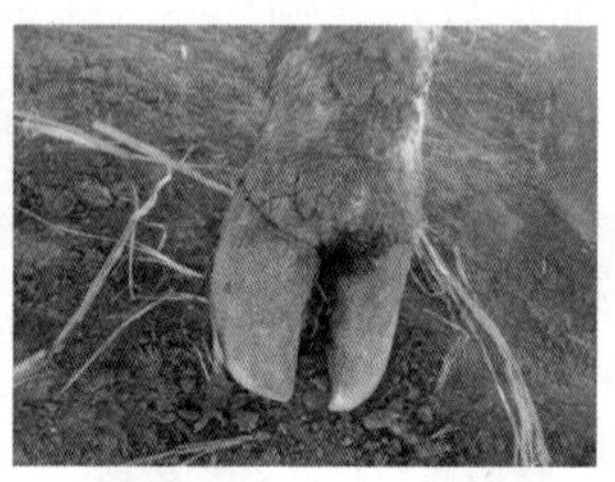

牛口蹄疫症状

★畜禽疾病专业免疫程序与专家防治方案网，网址链接：http://www.syc163.com/xin/INDEX.ASP? id=3550&action

★农村致富经，网址链接：http://www.nczfj.com/yangniujishu/201020705.html

（编撰人：孙宝丽；审核人：李耀坤）

155. 如何诊断与防治肉牛传染性鼻气管炎？

肉牛传染性鼻气管炎容易发生在寒冷的季节，较窄的感染范围。该病的传播途径主要是通过飞沫、空气或直接接触以及精液进行传播。其临床症状主要有4种类型，分别为呼吸道型、生殖道型、脑炎型和眼炎型。

（1）呼吸道型。表现为鼻气管炎，初期体温高，呼吸困难，鼻孔流出黏脓性鼻液，严重充血现象。

（2）生殖道型。表现为公牛有龟头包皮炎症状，包皮、龟头、阴茎发生充血、溃疡，阴茎明显弯曲，精囊腺发生变性或者坏死。母牛阴门、阴道黏膜发生充血，有时还会有粟粒大小的灰黄色脓疱散布在表面，症状严重时脓疱会相互融合呈片状，并形成伪膜。

（3）脑炎型。出现的症状有过于兴奋或精神萎靡、流泪、流涕，呼吸困难，后期肌肉出现痉挛。

（4）眼炎型。病牛主要症状是角膜炎、结膜发生水肿、充血，并能够出现灰色的粒状坏死膜、角膜变得略微浑浊；眼、鼻会流出浆液性分泌物。防治措施有疫苗免疫、加强管理、对症治疗。

发现有患病牛后，除了病牛外的所有肉牛都注射牛传染性鼻气管炎疫苗。并且采取封锁、消毒、扑杀等综合性措施，同时对病牛进行隔离。

牛传染性鼻气管炎流鼻汁并流泪

牛传染性鼻气管炎病牛呼吸困难

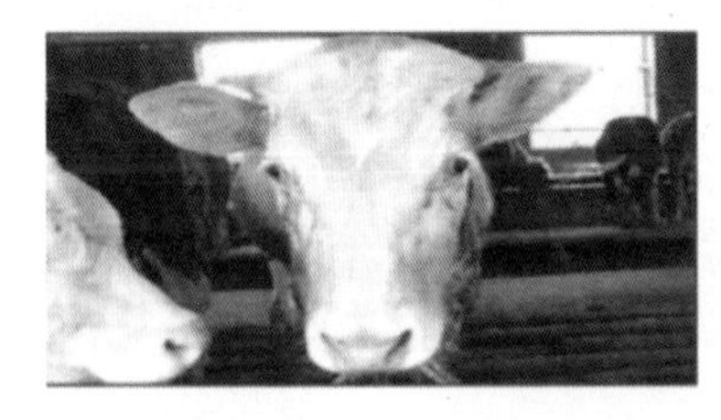

牛传染性鼻气管炎病流泪

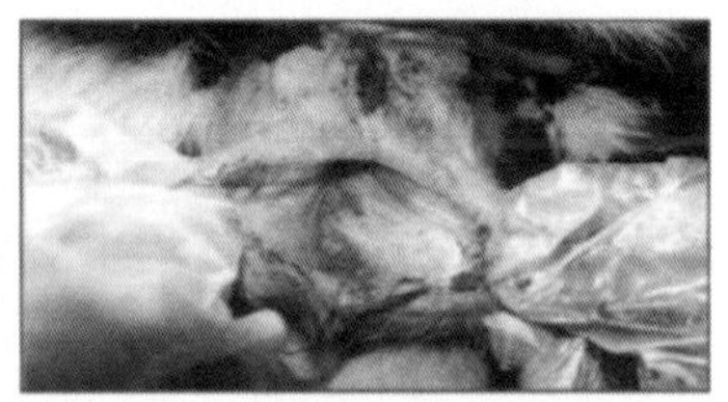

牛传染性鼻气管炎病牛阴道黏膜出血

牛传染性鼻气管炎症状

★养牛信息网，网址链接：http://cow.agrione.cn/technology/index.html

（编撰人：孙宝丽；审核人：李耀坤）

156. 如何诊断与防治肉牛的牛支原体肺炎?

牛支原体肺炎是一种牛肺部疾病，主要由牛支原体引起的，俗称烂肺病。属于强传染性疾病，通过肉牛的呼吸道进行传染。其临床特征比较明显，病牛食欲差，粗乱的被毛，消瘦，喘，咳嗽为短促型，干咳居多，清晨及半夜咳嗽加剧，有清亮或脓性鼻汁，通常为弛张热，呼吸较为困难，听诊时能听到局部肺泡音减弱或消失，而有的局部肺泡音出现捻发音，听诊局部有浊音区，可以大致判断为此病。

有效控制本病的基本原则是“早诊断，早治疗”。加强对病畜的护理，对其单独的饲养，抗生素早期应用治疗有一定效果。根据病牛全身状况，采取相应的对症治疗，如强心、利尿、补液等措施。

综合防治措施：对于引进牛群加强检疫监管，引进牛群之前进行充分的调查，不从疫区或发病区进行引进，对引进牛群要严格检疫，并且做好相关疫病的接种工作。对于引进的牛不能马上同健康牛混养，要单独隔离饲养一定的时间，隔离观察，确保无疫后才可以进行混群饲养。加强饲养管理，牛舍要通风、干燥、清洁，要做好冬季防寒保暖，夏季防暑降温的工作，控制适当的牛群密度，避免过度拥挤。根据牛的年龄和来源不同分开饲养。补充适当的精料与维生素及矿物元素，提供满足牛营养需要的全价日粮。

牛肺炎解剖图

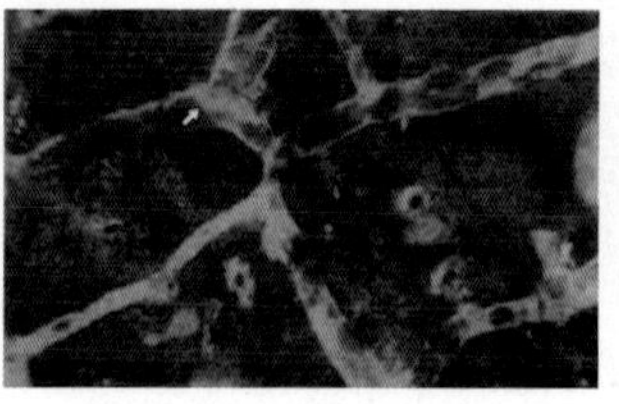

牛支原体肺炎解剖图

★养牛信息网，网址链接：http://cow.agrione.cn/technology/yangzhijishu/yangniu/niubing/183243.html

★牛农网，网址链接：http://jishu.niunong.com.cn/rouniu/2018/0108/14267.html

（编撰人：孙宝丽；审核人：李耀坤）

157. 什么是牛的巴贝斯虫病?

牛巴贝斯虫病旧称为牛焦虫病，是由数种巴贝斯虫引起的一种需经硬蜱传播的牛的血液原虫病，以急性型为多见。本病主要由蓖子硬蜱和全沟硬蜱这两种三宿主蜱传播，病原体可以在它们体内经卵传递。蜱的各个发育阶段（幼蜱、若蜱、成蜱）都可以使牛感染。在夏、秋季节为该病的高发期。

临床症状表现为：初期患畜表现精神沉郁，采食量减少、反刍迟缓、泌乳量减少、体温升高至39～40℃，呈稽留热型；可视黏膜由充血潮红逐渐转变为苍白贫血，偶尔可见黄染现象，精神极度沉郁，喜欢卧地，不愿运动；食欲减退或废绝，喜饮水。反刍迟缓或停止。常排出黑褐色带黏液的粪便，多数继发前胃迟缓或瘤胃酸中毒现象。尿由清转黄至棕红色或呈酱油色。呼吸加快，脉搏细数，消瘦迅速。若治疗不及时，多因全身衰竭而死亡。

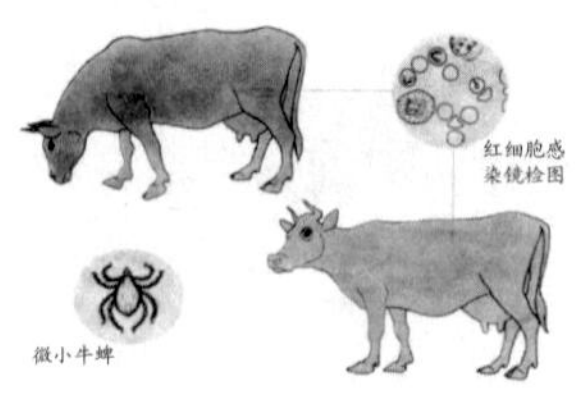

巴贝斯虫病传染

牛巴贝斯虫病症状

★360百科，网址链接：https://baike.so.com/doc/6143823-6356999.html

★农村致富经，网址链接：http://www.nczfj.com/yangniujishu/201022276.html

（编撰人：孙宝丽；审核人：李耀坤）

158. 如何防治牛骨软症?

（1）预防方法。平时按饲养标准配合日粮，保证日粮中钙、磷含量及其比例［一般钙、磷比例在（1.5～2）：1。不要低于1：1，或超过2.5：1］，适当运动，多晒太阳。

（2）治疗措施。发病后，要改善饲养管理，多喂青干草或富含磷的饲料，减少蛋白质或脂肪性饲料，适当运动，多晒太阳。药物治疗，主要是补磷、钙及维生素D，可用磷酸二氢钠80～120g内服，每天1次，连用3～5d；20%磷酸二氢钠液300～500ml或3%次磷酸钙液1 000ml静脉注射，每天1次，连用3～5d。磷酸氢钙每次10～40g或乳酸钙每次10～30g，鱼肝油每次20～60ml，每天2～3次混入饲料中喂给。对严重病例，可静脉注射10%葡萄糖酸钙200～600ml，或5%氯化钙100～250ml；肌注维生素AD液5～10ml，也可肌注或皮下注射维生素D_2胶性钙液2.5万～10万IU，每天1～2次。

（编撰人：孙宝丽；审核人：李耀坤）

159. 如何防治牦牛巴氏杆菌病?

（1）临床症状。患病牦牛普遍体温高达41℃，食欲不佳，呼吸不畅，精神萎靡，黏膜发绀走路摇摆不定，节律不齐，心跳加快，卧地不起；患病初期鼻子里面流出黏稠的液体，患病后期流出带血的泡沫；颈喉部肿胀，发热，严重时蔓延到胸前和耳根，呼吸十分困难，有的患牛喉内出现拉锯声，伸头吐舌作喘，口水直流，呻吟。

（2）防治措施。①注重饲养管理，严禁其他家禽或野生动物进入牛场。②必须对饲养人员穿戴的鞋帽、饮水工具、喂养工具进行彻底的消毒管理。③严禁外来车辆和外来人员随意进入牛场，尽量隔断病毒传染的途径。④消灭传染源每天清理粪便，确保牛圈内不留污水、不积尿。定期对圈舍进行彻底消毒，确保牛舍内干爽、温度适宜、通风。⑤对已经发生过该病的牦牛养殖场，必须及时进行清理，不仅要将粪便清除干净，更要进行全面消毒和冲洗，确保其他牦牛不被感染。

（3）综合性防治措施。例如动态监测疫情、认真落实免疫工作等，预防病情蔓延、扩大及复发。对于患病牦牛进行对症治疗，普遍采用磺胺类的药物和抗生素进行治疗，同时注意预防各种并发症的出现。

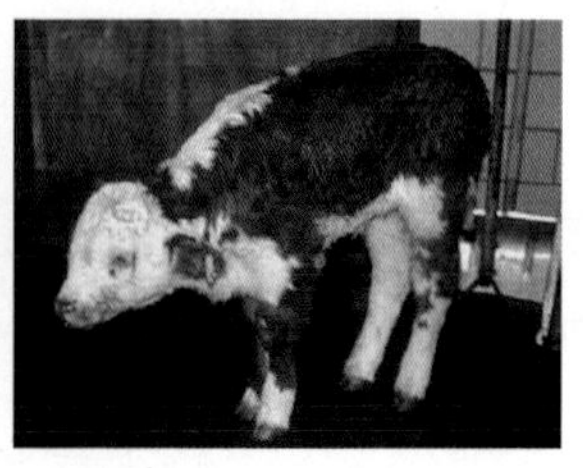

犊牛巴氏杆菌病

★农村致富经，网址链接：http://www.nczfj.com/yangniujishu/201022329.html

（编撰人：孙宝丽；审核人：李耀坤）

160. 如何防治牦牛牛皮蝇蛆病？

牦牛牛皮蝇蛆病是由牛皮蝇属的几种皮蝇的幼虫，寄生在牛的皮下组织上而引起的一种慢性寄生虫病。牛皮蝇的幼虫钻入皮下时引起疼痛、瘙痒。在深部组织内移行时，可造成组织损伤。第三期幼虫寄生在皮下时，局部形成瘤状肿，瘤状肿凸出于皮肤表现，局部脱毛，质度坚硬。穿孔时，可引起化脓菌感染，造成创口化脓。

随着对牛皮蝇生物学特性的深入研究。牛皮蝇蛆病防治技术得到了逐步完善。由驱除二三期幼虫向驱除一期幼虫转变，在9月中旬至10月下旬灭除移行期幼虫，切断其生活链。在给药途径上，主要采取点背、浇背、喷淋涂擦、注射和内服等方法，均有不同程度的防治效果。蔡进忠等应用伊维菌素浇泼剂或其注射剂对4万余头牦牛生产示范应用，有效率达98.8%以上，该防治方法具有高效、安全、低残留的优点。从畜产品安全性、给药途径、防治效果、用药成本、药物残留等方面来看，该方法作为牦牛皮蝇蛆病主要的防治技术。

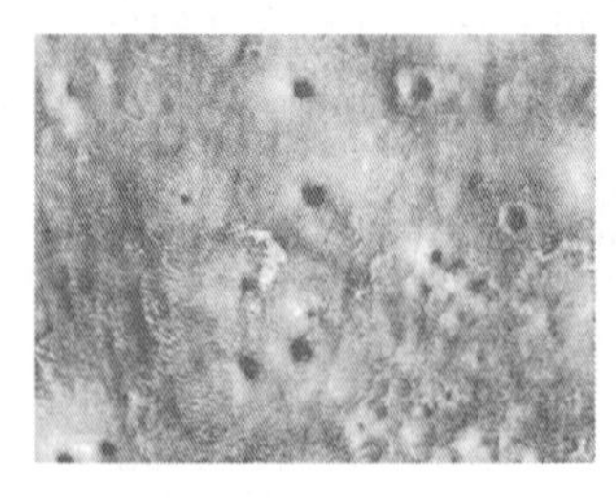

牛皮蝇蛆病症状

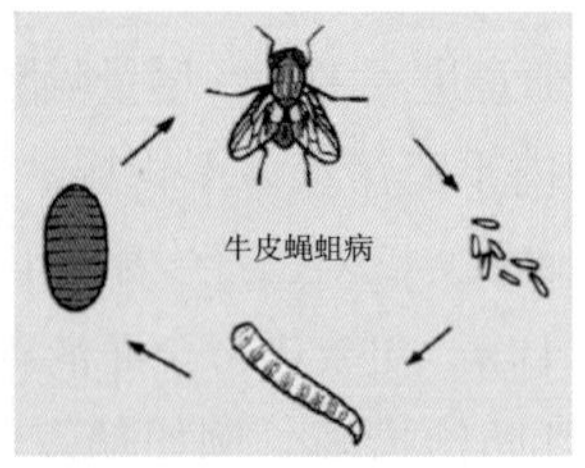

牛皮蝇蛆繁殖过程

★农村致富网，网址链接：http://www.8658.cn/nccy/372845.shtml
★搜狐网，网址链接：http://www.sohu.com/a/112388580_116897

（编撰人：孙宝丽；审核人：李耀坤）

161. 如何防治奶牛产后无奶?

奶牛产后无乳或泌乳不足，多发生在第一胎。除受遗传及激素分泌紊乱影响外，乳房炎、多汁饲料缺乏、乳腺发育不良、机能减退或其余疾病均可造成奶牛产后无乳。

（1）防治方法。改善奶牛饲料管理，增加青绿多汁饲料和蛋白质饲料中药治疗奶牛无乳症有明显的疗效，但要注意对症下药。

（2）治疗方法。首先除掉病因，母牛怀孕期，必须进行科学饲养管理，加强冬季舍饲期母牛运动，多给阳光照射，充足饲喂全价蛋白质饲料和青粗饲料。产后乳牛，挤乳前用温水洗净乳房，然后按摩5min后再挤乳。每天给予泌乳母牛3～4kg甜菜或胡萝卜等。每周肌内注射催产素5～10mg，使用2～3周，第四周开始泌乳排乳至50%～90%，甚至可以完全恢复。

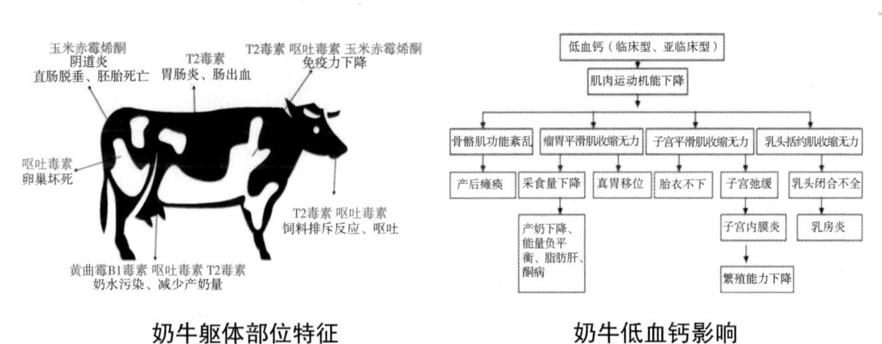

奶牛躯体部位特征　　　　奶牛低血钙影响

★机电之家网，网址链接：http://www.jdzj.com/p44/2014-6-23/895466.html

（编撰人：孙宝丽；审核人：李耀坤）

162. 如何防治奶牛乳房炎?

（1）临床症状。急性乳房炎病牛乳房红、肿、热，牛奶中含有凝奶块，重症病牛体温升高、不食、产奶停止。隐性乳房炎牛无明显的症状，奶的理化性质发生改变，牛奶品质下降，体细胞增加。

（2）预防措施。保证环境干燥清洁，科学配合日粮，乳房炎多发群体的日粮中可适量强化维生素E、有机锌、有机硒等营养物质；严格挤奶程序；快速干奶，最后一次挤奶后立即对每一个乳区进行药物处理；隔离患乳房炎奶牛。

（3）药物治疗。①西医疗法。国外对奶牛乳房炎的治疗主要侧重于抗生素治疗，国内报道常用的抗生素有青霉素、环丙沙星、四环素、头孢曲松钠、红霉素、氧氟沙星、庆大霉素、诺氟沙星等。②中医治疗。我国使用中草药历史悠久，且资源丰富，有较为有利的条件。中草药毒副作用小，不容易产生耐药性，对奶牛也有较好的免疫调节作用。已在临床应用的中药剂型包括中药注射液、中药口服液、中药透皮擦剂及饲料添加剂等。③其他治疗。如中西联合治疗、基因治疗、生物疗法、物理疗法等。

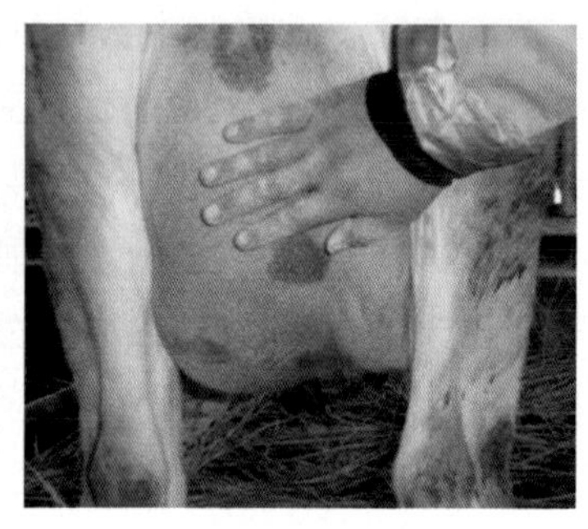

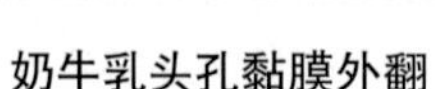

奶牛乳头孔黏膜外翻　　奶牛乳房炎系病菌感染

★农村致富经，网址链接：http://www.nczfj.com/yangniujishu/niubingfangzhi/index_13.html2
★搜狐网，网址链接：http://www.sohu.com/a/167788860_682258

（编撰人：孙宝丽；审核人：李耀坤）

163. 如何防治牛的肝片形吸虫病?

（1）临床症状。可视黏膜苍白、被毛粗乱、精神和食欲差，体温38.5～39.5℃，呼吸和脉搏正常。腹泻、便秘、眼睑，颌下、胸腹下部出现水肿，有时病畜发生间歇性瘤胃臌胀。食欲减退，便秘下痢交替发生，随着病程的延长牛的体质逐渐降低，最后因恶病质而死亡，一般病程可达1～2个月。

（2）建立牛羊以预防为主的机制。①定期驱虫。牛、羊按每千克体重一次量投喂兽用吡喹酮10mg，每年2次。②放牧场地的选择。禁止牛羊在水网地带放牧。③牛羊粪便处理。采用堆积发酵、烧碱消毒等方式处理牛羊粪污，彻底杀死牛羊粪污排出的寄生虫虫卵，排放到外界的牛羊粪污必须经无害化处理后方可排放。④加强饲草和水源的日常管理。建议人工建设草场，充分利用农作物秸秆，不采食污染水域的草料，饮用清洁水。

（3）牛羊吸虫病的治疗。治疗药物有：硝氯酚3～4mg/kg，一次口服；五氯柳胺10mg/kg，口服；碘醚柳胺7.5mg/kg，口服；三氯苯唑（肝蛭净）6～12mg/kg，口服，残留期为14d；硝碘酚腈30mg/kg，口服，注射则用10mg/kg，残留期1个月。

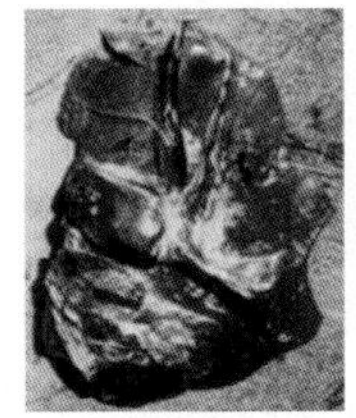

肝片吸虫侵染牛肝脏

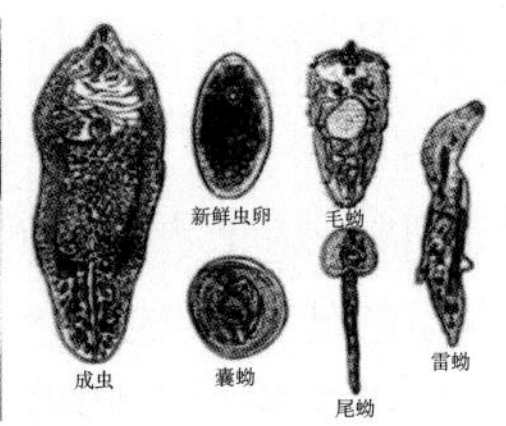

肝片吸虫生活史

★农村致富经，网址链接：http://www.nczfj.com/yangniujishu/niubingfangzhi/index_11.html
★中国畜牧业信息网，网址链接：http://www.caaa.cn/illness/index.php？class=755

（编撰人：孙宝丽；审核人：李耀坤）

164. 如何防治牛的尿石症？

早期或尿石较少时临诊症状较轻，但都出现频尿症状，多数患牛可见阴户下阴毛附着有微细灰白色颗粒，且呈串珠样分布；或在地面积尿中可见大小不一的灰白色颗粒。结石位于肾盂时，多见有血尿和肾性腹痛症状（可手压患牛背部肾区触诊）。尿石位于膀胱，多见有频尿，有的病例伴有血尿现象。重症病牛发生结石阻塞时，可见明显尿淋漓及腹痛症状，表现为拱腰、举尾、努责等排尿困难现象。其中母牛发生尿道结石较少见。

防治措施为在饲料中添加氯化铵，10～20d（发生肾病时慎用）或于日粮中加入4%～5%的氯化铵以促进牛饮水。肌注VAD（针剂）5～10ml，连用1～2周，若与氯化铵并用，效果较好。调整日粮钙磷比例在（1.5：1）～（2：1）的范围内，防止长期饲喂富含某种单一矿物质成分的日粮。及时治疗泌尿系统疾病，用乌洛托品或庆大霉素（用庆大霉素时需配合小苏打应用）消炎，并使用利尿剂促进排尿，以带出碎石。患牛腹痛严重时，肌内注射盐酸氯丙嗪注射液。必要时可进行手术取出结石。

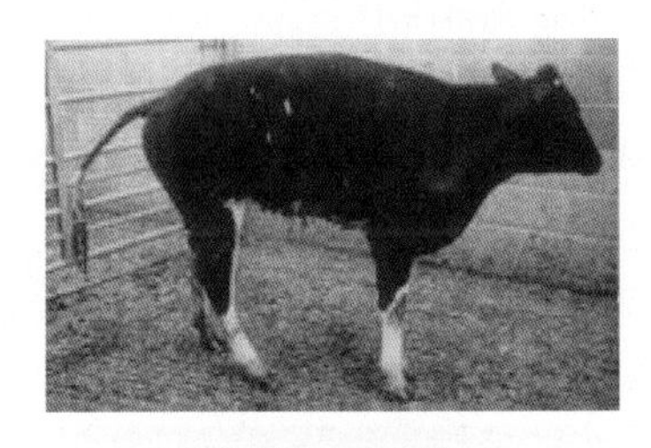

创伤性网胃腹膜炎

母牛为拱腰、举尾、努责现象（孔令旋 摄）

★中国畜牧业信息网，网址链接：http://www.caaa.cn/show/newsarticle.php？ID=3247712

（编撰人：孙宝丽；审核人：李耀坤）

165. 如何防治牛前胃弛缓？

（1）临床症状。病牛表现精神萎靡，食欲不振或者废绝，反刍次数减少或者完全停止，不停磨牙，有时还会出现轻度吸气，瘤胃蠕动数减少，触诊瘤胃左侧，发现存在大量内容物，且质地坚硬。如果是含有变质饲料，就会导致瘤胃停止收缩，并伴发中度的气胀，发生下痢或者便秘。之后病牛减少排便，排出色泽暗淡、质地比较干硬的粪便。另外，病牛在发生腹泻前或者腹泻过程中伴有腹痛症状。病牛的体温、脉搏、呼吸通常没有发生明显变化，进入病程后期脉搏可能弱而快。如果继发瘤胃臌气，还会出现呼吸困难的症状。随着症状的不断加重，病牛体质逐渐消瘦、衰弱，被毛杂乱，四肢浮肿，最终卧地不起，处于昏迷状态而发生死亡。

（2）治疗。前胃弛缓的治疗原则是消除病因，加强护理，正确判定疾病的性质，正确使用兴奋胃肠机能的药物，正确使用清泻剂，正确使用抗生素。维持机体平衡，增强前胃机能，改善瘤胃内环境，恢复正常微生物区系，防止脱水和自体中毒。药物治疗：取200ml镁乳，添加适量水进行3～5倍的稀释，通过胃管投服或者直接灌服，1d 1次；也可取300g人工盐，30g龙胆末，混合均匀后添加适量温水给病牛灌服，每天2d，连续使用2d。

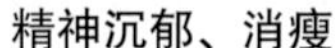
精神沉郁、消瘦

左腹围增大、臌胀

★中国牛羊交易网，网址链接：http://www.pxny.cn/html/16300/16300.html
★山东省肉牛产业信息服务系统，网址链接：http://rouniu.qau.edu.cn/index.jsp

（编撰人：孙宝丽；审核人：李耀坤）

166. 如何诊治犊牛血尿？

该病的病症为犊牛排出红色尿液。常发病于春季和冬季，5个月龄以内的犊牛最易发病。此月龄内的犊牛，正处于断奶阶段，由于采食量增加，饮水量也随之增加，如果供水量不足，饮水就会受到限制，犊牛在这种条件下遇到水后很容易发生一次性饮水过多的情况。猛烈饮水后，会出现瘤胃臌胀，腹部凸起，精神抑郁，伸腰踢腹，呼吸次数增加，鼻内流出淡红色液体，起卧不安，出汗增加等现象，严重的甚至出现强直性痉挛，昏迷的状况。个别病例会出现咳嗽，肺部听诊会有啰音。

应该将犊牛放置于温暖的室内，单独饲喂，限制饮水，不需要额外的治疗，经过2～3d，血尿症状就可自行消除。止血可用安络血10～20ml、维生素K15ml或仙鹤草素10～20ml，肌内注射；消炎可用抗生素。利尿可用25%葡萄糖液200～300ml、10%安钠咖5～10ml、40%乌洛托品20～30ml，静脉注射。可通过加强饲养管理、防止暴饮等措施进行预防。

（编撰人：孙宝丽；审核人：李耀坤）

167. 如何防治肉牛流行性感冒？

流行性感冒简称流感，是由流行性感冒病毒引起的急性呼吸道感染的传染病。病牛临床表现为发热、咳嗽、全身衰弱无力，呈现不同特点的呼吸道炎症。

（1）流行特点。病牛是主要的传染源，康复者和隐性感染者在一定时间内也能排毒。病毒主要存在于呼吸道黏膜细胞内，随呼吸道分泌物排向外界，以空气飞沫传播。

（2）诊断。本病突然发生，传播迅速猛烈，呈现流行性，发病率高，死亡率低，各年龄、性别和品种牛均可感染。一年四季均发，以天气骤变的早春、晚秋和寒冷季节多见。病牛精神沉郁，食欲不振，反刍减少，咳嗽，呼吸加快，流涎流涕，眼结膜发炎。体温有所升高，一般无死亡，7d左右可恢复正常。确诊可采取病牛的血液、鼻分泌物等送兽医检验室，做病毒分离和鉴定。

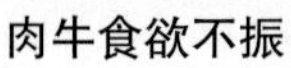

肉牛食欲不振　　健康肉牛

★慧聪网，网址链接：https://b2b.hc360.com/supplyself/208003725.html
★农村致富经，网址链接：http://www.nczfj.com/

（3）防治。加强饲养管理，保持圈舍清洁、干燥、温暖，防止贼风侵袭。发病后立即隔离治疗，加强病牛的饲喂护理，用5%的漂白粉或3%的火碱水消毒圈舍、食槽及用具等，防止疾病蔓延。对症治疗，控制继发感染，调整胃肠机能；解热镇痛可肌注30%安乃近10～20ml或复方氨基比林10～20ml；为防止肺炎，可肌注青霉素和链霉素等抗生素，一般5～7d可康复。

（编撰人：孙宝丽；审核人：李耀坤）

168. 如何观察牛的咳嗽及检查牛的呼吸是否正常？

健康牛通常不咳嗽，或仅发一两声咳嗽。如连续多次咳嗽，常为病态。通常将咳嗽分为干咳、湿咳和痛咳。干咳，声音清脆，短而干，疼痛比较明显。干咳常见于喉炎、气管异物、气管炎、慢性支气管炎、胸膜肺炎和肺结核病。温咳，声音湿而长、钝浊，随咳嗽从鼻孔流出大量鼻液。湿咳常见于咽喉炎、支气管炎、支气管肺炎。痛咳，咳嗽时声音短而弱，病牛伸颈摇头。痛咳见于呼吸道异物、异物性肺炎、急性喉炎、胸膜炎、创伤性网胃炎、创伤性心包炎等。另外，还可见经常性咳嗽，即咳嗽持续时间长，常见于肺结核病和慢性支气管炎。

健康牛的呼吸方式呈胸腹式，即呼吸时胸壁和腹壁的运动强度基本相等。检查牛的呼吸方式，应注意牛的胸部和腹部起伏动作的协调和强度。如出现胸式呼吸，即胸壁的起伏动作特别明显，多见于急性瘤胃臌气、急性创伤性心包炎、急性腹膜炎、腹腔大量积液等。如出现腹式呼吸，即腹壁的起伏动作特别明显，常提示病变在胸壁，多见于急性胸膜炎、胸膜肺炎、胸腔大量积液、心包炎及肋骨骨折、慢性肺气肿等。

气喘、咳嗽

感冒病重患牛张口气喘

★畜牧资讯网，网址链接：http://www.xmzxzg.com/jc/nb/2014/0219/19831.html

（编撰人：孙宝丽；审核人：李耀坤）

169. 奶牛常用的发情鉴定和配种方法?

（1）外部观察法：通过观察母牛的行为表现和精神状态判断是否发情。例如，是否兴奋不安，排尿是否频繁，食欲是否减退，外阴有无红肿、有无黏液等。

（2）直肠检查法：将手由直肠内伸入，隔着肠壁检查卵泡的发育状况来确定配种日期。直肠检查法的优点是能较为准确地判断卵泡发育程度，但本法需要多次实践，积累丰富经验，才能熟练且准确地掌握。

常用的奶牛配种方法是人工授精，即使用冷冻精液进行的授精方式。目前冷冻精液多为细管供应，可将其放入38～40℃温水中解冻，当管内精液颜色变化时，立刻拿出，剪去封口的一端，然后装在专用的输精器上，用直肠把握授精法进行配种。

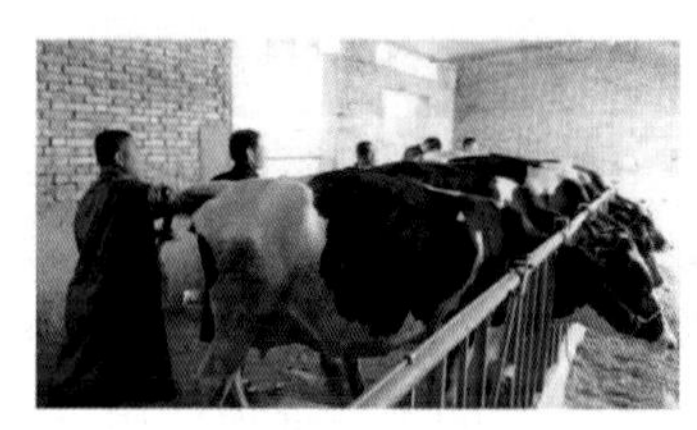

直肠检查法

外部观察法

★中国贸易网，网址链接：http://www.cntrades.com/tradeinfo/chanpin_detail_5639441.html
★赛科星网，网址链接：http://saikexing.com/technology_show.aspx？cid=1083&nid=1244

（编撰人：孙宝丽；审核人：李耀坤）

170. 妊娠常用的诊断方法有哪些?

（1）外部观察法。妊娠的表现有周期发情停止，食欲加大，被毛更光泽，性情较之前温顺，行动较之前缓慢。妊娠后半期时，右侧腹壁凸出。8个月以后，右侧腹壁可见到胎动。

（2）直肠检查法。此方法是最常用而可靠的妊娠诊断方法。直肠检查是通过生殖器官的一些变化来确认母畜是否怀孕。随怀孕时间的不同侧重点也有所不同。怀孕初期侧重于子宫角的形态和质地变化；30d以后侧重胎泡的大小；胎胞形成后侧重于胎胞的发育；当胎胞下沉不易摸到时，侧重卵巢位置及子宫动脉的妊娠脉搏。

（3）超声波诊断法。配种后25～30d使用超声波扫描影像仪即可作出早期妊娠诊断，准确率高；配种后40d即可通过确认胚胎活动和心跳来确定胚胎的存活性。超声波诊断方法具有高准确性、高安全性的特点，虽然成本较高，但却是规模化肉牛饲养场现代化管理的强有力的辅助手段。

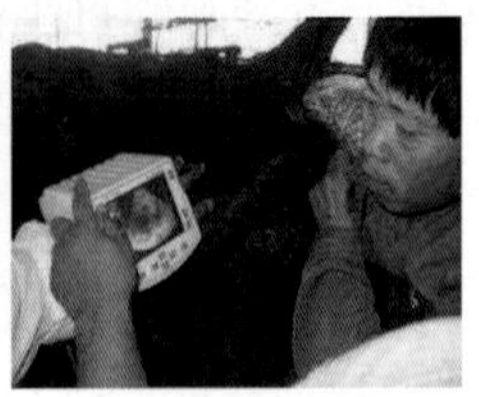

直肠检查法　　　超声波诊断法

★杨艳武. 奶牛早期妊娠诊断的7种方法[J]. 甘肃农业科技，2014（5）：63-64.

（编撰人：孙宝丽；审核人：李耀坤）

171. 临床安全、有效地使用药品应注意哪些问题？

要想合理的、安全的、有效的用药，有以下几点注意事项。

（1）必须充分了解和考虑药品的双面性。对于肝肾功能不全的牛只谨慎使用可能会对肝肾造成损害的药物，胃肠功能不全的牛只谨慎使用可能会对胃肠造成强烈刺激的药物。

（2）药物的毒性反应通常发生在长期用药或者过量用药的条件下，因此切不可超剂量用药。长期使用药物可能会产生蓄积中毒的状况。对于需要长期用药的病患，在允许的条件下，应更换不同用药以防止对某一药物产生耐受性。应合理配比用药，减少药物的毒副作用，合理利用药物成分之间的协同作用和拮抗作用从而达到治疗目的。

（3）根据对象的不同（如体质状况、年龄、个体差异、季节等）科学合理的用药。

牛胃药　　　通脉片

★兽药饲料招商网，网址链接：http://www.1866.tv/pro/128888.html
★药房网，网址链接：https://www.yaotangwang.com/detail-3365057.html

（编撰人：孙宝丽；审核人：李耀坤）

172. 疫苗运输和保存过程中应注意哪些问题?

（1）疫苗运输。购买疫苗后必须按规定的条件运输和保存以免疫苗质量下降或作用效果降低。疫苗运输前必须妥善包装，运输时中避免高温、阳光直射以及温度高低不定引起的反复冻融，同时采取一些防震减压的措施，避免包装瓶破损；通常情况在2～8℃下冷藏运输，大量运输时选择冷藏车，基层单位少量运输时可选用带冰块的保温瓶或者保温箱进行运送。

（2）疫苗保存。疫苗需要低温保存，灭活的疫苗和细菌性弱毒疫苗需要在2～8℃下避光保存，禁止冻结；病毒性弱毒疫苗最好在-20℃以下保存，低温有利于延长保存的时间。疫苗应该按照品种和有效期进行分类存放于特定的位置，灭活疫苗、弱毒疫苗和稀释液应该分层放置，避免出现混乱和造成损失。

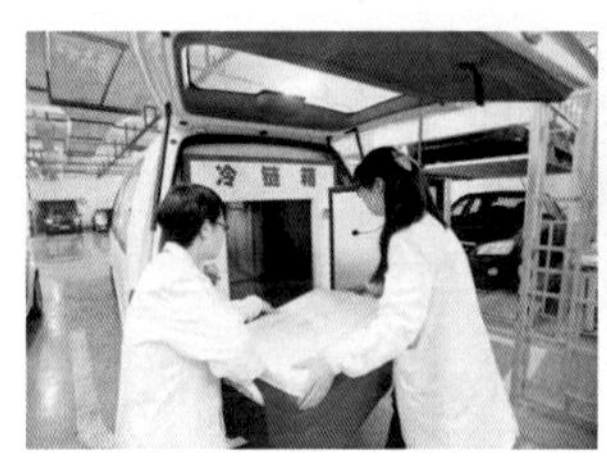

疫苗运输

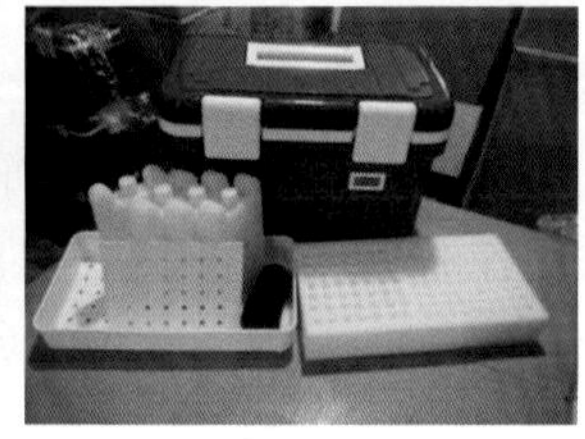

疫苗保存

★007商务站，网址链接：http://www.007swz.com/gzbaier/products/baoxianlengcangshebei_1168.html
★阿仪网，网址链接：http://www.app17.com/supply/offerdetail/5701803.html

（编撰人：孙宝丽；审核人：李耀坤）

173. 注射疫苗后出现过敏反应如何救治?

（1）临床症状。有些牛对疫苗（如口蹄疫疫苗）有过敏反应，注射疫苗后可能出现突然倒地、角弓反张、瞳孔散大、口吐白沫等症状；或者在注射疫苗后很快出现全身冒汗、肌肉颤动、呼吸困难、站立不稳，心率增加，瘤胃臌胀，反刍消失，不躲避障碍物，横冲直撞，极度亢奋等症状。

（2）治疗原则。尽快注射肾上腺素及糖皮质激素等药物，瘤胃穿刺放出气体，解除瘤胃臌气的症状。

（3）救治措施。及时注射肾上腺素5ml，地塞米松15mg（妊娠牛禁用）。有些妊娠母牛在注射疫苗后1～2h出现流产症状，可给其注射肾上腺素5ml、黄体酮100mg，间隔6h，再注射肾上腺素5ml、黄体酮100mg。

口蹄疫灭活疫苗　　　　盐酸肾上腺素注射液

★金宇保龄生物药品有限公司，网址链接：http://www.jinyubaoling.com.cn/Cpzs_detail_09.shtml
★慧聪网，网址链接：https://b2b.hc360.com/supplyself/82820268573.html

（编撰人：孙宝丽；审核人：李耀坤）

174. 牛奶的消毒杀菌方式？

（1）低温长时间巴氏杀菌（LTLT）。即牛奶在63℃下保持30min以达到巴氏杀菌的目的。目前，这种杀菌方法在液压生产中已经被逐渐淘汰。

（2）高温短时间巴氏杀菌（HTST）。这是目前企业应用最多、效果较好、最为普遍的一种鲜奶杀菌方法。该法的处理工艺是将液态奶在高温下短时间内加热到设定温度（一般为72～75℃或82～85℃），在此温度下保温15～20s后再冷却。它既能保证养分不流失，又能杀死牛奶中的有害菌，确保牛奶的质感。

（3）超高温瞬时灭菌（UHT）。该方法大体和高温巴氏杀菌法类同，区别之处在于是将原料奶在流动状态下通过热交换器而快速加热到135～140℃，保温3～4s达到无菌处理的目的。

（4）二次灭菌。先对原料奶进行高温巴氏杀菌，之后灌装密封，再次进行高温长时间灭菌（一般在120℃下保持30min左右）。相比于巴氏杀菌法，尽管杀菌有保障，但产品的色泽、风味、性状以及营养价值会受到影响。

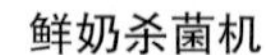

鲜奶杀菌机　　　　巴氏杀菌机

★食品产业网，网址链接：http://www.foodqs.cn/tradess/tradepage/trade_view_2803003.html
★中国化工机械网，网址链接：http://www.chemm.cn/Sample/Pro2304304.html

（编撰人：孙宝丽；审核人：李耀坤）

175. 巴氏消毒有哪些特点?

不同的温度状况对细菌的影响不同，在一定温度范围内，低温状态下，细菌繁殖较慢；温度升高，繁殖速度增快，但温度过高，细菌会被杀死。不同的细菌适应生长温度和耐热、耐冷能力不同。巴氏消毒利用病原体耐热性较差的特点，用适当的温度和保温时间可以将其全部杀死。但巴氏杀菌并不能完全将细菌消灭，小部分耐热性较好的细菌或芽孢仍存在，因此经巴氏杀菌后的产品要在低温下保存，且只能保存3~10d，最多16d。目前国际上通用的巴氏消毒法有两种：一种是将牛奶加热到62~65℃，保持30min。这种方法目前在广东较少使用。第二种方法将牛奶加热到75~90℃，保温15~16s，其杀菌时间更短，工作效率更高。杀菌所遵循的基本原则是将病原菌杀死即可，温度太高反而会造成营养损失。

巴氏杀菌乳

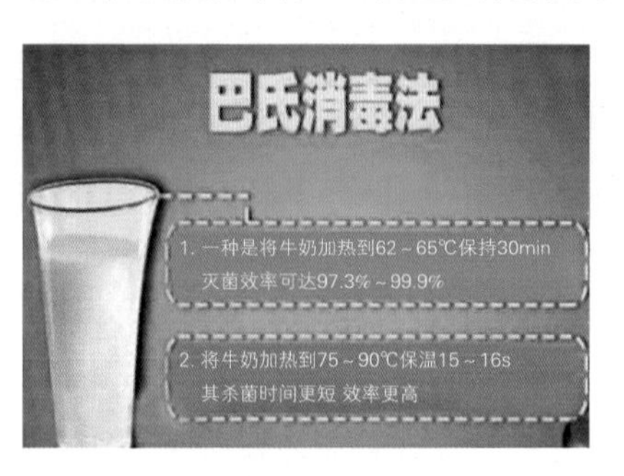

巴氏消毒法

★百度知道，网址链接：https://zhidao.baidu.com/question/1757644911048552628.html
★查查362，网址链接：https://www.cc362.com/content/3BpDY9xLPY.html

（编撰人：孙宝丽；审核人：李耀坤）

176. 脱脂、低脂奶、全脂奶有什么区别?

根据牛奶中的脂肪含量不同，将牛奶分为全脂、半脱脂和全脱脂。其中，全脂中脂肪含量达3.0%，半脱脂中脂肪含量大约为1.5%，全脱脂中脂肪含量低至0.5%。牛奶中的脂肪内含有多种脂溶性维生素，比如维生素A、维生素D、维生素E、维生素K。若将牛奶中的脂肪脱去，这些对青少年身体发育的维生素也就流失，造成营养浪费。所以，一般要求在脱脂牛奶额外添加人体必需的维生素A、维生素D。此外，牛奶的香气也是因其脂肪的挥发产生。如果消除脂肪，香味不足，牛奶的口感也会下降。研究证明，牛奶脂肪中含有大量的一种抗癌物质共轭亚油酸（CLA），因此多喝全脂奶的人不易患癌。CLA能抑制多种癌细胞，还能抑制致癌物在体内的刺激作用，对预防乳腺癌特别有效。研究还发现，如果从婴幼儿时期开始一直摄入CLA，可以终生起到保护作用；而在已经接触了致癌剂之后再摄入CLA，就需要终生不间断地补充，才能发挥预防癌症的作用。

蒙牛高钙低脂牛奶　　雀巢全脂牛奶

★太平洋网，网址链接：https://product.pcbaby.com.cn/a/30355_info.html
★蛮便宜网，网址链接：http://www.szthks.com/view-btktpkxs.php

（编撰人：孙宝丽；审核人：李耀坤）

177. 肉牛养殖业正在发生和经历哪些变化？

（1）肉牛养殖已不再是局限于家庭养殖的副业，现代规模化、集约化肉牛养殖是一项需要高科技、高投入和高产出的高风险行业；规模养殖场的数量所占的比例越来越大，农村分散养殖所占的比例越来越小。

（2）肉牛产业已融世界市场，科学和技术交流日益频繁，市场竞争异常激烈，今后肉牛产业的发展必须要注意科学技术力量的引入，这样方可在市场竞争中占据一定的优势。

（3）生物安全和兽医防疫的成败成为制约集约化肉牛场发展的关键因素。

（4）现代技术的应用和经营管理水平决定着集约化肉牛场经济效益的高低。

（5）肉牛养殖业逐渐朝着产业化方向发展，养牛人的综合素质需要不断提高。

肉牛养殖

★搜狐网，网址链接：http://www.sohu.com/a/164095903_99919582
★91加盟网，网址链接：http://www.91jm.com/news/Yr23260j0859.htm

（编撰人：孙宝丽；审核人：李耀坤）

178. 我国主要山羊品种有哪些?

（1）川中黑山羊。原产于四川，该羊全身被毛黑色，具有光泽。体质结实，体型高大。头中等大，有角或无角，耳中等偏大，繁殖性能突出，产肉优良，适应范围广，遗传性能稳定。母羊平均产羔率为237%，羔羊成活率91%。

川中黑山羊（公）

川中黑山羊（母）

★互动百科，网址链接：http://tupian.hudong.com/
★百度百科，网址链接：https://baike.so.com/doc/5953644-6166587.html

（2）成都麻羊。原产于四川，该羊全身被毛短，有光泽，呈赤铜色、麻褐色或黑红色。从两脚基部中点沿颈脊、背线延伸至尾根有一条纯黑色毛带，沿两侧肩胛经前臂至蹄冠又有一条纯黑色毛带，两条毛带在鬐甲部交叉，构成一明显“十”字形。该羊板坯特性好，为四川路板皮中最优者，板质好。泌乳力较高，泌乳期6～8个月，日产奶量1.2kg。肉质细嫩、膻味较轻，抗病能力强。

成都麻羊（公）

成都麻羊（母）

★互动百科，网址链接：http://tupian.hudong.com/
★百度百科，网址链接：https://baike.so.com/doc/5953644-6166587.html

（3）南江黄羊。原产于四川南江，该羊被毛呈黄褐色，毛短、紧贴皮肤、富有光泽，面部多呈黑色，鼻梁两侧有一条浅黄色条纹。体格大、生长发育快、四季发情、繁殖率高、泌乳力好、抗病力强、适应力强、产肉力高、板皮品质好、杂交改良效果好。平均产羔率为205%。

南江黄羊（公）

南江黄羊（母）

★互动百科，网址链接：http://tupian.hudong.com/
★百度百科，网址链接：https://baike.so.com/doc/5953644-6166587.html

（4）马头山羊。原产于湖南、湖北西部山区，该羊全身被毛绝大多数为白色，其次为杂色、黑色、麻色。被毛粗短、有光泽，公羊被毛较母羊长。具有适应性强、耐粗饲、多胎多产、早肥易熟、产肉率高、肉质鲜美、板皮优良。平均产羔率为270%。

马头山羊（公）

马头山羊（母）

★互动百科，网址链接：http://tupian.hudong.com/
★百度百科，网址链接：https://baike.so.com/doc/5953644-6166587.html

（5）云岭黑山羊。原产于云南，该羊被毛以黑色为主，全身黑色占81.6%，被毛粗而有光泽。体躯近似长方形。对干旱、寒冷的自然环境适应性强，具有肉质好、板皮品质优良和早期育肥性能好。平均产羔率115%。

云岭黑山羊（公）

云岭黑山羊（母）

★互动百科，网址链接：http://tupian.hudong.com/
★百度百科，网址链接：https://baike.so.com/doc/5953644-6166587.html

（6）黄淮山羊。原产于黄淮平原，该羊被毛白色，毛短、有丝光，绒毛少，肤色为粉红色。具有颈长、腿长、腰身长的“三长”特征。板皮品质好，呈浅黄色和棕黄色，是制作高级皮革的上等原料。母羊四季发情，但以春、秋季发情较多，平均产羔率332%。生长发育快，产肉性能高，性成熟早。

黄淮山羊（公）

黄淮山羊（母）

★互动百科，网址链接：http://tupian.hudong.com/
★百度百科，网址链接：https://baike.so.com/doc/5953644-6166587.html

（7）贵州白山羊。原产于贵州省，该羊被毛以白色为主，毛短粗，皮肤白色。体质结实，结构匀称，体格中等。是优良的地方山羊品种，耐粗饲、抗逆性强、繁殖力高，肉质鲜嫩、膻味轻，板皮平整、厚薄均匀、柔韧、富有弹性、涨幅较大。平均产羔率为212.5%。

贵州白山羊（公）

贵州白山羊（母）

★互动百科，网址链接：http://tupian.hudong.com/
★百度百科，网址链接：https://baike.so.com/doc/5953644-6166587.html

（8）尧山白山羊。原产于河南省，该羊被毛纯白色，毛长一般在10cm以上，皮肤为白色。体格较大，体躯长方形。耳小直立，颈短粗。多数有角，角为倒“八”字形为主。平均产羔率126%，遗传性能稳定、抗病能力强、生长发育快。全年以放牧为主，耐粗饲。

尧山白山羊（公）

尧山白山羊（母）

★互动百科，网址链接：http://tupian.hudong.com/
★百度百科，网址链接：https://baike.so.com/doc/5953644-6166587.html

（9）雷州黑山羊。原产于广东省，该羊被毛多为黑色，富有光泽，全身被毛短密，但腹、背、尾的毛较长。头小耳直立，脚细长，颈细长。性情较温顺，易管理。该羊能很好地适应高温、高湿生态条件，具有性成熟早、生长发育快、繁殖力强、耐粗饲。羊肉营养丰富、细嫩多汁。由于缺乏系统选育，近亲繁殖现象严重，体重下降明显。

雷州黑山羊（公）

雷州黑山羊（母）

★互动百科，网址链接：http://tupian.hudong.com/
★百度百科，网址链接：https://baike.so.com/doc/5953644-6166587.html

（10）辽宁绒山羊。原产于辽宁省，该羊被毛全白，外层有髓毛长而稀疏、无弯曲、有丝光，内层密生无髓毛、清晰可见。皮肤为粉红色。头轻小，额顶有长毛，颌下有髯。尾短瘦，尾尖上翘。是我国优秀的绒山羊品种，其突出特点是体大、产绒量高、绒综合品质好、适应性强、遗传稳定性强。净绒率达到74.77%以上。产羔率115%。

辽宁绒山羊（公）

辽宁绒山羊（母）

★互动百科，网址链接：http://tupian.hudong.com/
★百度百科，网址链接：https://baike.so.com/doc/5953644-6166587.html

（11）关中奶山羊。原产于陕西省，毛短色白，皮肤为粉红色。乳房大、多呈方圆形、质地柔软，乳头大小合适。年平均产奶量为684kg，其泌乳性能以二、三、四胎产奶量最高，鲜奶乳脂率4.1%。产羔率188%。该羊体质结实、乳用体型明显、产奶性能好、抗病能力强、耐粗饲、易管理、适应性广、肉质鲜美、遗传性能稳定，是我国优良的乳用山羊品种。

关中奶山羊（公）

关中奶山羊（母）

★互动百科，网址链接：http://tupian.hudong.com/
★百度百科，网址链接：https://baike.so.com/doc/5953644-6166587.html

（编撰人：孙宝丽；审核人：李耀坤）

179. 我国主要绵羊品种有哪些？

（1）湖羊。主产于我国太湖流域，原为羔羊皮生产用羊，现经选育也作肉羊使用。其特点为繁殖能力强，性成熟早，四季发情、一年两胎，且产羔数多为双羔或者三羔。肉质嫩、多汁、膻味小，并且适合于全舍饲饲养。

湖羊（公）

湖羊（母）

★百度百科，网址链接：https://baike.baidu.com/pic/%E6%B9%96%E7%BE%8A/2545928/0/d31b0ef41bd5ad6e1c66447281cb39dbb7fd3c8e？fr=lemma&ct=single#aid=0&pic=d31b0ef41bd5ad6e1c66447281cb39dbb7fd3c8e

（2）小尾寒羊。我国的一个优良绵羊品种，具有生长发育快、产肉性能好、适应性好、体格高大、早熟多胎、常年发情、适于农区舍饲或小群放牧、羔羊可制裘等优良特性。

小尾寒羊（公）

小尾寒羊（母）

★百度百科，网址链接：https://baike.baidu.com/pic/%E5%B0%8F%E5%B0%BE%E5%AF%92%E7%BE%8A/1486141/0/14ce36d3d539b60032eb7282e250352ac65cb7d9?fr=lemma&ct=single#aid=0&pic=730e0cf3d7ca7bcb9549529ebd096b63f624a855

（3）滩羊。我国特有的裘用地方绵羊品种，是蒙古羊的一个分支。滩羊属名贵裘皮用绵羊品种，适合于干旱、荒漠化草原放牧饲养。二毛裘皮是滩羊最著名的产品之一，滩羊肉拥有养生作用，可用于治疗虚劳羸瘦、腰膝酸软、产后虚冷、虚寒胃痛、肾虚阳衰等。

滩羊（公）

滩羊（母）

★个人图书馆，网址链接：http://www.360doc.com/content/10/1103/18/1205635_66322783.shtml

（4）阿勒泰羊。主要产于新疆维吾尔自治区北部的福海、富蕴、青河等县。阿勒泰羊属肉、脂兼用的粗毛羊。阿勒泰羊羔羊生长发育快，产肉能力强，且具有良好的早熟性，适应终年放牧条件。

阿勒泰羊（公）

阿勒泰羊（母）

★百度百科，网址链接：https://baike.baidu.com/pic/%E9%98%BF%E5%8B%92%E6%B3%B0%E7%BE%8A/4854974/0/a8ec8a13632762d09cf72975a9ec08fa503dc62b？fr=lemma&ct=single#aid=2602849&pic=377adab44aed2e73c1f575db8701a18b87d6fa2d

（5）乌珠穆沁羊。产于内蒙古锡林郭勒盟东部乌珠穆沁草原，其体质结实，体格较大。乌珠穆沁羊不但具有适应性强、适于天然草场四季大群放牧饲养、肉脂产量高的特点，而且具有生长发育快、成熟早、肉质细嫩等优点，是一个有发展前途的肉脂兼用粗毛羊品种，适用于肥羔生产。

乌珠穆沁羊（公）

乌珠穆沁羊（母）

★百度百科，网址链接：https://baike.baidu.com/pic/%E4%B9%8C%E7%8F%A0%E7%A9%86%E6%B2%81%E7%BE%8A/4878931/0/72f082025aafa40f1b645a40ab64034f79f01988？fr=lemma&ct=single#aid=0&pic=d4239b35c707b60291ef394a

（6）苏尼特羊。内蒙古优良的地方肉羊品种之一，以肉质嫩，口感好而名扬全国。在放牧条件下，成为具有耐寒、抗旱、生长发育快、生命力强、最能适应荒漠半荒漠草原的一个肉用地方良种。苏尼特羊体格大，体质结实，结构均匀，但繁殖性能中等。

苏尼特羊（公）

苏尼特羊（母）

★百度百科，网址链接：https://baike.baidu.com/error.html？status=404&uri=/albums/429120/429120/0/0.html

（编撰人：孙宝丽；审核人：李耀坤）

180. 主要的绒用山羊有哪些?

绒山羊是我国一种独特的生物资源，是经过长期的自然选择和人工选育而成的目前世界上产绒量最高、绒纤维品质最好的品种。其主要产品山羊绒，细而柔软、颜色洁白如玉、光泽明亮、手感光滑细腻，其纺织品又集薄、轻、暖、舒适、高雅于一体，被美誉为“纤维宝石”和“软黄金”而畅销全球。

我国绒山羊品种资源丰富，主要有辽宁绒山羊、晋岚绒山羊、内蒙古绒山羊（内蒙古二狼山山羊、内蒙古阿左旗白绒山羊、内蒙古阿尔巴斯白绒山羊）、河西绒山羊、西藏绒山羊、四川绒山羊、山东绒山羊等30多个纯繁品种。另外我国还有一大批杂交改良培育品种。通过对地方上的一些生产性能比较好地山羊品种，进行多元育成杂交、择优横交和近交等方法培育成的新品种山羊，如陇东白绒山羊就是以陇东黑山羊为母本、辽宁绒山羊为父本的杂交选育的新品种。

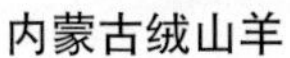

内蒙古绒山羊

辽宁绒山羊

★北京泽牧久远生物科技研究院。网址链接：http://www.huangye88.com/nyxinxi/siliao92325839.html？from=m

（编撰人：孙宝丽；审核人：李耀坤）

181. 我国引进的肉羊品种有哪些?

（1）波尔山羊原产于南非的好望角地区，改良型波尔山羊以初生重大、生长快、体型大、产肉多、肉质好、繁殖率高、适应性强而闻名世界。波尔山羊被毛短密、白色，头、颈棕色并带有白斑，耳大下垂，头平直。体质强壮，头颈部及前肢比较发达，体躯匀称且长宽深，胸部发达，背部结实宽厚，肋骨开张良好，臀部丰满。肥羔最佳上市体重为38～43kg，骨肉比为1：4.71。瘦肉多，肉质细嫩，膻味小，味道鲜美。波尔山羊板皮质量好，可与牛皮相媲美。

（2）杜泊羊是由有角陶赛特羊和波斯黑头羊杂交育成，最初在南非较干旱的地区进行繁殖和饲养，因其适应性强、早期生长发育快、胴体质量好而闻名。杜泊羊分为白头和黑头两种。杜泊羊适应性极强，采食性广、不挑食，能够很好地利用低品质牧草，在干旱或半热带地区生长健壮，抗病力强；能够自动脱毛是杜泊羊的又一特性。

（3）无角陶赛特羊原产于大洋洲的澳大利亚和新西兰。该羊种体质结实，头短而宽，颈粗短，体躯长，胸宽深，背腰平直，体躯呈圆桶形，四肢粗短，后躯发育良好，全身被毛白色，而且具有早熟，生长发育快，全年发情和耐热及适应干燥气候等特点。我国新疆和内蒙古曾从澳大利亚引入该品种，经过初步改良观察，遗传力强，是发展肉用羔羊的父系品种之一。

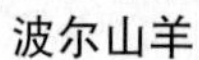
波尔山羊

无角陶赛特羊

★114批发网，网址链接：http://114pifa.com/p5558/6304788.html
★007商务网，网址链接：http://www.007swz.com/jxjxmygs/products/yang_134679.html

（编撰人：孙宝丽；审核人：李耀坤）

182. 主要的奶山羊品种有哪些?

奶山羊品种主要有：萨能奶山羊、吐根堡奶山羊、崂山奶山羊、关中奶山羊等。

（1）萨能奶山羊原产于瑞士，是世界著名的奶山羊品种之一，分布范围很广，几乎遍及世界各地。

（2）吐根堡奶山羊原产于瑞士东北部的吐根堡盆地，具有适应性强、产奶量高、饲养条件要求简单的特点。

（3）崂山奶山羊主要分布在山东省青岛市及周围各县，是以萨能奶山羊与本地山羊杂交选育而成。

（4）关中奶山羊关中奶山羊主要分布在陕西省渭河平原，以富平、三原、铜川等县（市）数量最多。

崂山奶山羊

吐根堡奶山羊

★互动百科，网址链接：http://www.baike.com/gwiki/%E5%B4%82%E5%B1%B1%E5%A5%B6%E5%B1%B1%E7%BE%8A

★百度百科。网址链接：https://baike.baidu.com/item/%E5%90%90%E6%A0%B9%E5%A0%A1%E5%B1%B1%E7%BE%8A/1327653？fr=aladdin

（编撰人：孙宝丽；审核人：刘德武）

183. 萨福克羊有何特性？

（1）品种特征。萨福克羊原产于英国英格兰东南部的萨福克等城市，后从澳洲引入至内蒙古和新疆等地。萨福克羊具有良好的适应性，引入后仍然保持良好的性状，利用萨福克羊早熟、体大、肌肉发育良好的特点，我国多个绵羊品种进行杂交，可提高杂交后代羔羊的生长发育速度和产肉能力。萨福克公、母羊均无角，体躯白色，头和四肢黑色，体质结实，结构匀称，头重，鼻梁隆起，耳大，颈

萨福克羊

★百度百科，网址链接：https://baike.baidu.com/album/429127/429127

长、深、且宽厚，胸宽深，头、颈、肩结合良好。背腰长而宽广平直，腹大紧凑，肋骨开张良好，四肢健壮，蹄质结实，体躯肌肉丰满呈长桶状，前、后躯发达。

（2）生产性能。萨福克羊通常在7月龄性成熟，初配月龄一般在12月龄。成年公羊产毛量5～6kg，成年母羊产毛量3～4kg，毛长7～9cm，细度48～50支，净毛率60%，毛白色，偶尔可见少量的有色纤维。萨福克公、母羔羊4月龄平均体重47.7kg，屠宰率50.7%，7月龄平均体重70.4kg，胴体重38.7kg，屠宰率55%，出栏羔羊肉肉质细嫩，肉脂相间，味道鲜美。

（编撰人：孙宝丽；审核人：李耀坤）

184. 辽宁绒山羊有何特性?

（1）品种特性。辽宁绒山羊原产于辽宁省东南部山区步云山周围各市县，属绒肉兼用型品种，是中国绒山羊品种中产绒量最高的优良品种。该品种具有产绒量高，绒纤维长，粗细度适中，体型壮大，适应性强，遗传性能稳定、改良低产山羊效果显著等特点，其产绒量居全国之首。辽宁绒山羊公、母羊均有角，有髯，公羊角发达，向两侧平直伸展，母羊角向后上方。额顶有自然弯曲并带丝光的绺毛。体躯结构匀称，体质结实。颈部宽厚，颈肩结合良好，背平直，后躯发达，呈倒三角形状。四肢较短，蹄质结实，短瘦尾，尾尖上翘。被毛为全白色，外层为粗毛，且有丝光光泽，内层为绒毛。

（2）生产性能。发情周期平均为20d，发情持续时间1～2d。妊娠期142～153d。成年母羊产羔率110%～120%，断奶羔羊成活率95%以上。辽宁绒山羊的冷冻精液的受胎率为50%以上，最高可达76%。

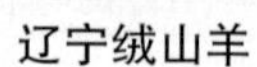

辽宁绒山羊　　辽宁绒山羊毛发

★百度百科，网址链接：http://www.zzrsy.cn/prod_show.aspx？id=873

★中正绒山羊饲养有限公司官网，网址链接：https://baike.baidu.com/item/%E8%BE%BD%E5%AE%81%E7%BB%92%E5%B1%B1%E7%BE%8A/4999301？fr=aladdin

（编撰人：柳广斌；审核人：李耀坤）

185. 湖羊有何特性?

（1）品种特性。湖羊中心产区位于太湖流域的浙江湖州市的吴兴、南浔、长兴，嘉兴市的桐乡、秀洲、南湖、海宁，江苏的吴中、太仓、吴江等地。分布于浙江的余杭、德清、海盐，江苏的苏州、无锡、常熟，上海的嘉定、青浦、昆山等地。小湖羊皮是我国传统出口特产之一，它与其他绵羊羔皮不同，初生的羊羔毛色洁白、光泽很强、有天然波浪花纹、皮板轻软，是世界上稀有的一种白色羔皮。小湖羊皮畅销欧洲、北美洲、日本、澳大利亚以我国港澳等地。湖羊体格中等，公、母均无角，头狭长，鼻梁隆起，多数耳大下垂，颈细长，体躯狭长，背腰平直，腹微下垂，尾扁圆，尾尖上翘，四肢偏细而高。被毛全白，腹毛粗、稀而短，体质结实。

（2）生产性能。湖羊性成熟早，四季发情、排卵，终年配种产羔，一年两胎，且产羔数多为双羔或者三羔。羔羊生长发育快，3月龄断奶体重公羔25kg以上，母羔22kg以上。成年羊体重公羊65kg以上，母羊40kg以上。屠宰后净肉率38%左右。湖羊肉质鲜美，口感好，与其他绵羊肉比，具有肉质嫩、多汁、膻味小等优点。

湖羊

★学习啦网，网址链接：；http://www.xuexila.com/aihao/siyang/694279.html
★百度百科，网址链接：https://baike.baidu.com/pic/%E6%B9%96%E7%BE%8A/2545928/0/d31b0ef41bd5ad6e1c66447281cb39dbb7fd3c8e？fr=lemma&ct=single#aid=0&pic=d31b0ef41bd5ad6e1c66447281cb39dbb7fd3c8e

（编撰人：柳广斌；审核人：李耀坤）

186. 滩羊有何特性?

（1）品种特性。滩羊体格中等，体质结实。全身各部位结合良好，鼻梁稍隆起，耳有大、中、小3种，公羊角呈螺旋形向外伸展，母羊一般无角或有小角。背腰平直，胸较深。四肢端正，蹄质结实。属脂尾羊，尾根部宽大，尾尖细呈三角形，下垂过飞节。体躯毛色纯白，光泽悦目，多数头部有褐、黑、黄色斑块。毛被中有髓毛细长柔软，无髓毛含量适中，无干死毛，毛股明显，呈长毛辫状。

（2）生产性能。滩羊属短脂尾羊，公羊到6～7月龄、母羊到7～8月龄时已达到性成熟。最适繁殖年龄，公羊为2.5～6岁，母羊为1.5～7岁。滩羊为季节性发情，每年7月开始发情，8—9月为发情旺季，发情周期为17～18d，发情持续期为26～32h，妊娠期为151～155d，产羔率为101%～103%。滩羊肉质细嫩，脂肪分布均匀。在放牧条件下，成年公羊和成年母羊的体重分别可达到51～60kg和41～50kg，屠宰率分别为45%和40%。二毛羔羊体重为6～8kg，屠宰率为50%。脂肪含量少，肉质细嫩可口。滩羊每年剪毛2次，公羊平均产毛1.6～2.0kg，母羊1.3～1.8kg，净毛率60%以上。毛的光泽和弹性好，尤以生产二毛裘皮而著称，是我国珍贵的裘皮羊品种。

滩羊

★百度百科，网址链接：
https://baike.baidu.com/pic/%E6%BB%A9%E7%BE%8A/1510047
https://baike.baidu.com/pic/%E6%BB%A9%E7%BE%8A/1510047

（编撰人：柳广斌；审核人：李耀坤）

187. 小尾寒羊有何特性？

（1）品种特性。小尾寒羊是我国的一个优良绵羊品种，具有生长发育快、产肉性能好、适应性好、体格高大、早熟多胎、常年发情、适于农区舍饲或小群放牧、羔羊可制裘等优良特性。小尾寒羊体型匀称，体质结实，鼻梁隆起，耳大下垂，体躯长，四肢高，前后躯均较发达。尾短而肥，一般尾长都在飞节以上，呈圆扇形，尾表正中有一浅沟，尾尖向上翻转，紧贴于沟中（尾形是鉴别小尾寒羊是否纯种的主要标志）。公羊头大颈粗，带有螺旋形大角，母羊头小颈长，有小角、姜角或角根。公羊前胸较深，鬐甲高，背腰平直，体躯侧视呈方形，四肢粗壮，蹄质坚实；母羊体躯略呈扁形，乳房发达。被毛白色，少数羊只头部、四肢有黑褐色斑点或斑块。

（2）生产性能。成年公羊体重113.3kg、体高99.6cm；成年母羊体重65.9kg、体高82.4cm；周岁公羊活重72.8kg、胴体重40.5kg、屠宰率55.6%、净肉率82.5%。羔羊2.5—5月龄是日增重最快、饲料报酬最高的时期，平均日增重194.6g，料重比2.9∶1。剪毛量成年公羊3.5kg，成年母羊2.1kg，毛长11.5～13.3cm。母羊5～6月龄即可出现发情，公羊7～8月龄可用于配种。母羊产羔率平均251.3%，其中初产羊产羔率平均229.5%，经产羊产羔率平均267.8%。

小尾寒羊（母）

小尾寒羊（公）

★百度百科，网址链接：
https://baike.baidu.com/pic/%E5%B0%8F%E5%B0%BE%E5%AF%92%E7%BE%8A/1486141/0/730e0cf3d7ca7bcb9549529ebd096b63f624a855？fr=lemma&ct=single#aid=0&pic=730e0cf3d7ca7bcb9549529ebd096b63f624a855
https://baike.baidu.com/pic/%E5%B0%8F%E5%B0%BE%E5%AF%92%E7%BE%8A/1486141/0/730e0cf3d7ca7bcb9549529ebd096b63f624a855？fr=lemma&ct=single#aid=0&pic=730e0cf3d7ca7bcb9549529ebd096b63f624a855

（编撰人：郭勇庆；审核人：李耀坤）

188. 川中黑山羊有何特性？

（1）品种特性。川中黑山羊原产于四川省金堂县、乐至县，分为金堂型和乐至型两种，属以产肉为主的大型山羊地方遗传资源。具有体型较大、繁殖力高、产肉性能和适应范围广的特点。川中黑山羊体躯呈长方形，体质结实，公羊角粗大，向后弯曲并向两侧扭转；母羊角小呈镰刀状。有髯，部分羊有肉垂，耳中等偏大，公羊颈粗短，母羊颈细长，肉用体型明显，母羊乳房发育良好。被毛为黑色，短毛，冬季内层着生短而细密的绒毛。

（2）生产性能。金堂型周岁羊平均体重，公羊44.3kg，母羊36.7kg；金堂型成年羊平均体重，公羊66.2kg，母羊49.5kg。乐至型周岁羊平均体重，公羊42.5kg，母羊35.6kg；乐至型成年羊平均体重，公羊71.2kg，母羊48.4kg。山羊肉膻味小，呈赤色。金堂型周岁羊屠宰率，公羊49.04%，母羊47.80%；金堂型成年羊屠宰率，公羊52.76%，母羊49.18%。乐至型周岁羊屠宰率，公羊50.84%，母羊47.36%；乐至型成年羊屠宰率，公羊48.28%，母羊45.95%。

（3）繁殖性能。母羔3月龄达性成熟，初配年龄母羊5～6月龄，公羊为8～10月龄左右，发情周期20天左右，发情持续期1～3d，1年产2胎或2年产3胎，经产母羊产双羔为多，母羊年平均产羔率为236.78%。

川中黑山羊（公）　　川中黑山羊（母）

★百度百科，网址链接：https://baike.baidu.com/pic/%E5%B7%9D%E4%B8%AD%E9%BB%91%E5%B1%B1%E7%BE%8A/768200/0/622762d0f703918f7f7445f2533d269759eec465？fr=lemma&ct=single#aid=0&pic=622762d0f703918f7f7445f2533d269759eec465

（编撰人：孙宝丽；审核人：李耀坤）

189. 东北细毛羊有何特性?

（1）品种特性。东北细毛羊体质结实，结构匀称。公羊有螺旋形角，颈部有1～2个完全或2个不完全的横皱褶；母羊无角，颈部有发达的纵皱褶，体躯无皱褶。被毛白色，毛丛结构良好，呈闭合型。羊毛密度大，弯曲正常，油汗适中。羊毛覆盖头部至两眼连线，前肢达腕关节，后肢达飞节。

（2）生产性能。育成公、母羊体重为43.0kg和37.81kg，成年公、母羊体重83.7kg和45.4kg。剪毛量成年公羊13.4kg，成年母羊6.1kg，净毛率35%～40%。成年公羊毛丛长度9.3cm，成年母羊7.4cm，羊毛细度60～64支。64支的羊毛强度为7.29，伸度为36.9%；60支的羊毛相应为8.29和40.5%。油汗颜色，白色占10.2%，乳白色占23.8%，淡黄色占55.1%，黄油汗占10.8%。成年公羊（1.5～5岁）的屠宰率平均为43.6%，净肉率为34.0%，同龄成年母羊相应为52.4%和40.8%。初产母羊的产羔率为111%，经产母羊为125%。

东北细毛羊（公）　　东北细毛羊（母）

★百度百科，网址链接：
https://baike.baidu.com/pic/%E4%B8%9C%E5%8C%97%E7%BB%86%E6%AF%9B%E7%BE%8A/3952658/0/dbb44aed2e738bd448959595a58b87d6267ff9da？fr=lemma&ct=single#aid=0&pic=dbb44aed2e738bd448959595a58b87d6267ff9da
https://baike.baidu.com/pic/%E4%B8%9C%E5%8C%97%E7%BB%86%E6%AF%9B%E7%BE%8A/3952658/0/dbb44aed2e738bd448959595a58b87d6267ff9da？fr=lemma&ct=single#aid=710043&pic=b03533fa828ba61ed0fcc4dd4134970a304e5935

（编撰人：孙宝丽；审核人：李耀坤）

190. 乌珠穆沁羊有何特性?

（1）品种特性。乌珠穆沁羊额稍宽，鼻梁微凸，耳大下垂或半下垂，公羊有角或无角，母羊多数无角。体格高大，体躯长，背腰宽，肌肉丰满，后躯发育良好，肉用体型比较明显。尾肥大呈四方形。体躯白色而头为黑色者居多（约占62.1%），毛色全白者占10.43%，体躯杂色者占11.74%。

（2）生产性能。①生长发育。乌珠穆沁羊生长发育快，初生重，公羔4.58kg，母羔3.82kg；6～7月龄重，公羔39.6kg，母羔35.9kg，羯羔38.0kg；周岁重，公羊50.75kg，母羊46.67kg；成年体重，公羊74.43kg，母羊58.40kg。②产肉性能。成年羯羊屠宰率53.5%，胴体重32.2kg，净肉率37.4%。6月龄羯羊屠宰率50%，胴体重17.9kg，净肉重11.8kg，净肉重33.05%。产毛性能：被毛为异质毛。剪毛量，成年公羊1.87kg，成年母羊1.45kg。净毛率70%～78%。繁殖性能：产羔率100.2%。

乌珠穆沁羊

★百度百科，网址链接：https://baike.baidu.com/pic/%E4%B9%8C%E7%8F%A0%E7%A9%86%E6%B2%81%E7%BE%8A/4878931/0/72f082025aafa40f1b645a40ab64034f79f01988? fr=lemma&ct=single#aid=0&pic=72f082025aafa40f1b645a40ab64034f79f01988

（编撰人：孙宝丽　审核人：李耀坤）

191. 苏尼特羊有何特性?

（1）品种特性。苏尼特羊体格大，体质结实，结构均匀，公、母羊均无角，头大小适中，鼻梁隆起，耳大下垂，眼大明亮，颈部粗短。种公羊颈部发达，毛长达15～30cm。背腰平直，体躯宽长，呈长方形，尻高稍高于鬐甲高，后躯发达，大腿肌肉丰满，四肢强壮有力，脂尾小呈纵椭圆形，中部无纵沟，尾端细而尖且向一侧弯曲。被毛为异质毛，毛色洁白，头颈部、腕关节和飞节以下部、脐带周围有色毛。

（2）生产性能。成年公羊平均体重78.83kg，成年母羊58.92kg；育成公羊平均体重59.13kg，育成母羊49.48kg。该羊产肉性能好，10月屠宰成年羯羊、18月龄羯羊和8月龄羔羊，胴体重分别为36.08kg，27.72kg和20.14kg；屠宰率分别为55.19%，50.09%和48.2%；瘦肉率分别为70.6%，70.52%和69.95%。苏尼特羊一年剪2次毛，成年公羊平均剪毛量为（1.7 ± 0.3）kg，成年母羊（1.35 ± 0.28）kg，周岁公羊（1.3 ± 0.2）kg，周岁母羊（1.26 ± 0.16）kg。苏尼特羊毛被中无髓毛占52% ~ 61%，两型毛占3% ~ 4%，有髓毛占8% ~ 11%，干死毛占28% ~ 33%。苏尼特羊繁殖能力中等，经产母羊的产羔率为110%。

苏尼特羊群

苏尼特羊羔

★百度百科，网址链接：
https://baike.baidu.com/pic/%E8%8B%8F%E5%B0%BC%E7%89%B9%E7%BE%8A/7810073/0/b03533fa828ba61e996e8a624834970a314e59fe? fr=lemma&ct=single#aid=0&pic=b03533fa828ba61e996e8a624834970a314e59fe
https://baike.baidu.com/pic/%E8%8B%8F%E5%B0%BC%E7%89%B9%E7%BE%8A/7810073/0/b03533fa828ba61e996e8a624834970a314e59fe? fr=lemma&ct=single#aid=0&pic=a8ec8a13632762d0db2b6e16a1ec08fa513dc606

（编撰人：孙宝丽；审核人：李耀坤）

192. 巴美肉羊有何特性?

（1）品种特性。巴美肉羊体型外貌一致，体格较大，体质结实，结构匀称。头部毛覆盖至两眼连线，前肢至腕关节，后肢至飞关节。胸部宽而深，背部平直，臀部宽广，四肢结实且相对较长，肌肉丰满，肉用体型明显，呈圆筒状。被毛同质白色，闭合良好，密度适中，细度均匀。巴美肉羊具有较强的抗逆性和适应性，耐粗饲。

（2）生产性能。巴美肉羊生长发育速度较快，产肉性能高，成年公羊平均体重101.2kg，成年母羊体重60.5kg，经产母羊可2年3胎，平均产羔率151.7%。

育成公羊71.2kg，育成母羊平均体重50.8kg，6月龄羔羊平均日增重230g以上，胴体重24.95kg；屠宰率51.13%。羔羊育肥快，肉质鲜嫩、无膻味、口感好，是生产高档羊肉产品的优质羔羊。2009年巴彦淖尔市拥有巴美肉羊核心群4个，基础母羊达到2 173只；繁育群26个，基础母羊4 086只；生产群136个，基础母羊达到12 364只。

巴美肉羊

★百度百科，网址链接：
https://baike.baidu.com/pic/%E5%B7%B4%E7%BE%8E%E8%82%89%E7%BE%8A/7448799/0/9a504fc2d56285357c2000c197ef76c6a6ef630a？fr=lemma&ct=single#aid=0&pic=9a504fc2d56285357c2000c197ef76c6a6ef630a
https://baike.baidu.com/pic/%E5%B7%B4%E7%BE%8E%E8%82%89%E7%BE%8A/7448799/0/9a504fc2d56285357c2000c197ef76c6a6ef630a？fr=lemma&ct=single#aid=0&pic=3bf33a87e950352ab7fcf7e85443fbf2b3118bb5

（编撰人：孙宝丽；审核人：李耀坤）

193. 多浪羊有何特性?

（1）品种特性。多浪羊体格硕大，头较长，鼻梁隆起，耳大下垂，眼大有神，公羊无角或有小角，母羊皆无角，颈窄而细长，胸宽深，肩宽，肋骨拱圆，背腰平直，躯干长，后躯肌肉发达，尾大而下垂，尾沟深，四肢高而有力，蹄质结实。初生羔羊全身被毛多为褐色或棕黄色，也有少数为黑色或深褐色，个别为白色，第一次剪毛后体躯毛色多变为灰白色或白色，但头部、耳及四肢保持初生时毛色，一般终生不变。被毛分为粗毛型和半细毛型2种，后者是较优良的地毯用毛。

（2）生产性能。成年公羊体重105.9kg、体高89.6cm、体长84.3cm、胴体重59.8kg、尾脂重10.0kg、屠宰率56.1%、净肉率67.9%；成年母羊相应为78.8kg、74.5cm、75.3cm、55.2kg、3.3kg、55.2%、46.7%；周岁公羊相应为63.3kg、

77.0cm、75.6cm、32.7kg、4.2kg、56.1%、69.4%；周岁母羊相应为45.0kg、69.2cm、70.4cm、23.6kg、2.3kg、54.8%、71.5%。成年公羊剪毛量3.0～3.5kg，母羊2.0～2.5kg。初配年龄一般为8月龄，母羊常年发情，繁殖性能强。在舍饲条件下，母羊可2年3产或1年2产，双羔率为50%～60%，三羔率为5%～12%，产羔率在200%以上。

多浪羊

★百度百科，网址链接：
https://baike.baidu.com/pic/%E5%B7%B4%E7%BE%8E%E8%82%89%E7%BE%8A/7448799/0/9a504fc2d56285357c2000c197ef76c6a6ef630a？fr=lemma&ct=single#aid=0&pic=3bf33a87e950352ab7fcf7e85443fbf2b3118bb5
https://baike.baidu.com/pic/%E5%A4%9A%E6%B5%AA%E7%BE%8A/6174609/0/503d269759ee3d6d57df82f741166d224f4adef4？fr=lemma&ct=single#aid=0&pic=d62a6059252dd42a08e20497013b5bb5c9eab826

（编撰人：孙宝丽；审核人：李耀坤）

194. 阿勒泰羊有何特性?

（1）品种特性。阿勒泰羊属于肉脂兼用的粗毛羊，其体格大，体质结实。公羊具有大的螺旋形角，母羊中约2/3有角。公羊鼻梁深，鬐甲平宽，背平直，肌肉发育良好。四肢高而结实，股部肌肉丰满，在尾椎周围沉积大量脂肪而形成“臀脂”，下缘正中有一浅沟将其分成对称的两半。母羊乳房大，发育良好。毛色主要为棕褐色，部分个体为花色，纯白、纯黑者少。

（2）生产性能。阿勒泰羊平均4个月龄公羔体重为38.9kg，母羔为36.7kg；1.5岁公羊为70kg，母羊为55kg；成年公羊平均体重为92.98kg，母羊为67.56kg。成年羯羊的屠宰率为52.88%，胴体重平均为39.5kg，脂臀占胴体重的17.97%。产羔率110.3%，产羔率较低，一般以1年1胎或2年3胎，但阿勒泰羔羊具有良好的早熟性，生长发育快，适于肥羔生产。阿勒泰羊在春季和秋季各剪毛1次，羔羊则在当年秋季剪1次毛。剪毛量成年公羊平均为2kg，母羊为1.5kg，当年生羔羊为0.4kg。阿勒泰羊毛质较差，羊毛主要用于擀毡。

阿勒泰羊（公）

阿勒泰羊（母）

★百度百科，网址链接：
https://baike.baidu.com/pic/%E9%98%BF%E5%8B%92%E6%B3%B0%E7%BE%8A/4854974/0/a8ec8a13632762d09cf72975a9ec08fa503dc62b？fr=lemma&ct=single#aid=2602849&pic=4d086e061d950a7b5928bd330ad162d9f2d3c92c
https://baike.baidu.com/pic/%E9%98%BF%E5%8B%92%E6%B3%B0%E7%BE%8A/4854974/0/a8ec8a13632762d09cf72975a9ec08fa503dc62b？fr=lemma&ct=single#aid=2602849&pic=377adab44aed2e73c1f575db8701a18b87d6fa2d

（编撰人：孙宝丽；审核人：李耀坤）

195. 昭乌达肉羊有何特性？

（1）品种特性。昭乌达肉羊体格较大，体质结实，结构匀称，胸部宽而深，背部平直，臀部宽广，肌肉丰满，肉用体型明显，公羊、母羊均无角，颈部无皱褶或有1～2个不明显的皱褶，头部至两眼连线、前肢至腕关节和后肢至飞节均覆盖有细毛。被毛白色，闭合良好，密度适中，细度均匀。

昭乌达肉羊（成年）

昭乌达肉羊（羔羊）

★内蒙古农牧业产业化龙头企业协会，网址链接：http://www.nmcyh.com/index.phpt=

（2）生产性能。昭乌达肉羊羔羊初生重：公羔（4.5±0.3）kg，母羔（4.2±0.3）kg；羔羊断乳重：公羔（25.2±1.3）kg，母羔（23.0±0.9）kg；育成羊体重：公羊（72.1±5.2）kg；母羊（47.6±4.1）kg；成年羊体重：公羊（95.7±5.7）kg；母羊（55.7±3.1）kg。昭乌达肉羊生长发育速度较快，6月龄公羔平均日增重（207.0±27.0）g，母羔日增重（140.3±19.7）g。6月龄公羔屠宰后胴体重为18.9kg，屠宰率为46.4%，胴体净肉率为76.3%。12月龄羯羊屠宰后胴体重为35.6kg，屠宰率为49.8%，胴体净肉率为76.9%。不同胎次年龄母羊的繁殖率差异较大，其中初产羊繁殖率为126.4%，2～3周岁母羊平均繁殖率为137.6%。昭乌达肉羊性成熟早，在加强补饲情况下，母羊可以实现2年3胎。昭乌达羊肉质鲜美，具有“鲜而不腻、嫩而不膻、肥美多汁、爽滑绵软”的特点，是低脂肪、高蛋白健康食品，是天然纯正的草原风味。

（编撰人：孙宝丽；审核人：李耀坤）

196. 南江黄羊有何特性?

（1）品种特性。南江黄羊又称亚洲黄羊，于1995年育成，1998年农业部正式批准命名，是我国培育的第一个肉用山羊新品种。南江黄羊体格高大，公、母羊大多有角，有角者占61.5%，角向上、向后、向外呈“八”字形，有髯，头大小适中，耳长直或微垂，鼻梁微拱，公羊颈粗短，母羊细长，背腰平直，前胸深广，尻部略斜，四肢粗壮，体躯略呈圆桶形。被毛黄色，毛短，富有光泽，面部多呈黑色，鼻梁两侧有一对称黄白色条纹，沿背脊有一条由宽而窄至十字部后渐浅的黑色毛带，公羊前胸、颈下毛黑黄色较长，四肢上端着生有黑色较长粗毛。

（2）生产性能。6月龄、周岁、成年公羊和母羊体重分别为27.4kg和21.82kg、37.61kg和30.53kg、66.87kg和45.6kg。6月龄日增重公羊和母羊分别为139.56g、109.33g。最佳屠宰期应为8～10月龄，其肉质鲜嫩，胆固醇含量低，营养丰富，膻味小。8月龄和10月龄羯羊的屠宰率分别为47.63%和47.70%，骨肉比分别为1∶3.48和1∶3.7。性成熟早，初情期多在3月龄，母羊初配年龄6～8月龄，公羊以12～18月龄配种为佳。发情周期20d，发情持续期30～40h，产羔率200%左右，公羔和母羔初生重分别为2.3kg和2.1kg。板皮质地优良，细致结实，抗张强度高，延伸率大，尤以6～12月龄的羔羊皮张最佳。

南江黄羊

★百度百科，网址链接：
https://baike.baidu.com/pic/%E5%8D%97%E6%B1%9F%E9%BB%84%E7%BE%8A/4880493/0/fab3ac1150c63d40cb80c431？fr=lemma&ct=single#aid=0&pic=fab3ac1150c63d40cb80c431
https://baike.baidu.com/pic/%E5%8D%97%E6%B1%9F%E9%BB%84%E7%BE%8A/4880493/0/fab3ac1150c63d40cb80c431？fr=lemma&ct=single#aid=0&pic=966aca079b73f98e7a894769

（编撰人：孙宝丽；审核人：李耀坤）

197. 马头山羊有何特性?

（1）品种特性。马头山羊原产于湘、鄂西部山区，为我国南方山区优良肉用山羊品种。具有早熟、繁殖力高、产肉性能和板皮品质好的特点。马头山羊体躯呈长方形，体质结实，公、母羊均无角，有髯，部分羊有肉垂，耳向前略下垂，公羊颈粗短，母羊颈细长，肉用体形明显，母羊乳房发育良好。被毛以白色为主，次为黑、麻及杂色，短毛，冬季生少量绒毛，额和颈部着生有长粗毛。

（2）生产性能。周岁羊平均体重，公羊25.0kg，母羊23.2kg，羯羊34.7kg；成年羊平均体重，公羊50.8kg，母羊33.7kg，羯羊47.4kg。山羊肉膻味小，呈赤色，12月龄羯羊胴体重14.2kg，花板油重1.71kg，胴体长56.59cm，眼肌面积7.81cm^2，屠宰率54.1%；24月龄羯羊的上述指标相应为14.94kg、2.3kg、58.71cm、9.77cm^2和54.85%。皮板洁白，涨幅大，弹性好，平均面积8 190cm^2，皮厚0.3mm，皮板可分剥4～5层。母羔3～5月龄、公羔4～6月龄达性成熟，配种年龄为10月龄左右，发情周期20d左右，发情持续期1～3d，1年产2胎或2年产3胎，经产母羊产双羔为多，产羔率191.94%～200.33%。公羔和母羔初生重分别为2.14kg和2.04kg。

马头山羊

★百度百科，网址链接：
https://baike.baidu.com/pic/%E9%A9%AC%E5%A4%B4%E5%B1%B1%E7%BE%8A/9222193/0/c2cec3fdfc0392454b93e4a68794a4c27d1e2570？fr=lemma&ct=single#aid=0&pic=c2cec3fdfc0392454b93e4a68794a4c27d1e2570
https://baike.baidu.com/pic/%E9%A9%AC%E5%A4%B4%E5%B1%B1%E7%BE%8A/9222193/0/c2cec3fdfc0392454b93e4a68794a4c27d1e2570？fr=lemma&ct=single#aid=0&pic=b151f8198618367a07e67a742e738bd4b31ce528

（编撰人：孙宝丽；审核人：李耀坤）

198. 成都麻羊有何特性?

（1）品种特性。成都麻羊公、母羊大多数有角，公羊角粗大，母羊角短小，公羊和多数母羊有髯，且多为黑色，部分有肉垂。头中等大，两耳侧伸，额宽而微凸，鼻梁平直。公羊前躯发达，体态雄壮，体形呈长方形；母羊后躯深广，背腰平直，尻部略斜，乳房呈球形，体形较清秀，略呈楔形。被毛呈棕黄色，为短毛型。单根纤维颜色可分成3段，即毛尖为黑色，中段为棕黄色，下段为黑灰色。整个被毛有棕黄而带黑麻的感觉，故称麻羊。在体躯上有2条黑色毛带，一条是从两角基部中点沿颈脊、背线至尾根的纯黑色毛带，另一条是沿两侧肩胛经前肢至蹄冠的纯黑色毛带，二者在鬐甲部交叉，构成明显的“十”字形。公羊黑色毛带宽于母羊。此外，从角基部前缘，经内眼角沿鼻梁两侧，至口角各有一条纺锤形浅黄色毛带，形似画眉鸟的画眉。

（2）生产性能。初生羔羊平均体重，公羔1.87kg，母羔1.83g；周岁羊平均体重，公羊26.79kg，母羊23.14kg；成年羊平均体重，公羊43.02kg，母羊32.62kg。成年羯羊屠宰率54.34%，净肉率79.1%；周岁羯羊上述指标相应为49.66%和75.8%。性成熟早，常年发情配种，初配年龄母羊8月龄以上，公羊8～10月龄，发情持续期2～3d，1年产2胎或2年产3胎，年产1胎、2胎的比例分别是16.11%和55.7%，2年产3胎的比例为28.19%，产羔率210%，产单羔、双羔、三羔的比例分别为13.63%、66.83%和19.54%。泌乳期5～8个月，产奶150～250kg，乳脂率6.47%（5.0%～8.2%）。

成都麻羊

★饭菜网，网址链接：http://www.fancai.com/techan/13821/
★114票务网，网址链接：http://www.114piaowu.com/techan_yaan_21973

（编撰人：孙宝丽；审核人：李耀坤）

199. 黄淮山羊有何特性？

（1）品种特性。黄淮山羊结构匀称，骨骼较细，鼻梁平直，眼大。耳长而立，面部微凹，下颌有髯。分有角和无角两个类型，67%左右有角。有角者，公羊角粗大，母羊角细小，向上向后伸展呈镰刀状；无角者，仅有0.5～1.5cm的角基。公羊头大颈粗，胸部宽深，背腰平直，腹部紧凑，体躯呈桶形，外形雄伟，睾丸发育良好，有须和肉垂。母羊颈长，胸宽，背平，腰大而不下垂，乳房大，质地柔软。被毛白色，毛短有丝光，绒毛很少。

（2）生产性能。①产肉性能。黄淮山羊初生重，公羔平均为2.6kg，母羔平均为2.5kg。2月龄公羔平均为7.6kg，2月龄母羔平均为6.7kg。9月龄公羊平均为22.0kg，相当于成年母羊体重的62.3%。成年公羊体重平均为33.9kg，成年母羊平均为25.7kg。7～10月龄的羯羊宰前重平均为16.0kg，胴体重平均为7.5kg，屠宰率平均为47.13%。成年羊宰前重平均为26.32kg，屠宰率平均为45.90%；成年母羊宰前重屠宰率平均为51.93%。②板皮性能。板皮致密坚韧，表面光洁，毛孔细匀，分层多，拉力强，弹性好，是国内著名的制革原料。③繁殖性能。黄淮山羊性成熟早，初配年龄一般为4～5月龄。发情周期为18～20d，发情持续期为24～48h。妊娠期为145～150d。母羊产羔后20～40d发情。能1年2胎或2年3胎。产羔率平均为238.66%，其中单羔占15.41%，双羔占43.75%，3羔以上占40.84%。

黄淮山羊

黄淮山羊群

★百度百科，网址链接：
https://baike.baidu.com/pic/%E9%BB%84%E6%B7%AE%E5%B1%B1%E7%BE%8A/1608767/0/267f9e2f07082838c3e6deb8be99a9014d08f1b7? fr=lemma&ct=single#aid=0&pic=f958981891128ba74aedbcd9
https://baike.baidu.com/pic/%E9%BB%84%E6%B7%AE%E5%B1%B1%E7%BE%8A/1608767/0/267f9e2f07082838c3e6deb8be99a9014d08f1b7? fr=lemma&ct=single#aid=2616691&pic=f603918fa0ec08faa873115359ee3d6d54fbdad7

（编撰人：孙宝丽；审核人：李耀坤）

200. 云岭黑山羊有何特性？

（1）品种特性。全身毛纯黑色，粗而有光泽，有胡须，眼睛黝亮，体躯近似长方形，头大小适中，呈楔形，额稍凸，鼻梁平直，鼻孔大。两耳稍直立，普遍有角，角扁长，稍有弯曲，向后向外延伸，公羊角粗大，母羊角偏细或退化。颈长短适中。背腰平直，胸宽而深，肋微拱，腹大，尾巴粗短上举。四肢粗短结实，肢势端正，蹄质坚实，黑色。母羊乳房发育中等，多呈梨形。

（2）生产及繁殖性能。具有早期育肥特点。羔羊出生重1.8～2.5kg，3月龄6.8～12.1kg，6月龄10.5～14.8kg，公羔普遍重于母羔。一般周岁公羊体重可达22kg，成年可达34kg，周岁母羊体重可达20kg，在32kg左右，一年至一年半可以出栏。公羊5～6月龄性成熟，8～9月龄开始配种，利用年限3～4年；母羊7～8月龄发情，10～12月龄可以配种受胎，利用年限11～12年，终生产羔10～11胎。一般1年产1胎，有16%左右1年2胎，双羔率约50%。

云岭黑山羊

★百度百科，网址链接：
https://baike.baidu.com/pic/%E4%BA%91%E5%B2%AD%E5%B1%B1%E7%BE%8A/9915784/0/4afbfbedab64034fbbfac5a3afc379310a551d5b? fr=lemma&ct=single#aid=0&pic=4afbfbedab64034fbbfac5a3afc379310a551d5b
https://baike.baidu.com/pic/%E4%BA%91%E5%B2%AD%E5%B1%B1%E7%BE%8A/9915784/0/4afbfbedab64034fbbfac5a3afc379310a551d5b? fr=lemma&ct=single#aid=0&pic=caef76094b36acafec1e0e5b7bd98d1000e99c9f

（编撰人：孙宝丽；审核人：李耀坤）

201. 新疆细毛羊有何特性?

（1）品种特性。新疆毛肉兼用细毛羊，简称新疆细毛羊。体型较大，公羊体重85～100kg，母羊体重47～55kg。公羊大多有螺旋形大角，鼻梁微隆起，颈部有1～2个完全或不完全的横皱褶。母羊无角，鼻梁呈直线形，颈部有1个横皱褶或发达的纵皱褶。胸部宽深，背腰平直，体躯长深无皱，后躯丰满，肢势端正，被毛白色。该品种原产于新疆伊犁地区巩乃斯种羊场，是我国于1954年育成的第一个毛肉兼用细毛羊品种，用高加索细毛羊公羊与哈萨克母羊、泊列考斯公羊与蒙古羊母羊进行复杂杂交培育而成。

（2）生产性能。该品种适于干燥寒冷高原地区饲养，具有采食性好，生活力强，耐粗饲料等特点，已推广至全国各地。新疆细毛羊的毛，其细度、强度、伸长度、弯曲度、羊毛密度、油汗和色泽等方面，都达到了很高的标准。成年种公羊平均产毛量为12.42kg，净毛重6.32kg，净毛率50.88%。成年母羊年平均产毛量为5.46kg，净毛重2.95kg，净毛率52.28%。

新疆细毛羊

★百度百科，网址链接：https://baike.baidu.com/item/%E6%96%B0%E7%96%86%E7%BB%86%E6%AF%9B%E7%BE%8A/3952716？fr=aladdin

（编撰人：孙宝丽；审核人：李耀坤）

202. 崂山奶山羊有何特性?

崂山奶山羊主要分布在山东半岛青岛市、崂山县及周围各县，以萨能奶山羊与本地山羊杂交选育而成。

（1）品种特性。崂山奶山羊体质结实，结构匀称。额部较宽，公、母羊多无角，颈下有肉垂。胸部较深，背腰平直，母羊乳房基部宽广，上方下圆。乳头大小适中对称，后躯发育良好。毛色白，细短，部分羊耳部、头部、乳房部有浅色黑斑。

（2）生产性能。成年公、母羊平均体重为75.5kg和47.7g，年产奶量500～600kg，含脂率4.0%左右，母羊产羔率为180.0%，成年母羊屠宰率为41.55%，净肉率为28.94%。

（3）繁殖性能。崂山奶山羊母羊属于季节性多次发情家畜，产后4～6个月开始发情，每年9—11月为发情旺季，发情周期20.5d，怀孕期150d，年产一胎，平均产羔率170%，经产母羊年产羔率可达190%。

崂山奶山羊

★互动百科，网址链接：http://www.baike.com/gwiki/%E5%B4%82%E5%B1%B1%E5%A5%B6%E5%B1%B1%E7%BE%8A

（编撰人：孙宝丽；审核人：刘德武）

203. 关中奶山羊有何特性？

关中奶山羊主要分布在陕西省渭河平原，以富平、三原、铜川等县（市）数量最多。

（1）品种特性。关中奶山羊体质结实，母羊颈长，胸宽，背腰平直，腹大不下垂，尻部宽长，面斜适度，乳房大，多呈方圆形，乳头大小适中。公羊头大颈粗，胸部宽深，腹部紧凑，外形雄伟。毛短色白，皮肤粉红色，部分羊耳、唇、鼻及乳房有黑斑，颈下部有肉垂，有的羊有角、髯。

（2）生产性能。成年公羊体重85～100kg，母羊50～55kg。关中奶山羊的性成熟期为4～5月龄，一般1周岁左右开始配种，产羔率为160%～200%，泌乳期6～8个月，年产乳量400～700kg，含脂率3.5%左右，成年母羊的屠宰率为49.7%，净肉率为39.5%。

放养的关中奶山羊

舍饲的关中奶山羊

★搜狐网，网址链接：http://www.sohu.com/a/30558278_244810

（编撰人：孙宝丽；审核人：刘德武）

204. 卡拉库尔羔皮有哪些特点？

（1）毛色。①黑色。黑色是卡拉库尔羔皮的主要毛色，分为深黑色、黑色和褐黑色3种，其中光泽艳丽的深黑色是黑色卡拉库尔羔皮的理想着色。②灰色。被毛由黑、白两种毛纤维所组成，分为浅灰、中灰和深灰3种。浅灰羔皮中白毛纤维占85%左右；中灰羔皮中白毛纤维占60%～70%，是灰色卡拉库尔羔皮最理想着色。深灰色羔皮中白毛纤维占25%左右。③彩色。又称苏尔色，是价值最高的羔皮。在同一根毛纤维上生长出不同的颜色，毛根色深，毛尖色浅，光泽鲜艳。彩色羔皮根据毛根的着色程度不同又可分为深色（黑色、深咖啡色）和浅色（栗色）；根据毛尖的着色程度不同又可分为浅黄色（金黄色）和浅烟色（银灰色），其中以浅烟色价值最高。④棕色。被毛呈棕色，根据着色程度可分为浅、中、深3种，毛色均匀，由于毛粗，花卷大，光泽差，这种羔皮经济价值不高。

（2）花卷类型。①卧蚕形卷是卡拉库尔羔皮最好的毛卷之一。毛纤维由皮板上升，按同一方向扭转，毛尖向下、向里紧扣，形似一个个卧蚕状。卧蚕形卷属于优质毛卷。②豆形卷结构与卧蚕形卷相同，但长度相当于宽度的1.5 ~ 2.0倍，形似卵圆形或大豆形。豆形卷也属于优质毛卷。③肋形卷毛卷的结构有规律，开始毛纤维几乎垂直地从皮板上升，然后形成第一个弯曲，使毛纤维与皮板接近平行，之后毛尖扣向皮板，形成第二个浅弯，形成“卫”形，毛卷有规律地似肋骨状排列在羔皮的两侧。肋形卷属于次优质毛卷。④环形、半环形卷属于中等毛卷。环形卷的毛股有两个弯曲，下面一个弯曲常与皮板垂直或有一定角度，上面一个弯曲与皮板平行。毛股有足够长度的形成环形卷，长度不足的形成半环形卷。⑤劣等花卷通常包括螺旋形卷、平卷和变形卷，被毛无固定的形状，没有规律，多为土种羊的杂种羔羊皮，经济价值不高。

卡拉库尔羊　　卡拉库尔羊皮

★百度百科，网址链接：http://baike.baidu.com/view/1032476.htm
★寺库网，网址链接：http://item.secoo.com/19048375.shtml

（编撰人：柳广斌；审核人：李耀坤）

205. 湖羊羔皮有哪些特点?

湖羊所产羔皮统称小湖羊皮，即母羊生下的羔羊在1 ~ 3d以内宰杀剥取的羔皮，经过加工，皮板钉制成钟形。小湖羊皮皮板轻软，毛色洁白，短而紧，富丝性，光泽炫目，花纹呈自然波浪状，卷曲显明，紧贴皮板，虽加抖动，毛也不会散乱，经硝制后可染成各种颜色，制成各式各样的妇女服装，如大衣、帽子、围巾、披肩等，在国际市场很受欢迎。湖羊羔皮按花纹类型可分为典型的波浪形和非典型的波浪形两种。典型的波浪形是湖羊羔皮中最具代表性和最美丽的一种，由一排排整齐的波浪花纹组成，花纹紧贴体躯，波浪整齐规则，令人赏心悦目。非典型的波浪形花纹不规则，没有一定的方向，俗称“片花”，有一定的经济价值。

湖羊羔

★金泉网，网址链接：http://www.zhaowangyzc.jqw.com/productShow-7732852.htm

（编撰人：孙宝丽；审核人：李耀坤）

206. 济宁青山羊猾子皮有哪些特点?

（1）毛色。青猾皮以黑毛和白毛相间生长而形成青色，由于黑毛与白毛的比例不同，又分为正青色、粉青色、铁青色，在正青色的毛被中，黑毛的数量占30%～40%，在粉青色中黑毛占20%，在铁青色中黑毛占50%以上。

（2）羊毛性状。平均羊毛长度为（2.2±0.32）cm，肩部羊毛细度在44.4～55.5μm，肩部每平方厘米皮肤面积上有羊毛纤维451～1 583根，平均为1 056.3根，光泽多呈银光和丝光，其中比较细的毛被，光泽较好，粗糙的毛被光泽欠佳。

（3）花纹类型。根据毛的卷曲情况和排列形成的图案，青猾皮可分为波浪形花、流水形花、片花和隐暗花4个类型，其中以波浪形花最美观和最受欢迎。

（4）皮张大小。根据对1 160张青猾皮测定，一等皮平均面积为1 146cm^2，二等皮为1 081cm^2，三等皮为8 890cm^2，总的范围为621.6～1 582.96cm^2。青猾子皮生干皮的平均厚度，颈部为0.63mm、背部为0.58mm、尻部为0.51mm。生干皮的平均重量，根据测定850张的结果，一等皮89g、二等皮55g、三等皮57g，经鞣制后制成的皮大衣筒，平均每个重0.85kg，制成的女用皮大衣重1.2kg左右。

济宁青山羊

★马可波罗网，网址链接：http://china.makepolo.com/product-detail/100416438739.html
★慧聪网，网址链接：https://b2b.hc360.com/viewPics/supplyself_pics/120245123.html

（编撰人：孙宝丽；审核人：李耀坤）

207. 如何对秸秆饲料进行加工调制?

秸秆的粗纤维含量高、粗脂肪和粗蛋白含量低，其营养价值极低，但在粗饲料短缺时，经过适当的加工方法，可以提高秸秆的营养价值，改善其适口性。目前，可采用物理方法、化学方法或生物方法处理秸秆。

（1）物理方法包括机械加工、热加工、浸泡、制粒等方法。

（2）化学加工法主要是通过添加一定量的化学试剂，再经过一段时间作用，达到提高秸秆消化率的目的。包括氨化处理、碱化处理、氨碱复合处理、酸处理等方法。

（3）生物学处理，生物学方法是通过微生物和酶的作用，使粗饲料纤维部分降解，并且产生醣和菌体蛋白，以改善适口性、消化率和营养价值，生产实践中主要采用青贮、酶解和发酵3种方式。这些方法对粗纤维分解作用不大，主要起到水浸、软化的作用，并能产生一些糖、有机酸，可提高适口性。但在发酵时产生热能，使饲料中的能量损失。

秸秆饲料切碎

秸秆饲料青贮

★搜狐网，网址链接：http://www.sohu.com/a/114769630_491196

（编撰人：孙宝丽；审核人：刘德武）

208. 常见的饲草种植品种有哪些?

（1）紫花苜蓿。世界上栽培最早，分布面积最大的多年生豆科牧草品种。喜温耐寒，耐旱，喜中性或微碱性土壤，不耐酸，不耐阴。营养丰富，蛋白质含量高，素有“牧草之王”之誉。一年种植可利用6年以上，北方年可刈割3～4次，南方年刈割4～5次，亩产鲜草4 000～5 000kg，是猪、牛、羊、禽的好饲料。

（2）青贮专用型玉米。一年生草本植物，遗传稳定，分蘖力强，适应力和再生性好，高产优质，茎秆粗壮高大，枝叶繁茂，质地松脆，味甜，是牛、羊、兔、鱼、猪、禽的极佳青饲料。

（3）冬牧70黑麦草。越年生牧草，喜湿、耐寒、耐旱，对土壤要求不严，有广泛的适应性，抗病力、分蘖力强，再生性好，是最好的冬季牧草之一。其营养丰富，适口性好，年刈割3～4次，亩产鲜草4 500～6 500kg。

（4）高丹草。一年生禾本科牧草，喜温不耐寒，耐旱怕霜冻，根系发达，株高2～3m，苗期生长缓慢，不宜连作，与豆科牧草混播效果很好。年刈割3～4次，亩产鲜草5 000～6 000kg。茎叶产量高，含糖高，营养丰富，适喂于各种畜禽。

紫花苜蓿

玉米牧草

★慧聪网，网址链接：https://b2b.hc360.com/supplyself/216680310.html
★农化招商网，网址链接：http://www.1988.tv/news/132149

（编撰人：孙宝丽；审核人：刘德武）

209. 紫花苜蓿种植技术特点如何？

（1）播前准备。选择地势平坦，灌溉方便，表面无杂地块，土壤pH值7～7.5最适宜。施肥结合深耕施足基肥，一般亩施农家肥4 000～5 000kg，磷酸二铵10kg。

（2）播种。播种方法有人工撒播和机械播种，播种方式有单播和保护播种。苜蓿早春播种，早播扎根深、抗旱，第二年返青。撒播时，每亩1～2kg籽种，条播每亩0.75kg。播距及深度条播行距为20cm左右，收种宜窄，收草宜窄，播种深度2cm左右，土壤干宜深，土壤湿宜浅。

（3）田间管理。镇压出土前如遇土壤板结，影响出苗，应及时破板镇压。在早春土壤解冻后，苜蓿开始萌生之前进行耙地，既可保墒，提高地温，促进返青，又可以消灭早期萌芽的杂草。各茬苜蓿的灌水次数和灌水量根据生长情况、气温高低、干旱程度等灵活掌握。

（4）收割。一般来说，以初花期刈割为最佳时期，这时产量高，草质也好。每年可收割2～3次。在利用的第一年，留槎高度以3～5cm为好；成年苜蓿留茬高度在3cm左右。收取种子以生长第三年、第四年的苜蓿较好，一年之中以头槎籽产量最高。

紫花苜蓿

★一起头条网：http://news.17house.com/article-59952-1.html

（编撰人：孙宝丽；审核人：刘德武）

210. 无芒雀麦草的种植技术特点如何？

（1）整地。为保持水分，土地要整平整细，以后每年早春要用圆盘耙草地，以划破草皮松土，改善土壤透水、透气状况，促进新茎生长，延长草地利用年限。

（2）播种。方法有条播和散播。一般大田以条播为主，行距10～15cm，播种机可用专用牧草播种机，或通用的小麦播种机。也可单播，但播量一定要调准。播种深度根据地况，一般以2cm左右为宜。播种量根据地况，以每亩1.5～2.0kg为宜。

（3）施肥。播种期要以氮肥为主，根据地力氮肥播量每667m^2为15～20kg。同时适当施用磷、钾肥。为保持产量每次刈割后也要追施氮肥。无芒雀麦较易抓苗，但播种当年生长缓慢，易受杂草为害，因此播种当年要特别重视中耕除草。无芒雀麦可以根据情况进行灌溉，以喷灌较好。播种后较旱时应进行喷灌。秋季地旱时，入冬前应进行喷灌。

（4）收割。种植第1年，一般收割1次为宜，以后每年收割2次，秋季收割要留茬5～10cm，以利于越冬。

无芒雀麦草

★百度百科，网址链接：https://baike.baidu.com/item/%E6%97%A0%E8%8A%92%E9%9B%80%E9%BA%A6/4928717

（编撰人：孙宝丽；审核人：刘德武）

211. 白三叶种植技术的特点如何?

（1）整地。白三叶种子细小，幼苗顶土力差，播种前需将地整平耙细，以利出苗。在土壤黏重、降水量多的地域种植，应开沟做畦以利排水。

（2）播种。以9—10月秋播为最佳，也可以在3—4月春播。每平方米用种量为10～15g，撒播或条播，条播行距30cm。用等量沃土拌种后播种较好。

（3）施肥。施肥以磷、钾肥为主，播种前，每亩施过磷酸钙20～25kg以及一定数量的厩肥作基肥。出苗后，植株矮小、叶色黄的，要施少量氮肥，每亩施10kg尿素或相应量的硫酸铵，促进壮苗。

（4）田间管理。白三叶苗期生长缓慢，易受杂草侵害，苗期应勤除杂草。草层高20～25cm时，可以适当刈割增强通风透气。刈后再生能力强，可迅速形成二茬草层。白三叶病害少，有时也有褐斑病、白粉病发生，可先刈割，再用波尔多液、石硫合剂或多菌灵等防治。白三叶虫害较多，对蛴螬选用的药剂为50%甲基异柳磷，按每亩地3kg对水3t分别在4月中旬和7月下旬到8月上旬进行喷雾，喷雾后及时喷水，使药水湿透地面7～10cm，蛴螬接触药土后死亡。

白三叶草

★百度百科，网址链接：https://baike.baidu.com/item/%E7%99%BD%E4%B8%89%E5%8F%B6%E8%8D%89

（编撰人：郭勇庆；审核人：刘德武）

212. 沙打旺种植技术的特点如何?

（1）选地与整地。应选择中等以上肥力、地势平坦或缓坡、春季供水较好、夏季不积水的沙壤土或壤土地块种植。

（2）播种。沙打旺可以春播和秋播。播种前应进行清选，清除杂草种子、菟丝子种子等。播种方式主要是撒播和垄作条播。

（3）田间管理。①中耕除草垄作条播的地块，苗期铲趟2次，春季返青后趟1次，每次刈割后趟一次。沙打旺播种当年幼苗期要及时除杂草，返青和每次收割后都需及时除草。第二年以后因沙打旺返青早，长势旺盛，一般可以利用自身的生长优势压住杂草。化学除草主要采用48%苯达松溶液，每平方千米用量1 500～3 000ml。②施肥。沙打旺一般不施基肥，可以采取追肥方式施肥。在早春返青和每次刈割后追肥，追肥以速效磷钾肥为主，苗期可以加施一定量的氮肥。③病虫害防治。沙打旺病害主要有炭疽病、白粉病、根腐病等。应选择地势高燥的沙土或沙壤土种植，注意低洼地排水。防治根腐病，可进行种子处理。④适时收获。两年后，每年刈割2～3次，第一次在7月上旬，第二次10月上旬。

沙打旺

★114批发网，网址链接：http://www.114pifa.com/p5574/7790386.html
★百度百科，网址链接：https://baike.baidu.com/item/%E6%B2%99%E6%89%93%E6%97%BA

（编撰人：柳广斌；审核人：刘德武）

213. 王草种植技术特点如何？

（1）播种期。以9月份播种较好，青刈次数多，产量高。若9月播种，11月中旬至第2年4月中旬共刈割5次。每亩用种量为4～5kg，条播，行距25～30cm。

（2）土质。pH值6～8的荒山、沟沿、房前屋后均可种植，也可种在果园四周。

（3）肥料。每亩施钙、镁、磷肥10kg，可促使分蘖。保持土地湿润，但切忌长期水涝。

（4）栽培。一般采取茎节繁殖。最低温度8℃以上的季节均可种植，像种甘蔗一样，将粗壮无病的植株切成段，每株只需1节，挖穴7cm，平放，芽向上，覆土踩实，株行距0.5m×1m，1周左右可出苗。每节当年可分蘖10～15株，可切几百节，第二年便可繁殖30～60株。

（5）管理栽培金针虫，用20%除虫菊酯6 000倍液喷雾防治钻心虫害。收割后亩追施氮肥10kg，并浇水1次。

（6）利用。植株100cm高时可开始刈割，留茬10cm，每年可割6～8次，亩产鲜草2万kg以上。茎叶切碎后可鲜喂，青贮或干燥制成草粉用于饲料喂畜禽。

王草

★德宏网，网址链接：calendar.google.com/calendar/r? pli=1
★百度百科，网址链接：https://baike.baidu.com/item/%E7%9A%87%E8%8D%89

（编撰人：柳广斌；审核人：刘德武）

214. 羊草种植的技术特点如何?

（1）选地与整地。羊草除在低洼易涝地不适合种植外，一般土壤均可种植。羊草种子小，顶土能力弱，发芽时需水较多。

（2）施肥。在瘠薄的土地上种植羊草应施有机肥料和追施氮肥。追肥应在返青后和生长速度最快的拔节期、抽穗期进行。

（3）播种。播种时期以夏播为好，有灌溉条件的也可以春播。通常每亩播种量为3～4kg，采用条播，覆土厚度为2～4cm，播后要及时镇压。

（4）田间管理。羊草幼苗细弱，生长缓慢，出苗后10～15d方能生出永久根，30d左右开始分蘖，产生根茎。苗期要及时除杂草。播种2年以上的羊草地，每年要铲地或拔杂草1次。随着生长年限的延长，根茎纵横交错，通气性变差，生长衰弱，致使羊草产量下降。因此，当草地利用5～6年以后，应采用圆盘耙或缺口重耙，将根茎切断，以促进羊草无性繁殖，增加土壤通气性，保持羊草地的持续高产。

（5）割草时间。割草时间不仅影响干草的产量和品质，也影响草群组成的变化。一般以8月下旬到9月中旬为宜，留茬5～8cm。

羊草

★肇源在线，网址链接：http://www.zyzx.ccoo.cn/store/product-619220.html
★中国科学院植物研究所，网址链接：http://www.ibcas.ac.cn/News/201410/t20141031_4234512.html

（编撰人：孙宝丽；审核人：刘德武）

215. 牧草制干技术有哪些特点?

（1）自然干燥法。①地面干燥。牧草收割后，在草地晒6～7h，然后用搂草机将其搂成草垄，然后用集草器集成小草堆，继续干燥1～2d，就可调制成干牧草。②草架干燥。干牧草架可分三角架、幕式棚架、铁丝长架和活动式架。使用干牧草架制备干牧草时，先把割下的牧草在地里干燥1d，然后再上架，堆放牧草时应从下往上逐层堆放，草的顶端朝里。注意最低层牧草应高出地面，不与地面接触，既有利于通风，又避免与地面接触吸潮。

（2）人工干燥法。①风力干燥。需建造干牧草棚，配置电风扇、吹风机、送风器和各种通风设备，也可以在草垛一角安装这些设备，对棚内的牧草进行不加温干燥。②高温快速干燥。主要生产干牧草粉，将切碎的青草快速通过高温干燥机，再由粉碎机粉碎成粉状或直接压制成干草块。

草垛

干燥后的草垛

★江苏省新天地种业网，网址链接：http://jssxtdzy.312green.com/businessdetail-u250187-613289.html

（编撰人：郭勇庆；审核人：刘德武）

216. 青贮技术有哪些特点?

（1）青贮设备。主要有壕、窖、塔及塑料袋贮。我国多采用地下或者半地下水泥窖，规模小的以地下土窖较为多见。青贮窖的主要优点是造价低，作业方便。袋装青贮的优点是青贮饲料质量好，营养可保存85%以上，物料损失小，便于人力搬运和取饲。青贮塔的优点是经久耐用、占地小、贮存损失小以及机械化程度高。

（2）影响青贮饲料的因素。青贮饲料的质量与青贮原料的水分、糖分、收获期、密封程度、粉碎程度和青贮的温度等诸多因素都有关系。青贮原料的含水量以50%～70%为宜。青贮原料的理想切碎长度对玉米秸秆而言为6.5～13mm。干物质含量为55%时为最佳收获期。青贮调制温度应为10～40℃。

（3）青贮方法。普通青贮是选择适宜收获期、含水量、含糖量的青贮原料，经切短到适宜的长度后迅速于青贮设备中压实、密封，防止空气的进入，然后在适宜的温度条件下利用乳酸菌的发酵作用，达到保存青饲料的目的。

青贮压实

将饲料倒入青贮窖

★中国奶业协会信息网，网址链接：http://www.dac.org.cn/index/qyzs-16060617351814511393.jhtm

（编撰人：孙宝丽；审核人：刘德武）

217. TMR饲喂包括哪些方面的技术特点？

（1）干物质采食量的预测。根据动物的营养需要和饲养标准，结合动物体况、生产阶段、预期的生产水平和以往的管理经验准确推算动物的干物质采食量。

（2）日粮配方的科学制定。根据养殖场的实际情况，考虑动物不同体况、不同生产阶段和预期的生产水平，设计科学合理的日粮系列配方，使各个生产群体都有其相对应的专用TMR日粮，满足不同动物的生产需要。

（3）动物的合理分群。在大型养殖场，要根据动物的年龄、体况、生产阶段和预期的生产水平进行分群，使之与各自的专用日粮相对应。

（4）加工调制程序的设定。正确的填料顺序为先粗后精，按照干草、青贮、糟渣类、精料顺序加入。边加料边混合，物料全部填充后再混合3～6min，避免过度混合。为保证物料含水率40%～50%，可以加水或精料泡水后加入。

（5）人工全混合日粮。当缺乏全混合日粮搅拌设备时，可以进行人工全混合日粮配合。选择平坦、宽阔、清洁的水泥地面，将每天或每吨的青贮饲料均匀摊开，后将所需精饲料均匀撒在青贮上面，再将已切短的干草摊放在精饲料上面，最后再将剩余的青贮撒在干草上面；适当调整含水量；组织人力，上下翻折，直至混合均匀。

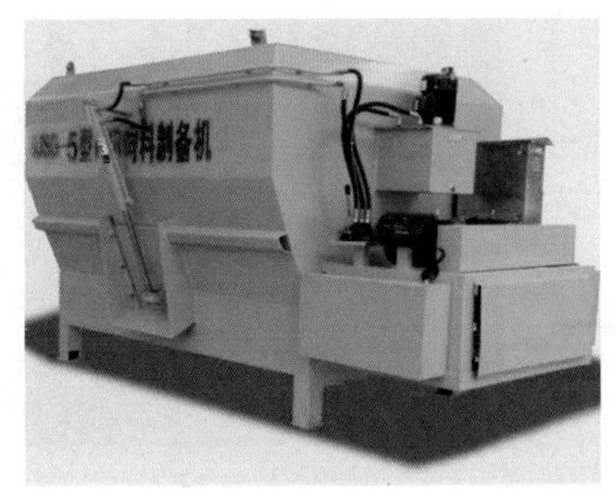

TMR搅拌机

全混合日粮（TMR）

★企翼网，网址链接：http://shop.71.net/Prod_1344334617.html

（编撰人：孙宝丽；审核人：刘德武）

218. 什么是肉羊全舍饲全混合日粮（TMR）饲喂技术?

肉羊全舍饲全混合日粮（TMR）是按照各个阶段的羊群所需要的粗蛋白、能量、粗纤维、矿物质和维生素等营养元素提供的配方，用特制的搅拌机将粗料、精料和各种添加剂按照适当的比例充分混合而得到的一种营养相对平衡的日粮。TMR饲喂技术中有如下几点十分关键。

（1）机械的选择。TMR搅拌机的选择要根据养殖数量、羊舍设计参数、经济实力等因素来综合考虑。规模较大的养殖场可选择立式牵引式立方搅拌车。规模较小的可以购买小型电动撒料车。

（2）分群管理。由于羊的每个发育阶段所需要的营养不尽相同，在使用TMR饲喂技术的同时需要将不同阶段的羊群分开饲养，这样才能防止营养不足或者过剩。

（3）饲草添加顺序。常规的投料原则是先长后短、先干后湿、先轻后重。在最后一批原料添加后搅拌5min即可完成。

（4）含水率。TMR日粮的水分应在45%～55%，当原料水分不足时需要额外加水。

（5）TMR的观察与调整。TMR投喂以后需要观察羊群的采食情况，要保证料角用颗粒分离筛的检测结果与采食前的结果差值不超过10%，否则说明搅拌不均匀或者TMR含水量不足，导致饲料分离，肉羊挑食，精料摄入多，粗料摄入少，不利于肉羊生长。另外需要观察剩料的量，过少说明羊群可能吃不饱，过多又会造成浪费。

TMR混合机

TMR饲喂

★买农机网。网址链接：http://www.mainongji.com/nongji/xumu/siliao/2016-08-08/mainongji_111858.html
★网络114，网址链接：http://detail.net114.com/chanpin/1013482108.html

（编撰人：孙宝丽；审核人：李耀坤）

219. 如何利用羊牙齿鉴定羊的年龄?

成年羊的牙齿共有32枚，其中门齿8枚，臼齿24枚。门齿也称为切齿，生于下颚前方。利用牙齿鉴定年龄，主要是根据下颚门齿的出生、更换、磨损、脱落情况来判断。绵羊门齿依其发育阶段分作乳齿和永久齿两种。

第一阶段：幼龄乳齿，乳齿计20枚，随着生长发育而逐渐更换永久齿，乳齿牙小而洁白。

第二阶段：成年永久齿32枚，永久齿大而黄。

（1）羔羊门齿发生。出生后出现第一对牙（2个牙）出生后至第1周龄长出第二对牙（4个牙）；出生后至第2～3周龄长出第3对牙（6个牙）；出生后至第4周龄长出第4对牙（8个牙）。

（2）乳齿更换。1～1.5岁第1对乳（门齿）齿脱落，更换第1对永久齿；1.5～2岁第2对乳齿脱落，更换第2对永久齿；2.25～2.75岁第3对乳齿脱落，更换第3对永久齿；3～3.75岁第4对乳齿脱落，更换第4对永久齿；4对门齿完全更换出永久齿时，一般叫“齐口”或称“满口”。

（3）牙齿磨损。依据门齿磨损程度一般从5岁以上牙齿即出现磨损，4岁永久门齿已出齐称为“满口”，5岁开始出现磨损称为“老满口”；6～7岁门齿已有松动或脱落称为“破口”；8岁以上门齿出现齿缝，牙床只剩点状齿称为“老口”。

羊“老满口”

★视觉中国网，网址链接：https://www.vcg.com/creative/1006764058

（编撰人：孙宝丽；审核人：刘德武）

220. 羊的分割部位及烹饪方式有哪些?

（1）头。肉少皮多，可用来酱、扒、煮等，如酱羊头肉。

（2）尾。羊尾以绵羊为佳，绵羊尾脂肪丰富，质嫩味鲜，用于爆、炒、汆等。

（3）前腿。位于颈肉后部，包括前胸和前腱子的上部。

（4）前腱子。肉质老而脆，纤维很短，肉中夹筋，适于酱、烧、炖、卤等。

（5）外脊肉。位于脊骨外面，呈长条形，外面有一层皮带筋，纤维呈斜形，肉质细嫩，用于涮、烤、爆、炒、煎等。

（6）里脊。位于脊骨两边，肉形似竹笋，纤维细长，是全羊身上最鲜嫩的两条瘦肉，外有少许的筋膜包住，去膜后用途与外脊相同。

（7）肋条。俗称方肉，位于肋骨里面，肥瘦互夹而无筋，越肥越嫩，质地松软，适于涮、焖、扒、烧、制馅等。

（8）胸脯。位于前胸，形似海带，肉质肥多瘦少，肉中无皮筋，性脆，用于烤、爆、炒、烧、焖等。

（9）腰窝。俗称五花，位于肚部肋骨后近腰处，肥瘦互夹，纤维长短纵横不一，肉内夹有三层筋膜，肉质老，质量较差，宜于酱、烧、炖等。

（10）后腿。比前腿肉多而嫩，用途较广。其中位于羊的臀尖的肉，亦称“大三叉”，肉质肥瘦各半，去筋后都是嫩肉，可代替里脊肉用。

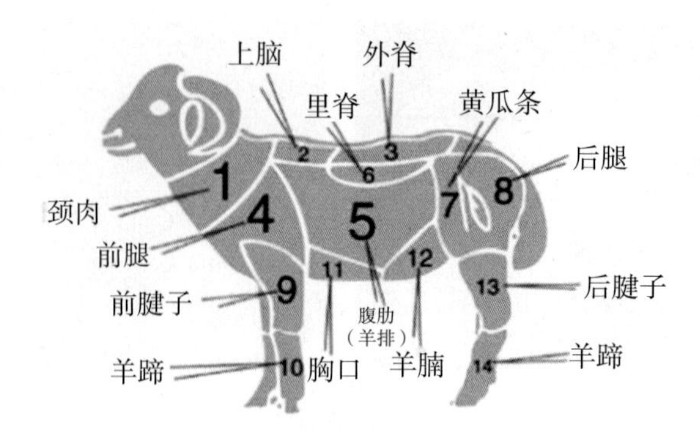

羊肉部位

★优服优牧食品网，网址链接：http://www.neimengguyoufuyoumushipinyouxiangongsi.cn/cp/d/42.html

（编撰人：孙宝丽；审核人：刘德武）

221. 羊的传统及现代化育种方式有何特点？

杂交育种
- 原理 基因重组
- 方法 杂交
- 过程 杂交→连续自交→选优
- 优点 能根据人的预见把位于两个生物体上的优良性状集于一身
- 缺点 时间长，需及时发现优良性状

杂交育种简介

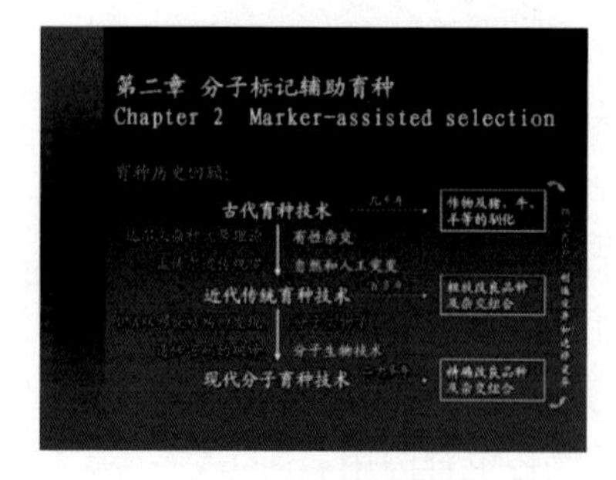

分子标记辅助育种

★牛宝宝文章网，网址链接：http://www.niubb.net/a/20170215/766934.html

传统育种技术更重视杂种优势的研究与利用。如今，一些有价值的标记数量性状位点（QTL）已被发现，开始标记辅助选择（MAS）在羊育种中的应用，可以将这些先进的育种技术与常规育种手段结合，培育出适合我国饲养的肉羊品种。

（1）遗传标记与基因定位技术的研究及应用。控制某一数量性状的基因在有限数目的基因群内，并分别在染色体上占据一定位置，即为QTL。数量性状表型的差异是由微效多基因和环境因素共同决定的。在现代动物遗传育种中，就是利用基因图谱和DNA多态性标记将这些多基因剖分开，并分别将它们定位于染色体上，分析各基因的单个效应及互作效应。

（2）分子选育的优点。与传统的选种方法相比，建立在DNA分子标记技术基础上的MAS可以提高选种的效率和准确性。随着QTL定位研究的不断深入，不少显著影响羊重要经济性状的基因也正在被陆续发现，这为不易应用MAS促进肉羊育种改良提供了有力支撑。

（编撰人：郭勇庆；审核人：刘德武）

222. 什么是山羊高床舍饲养殖？

山羊高床舍饲养殖采用一定要求的标准羊床对山羊进行圈养，同时选择种植优质牧草供给山羊，在羊只的饲养管理方面对公、母羊分圈饲养，分开管理，母羊临产设置专门产房，羔羊产后及时吃足初乳，在喂养方面实行定量喂养与补饲相结合，并注意定期对羊舍清洁消毒，防治疾病。该养殖技术的优点是：采用高床舍饲能够保持清洁、干燥的生活环境，有效地防止各种疾病产生；同时，还可以有效地减少羊只的活动量，减少能量消耗，缩短饲养周期，提高育肥速度；还有，采用高床舍饲有利于对羊只给食、营养、饲养、疾病等进行科学化管理，提高羊的品质；另外，还可以避免放牧式饲养对生态环境造成的破坏。

高床羊舍养殖

★慧聪网，网址链接：https://b2b.hc360.com/supplyself/232583318.html
★悠悠网，网址链接：http://www.yoyojiu.com/xinwen/201609/696547.shtml

（编撰人：孙宝丽；审核人：李耀坤）

223. 山羊高床舍饲养殖有哪些方面的技术要求？

山羊高床舍饲养殖技术是一项综合技术，包括高床羊舍修建、羊品种选择、牧草种植和饲料生产、饲养管理、疾病综合防治技术。

（1）高床羊舍可建双列式和单列式羊舍，羊床基架高50～80cm，宽150～170cm，前栏高100～120cm，颈夹宽8～10cm，前方中间有供头颈伸出的孔洞，羊床的漏粪板具有2～3cm的间距，便于粪尿流出。

（2）羊品种选择。选择地方优良山羊品种，如南江黄羊等；或者杂交品种，包括两个或多个山羊品种杂交的后代，波杂羊、努杂羊等。

（3）选择优质牧草种植。秋选多年生黑麦草和一年生黑麦草，夏选扁穗牛鞭草和皇竹草。

（4）羊只的饲养管理。①种用公羊选择体格大、无疾病、生长快、杂交改良效果好的羊，严禁近亲交配，平时公、母羊分圈饲养，分开管理；②设置专门产房，羔羊产后及时吃足初乳；③定量喂养与补饲相结合：首先保证每只成年羊每天3.5～6kg青草，定时定量分3～4次喂给；然后还需进行补饲，按羊只大小每天每只补充0.1～0.25kg混合精料，配方为：玉米50%、米糠24%、麦麸10%、菜籽饼10%、鱼粉1%、黄豆20%，食盐1%，矿物质添加剂1%；④定期对羊舍清洁消毒，保证饮水新鲜。

（5）及时防治疾病，制定科学的免疫方案，定期注射疫苗。

高床养殖

★1024商务网，网址链接：http://www.1024sj.com/cptag-7773633.html
★悠悠网，网址链接：http://www.yoyojiu.com/xinwen/201609/696547.shtml

（编撰人：孙宝丽；审核人：李耀坤）

224. 种公羊高效利用的饲养管理技术要点有哪些?

技术要点可以概括为一适二保三防。

（1）一适。即适当运动。饲养人员要定时驱赶种公羊运动。配种期间，早晨采精前驱赶运动30～60min，上下午放牧运动各2～3h。对舍饲种公羊而言，每天运动4h左右（早、晚各2h），以保持旺盛的精力。

（2）二保。①保证饲料的多样性及较高的能量和粗蛋白质含量。在种公羊的饲料中要合理搭配精、粗饲料，尽可能保证青绿多汁饲料、矿物质、维生素能均衡供给，以免种公羊过肥而影响配种能力。②保持圈舍干燥。不论气温高低，相对湿度过高都不利于家畜身体健康，也不利于精子的正常生成和发育，从而使母羊受胎率低或不能受孕。

（3）三防。①防高温。高温不仅影响种公羊的性器官发育、性欲和睾酮水平，而且影响射精量、精子数、精子活力和密度等。②防过早配种。种公羊在6~8月龄性成熟，晚熟品种推迟到10月龄。性成熟的种公羊已具备配种能力，但其身体正处于生长发育阶段，过早配种可导致元气亏损，严重阻碍其生长发育。因此，种公羊初配年龄应在12月龄左右，正式用于配种应当在18月龄以后。③防采精过频。过度采精配种可导致种公羊性功能减退，体质下降，缩短使用年限。成年种公羊在繁殖季节，每天采精2~3次，连采5d后应休息1~2d。在非繁殖季节，应让种公羊充分休息，不采精或尽量少采精。种公羊采精后应与母羊分开饲养。

种公羊

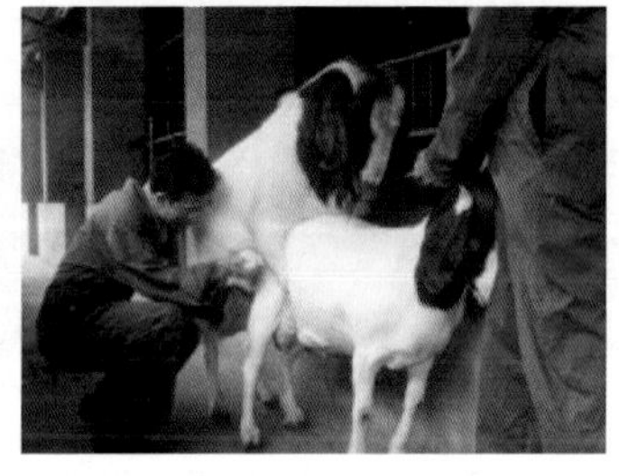

人工采精

★农村致富经，网址链接：http://www.nczfj.com/yangyangjishu/

（编撰人：柳广斌；审核人：李耀坤）

225. 羊场包括哪些基本设施？

羊场根据生产功能一般分为3个区：即生产区，包括羊舍、饲料贮存库、加工调制车间等建筑物；行政管理及生活福利区，包括与经营管理有关的建筑物、职工住宅、食堂等生活福利建筑物；兽医卫生管理区，包括兽医院、积粪池、病羊隔离舍等。

羊舍内用可移动的木栏分隔圈。圈内设置草架、饲槽、药浴池和饮水设备。舍内靠墙用木条设置草架，草架高1m左右，间隔出15cm宽的采食缝隙。应在圈舍附近建药浴池，药浴池为狭长的水池，深不小于1m，池底宽30~60cm，上口宽60~80cm。入口端呈斜坡状，便于羊只入池。出口端建有一定斜坡度的台阶，以便羊身上的药液流回池内。

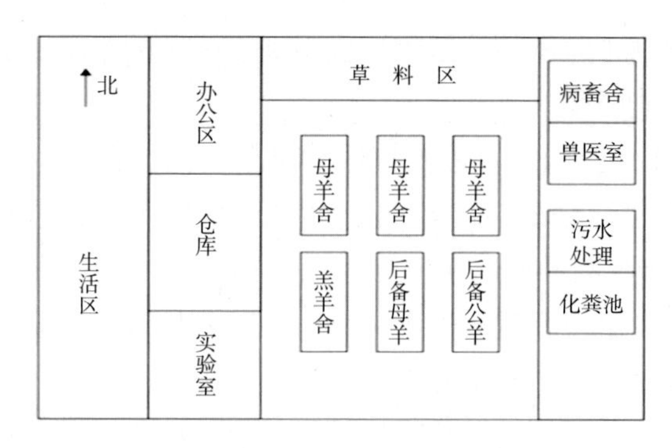

某羊场平面布局示意图

★中国畜牧业信息网，网址链接：http://www.caaa.cn/farming/other.php？action=yang

（编撰人：孙宝丽；审核人：刘德武）

226. 羊场的场址选择要考虑哪些因素?

场址选择所需考虑的因素：地势、通风、水源、水质、饲料饲草供应条件、疫病防疫、交通运输、生态适应性。

（1）羊适宜生活在干燥、通风、凉爽的环境之中，潮热的环境影响羊只的生长发育和繁殖性能，感染或传播疾病，污染甚至损伤产品。因此，羊场必须选择地势较高、南坡向阳、排水良好、通风干燥的地点，切忌在低洼、涝地建设羊场。

（2）要求全年供水充足，水质良好，离羊舍近，方便取用。水源必须清洁、卫生，防止污染。应用消毒过的自来水、流动的河水、泉水或深井水。切忌在严重缺水或水源严重污染及易受寄生虫侵害的地区建场。

（3）要对当地及周围地区的疫情进行详细调查，切忌在传染病疫区建场。羊场周围居民和畜群要少，尽量避开附近单位羊群转场通道。地势选择应在一旦发生疫情容易隔离封锁的地方。

（4）应充分考虑饲草、饲料的供应条件，必须要有足够的饲草、饲料基地或饲草、饲料来源。

（5）要有充足的电力和便捷的通信条件，确保能跟外界及时联系。

（6）交通便利，但要距公路、铁路等交通要道1km以上，这样既不受外界影响又能保证与外界生产资料的交流。

（7）要符合当地土地利用的要求，不应与国家政策相违背。

羊场俯瞰图

羊场规划图

★京鹏畜牧的博客，网址链接：http://blog.sina.com.cn/s/blog_928114990102wvmm.html

（编撰人：孙宝丽；审核人：刘德武）

227. 羊场环境控制包括哪些关键环节?

（1）正确选址。羊舍选址要保证防疫安全。地势要高燥，背风向阳，距主要交通干线500m以上。主风向上风方向不得有污染源。

（2）做好绿化。大部分绿色植物可吸收二氧化碳、氨、硫化氢等，降低有害气体浓度；吸附、阻留空气中的灰尘和粉尘；许多植物还有杀菌作用，降低场区噪声；可以调节场内温湿度、气流；还可起到隔离作用。

（3）保护水源和净化水体。水源近区或上游不得有污染源，水源附近不得建厕所、粪池、垃圾堆、污水坑等。最易造成水源污染的区域如病羊隔离舍、化粪池或堆肥更应远离水源，粪污应做到无害化处理。

（4）保护草地土壤与提高饲草质量。舍饲养羊条件下，工作重点是做好羊场消毒管理。要确保饲草安全，防止饲料性疾病的生产，避免尖锐异物，铁丝、泥沙等机械夹杂物混入饲草中；受冻、结霜的饲草不要直接喂羊，以免引起消化机能紊乱，妊娠母羊流产等。

（5）科学饲养管理。各类种羊必须分群隔离饲养，严禁自然交配。种公羊圈舍应与其他羊群及周围环境严格分开；圈舍地面要清洁、干燥、通风，采光条件适宜。育肥羊群要适量控制饲养密度。

智能监控的羊舍

放牧中的羊群

★恺易物联网，网址链接：http://www.kywlw.com/xinwen? newsId=779
★元器件交易网，网址链接：http://news.cecb2b.com/info/20131202/1597241.shtml

（编撰人：孙宝丽；审核人：刘德武）

228. 羊场绿化有什么意义？

绿化是防止和减轻大气污染的重要途径。做好羊场的绿化，可以净化场区空气。大部分绿色植物可吸收羊舍排出的二氧化碳等污浊空气，许多植物也可吸收空气中的氨、硫化氢等，使有害气体的浓度降低。部分植物对铅、镉、汞等重金属元素也有一定的吸收能力。植物叶面可吸附、阻留空气中的大量灰尘、粉尘，而使空气净化。许多植物还有杀菌作用，羊场绿化可使空气中的细菌减少22%～79%，绿色植物还可降低场区噪声。绿化可调节场内温湿度、气流等，改善场区小气候。通过吸收热量、调节空气湿度，减少太阳辐射，有利于夏季防暑；通过阻挡风沙，降低场区气流速度，减少冷风渗透，维持场内气温恒定，有利于冬季防寒。绿化还可起到隔离作用，防止疫情传播。

绿化后的羊场　　自由采食的羊群

★马可波罗网，网址链接：http://china.makepolo.com/product-picture/100221662302_0.html
★猪友之家，网址链接：http://www.pig66.com/breed/2015/0804/4447.html

（编撰人：孙宝丽；审核人：刘德武）

229. 如何进行羊场的绿化？

羊场绿化带的种类有如下几种。

（1）场界绿化带。在羊场场界周边以乔木或者乔、灌木混合组成林带，一般由2～4行乔木组成。场界绿化带一般以高大挺拔、枝叶茂密的杨树、柳树、榆树或常绿针叶树木为宜。

（2）场内隔离林带。在羊场内不同功能分区之间可以设置乔、灌木混合林带。一般中间种植1～2行乔木，两边种植灌木，宽度在3～5m为宜。该隔离带可防止人员、车辆和动物随意穿行，减少交叉感染的几率。

（3）道路两旁林带。位于场区内外的道路两旁，一般由1～2行树木组成。

树种可选择树冠整齐美观、枝叶开阔的乔木或亚乔木，如槐树、松树和杏树等。

（4）运动场遮阴林带。位于运动场四周，可设置1～2行高大乔木。

（5）草地绿化。羊场内除林带外的空地需要种植花草，不应有裸露的地面。可选择一些动物可以食用的牧草或者农作物例如苜蓿草、黑麦草、玉米、大豆和马铃薯等。

绿化带

★视觉中国，网址链接：https://www.vcg.com
★搜狐网，网址链接：http://www.sohu.com/a/120443098_360088

（编撰人：孙宝丽；审核人：李耀坤）

230. 羊舍如何合理规划布局?

（1）场址选择。第一，场址应符合畜禽规模养殖用地规划及相关法律法规要求，第二，应建在水电供应有保障的区域且交通便利，第三，羊场要建在土地坚实、地势高燥、平坦、开阔、向阳背风、利于排水的地点。

（2）场区布局。生活管理区应建设在场区常年主导风向上风处，管理区与生产区应保证有30m以上的间隔距离。生产区应设在场区的下风位置，应建设种公羊舍、空怀母羊舍、妊娠母羊舍、分娩羊舍、育成羊（羔羊）舍、更衣室、消毒室、药浴池、青贮窖（塔）等设施。粪污处理及隔离区主要包括隔离羊舍、病死羊处理及粪污储存与处理设施。

（3）羊舍及设备。主要应建设种公羊舍、空怀母羊舍、妊娠母羊舍、分娩羊舍和育成羊（羔羊）舍。采用高床漏缝式羊舍，屋顶为双坡式，顶棚使用彩钢加隔热层或水泥机制瓦、青瓦。羊圈呈单列式或双列式排列修建。成年空怀母羊占有羊舍面积为0.8m^2/只以上，种公羊为4m^2/只以上，妊娠母羊为1m^2/只以上，育成羊为0.6m^2/只以上，根据需要建设分娩羊舍。

（4）辅助设施。包括防疫设施、供水设施、供电设施、场内道路、饲草基地及草料库、饲料加工及仓库和药浴池等。

羊舍内部

敞开式羊舍

★学路网，网址链接：http://blog.sina.com.cn/s/blog_43c233fd010164v9.html
★新浪博客，网址链接：http://www.xue63.com/wendangku/z5s/f52g/j416dcb6becv/k0975f465e267l.html

（编撰人：孙宝丽；审核人：刘德武）

231. 如何进行南方楼式羊舍的设计和建造？

在南方，气候较为炎热潮湿，可以建设楼式羊舍来降低气候对羊群的影响。建筑材料可用砖、木板、木条竹竿、竹片或金属材料等。羊舍为半敞开式，双坡式屋顶，跨度6.0m，南北两面（或四面）墙高1.5m，冬季寒冷时用草帘、竹篱笆、塑料布或编织布将上墙面围住保暖。圈底距地面高1.3～1.8m，用水泥漏缝预制件或木条铺设，缝隙1.5～2.0cm，以便粪尿漏下，清洁卫生，无粪尿污染，且通风良好，防暑、防潮性能好。漏缝地板下做成斜坡形的积粪面和排尿水沟，并且积粪面纵向也做成波浪形，有利于粪尿的清洁和收集，节约用水。运动场在羊舍的南面，面积为羊舍的2～2.5倍，运动场围栏高1.3m。楼梯设在南面或侧面的山墙处。运动场内的设置与敞开式羊舍相同。羊舍围栏墙外侧设置饲草栏以便在下雨天和夜间补饲用。

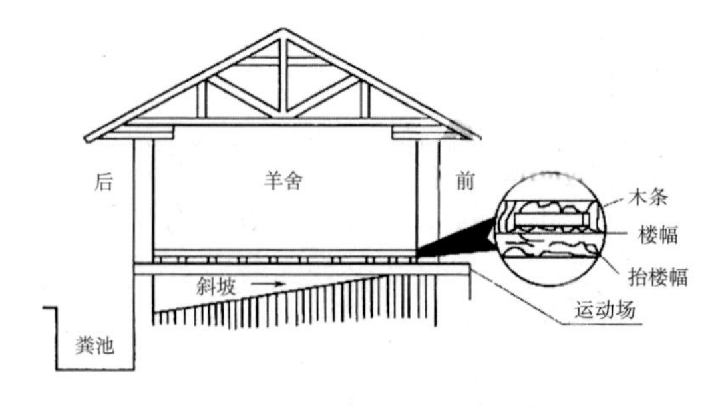

楼式羊舍设计示意图

★艾特贸易网，网址链接：http://www.aitmy.com

（编撰人：孙宝丽；审核人：李耀坤）

232. 如何进行北方暖棚式羊舍的设计和建造?

暖棚羊舍是利用塑料膜的透光性和密封性，设计为三面全墙，向阳一面有半截墙，有1/3～1/2的顶棚。向阳的一面在温暖季节露天开放，寒冷季节在露天一面用竹片、钢筋等材料做支架，上覆单层或双层塑料，两层膜间留有间隙，使羊舍呈封闭的状态，借助太阳能和羊体自身散发热量，将太阳能的辐射热和羊体自身散发热保存下来，提高棚内温度，达到防寒保温的目的。羊舍应选择在地势高、干燥、背风向阳、坐北朝南、排水性能良好的地方，同时附近还要有清洁的水源。羊舍方位要有利于采光，以坐北朝南，东西延长为宜。羊舍建设材料建筑材料应就地取材，总的原则是坚固、保暖和通风良好。羊舍地面要高出舍外地面20cm以上，地面应由里向外保持一定的坡度，以便清扫粪便和污水。舍内地面要平坦，有弹性且不滑。运动场面积可视羊的数量而定，以能够保证羊的充分活动为原则，运动场面积一般为羊舍面积的2～3倍。运动场周围用墙围起来，四周最好栽上树，这样夏季能够遮挡强烈阳光。羊舍与运动场的门宽度应该在2m以上，最好用双扇门，朝外开。门槛与舍内地面等高，舍内地面应高于舍外运动场地面。

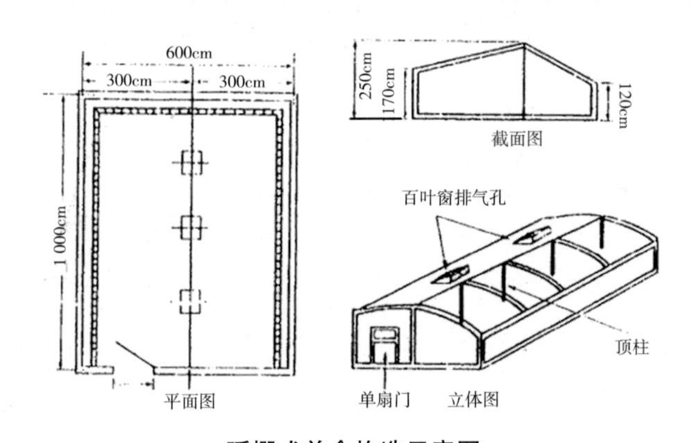

暖棚式羊舍构造示意图

★贤集网，网址链接：http://www.xianjichina.com/news/details_8472.html

（编撰人：孙宝丽；审核人：李耀坤）

233. 羊场环境对肉羊有何影响?

温度是影响肉羊的主要外界环境因素之一。温度过高超过一定界限时，羊的采食量随之下降，甚至停止采食；温度太低，采食的能量几乎全用于维持体温，用于生长的比例大大降低。羊舍内最适温度范围10～15℃。空气的相对湿度直接影响着肉羊体热的散发，潮湿的环境有利于微生物的发育和繁殖，使羊易患疥癣、湿疹及腐蹄等病。羊在高温、高湿的环境中，散热更困难。在低温、高湿的条件下，羊易感冒、患神经痛、关节炎和肌肉炎等各种疾病。对羊来说，较干燥的空气环境对健康有利。光照对肉羊的生理机能，特别是繁殖机能具有重要调节作用，而且对育肥也有一定影响。羊舍要求光照充足。在炎热的夏季，气流有利于对流散热和蒸发散热，对育肥有良好作用，此时，应适当提高舍内空气流动速度，加大通风量，必要时可辅以机械通风。在寒冷季节舍内仍应保持适当的通风，有利于将污浊气体排出舍外。舍内有害气体增加，严重时危害羊群健康，其中，危害最大的气体是氨和硫化氢。其次是一氧化碳和二氧化碳。为了消除有害气体，要及时清除粪尿，并勤换垫草，还要注意合理换气，将有害气体及时排出舍外。

光照良好的羊舍　　通风良好的羊舍

★生猪价格网，网址链接：http://www.shengzhujiage.com/view/448526.html
★中国鸡蛋网，网址链接：http://www.cnjidan.com/news/873697/

（编撰人：孙宝丽；审核人：李耀坤）

234. 羊皮的防腐、储藏及运输有哪些方面的注意事项?

（1）防腐。

①晾干法。需要注意要将毛皮上的油脂、肉屑、血块、泥土等去除干净，抖顺羊毛，皮板向下，毛面向上，平铺在木板上，尽量把头部、四肢按自然姿势拉平，但不要过分拉伸，直到皮板定形后揭下，再将皮板向上，放阴凉处风干。晾干后，将板面相对叠起，分级堆放。

②盐腌法。把毛皮面展开铺平，板面撒盐，涂擦均匀。盐的用量一般为皮重的15%左右。腌过的羊皮，板面对板面叠起，经过1d，待盐溶化后，再摊开阴干，干后就可以打捆贮存。

③盐渍法。在木桶内放入的食盐溶液，将羊皮浸入1h。在浸渍时，可把毛皮

上下翻动数次，溶液的温度最好保持在5～15℃，温度过低或者过高都不好。取出晾后，再用些干盐面撒在皮板上，加以保存。

（2）储存和运输。毛皮在保存期间尤其要注意防高温和潮湿，库房要清洁通风、干燥阴凉，地面应垫木架，羊皮不可以直接接触地面和墙壁。由于羊皮容易受潮霉烂以及虫蛀鼠咬，因此不适宜长期存放，应迅速交售。潮湿的皮张宜晾干后再行放运，以免在途中变质和受损。羔皮外运时应用布包严，并在两侧夹上木板捆紧扎好。

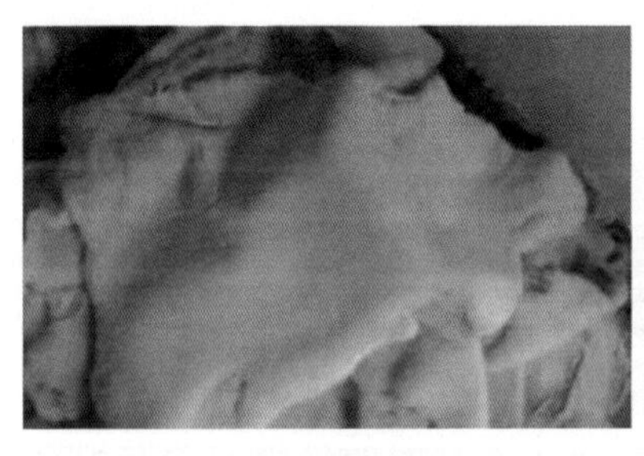

晾干羊皮

羊皮打包运输

★容商天下，网址链接：http://www.rongbiz.com/com/b2b-1103254955rs/product/itemid-4789225.html
★机电商情网，网址链接：http://www.jd37.com/sell/show-2647554.html

（编撰人：孙宝丽；审核人：刘德武）

235. 如何安排配种计划？

配种时期应该有利于羔羊的成活、生长发育和母羊健康，主要以年产胎次和产羔时间来确定。一般在8—9月配种，第二年的1—2月产羔称为冬羔。在10—12月配种，第二年3—5月产羔，称为春羔。冬季产羔的主要优点是母羊怀孕期营养比较好，所生羔羊的初生重大，羔羊断奶后就可以吃上青草，生长发育快，当年的越冬能力强；由于产羔季节气候寒冷，肺炎和羔羊痢疾等疾病较少，羔羊成活率高。但是，产冬羔必须储备足够的饲草饲料和具备保温良好的羊舍，接羔劳力也要充足。产春羔时气候开始转暖，对羊舍要求不太严格。母羊在哺乳前期已能吃上青草，乳汁较多。产春羔的主要缺点是母羊整个怀孕期处在饲料不足的冬季，母羊营养不良，会影响胎儿发育。羔羊初生重较小，体质差，易发生肠道疾病，入冬前月龄小，冬春抗灾能力差。另外，春羔断奶时已是秋季，影响母羊抓膘、发情配种及度过冬春。

羔羊群

母羊群

★机电之家网，网址链接：http://www.jdzj.com/p47/2014-2-13/3175510.html
★华商贸易网，网址链接：http://news.lm263.com/show-321356.html

（编撰人：孙宝丽；审核人：李耀坤）

236. 如何提高羊人工授精的受胎率？

（1）公羊选择和精液品质鉴定。对有生殖缺陷的公羊一经发现立即淘汰，凡是单睾、隐睾和睾丸形状不正常的公羊不能留作种用。通过精液品质检查，根据精子活力、正常精子数、精子密度等参数确定公羊能否参加配种。

（2）母羊发情鉴定和适时配种。掌握母羊发情鉴定技术，确定适时输精时间，有助于提高受胎率。母羊最佳输精时间是发情后18～24h，采取早晚2次试情方法，早晨选出的发情母羊到下午输精1次，第2天早上再输精1次；晚上选出的发情母羊第2天早上输精1次，下午重复输精1次。

（3）严格执行人工授精操作规程。采精、精液处理、输精等程序要严格操作。

人工采精

★365养羊网，网址链接：
http://www.365yangyang.com/jishu/2939.html
http://www.365yangyang.com/tupian/5779.html

（编撰人：孙宝丽；审核人：李耀坤）

237. 肉羊主要需要哪些营养物质?

（1）蛋白质。蛋白质是由许多氨基酸连接而成的，是维持生命、生长、繁殖不可缺少的物质，必须由饲料供给。

（2）碳水化合物。碳水化合物是植物体的主要成分，是肉羊饲料中最重要的能量来源，根据功能可分为可溶性糖、淀粉、半纤维素和纤维素4类。

（3）脂肪。脂肪是构成机体组织的重要成分，所有器官和组织都含有脂肪，是体内储存能量的最好形式。

（4）矿物质。肉羊体内各部位都含有矿物质，占体重的3%～5%，是体组织和细胞特别是骨骼的重要成分。在日粮中需要添加的矿物质，有钙、磷、钠、钾、氟、铁、铜、钴、碘、锰、锌、硒12种。

（5）维生素。维生素是维持正常生理机能所必需的物质，主要起控制、调节代谢作用。

（6）水。各种营养物质在体内消化、吸收、运输、代谢等生理活动都需要水，一般每采食1kg干物质需水3～4L。

羊颗粒饲料

草料

★慧聪网，网址链接：
https://b2b.hc360.com/supplyself/512874777.html
https://b2b.hc360.com/viewPics/supplyself_pics/229490742.html

（编撰人：孙宝丽；审核人：李耀坤）

238. 羊舍如何通风换气?

（1）自然通风换气。借助自然界的风压和热压通风，南方炎热地区开启门窗通风换气。

（2）安装通风管道装置。进气管用板木做成，断面呈正方形或矩形，断面积20cm×20cm或25cm×25cm，均匀交错嵌于两面纵墙，距棚顶40～50cm。墙外进气口向下，防止冷空气直接侵入；墙内进气口设调节板，把气流扬向上方，防止冷空气直接吹向羊体。炎热地区设进气管于墙下方，排气管断面积50cm×50cm或70cm×70cm，排气管设于屋脊两侧，下端伸向天棚，上端高于屋脊0.5～0.7m。管顶设屋顶式或百叶窗式管帽，防降水落入，两管间距离8～12m。

（3）机械通风。一种为负压通风，利用机械驱动空气产生气流，用风机把舍内污浊空气向外抽，舍内气压低于舍外，舍外空气由进气口进入舍内，风机安装于侧壁或屋顶。另一种为正压通风，强制向舍内送风，使舍内气压高于舍外，污浊空气被压出舍外。

（4）羊舍通风换气量计算。由通风换气参数确定换气量。每只绵羊换气参数冬季为0.6～0.7m^3/min，夏季1.1～1.4m^3/min；每只育肥羊换气参数冬季为0.3m^3/min，夏季0.65m^3/min。

风机通风

自然通风

★慧聪网，网址链接：http://b2b.hc360.com/supplyself/245727488.html
★马可波罗网，网址链接：http://china.makepolo.com/product-detail/100464383435.html

（编撰人：孙宝丽；审核人：李耀坤）

239. 羊舍如何降温？

（1）增大外围护结构热阻，减少结构内表温度波动。一般羊舍3层屋顶，上层采用导热系数大的材料，中层采用蓄热系数大的材料，下层用导热系数小的材料，即可使热量向内传播受阻，又能迅速向外散热。

（2）充分利用空气隔热特性。空气导热系数小，是廉价隔热材料。炎热地区造双层空气间屋顶，减少辐射传热，增加空气流通，降低屋顶热量，提高屋顶隔热能力。

（3）遮阳和绿化。窗户设挡板遮阳，阻止阳光入舍，增大绿化面积，利用植物光合作用和蒸发作用，消耗部分太阳辐射热，降低舍外温度。

（4）加强羊舍通风。羊舍建于地形开阔处，面朝主风方向，或羊舍间呈“品”字形，间距增大，错位布局，前排不挡后排主风向。进风口设在正压区，排风口设在负压区；炎热地区在靠近地面设进气口，或排气口大于进气口面积均可。

（5）羊舍内降温。当外界气温接近或高于羊体温度，用隔热、遮阳、通风等办法不能降低气温时，则采用冷水喷淋屋顶，进气口设水帘，使入舍空气的温度降低。

自然通风降温

羊舍隔热层

★汇图网，网址链接：http://www.huitu.com/
★每日甘肃，网址链接：http://wwrb.gansudaily.com.cn/system/2014/08/28/015158730.shtml

（编撰人：柳广斌；审核人：孙宝丽）

240. 羊舍如何采暖?

（1）热水散热器采暖。羊舍内安装散热器进行采暖。

（2）热风采暖。采用热风炉采暖时，每个羊舍最好独立使用一台热风炉；排风口应设在羊舍下部；对三角形屋架结构羊舍，应加吊顶；对于双列及多列布置的羊舍，最好用两根送风管往中间对吹，以确保舍温更加均匀；采用侧向送风，使热风吹出方向与地面平行，避免热风直接吹向羊体；舍内送风管末端不能封闭。

（3）局部采暖。局部采暖是利用采暖设备对羊舍进行局部加热，使局部区域达到较高温度。

（4）热水管地面采暖。热水管地面采暖优点是节省能源、地面干燥、供热均匀，利用地面高贮热能力，使温度保持较长的时间。

密闭式羊舍保温

热风炉

★新疆生产建设兵团，网址链接：http://www.xjbtnss.gov.cn/xinwen/bingtuanxinwen/20151106/35698.html
★百度百科，网址链接：https://baike.sogou.com/h729044.htm？sp=Sprev&sp=l53959141

（编撰人：孙宝丽；审核人：李耀坤）

241. 肉羊场功能区如何划分?

（1）生活管理区。主要包括管理人员办公室、技术人员业务用房、接待室、会议室、技术资料室、化验室、食堂、职工值班宿舍、厕所、传达室、警卫值班室，以及围墙和大门、更衣消毒室和车辆消毒设施等。

（2）辅助生产区。主要是供水、供电、供热、设备维修、物资仓库、饲料贮存等设施。

（3）生产区。主要包括布置不同类型的羊舍、剪毛间、采精室、人工授精室、羊装车台、选种展示厅等建筑，这些设施都应设置两个出入口，分别与生活管理区和生产区相通。

（4）隔离区。隔离区内主要是兽医室、隔离羊舍、尸体解剖室、病尸高压蒸汽灭菌或焚烧处理设备及粪便和污水贮存与处理设施。隔离区应位于全场常年主导风向的下风处和全场场区最低处，与生产区的间距满足防疫要求。

生产区

★天水在线网，网址链接：www.tianshui.com.cn
★农村致富经，网址链接：http://www.nczfj.com

（编撰人：柳广斌；审核人：李耀坤）

242. 影响肉羊育肥的环境因素有哪些?

（1）温度与湿度。绵羊的最适温度一般为-3～23℃，羔羊为20～30℃，气温不适时绵羊的生长速度减慢，经济效益降低。当气温低于-15℃或高于30℃时，将导致羔羊新陈代谢紊乱，体重减轻和掉膘。适宜抓膘温度为8～24℃，最适抓膘温度为14～22℃。空气相对湿度直接影响绵羊体热的散发，在适宜的温度条件下，相对湿度以70%～80%为宜。

（2）光照。对绵羊的生长发育有明显影响，在相同温度条件下，长光照优于短光照。

（3）风。风主要影响羊的散热和行为，羊舍或周围环境的最适宜气流，冬季以0.1～0.2m/s为宜。夏季刮风有利于羊的采食和放牧，对羔羊的生长发育有利；在寒冷的冬、春季节，会增加羊的冷应激，对肉羊生产不利。

（4）饮水与饲料。绵羊饮水量为采食饲料量的3～4倍，饮水不足会引起绵羊食欲减退，生长速度降低，饲料消耗增加，严重的脱水。饮水要达到畜禽饮用水标准。饲料中的有毒有害物质会直接影响肉羊健康，长期饲喂会造成蓄积中毒，影响肉质，要严格遵循饲料与添加剂卫生指标，合理配制育肥日粮。

肉羊采食

羊舍环境

★汇图网，网址链接：http://www.huitu.com/photo/show/20130919/033653252200.html
★百度百科，网址链接：https://baike.baidu.com/pic/%E7%BE%8A%E8%88%8D/3909222/0/2fdda3cc7cd98d1053a81c5c223fb80e7bec905a? fr=lemma&ct=single#aid=0&pic=2fdda3cc7cd98d1053a81c5c223fb80e7bec905a

（编撰人：孙宝丽；审核人：李耀坤）

243. 肉羊生产信息管理技术包括哪些方面内容？

（1）羊只生产信息的功能。生产和育种数据的采集功能。

（2）生产统计分析功能。根据生产数据统计并分析羊场生产情况，提供任意时间段统计分析和生产指导信息。

（3）羊场计划管理功能。根据羊群生产性能制定短期和长期的生产、销售、消耗计划并进行实际生产的监督分析。

（4）羊产成本分析功能。按实际羊产的消耗、销售、存栏、产出情况，系统提供羊只分群核算的基本成本分析数据，并帮助用户解决降低成本获得最大效益的问题。

（5）育种数据的分析功能。根据实际育种测定数据和生产数据，结合育种情况分析繁殖率、怀孕率、配种能力等。

（6）系统自维护功能。为了保证生产与育种数据的安全，系统提供数据压缩、保存与恢复功能。为了方便网络用户的使用，系统应该提供远程网、虚拟网络数据传输功能、系统还应提供详细的随时随地的、图文并茂的系统帮助。

（7）供销信息系统的功能。市场研究情况报告，主要收集关于客户及潜在客户的数据。数据来源的收集方法主要依靠市场调研。

（8）系统的输出。主要是各种生产性能的统计报表等。

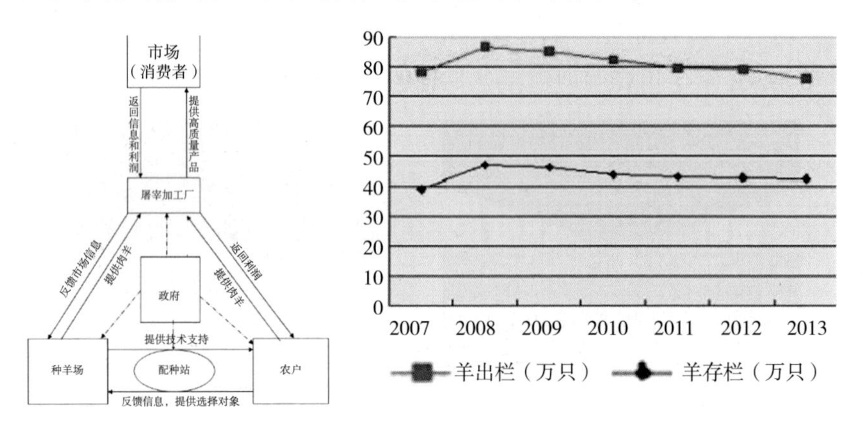

信息管理内容与数据统计

★河南省统计局官网，网址链接：http://www.ha.stats.gov.cnhtm

（编撰人：柳广斌；审核人：李耀坤）

244. 优质羊肉生产常用的溯源技术有哪些？

（1）条形码技术。条形码技术包括条形码编制规则、条形码译码技术、条形码印刷术、数据通信技术及计算机技术等，是一门综合技术。条形码可包含产地、起运地、目的地、产物清单、运输记录等，具有方便、快捷、准确、高效、低成本的特点。

（2）RFID技术。RFID系统组成包括3部分：电子标签（Tag），阅读器（Reader）、天线。在对牲畜的标识中电子标签主要有4种形式：项圈式、耳标式、可注射式和药丸式。电子标识适用于各种场合动物，无论集中饲养还是分散饲养的牲畜，无论使用何种屠宰方法屠宰动物。RFID技术读取的准确率超98%以上，并且电子标签可以重复使用。与条形码相比，电子标识的使用简单，阅读距离长，数据读取准确率高，但成本较高。

（3）其他追溯技术。若干技术可以用在监测食品特性（或组成元素）上，如：蛋白质监测技术、虹膜技术、DNA识别技术、红外线光谱等。对于肉类产品在整个供应链上的追溯问题，可通过对这些技术的应用，得到有关牲畜的物种、来源、纯正性、年龄组成和生产系统（包括饲料）的信息，但根据我国国情，要把这些生物监测技术应用于畜产品的可追溯系统还有一定难度。

（编撰人：孙宝丽；审核人：刘德武）

245. 肉羊屠宰包括哪些要点？

（1）送宰。待宰羊应来自非疫区，健康，并有产地兽医检疫合格证明。屠宰前12h断食并喂1%食盐水，使羊体进行正常的生理活动，调节体温，促进粪便排泄。活羊进厂（点）后停食，充分饮水休息，宰前3h断水。送宰羊只应由兽医检疫人员签发《准宰证》后方可屠宰。

（2）淋浴。待宰前羊体充分沐浴，体表无污垢。冬季水温接近羊的体温，夏季不低于20℃。一般在屠宰车间前部设淋浴器，冲洗羊体表面污物，不能鞭打羊只。

（3）致昏。采用电麻将羊击昏，防止因恐怖和痛苦刺激而造成血液剧烈地流集于肌肉内而致使放血不完全，以保证肉的品质。

（4）宰杀。包括挂羊、放血缩扎肛门、剥皮、割羊头、开胸结扎食管，取内脏、割半、胴体修整、冲洗检验等。

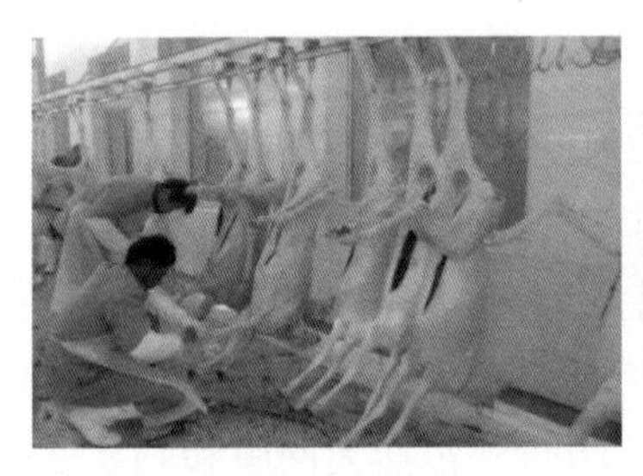

肉羊屠宰

羊肉分割

★搜狐网，网址链接：http://www.sohu.com/a/122282611_116198

（编撰人：孙宝丽；审核人：李耀坤）

246. 肉羊胴体如何分级？

（1）肉羊胴体一般分为4级。

一级：肌肉发育最佳，骨不外露，全身覆盖脂肪合适，在肩胛骨上附着柔软的脂肪层。

二级：肌肉发育良好，骨不外露，全身覆盖脂肪合适，肩胛骨稍凸起，脊椎上附有肌肉。

三级：肌肉不甚发达，骨骼显著外露，并附有细条的脂肪层，在臀部、骨盆部有瘦肉。

四级：肌肉不发达，骨骼显著外露，体腔上部附有脂肪层。

（2）商业上胴体一般分为3个等级。

一级（75%）：肩部（35%）、臀部（40%）。

二级（17%）：颈部（4%）、胸部（10%）、腹部（3%）。

三级（8%）：颈部切口（1.5%）、前腿（4%）、后小腿（2.5%）。

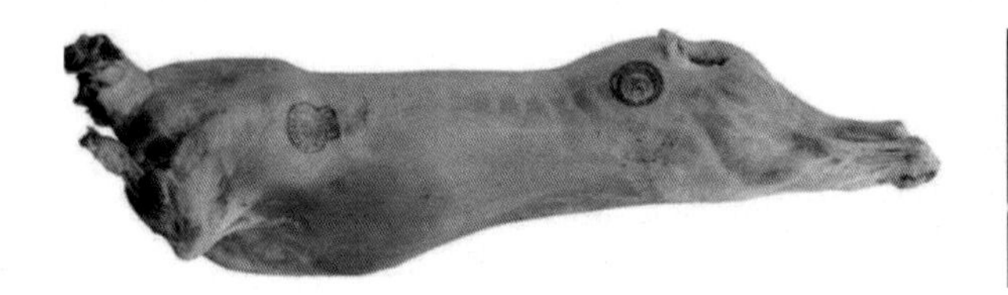

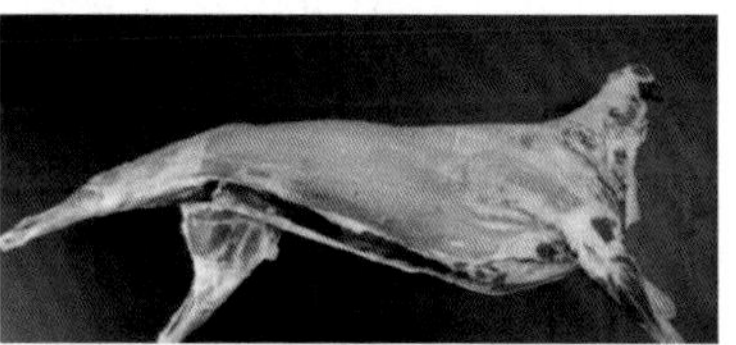

肉羊胴体

★一呼百应网，网址链接：http://b2b.youboy.com/p/D1F2EBD8CCE5.html

（编撰人：孙宝丽；审核人：李耀坤）

247. 如何测定肉羊产肉力?

评定肉羊产肉力的主要指标如下。

（1）胴体重。胴体重指屠宰放血后剥去毛皮，除去头、内脏及前肢膝关节和后肢跗关节以下部分，整个躯体（包括肾脏及其周围脂肪）静置30min后的重量。

（2）屠宰率。屠宰率指胴体重加内脏脂肪（包括大网膜和肠系膜脂肪）和脂尾重，与羊屠宰前活重（宰前空腹24h）之比。

屠宰率（%）=（胴体重+内脏脂肪和脂尾重）/屠宰前活重×100

（3）净肉重。净肉重指用温胴体精细剔除骨头后余下的净肉重量。要求在剔肉后的骨头上附着的肉量及耗损的肉屑量不能超过300g。

（4）胴体净肉率。净肉率一般指胴体净肉重占宰前活重的百分比。胴体净肉重占胴体重的百分比，称为胴体净肉率。

胴体净肉率（%）=（胴体重-骨重）/体重×100

（5）肉骨比。肉骨比=胴体净肉重/体骨重

（6）眼肌面积。测倒数第一和第二肋骨间脊椎上的背最长肌（眼肌）的横

切面积，其与产肉量呈正相关。测量时用硫酸绘图纸描绘出眼肌横切面的轮廓，再用求积仪计算面积。如无求积仪，可用下列公式估测：眼肌面积（cm^2）=眼肌高度（cm）×眼肌宽度（cm）×0.7

（7）GR值。GR值又称为肋肉厚，指在第12与第13肋骨之间，距背脊中线11cm处的组织厚度，作为代表胴体脂肪含量的标志。

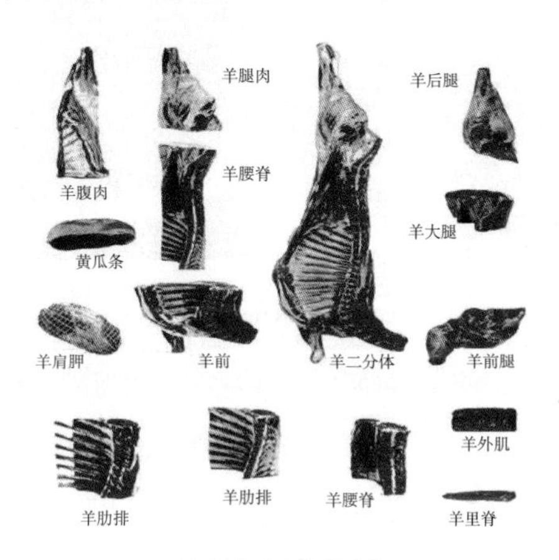

羊肉各部分分割

★美食天下网，网址链接：https://home.meishichina.com/paper/207/

（编撰人：孙宝丽；审核人：李耀坤）

248. 如何评定羊肉品质？

（1）羊肉的颜色。正常羊肉的颜色是红色，这是羊肉中含有肌红蛋白和血红蛋白的缘故。肌红蛋白含量越多，羊肉的颜色越红。

（2）羊肉的嫩度。指羊肉煮熟后易于被嚼烂的程度，或者是羊肉对撕裂的抵抗力的程度。羊肉易被嚼烂，羊肉的嫩度较好，就受消费者欢迎。羊肉嫩度的评定方法通常是品尝评定，取不同羊的后腿或腰部肌肉500g，放在同一锅内蒸90min，取出切成薄片，依咀嚼碎裂的程度评定羊肉的嫩度。羊肉的嫩度也可以用肌肉嫩度仪测定，以千克力表示，数值小，肉的嫩度好。

（3）羊肉的失水率。通常把一定面积和厚度的肌肉样品，在一定的外力作用下，失去水分的重量百分率称为肌肉的失水率。羊肉的失水率影响羊肉的风味、嫩度、色泽、加工和熟肉率等。

（4）羊肉的pH值。肌肉的酸碱度（pH值）是反映羊屠宰后肌糖原的酵解速度和强度的重要指标。用pH值可以判断肉的变化情况，如肉的成熟和后熟、肌肉中的细菌生长情况等。

（5）羊肉的熟肉率。熟肉率的测定方法是取右半侧体的腿部肌肉500～1 000g，在锅内水开后加热蒸60min，取出肉样在无风阴凉处静置冷却30min，称量熟肉重，前后两次重量百分比即为羊肉的熟肉率。

优质羊肉

★中国畜牧业信息网，网址链接：http://www.caaa.cn/animalhealth/index.php

（编撰人：柳广斌；审核人：李耀坤）

249. 羊场的生物安全控制包括哪些方面？

（1）生物安全控制包括环境、投入品的监控、兽医卫生防疫。

（2）技术性的生物安全措施。

①严防因人传播疫病。在羊场入口、生产区入口、羊舍入口、配料间入口，都应设有消毒更衣设施。羊舍门口设脚踏消毒池或消毒盆，消毒剂更换1次/d。工作人员进入羊舍必须洗手，脚踏消毒剂，穿工作服、工作靴。饲养人员远离外界羊群，禁止携带与饲养家羊有关的物品进入场区。

②加强检疫。检疫的主要任务是杜绝病羊入场，对本场羊群进行监测，及早发现疫病，及时采取控制措施。

③当羊群淘汰后，至少有15～20d的清洗、消毒、空舍时间以切断病原体的循环感染和交叉感染；做好羊群的日常观察和健康检查及病情分析，建立免疫和检查档案。

（3）严格饲料、水质和舍内空气质量控制、加强消毒工作。

（4）病死羊尸体和粪便的无害化处理。病死羊尸体要及时处理，严禁随意丢弃，严禁出售。

（5）合理的免疫方案实施。建立合理的基础免疫程序，每批羊入舍前，根据季节、环境、来源、健康、抗体、疫情、疫苗等实际情况，对基础免疫程序合理调整，确立本批羊的应用程序；重视常见病的药物预防。

羊舍外部环境

羊舍内部环境

★黔农网，网址链接：http://www.qnong.com.cn/yangzhi/yangyang/

（编撰人：孙宝丽；审核人：刘德武）

250. 羊粪无害化处理技术包括哪些方面？

（1）腐熟堆肥处理技术。羊粪与垫料、秸秆、杂草等有机物混合、堆积，创造适宜发酵环境，微生物大量繁殖，有机物会被分解、转化为无臭、完全腐熟的活性有机肥。优点是简单方便，安全有效。

（2）羊粪生产沼气技术。在一定的温度、湿度、酸碱度和碳氮比等条件下，羊粪有机物质在厌氧环境中，通过微生物发酵作用可产生沼气。

（3）制成有机肥处理技术。利用羊粪中的有机质和营养元素，使其转化成性质稳定、无害的有机肥料。此法能够突破农田施用有机肥的季节性，克服羊粪运输储存不便的缺点，并能消除其恶臭的卫生状况。

（4）作为其他能源处理技术。将羊粪的水分调整到65%左右，再进行通气堆积发酵，然后在堆粪中放置金属水管，通过水的吸收作用来回收粪便发酵产生热量，用于羊舍取暖保温。

（5）生物学处理羊粪技术。将羊粪与垫草混合堆成高度为50cm左右的粪堆，浇水，堆藏3～4个月，直至pH值达到6.5～8.2，粪内温度28℃时，引入蚯蚓进行繁殖，可产生多种副产品。

羊粪加工

羊粪堆肥

★慧聪网，网址链接：https://b2b.hc360.com/viewPics/supplyself_pics/227950213.html
★中国供应商，网址链接：https://www.china.cn/subject/yangfenjiagong.html

（编撰人：孙宝丽；审核人：刘德武）

251. 常见的绵羊杂交利用技术有哪些？

（1）无角多赛特-小尾寒羊-滩羊三元杂交技术是利用滩羊适应性强、肉质好，小尾寒羊四季发情、产羔率高，无角多赛特羊生长速度快、产肉性能高的特点，以无角多赛特为父本，以小尾寒羊和滩羊二元杂种母羊为母本，采用人工授精方法或本交方式进行肉羊改良。结果表明在相同的营养水平和饲养管理条件下，三元杂交羊羔日增重上升，且肉料比显著下降，饲料报酬优于小尾寒羊-滩羊二元杂羊羔，杂交优势明显。

（2）多浪羊是新疆地区一个优良肉脂兼用型绵羊品种，该品种具有生长发育快，体格较大，肉用性能好，繁殖性能高等优点，但存在前胸和后腿肌肉不丰满，肋骨开张不理想，尾脂肪占胴体的比重大，胴体品质差等缺点。无角陶赛特-多浪羊、萨福克羊-多浪羊以及特克塞尔羊-多浪羊等杂交组合获得了良好的杂交优势，其中成效经过用无角陶赛特羊对多浪羊改良，克服多浪羊尾脂过多、四肢过长、肋骨开张不理想等不足，进一步提高多浪羊的出肉率。杂交一代胸围较多浪羊提高9%～10%，胸围指数提高12%以上，日增重较多浪羊提高24%～33%。尤其是多浪羊硕大的尾脂显著减少，仅为本品种尾脂的60%。

三元杂

二元杂

★百业网，网址链接：https://www.baiyewang.com/g69169752.html
★慧聪网，网址链接：http://b2b.hc360.com/supplyself/82809366812.html

（编撰人：孙宝丽；审核人：李耀坤）

252. 什么是肉羊诱导发情集中配种技术？

诱导发情是在母羊乏情期内，人为地应用外源激素（如促性腺激素、溶黄体激素）和某些生理活性物质（如初乳）及环境条件的刺激等方法，促使母羊的卵巢机能由静止状态转变为性机能活跃状态，从而使母羊恢复正常的发情、排卵，并可进行配种的繁殖技术。诱导发情技术可以打破母羊季节性繁殖规律，控制母羊的发情时间、缩短繁殖周期、增加胎次和产羔数，使母羊年产后代增多，从而提高母羊的繁殖力。该技术还可以调整母羊的产羔季节，可以使肉羊按计划出栏，按市场需求供应羊肉产品，从而提高经济效益。因诱导发情可使母羊在计划内的时间发情，所以，应根据母羊生长状况，确定适宜的配种计划，避免因配种措施不当而引起的不良后果。目前，在养羊生产中，诱导发情基本上采用激素调控的方法来人为地控制和调整母羊自然的发情周期，使一群母羊中的绝大多数能按计划在几天时间内集中发情、集中配种，以缩短配种季节，节省大量的人力物力。同时，又因配种同期化，对以后的分娩产羔、羊群周转以及商品羊的成批生产等一系列的组织管理带来方便，适应了现代肉羊集约化生产或工厂化生产的要求。对于黄体持久不消，抑制卵泡发育而表现乏情的母羊，可注射氯前列烯醇溶解持久黄体，使黄体停止分泌黄体酮，为卵泡发育创造条件，诱导母羊恢复发情的排卵。母羊发情后可采用人工授精法进行大群配种，有利于羊群的繁殖生产管理，同时也有利于羊群遗传改良工作的实施。

母羊运动场

★哈密伊州网，网址链接：http://www.xjhm.gov.cn/info/1013/33507.htm

（编撰人：孙宝丽；审核人：李耀坤）

253. 如何进行肉羊人工授精技术的操作？

人工授精是用器械以人工的方法采集公羊的精液，经过精液品质检查和一系列处理，再通过器械将精液输入到发情母羊的生殖道内，达到母羊受胎的配种方式。人工授精主要包括采精、精液品质鉴定、精液稀释、精液保存和运输以及输精等操作。

（1）采精。肉羊采精一般采用假阴道法，所采的公羊必须身体健康、四肢健壮、到达配种日龄。采精的场所必须温湿度适宜，干净卫生。

（2）精液品质鉴定。精液在使用前必须进行品质鉴定。正常精液为浓厚的白色悬浊液，略带腥味，一般为1～2ml，精子活力在0.8才可以使用，此外也需要检测精子密度和畸形率。

（3）精液稀释。精液稀释可以延长精子存活时间，可以提高配种效率。配置精液的稀释液包括稀释剂、营养剂、缓冲物质、抗冻物质、抗菌剂和其他物质。主要有葡萄糖、卵黄、柠檬酸钠等物质。

（4）精液保存。分为常温保存、低温保存和冷冻保存。实践中常用的是常温保存和低温保存。

（5）输精。输精前提要做好准备，例如输精器具的消毒、工作人员穿工作服、母羊的保定以及精液品质的再次鉴定。输精的方法为开膣器输精法，用开膣器直接插入子宫颈口1cm左右注入精液。输精量应保持有效精子数在7 500万个以上。

人工采精

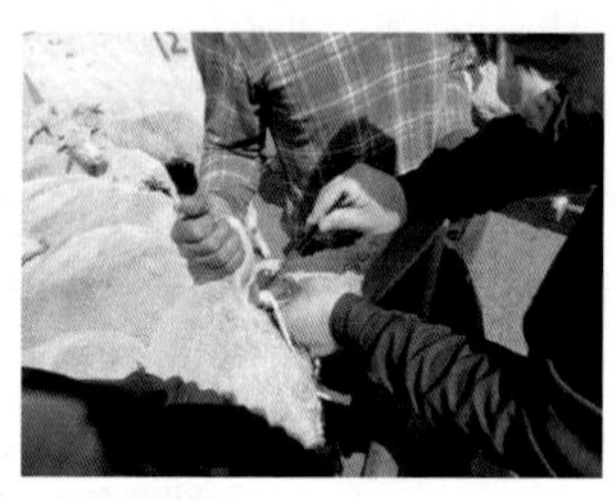

人工输精

★泥巴库网，网址链接：http://www.nibaku.com/redian/tu_lmvmq_3.html
★巴彦淖尔市农牧业科学研究院，网址链接：http://www.bsnmkxy.com/wynr/sy/keyandongtai/2015/5-28.html

（编撰人：柳广斌；审核人：李耀坤）

254. 影响羊超数排卵的因素有哪些?

用人工的方法，例如注射某些激素，可以促使更多的卵泡相继地生长发育并成熟、排卵，这就是超数排卵的基础。可以对卵巢产生作用并能引起卵泡成熟和排卵的激素主要有：孕酮、雌二醇（E2）、促卵泡激素（FSH）、促黄体激素（LH）、促性腺激素释放激素（GnRH）等。研究表明在动物发情周期的一定阶段注射外源促卵泡素就可以使更多的卵泡同时发育成优势卵泡，之后再在内源或外源的促黄体素以及雌激素的作用下全部排卵。影响羊的超数排卵的因素：①促性腺激素种类的不同，超排效果会有不同。生产上多用FSH和PMSG进行超排处理，其中FSH的效果更好，但较为费时费力。制剂来源不同也会影响效果。②配种方式分为本交、子宫颈口输精法和腹腔镜输精法，每个方法各有优缺点，受精率也更有不同。其中腹腔镜输精法效果最好，但容易对机体造成刺激和损伤。③冲卵时间和方式也会影响超排效果。绵羊和山羊的个体较小，多采用手术法冲卵。④个体和年龄差异。合理的营养水平可以提高优质胚胎的数量。

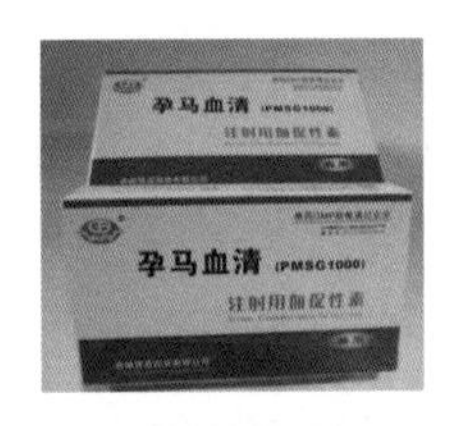

孕马血清促性素　　　　促卵泡素

★猪友之家网，网址链接：http://www.pig66.com/breed/2016/0309/118022.html
★哈尔滨三马兽药业有限公司，网址链接：http://www.hrbsanma.com/productshow.php?cid=14&id=345

（编撰人：孙宝丽；审核人：李耀坤）

255. 什么是肉羊胚胎移植?

胚胎移植是从超数排卵处理的母羊（供体）输卵管或子宫内取出许多早期胚胎，移植到另一群母羊（受体）的输卵管或子宫内，以达到产生供体后代的目的。供体通常是选择优良品种或生产性能高的个体，其职能是提供移植用的胚胎；而受体则只要求是繁殖机能正常的一般母羊，其职能是通过妊娠使移植的胚胎发育成熟，分娩后继续哺乳抚育后代。这是一种使少数优良供体母羊产生较多的具有优良遗传性状的胚胎，使多数受体母羊妊娠、分娩而达到加快优良供体母羊品种繁殖的一种先进繁殖生物技术。如果说人工授精技术是提高良种公羊利用率的有效方法，那么胚胎移植则为提高良种母羊的繁殖力提供了新的技术途径。胚胎移植技术充分发挥了母羊的繁殖潜力，从而有效促进遗传改良，可以在短时间获得大批的良种后代，大大加速了良种化进程。通过引进优秀种羊的胚胎，可以规避活畜引进费用高、检疫繁琐和数量有限等不足。所以，目前国际间家畜良种引进的途径，主要是通过胚胎的运输代替种畜的进出口。此外，通过引进胚胎繁殖的家畜，由于在当地生长发育，较容易适应本地区的环境条件，并从当地母畜中得到了一定的免疫能力。

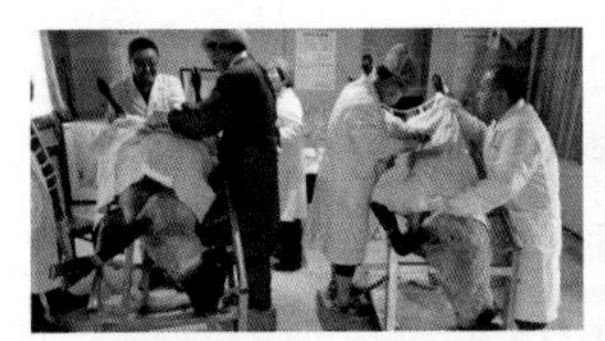

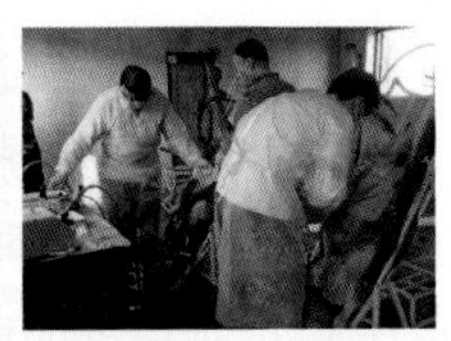

胚胎移植

★365养羊网，网址链接：http://www.365yangyang.com/jishu/2900.html

（编撰人：柳广斌；审核人：李耀坤）

256. 如何给羔羊断尾？

（1）热断法。操作需要两个人配合完成，一个人保定羔羊，另一人操作。操作时，用事先准备好的断尾板（用水浸湿）把羔羊肛门、阴部保护起来，防止烫伤。断尾的具体方法是，把特制的专用断尾铲烧至暗红，从羊尾自第3～4尾椎间，距尾根4cm处铲断；同时，为防断后尾椎外露，操作时将羊尾处的皮肤向上送，不可把尾拉紧；为了预防出血和止血，断尾铲的刃部一定要钝厚一些，并且断尾的速度一定要慢。若有出血，可在断面放上一点羊毛烧烙，一般都可止住。断尾后的羔羊应暂时集中在一起3～4h，等一一检查无出血现象后再放归原群。

（2）结扎法。在羔羊出生后7～10d，用细绳或橡皮筋在羔羊第2～3尾椎间紧紧扎住，阻断血液循环。经10～15d尾巴即自行萎缩脱落，如断尾时尾椎留的太少，日后容易导致羔羊脱肛。此法的优点是经济简便，容易掌握；缺点是结扎部位夏、秋易受蚊蝇叮咬，造成感染，尾巴脱落时间长。

结扎橡皮

断尾

★慧聪网，网址链接：
http://b2b.hc360.com/viewPics/supplyself_pics/363576864.html
http://www.bmagri.gov.cn

（编撰人：孙宝丽；审核人：李耀坤）

257. 什么是频繁产羔技术？

羊的频繁产羔体系，是随着工厂化高效养羊，特别是肉羊及肥羔生产而迅速发展的高效生产体系。这种生产体系指导思想是：采用繁殖生物工程技术，打破母羊的季节性繁殖的限制，一年四季发情配种，全年均衡生产羔羊，充分利用饲草资源，使每只母羊每年所提供的胴体重量达到最高值。高效生产体系的特点是：最大限度发挥母羊的繁殖生产潜力，依市场需求全年均衡供应肥羔上市，资金周转期较短，最大限度提高养羊设施的利用率，提高劳动生产率，降低成本，便于工厂化管理。目前，频繁产羔体系在养羊生产中应用的较为普遍的是一年两产和两年三产体系。母羊的一年两产或两年三产，是在充分利用现代营养、饲养和繁殖技术的基础上发展起来的一种新的繁殖生产体系。在实施该生产体系时，必须与羔羊的早期断奶、母羊的营养调控、公羊效应等技术措施相配套，才能取得理想的生产效果。

母子同栏饲养

母羊群

★中国亳州网，网址链接：http://www.bozhou.cn/2016/0415/627300.shtml
★凤凰网，网址链接：http://ah.ifeng.com/a/20160415/4459806_0.shtml

（编撰人：孙宝丽；审核人：李耀坤）

258. 频繁产羔有哪些技术要求?

（1）母羊繁殖的营养调控。营养水平对排卵率和产羔率有重要作用。膘情影响排卵率，即膘情是中上等以上的母羊排卵率高。配种前母羊日粮营养水平，特别是能量和蛋白质对体况中等和差的母羊的排卵率有显著作用。在此基础上，在母羊配种前5～8d，提高其日粮营养水平，可以使排卵率和产羔率有显著提高。另外，日粮营养水平对早期胚胎的生长发育也有重要作用。

（2）公羊效应。在配种季节来临之前，将公羊引入母羊群中，一般24h后有相当部分的母羊出现正常发情周期和较高的排卵率。这样不仅可以将配种季节提前，而且可以提高受胎率，便于繁殖生产的组织管理。

（3）羔羊早期断奶。哺乳会导致垂体前叶促乳素分泌量增高，从而会使得垂体促性腺激素的分泌量和分泌频率不足，因此，母羊不能发情排卵。要达到一年两产和两年三产的目的，必须重视羔羊的培育工作，尽早断奶。目前生产的早期断奶时间有两种，一是生后一周断奶，二是生后40d断奶。但生产上仍大多采用40d断奶的方法。

（4）实施计划安排。实施一年两产技术体系时，应按照一年两产生产的要求，制订周密的生产计划，将饲养、兽医保健、管理等融为一体，最终达到预定生产目标。

（编撰人：孙宝丽；审核人：李耀坤）

259. 提高肉羊繁殖力的技术措施有哪些?

（1）选留多产种羊。品种是根本，选择多胎的品种作为种羊，根据种羊的生产性能，从多胎多羔的公母后代中选留种羊。

（2）提高适龄能繁母羊在羊群中的比例。适龄能繁母羊在羊群中应当占60%以上。肥羔和育成羊及时出栏，老弱、病残羊及时淘汰，每年补充相应数量的幼龄母羊。

（3）提高饲养管理水平。良好的饲养管理可以提高公羊的体质，改善精液品质，也可以促进母羊的发情和增加排卵数，提高母羊的配种率。应该重视种公羊配种前一个月的营养水平，不可过肥过瘦，经常让公羊运动可以提高精液品质。母羊配种前不宜过肥，否则会影响配种受胎率。加强羔羊的管理，防饿防冻，及时补足初乳，增强抵抗力，提高成活率。

（4）合理安排繁殖周期。母羊妊娠期为150d，发情周期在18d左右。母羊产后可采用提前断奶的方式缩短产后第一次发情的时间间隔，加快配种，提高年产羔数。

（5）适时配种。坚持复配制度可提高第一情期受胎率。母羊可按照老配早、少配晚、不老不少配中间的原则适时配种。第一次配种间隔8 ~ 12h复配一次。可以用同一只公羊，也可用不同公羊。坚持复配制度和适时配种原则才能有效缩短产羔间隔，提高母羊的年生产力。

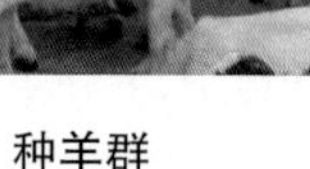

种羊群

母子同栏

★慧聪网，网址链接：https://b2b.hc360.com/viewPics/supplyself_pics/188523161.html
★中国亳州网，网址链接：http://www.bozhou.cn/2016/0415/627300.shtml

（编撰人：孙宝丽；审核人：李耀坤）

260. 繁殖母羊阶段饲养的优点有哪些?

繁殖母羊一年中要经历配种、妊娠、哺乳等多个生理阶段，每一个阶段都有着不同的生理状态，这意味着每一个阶段的繁殖母羊对于营养需要和饲养管理的要求各不相同。所以每一个阶段饲养管理的效果，都会影响到其饲养目标能否实现。因此，要想养好繁殖母羊，必须在满足常年保持良好饲养管理条件的基础上，根据其空怀期、妊娠期和泌乳期的生理特点实施有针对性的阶段饲养管理措施。繁殖母羊分阶段饲养的优点如下。

（1）可以充分利用饲养设施设备，便于安排生产。

（2）提高了饲料的利用效率和养殖效益。分阶段饲养便于调整羊只的饲料配方与饲喂量，通过固定饲槽饲喂提高了羊只的饲草利用率，减少了饲草浪费；同时，满足了各类羊只、各阶段羊只的营养需求，保证了羊只健康、生长发育和各项生产。

（3）提高了产品品质。规模化分群圈舍饲养能根据羊只不同阶段的生理特点和要求实行标准化管理，提高了种羊和育肥羊的整齐度和一致性，产品质量得到保证。

产羔

哺乳

★兽药饲料招商网，网址链接：http://www.1866.tv

（编撰人：柳广斌；审核人：李耀坤）

261. 北方牧区如何实施划区轮牧？

划区轮牧是一种科学利用草原的方式，它是根据草原生产力和放牧畜群的需要，将放牧场划分为若干分区，规定放牧顺序、放牧周期和分区放牧时间的放牧方式。划区轮牧一般以日或周为轮牧的时间单位。根据草地牧草的生长和家畜对饲草的需求，将草地按计划分为若干分区，在一定时间内逐区循序轮回放牧，是一种先进的放牧制度。与自由放牧相比，可减少牧草浪费，提高载畜量，有利于改善牧草的产量和质量，可防止家畜寄生性蠕虫的传播。划区轮牧是在测定草地产草量、确定载畜量、放牧家畜头数、轮牧周期、每分区放牧时间和轮牧频率的基础上进行的。从第一分区至最后分区循序利用一遍，并返回第一区的时间。轮牧周期的时间是放牧后牧草再生达到可以再次利用的时间，一般为25～40d，草甸为25～30d，草原为30～35d，荒漠草原为40～50d。根据牧草的再生和寄生性蠕虫的感染情况确定分区内的放牧天数。为保证牧草的充分再生，每一分区内放牧不能采集到再生草，同时躲开粪便中排出的寄生性蠕虫的感染，一般分区内的放牧天数不超过6d。轮牧频率每分区可放牧的次数为轮牧频率，轮牧频率因草地类型而异，荒漠地区为1，草原地区为2～3，草甸地区为3～4。轮牧频率小的地区通过增加补充分区的数目进行划区轮牧。

放牧

★中国农机网，网址链接：http://www.nongjx.com/news/detail/62479.html

（编撰人：孙宝丽；审核人：李耀坤）

262. 肉羊放牧补饲技术的意义和特点是什么？

肉羊放牧补饲技术是放牧与补饲相结合的育肥方式，既能利用夏、秋牧草生长旺季，进行放牧育肥。又可利用各种农副产品及少许精料，进行补饲或后期催肥。这种方式比单纯依靠放牧育肥效果要好，适合全国各地的肉羊育肥生产条件。放牧兼补饲的育肥可采用两种途径：一种是在整个育肥期，自始至终每天均放牧并补饲一定数量的混合精料和其他饲料。要求前期以放牧为主，舍饲为辅，少量补料，后期以舍饲为主，多量补料，适当就近放牧采食。另一种是前期安排在牧草生长旺季全天放牧，后期进入秋末冬初转入舍饲催肥，可依据饲养标准配合营养丰富的育肥日粮，强度育肥30～40d，出栏上市。我国肉羊生产中，常对一些老残羊和瘦弱羊，在秋末集中1～2个月舍饲育肥，可充分利用粮食加工副产品或少许精料补饲催肥，费用少，经济效益高。

（编撰人：孙宝丽；审核人：李耀坤）

263. 如何对羔羊进行早期补饲?

（1）补饲时间。10～15日龄开始进行早期补饲训练，这样能使羔羊可以较早形成主动采食精料的习惯，降低应激反应。

（2）补饲的原则与方法。羔羊补饲要坚持先精后粗、定时定量、少喂勤添。羔羊从10～15日龄就可以训练吃粗饲料。简便的方法是在圈舍内设羔羊能自由进出的补饲栏及补饲槽让羔羊自由采食。待全部羔羊都会吃料后，再改为定时、定量补料。1月龄以后，羔羊逐渐转变为以采食为主，除哺乳、放牧采食外，可补给一定量的草料。1～2月龄补精料150g/d分3～4次饲喂；3～4月龄补精料200g/d，分2～3次饲喂。有条件的可将胡萝卜切碎与精料混喂羔羊最爱吃。羊舍内设水槽和盐槽。也可在精料中混入1%～2.0%的食盐或2.5%的矿物质饲喂。

羔羊补饲的地点应尽可能对羔羊有诱惑性，如阳光充足、干燥、温暖的地方。

羔羊早期补饲训练

★兽药饲料招商网，网址链接：http://www.1866.tv/list/x-733.html

（编撰人：孙宝丽；审核人：李耀坤）

264. 断奶后羔羊育肥包括哪些技术要点?

（1）育肥前准备。7～10日龄开始对羔羊开始进行诱食，15～20日龄进行补饲，饲料做到易消化和多样化，促进前胃发育。按羔羊育肥生产方案，储备充足草料。避免由于草料准备不足，常更换育肥草料，影响育肥效果。育肥羔羊按性别、体重大小分别组群。进行体内外寄生虫的驱虫工作，减少寄生虫病的影响。对育肥圈舍进行清扫、消毒，防止育肥期间羊只发病，并做好育肥期间卫生工作。

（2）育肥预饲期。不论强度育肥还是一般育肥，都要预饲15d，约分3个阶段。1～3d只喂干草和充足的饮水，让羊适应新的环境；之后仍以干草日粮为主，但应逐步增加第二阶段的日粮，到第7d完全饲喂第二阶段日粮，喂到第

10d，之后进入第三阶段，喂到第14d、第15d进入正式育肥期。

（3）正式育肥期。育肥羔羊粗饲料的选择，应力求多样性、本地化、价格低、运输方便，以降低育肥成本。育肥羔羊要给予充足、干净的饮水。每天饮水3～4次为宜，每天补饲粗饲料（干草、秸秆、青贮）。

肥羔羊按性别、体重大小分别组群

★易龙商务网，网址链接：https://www.etlong.com/sell/show-3514129.html

（编撰人：孙宝丽；审核人：李耀坤）

265. 无公害肉羊养殖的生产过程如何？

（1）羊只购入要求。无公害肉羊坚持自繁自养，引种时要正确选择品种，慎重选择个体，引种时要按照要求和国家标准进行检疫。

（2）羊场环境要求。羊场的选址要求地势平坦高燥、背风向阳、排水良好，具有充足的水资源，并且水质必须符合《无公害食品、畜禽饮用水水质》的要求。羊场规划合理，各个功能区分布科学，配套设施要齐全。为确保场内和周边地区的卫生和羊体健康，必须建立消毒制度。

（3）饲养技术。饲料和饲料添加剂、疫苗的使用、兽药的使用要符合国家标准规定。不使用国家禁止使用的抗生素、兽药，严格遵守休药期。

（4）生产管理。羊场工作人员应定期进行健康检查，有传染病者不可从事饲养工作。场内兽医人员不应对外诊疗羊及其他动物的疾病，羊场配种人员不应对外开展羊的配种工作。防止周围其他动物进入场区。做好羊场羊群来源、种羊系谱及各类档案记录。做到记录应准确、可靠、完整。饲草料来源、配方、各种添加剂使用记录及疫病防治记录完整。部分资料应长期保存，最少保留3年。

（5）认证程序。从事肉羊养殖者申请无公害肉羊认证，可以直接向所在县级农产品质量安全工作机构提出无公害农产品产地认定和产品认证一体化申请。

无公害羊场内外环境

★普兰特汉种羊有限公司，网址链接：http://hansstud.com/jianjie.asp

（编撰人：孙宝丽；审核人：李耀坤）

266. 如何进行母羊的产后护理?

因羊分娩过程中身体特别是生殖器官发生急骤的变化，产后十分疲劳，体质虚弱，做好产后母羊的护理，不仅能促进母羊体质的恢复，且可增加奶水，以保证羔羊健康发育成长的需要。

（1）补充水分。母羊分娩后因突然降低血压而大量失水，需供给母羊温热的麸皮盐水汤，使体内水分代谢得以迅速恢复正常。

（2）饲喂优质草。最好是多汁青草、青贮草或苜蓿草，增加全价饲料喂羊，争取早日恢复体能，保证奶水充足，母壮羔肥。

（3）防恶露。一般产后母羊阴道排泄物开始由红褐色变为淡黄色，最后成为无色透明直至停止。但也有母羊因疾病营养不良造成拖延时间，发生异常可用清宫药物进行治疗。

（4）忌喂母羊精料。产后母羊因脾胃虚弱，如果大量饲喂精料，使母羊不能消化，往往造成母羊死亡。

产后母羊与羔羊

★黔农网，网址链接：http://www.qnong.com.cn/yangzhi/yangyang/43.html

（编撰人：孙宝丽；审核人：李耀坤）

267. 如何进行羊的超数排卵?

（1）FSH+PG法。绵羊在发情周期的第12d或13d，山羊在发情周期的第16d、17d、18d任何一天开始肌注FSH，以递减剂量连续肌注3d，每天注射2次（间隔12h）。

（2）FSH+CIDR+PG法。在发情周期的任何一天给供体羊阴道内放入CIDR，此日为第1d，在埋栓的第14d开始肌注FSH，共4d 8次，在第7次注射FSH的同时取出CIDR，并肌注PGF0.1mg，取出CIDR后24～48h发情，配种或输精2～3次。

（3）PMSG法。在绵羊发情周期的第12d、13d、山羊第16d、17d、18d一次肌注PMSG 700～1 500IU，出现发情或配种当天再肌注HCG500～750IU。

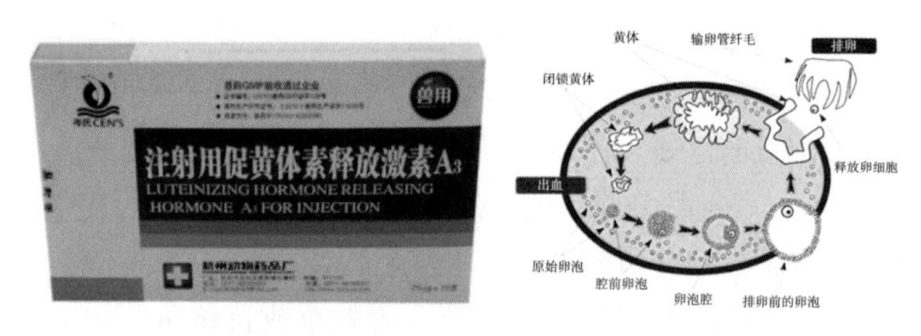

促排卵试剂　　排卵流程

★慧聪网，网址链接：https://b2b.hc360.com/supplyself/365027355.html

（编撰人：孙宝丽；审核人：李耀坤）

268. 肉羊胚胎移植有哪些技术要点?

（1）受体羊的选择和饲养管理。接受胚胎移植的受体母羊应有正常的发情周期，无繁殖机能疾病，产羔性能和哺乳能力良好，无流产史，膘情中上等，年龄在2～6岁，重复利用的受体母羊应选择上次移植胚胎后顺利妊娠并产羔的羊只。受体羊应单独组群加强饲养管理，保持环境相对稳定，避免应激反应。

（2）胚胎的收集。常用的胚胎收集方法有手术法和非手术法。在手术法中有输卵管法和子宫法两种。

（3）胚胎移植。

①受体羊的选择。选择健康、无传染病、营养良好、无生殖疾病、发情周期正常的经产羊。

②供体羊、受体羊的同期发情。对受体羊群自然发情进行观察，与供体羊发情前后相差1d的羊，可作为受体。

③移植。移植液，一种是0.03g牛血清白蛋白溶于10ml杜氏磷酸盐缓冲液（PBS）；另一种是1ml血清加9ml杜氏磷酸盐缓冲液（PBS）。

（4）移植胚胎注意要点。观察受体卵巢，胚胎移至黄体侧子宫角，无黄体不移植。一般移2枚胚胎。在子宫角扎孔时应避开血管，防止出血。不可用力牵拉卵巢，不能触摸黄体。胚胎发育阶段与移植部位相符。

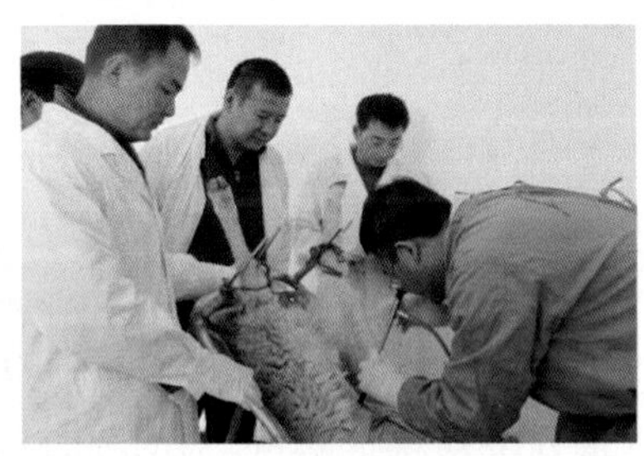

胚胎移植手术

★突袭网，网址链接：http://rollnews.tuxi.com.cn/zjj/144136642fqz272145.html
★央广网，网址链接：http://www.cnr.cn/sx/pic/20161115/t20161115_523267735.shtml

（编撰人：孙宝丽；审核人：刘德武）

269. 如何实施羔羊早期断奶及益处如何？

（1）羔羊实施早期断奶有两种。①羔羊出生后一周龄时断奶。先让羔羊吃足母乳，然后在7日龄与母羊分开，之后人工饲喂代乳品进行培育。②在羔羊出生6～7周龄时断奶。无论采用哪种方式进行早期断奶，都必须使初生羔羊吃足1～2d的初乳，否则不易成活。因为初乳中含有大量的免疫因子和抗菌素，而且营养丰富，这是任何饲料都不可替代的。

（2）早期断奶有以下益处。①羔羊早期断奶能够大幅度的缩短母羊的繁殖周期，减少母羊的空怀时间。②对羔羊实施早期断奶，可以缩短生产周期。③实施早期断奶的羔羊较早的采食植物性饲料，能够促进羔羊胃肠道的发育，特别是瘤胃的发育，同时有利于建立羔羊瘤胃的微生物区系和消化道内的动态平衡，提高了羔羊对粗饲料的利用能力。④早期断奶后，用代乳品哺饲羔羊，不但可以促进羔羊的生长发育，还能增强羔羊对常见疾病的抵抗力，从而提高了羔羊的成活率。⑤实施早期断奶的羔羊哺乳周期短，能够减轻劳动强度，降低育肥成本。

饲喂开食料

母子进行分离饲养

★容商天下网，网址链接：http://www.rongbiz.com/product/show-7052867.html

（编撰人：柳广斌；审核人：刘德武）

270. 如何科学地使用羔羊代乳品?

饲喂代乳品的关键是做到定时、定人、定温、定量和讲究卫生消毒。每次饲喂应该掌握在七成饱的程度，切记饲喂过量，一般情况下给奶量是初生体重的1/5为宜。每天定时饲喂，初生7日内每天饲喂6次，10日后可以减少到每天3次，羔羊出生后5～7d可在晴天中午到户外进行运动，以增强体质，出生半个月后可补给优质草料。

代乳品必需每天新鲜配制。配制溶液必须要按照说明书严格使用，要先用凉水调开，再加上少量温水或热水相混，不宜用太烫的热水相混，避免破坏代乳品中的维生素。

饲喂代乳品的羔羊实行限制饲喂的原则。羔羊吃的太多就会下痢，越临近断奶越减少代乳品的用量，这样能够加快羔羊对固体饲料的适应，增加对固体饲料的采食量。

使用牛奶作为羔羊代乳品

商品代乳粉

★东方城乡报，网址链接：http://www.cnepaper.com/DFCXB/html/2015-03/05/content_6_1.htm

（编撰人：孙宝丽；审核人：刘德武）

271. 如何控制好黑山羊的隐性流产?

（1）不喂单一饲料或冰冻、霉变饲料，选择富含维生素A、维生素E、维生素B_2、维生素B_{12}和微量元素丰富的优质饲料，保证胚胎正常发育。

（2）要避免对妊娠期内的黑山羊进行粗暴直检，以防伤及胚胎；对患病的黑山羊要慎重用药，尤其要慎用驱虫药和泻下药。

（3）为黑山羊创造良好的生活环境，避免受到惊吓和任意驱打。

（4）保持孕羊阴部卫生，防止细菌、病毒侵害，避免阴道炎、子宫内膜炎的发生。

（5）黑山羊配种后的两个月要及时检查，一旦发现隐性流产要适时补配。

（6）做好巴氏杆菌病、沙门氏菌病、结核病等易引起流产疾病的预防工作。

（7）黑山羊怀孕初期要注射保胎药，如黄体酮，根据药品说明注射，隔日注射1次，连注3～4次。

养殖户应做好黑山羊的防病与饲喂，经常对黑山羊健康情况进行观察，注意其食欲和精神状态。发现拉稀便、软便并带有恶臭现象，可往饲料里对些高粱面粥或少量浓茶水，有预防下痢作用。只有做好黑山羊的预病、饲喂环节，才能充分发挥黑山羊养殖的优势，提高生产性能。

黑山羊群

黑山羊（母羊）

★畜禽病虫害及疫病诊断图片数据库及防治知识库，网址链接：http://www.tccxfw.com/bch/3/data/308.html

（编撰人：孙宝丽；审核人：刘德武）

272. 如何提高波尔山羊杂交一代的成活率?

（1）早吃、吃足初乳。羔羊出生1～3d内，一定要让羔羊吃上初乳（母羊分娩后1～3d内分泌的乳汁）。

（2）精心管理。羔羊出生10d内，舍温要保持在10℃左右；10d后保持在8℃左右。同时保持羊舍干燥卫生、通风良好（避免穿堂风），相对湿度在65%左右。

（3）早期补饲。羔羊10日龄就应补饲青饲料，以避免因缺乏某些维生素和微量元素而影响羔羊生长发育；从15日龄开始就应补饲混合精料，同时就应用小盆盛些淡盐水让羔羊自由饮用，防止发生异食癖。

（4）防治疾病。羔羊易发生肺炎、脐带炎、胃肠炎和痢疾。对这几种病应以预防为主，一方面应增强羔羊体质，注意防寒保暖，及时接种疫苗；另一方面要每天清扫羊舍，勤换垫草，定期对羔羊舍进行消毒。一旦发现病羊，要及时隔离和治疗。

（5）及时断乳和驱虫。羔羊到2月龄必须断乳。断乳时，把母羊移走，羔羊仍留在原羊舍饲养。由于杂交一代羊易感染各种寄生虫病，所以，必须及时给羔羊肌内注射驱虫药物。

（6）羔羊去势。波尔山羊杂交一代中的公羔羊不宜留种，必须进行走势。杂交一代公羔羊去势后性情温顺，易上膘、增重快、肉质较细嫩，一般饲养到6～8月龄，就可达到30～50kg的最佳上市体重。可在公羔羊出生后8～10h，用结扎法去势；也可在公羔羊出生后18d左右，用阉割法去势。如遇阴雨天气或公羔羊体弱可适当推迟去势时间。

给羔羊饲喂初乳

羔羊分栏饲养

★中国贸易网，网址链接：http://www.cntrades.com/b2b/gaokeny/sell/itemid-15678536.html

（编撰人：柳广斌；审核人：刘德武）

273. 运输种羊需要注意哪些事项?

（1）运输种羊前，首先办理好产地检疫和过境检疫相关手续。

（2）要在装羊的车厢内铺一层农作物秸秆，或者在箱板上撒一层干燥的沙土，防止羊在运输过程中滑倒而相互挤压致死。

（3）种羊在运输前，要提前选好行车路线，尽量选择道路平整离村屯较近的线路，如有特殊情况便于处理。

（4）运输车辆的车况要好，手续齐备，装有高栏，防止羊跳车。配带苫布以备雨雪天使用，根据运程备足草料及水盆、料盆等器具，并且带少量消炎止痛等药品。

（5）装羊时，不能过密过挤。体质强弱羊、大小羊、公母羊，在车上打隔分开。对妊娠母羊不能托肚子装车，以防流产。哺乳羔羊要按时哺乳，每天不能少于4次，白天哺乳间隔不宜长于5h。

（6）上车前要给羊饮足水，不宜让羊吃得过饱。运程在1d之内的不需要喂草喂料，运程在1d以上的，每天应喂草2～3次，饮水不少于2次，保证每只羊都能饮到水、吃到草料。

（7）运输车辆应缓慢启动，禁止突然刹车，在颠簸路面和坡路要缓慢行驶，防止羊挤压死亡。中途停车或人员休息要安排专人看护羊，防止羊跳车或被盗。

（8）押车人员要经常检查车上的羊，发现怪叫、倒卧羊要及时停车将其扶起，安置到不易被挤压的角落。

（9）运到目的地后，卸羊时要防止车厢板与车厢之间缝隙别断羊腿。最好将车靠近高台处卸羊，防止羊跳车造成流产、伤羊等事故发生。

（10）将种羊卸车后，不要立即给种羊饲料，应先给种羊饮水，待半天后一切正常时，再由少到多地逐渐给种羊喂料。

波尔羊运输

波尔羊群

★中国养殖网，网址链接：http://www.chinabreed.com/sheep/

（编撰人：孙宝丽；审核人：刘德武）

274. 小尾寒羊如何接产？

（1）产前准备。①产前1～2d让母羊留圈系喂养或近圈留放牧。②准备好产房（打扫，用20%石灰水、或石炭酸、草木灰等消毒，铺点垫草等）。③准备好接产所用的碘酒、脸盆、毛巾、药皂或来苏尔、新洁尔来、高锰酸钾等。④做好产羔计划和产羔登记等。⑤产前3d，母羊饲料减少到最小限度，精料如常。

（2）接产。①让母羊卧平坦或前高后低处，便于产羔。②母羊边努责，接产者抓住羔羊顺势轻拉。接着撕断脐带（距腹约1寸），挤出血水，用碘酒消毒，以防破伤风等。③让母羊舐干羔羊，以增强保姆性和利于胎衣排出，必要时可用干净垫草协助轻擦羔体多量的黏液和胎水。除冬、春和晚秋产羔需产房保温外，其他时间不必生火保温。④剥去胎蹄，让羔羊站起，人工协助吃第一次奶；半小时后称初生重量。⑤多胎的小尾寒羊每羔产出时间间隔不等，快则几分钟，慢则近1h或更长，待最后一羔产出后，给母羊饮温水、盐水，5d之内不饮冷水。精料逐渐增多，到第10d达规定量，以后要酌增精料量。⑥给羔羊在5日内注射破伤风类毒素或抗毒素。

小尾寒羊（母羊）

小尾寒羊育肥羊群

★慧聪网，网址链接：https://b2b.hc360.com/supplyself/331349527.html
★农业新闻网，网址链接：http://www.shengzhujiage.com/view/351085.html

（编撰人：孙宝丽；审核人：刘德武）

275. 种公羊高效利用的饲养管理技术要点有哪些?

（1）种公羊的饲养要根据不同时期的营养需要配制饲料，以满足其生理要求。对于初次配种的种公羊，应在配种预备期进行诱导和调教。

（2）饲养员要掌握其生活习性，切忌惊吓或殴打。注意经常观察其精神状态、饮水、采食、反刍及粪尿情况，有异常情况时及时处理。

（3）种公羊舍应选择通风、向阳、干燥的地方。种公羊应有适当的舍外运动，运动场面积应较大，有条件的最好采用放牧和舍饲相结合的方式进行饲养。

（4）种公羊日粮要含有足够的青绿多汁饲料、粗饲料、精饲料，并注意合理搭配。同时保持饮水清洁卫生。

（5）根据羊群中能繁母羊数量确定合理的种公羊数量。一般自由交配一只种公羊可承担20～30只母羊配种任务，人工辅助交配则每只种公羊可配60～70只母羊，如采用人工授精技术，每只种公羊可配母羊300～500只。

（6）种公羊配种前1～1.5个月开始采精，检查精液品质。一岁半的种公羊，采精不宜超过1～2次/d，两岁半的种公羊采精3～4次/d。公羊在采精前不宜过饱或过饿。

小尾寒羊（种公羊）

乌珠穆沁羊（种公羊）

★山东嘉祥种羊场，网址链接：http://www.yz0479.com/plus/list.php？tid=19
★东兴畜牧综合开发基地，网址链接：http://www.sdjxzyc.com/tupian/view.asp？id=1138&clasname=%E5%B0%8F%E5%B0%BE%E5%AF%92%E7%BE%8A

（编撰人：孙宝丽；审核人：刘德武）

276. 为什么近亲繁殖能造成品种“退化”？

近亲繁殖即近交，是指亲缘关系较近的个体间交配。近交是育种工作的一种措施，有其特殊的用途，可用来固定优良性状，保持优良个体的血统，提高羊群的同质性，揭露有害基因。然而，滥用或使用不当，会出现近交衰退现象。所谓近交衰退，是指由于亲缘关系较近的个体间交配，繁殖的后代在生理活动、繁殖性能及与适应性有关的性状，都有不同程度的降低。具体表现是繁殖力减退，遗传疾病增加，生活力下降，适应性变差，体质减弱，生长发育缓慢，生产力低下，死胎和畸形增多。近交衰退的程度随近交程度而有差异。生活力学说认为，近交时由于两性细胞的差异减小，后代的生活力减弱。基因学说认为，近交使基因结合，减少了基因互作种类，使基因的非加性效应（显性效应和上位效应）减少，同时隐性有害基因纯合而表现出有害性状。从生理角度看，衰退是由于近交后代生理机能差，内分泌不平衡，激素、酶类或其他蛋白质代谢异常所致。近交衰退的有害性，人所共知，因此，一般繁殖场和商品肉羊场，应避免近交。

刀郎羊

小尾寒羊

★亲亲宝贝网，网址链接：http://www.qbaobei.com/yingyang/988959.html
★机电之家，网址链接：http://www.jdzj.com/products/2013-8-18/72487925-1.html

（编撰人：柳广斌；审核人：刘德武）

277. 什么是早期妊娠诊断技术?

早期妊娠诊断可根据母羊在妊娠早期发生的一系列生理变化，采取相应措施，检查母羊是否妊娠，方法有B超法、激素测定法、免疫学方法等。

（1）B超法将母羊站立保定于采精架内，用单绳固定颈部，分直肠和体外两个途径检查，先从直肠进行，当直肠检测不到时用体外检查。直肠检查时，先掏出直肠内蓄粪，探头涂耦合剂后由手指带入直肠内，送至盆腔入口前后，向下呈45°～90°进行扫描。体外检查时，主要在两股根部内侧或乳房两侧的少毛区，不必剪毛，探头涂耦合剂后，贴皮肤对准盆腔入口子宫方向进行扫描，选择典型图像进行照相和录像。

（2）激素测定法根据母羊的激素变化与妊娠的密切关系，可使用激素进行测定。据报道，当母羊血液中黄体酮含量达到1.5μg/ml，诊断为妊娠，准确率达90%以上，但按每增加1个胎儿母羊血液中黄体酮含量相应地增加1μg/ml来判断妊娠数，其准确率只有63%～69%。该法可能与胎儿死亡、个体激素水平、持久黄体等有关。

（3）采用免疫学方法对母羊进行早期妊娠诊断，国外主要以检测早孕因子（EPF）为主，也有采用乳汁黄体酮检测、乳胶凝集等方法。

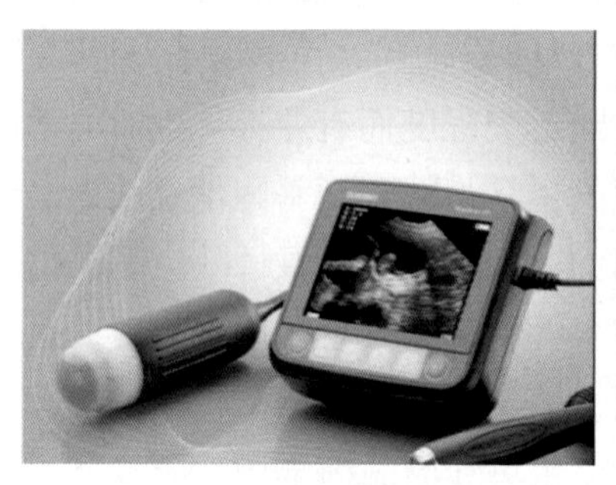

B超仪

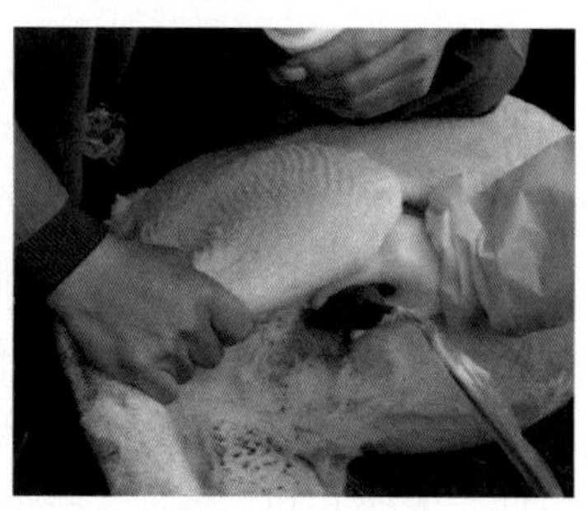

工作人员进行妊娠诊断

★阿土伯，网址链接：https://www.atobo.com.cn/HotOffers/Detailed/6375992.html
★慧聪网，网址链接：https://b2b.hc360.com/supplyself/595725793.html

（编撰人：孙宝丽；审核人：刘德武）

278. 如何进行精液冷冻与保存?

（1）冷冻。稀释后的精液，采用逐渐降温法。在1～1.5h内，使稀释精液的温度降到4～5℃；然后在同温的恒温容器内平衡2～4h。平衡、封装后的细管精液上架码放时应注意细管摆放方向，把棉塞封口端靠近操作者，超声波封口端远离操作者，入冷冻仪时亦应如此放置。每架上放上一根类似于细管的标记物，一只羊用同一颜色的标记物，便于识别。冷冻仪与低温柜应尽量靠近，开启液氮罐阀门把冷冻仪降温4℃，关闭风扇电源，待风扇完全停止后把已排满待冻细管的架子迅速放入冷冻仪，盖严盖子按电脑预先设定好的最佳冷冻曲线程序自动完成冷冻过程。如果冻精细管数量不足时，要填充备用塑料管和细管架以保持最佳冷冻曲线程序自动完成冷冻过程，确保冻精质量。精液冷冻过程中要求温度必须直线下降，不得回升。

（2）保存。冻结的细管精液，抽样样品经解冻检查合格后，按品种、编号、采精日期、型号标记、包装，转入液氮罐，贮存备用。

①冻精应贮存于液氮罐的液氮中，贮存冻精的低温容器应符合GB/T 5458标准规定。②设专人保管，每周定时加一次液氮，保证冻精始终浸在液氮中。③每只公羊的冻精应单独贮存。④贮存冻精的容器每年至少清洗一次并更换新鲜液氮。

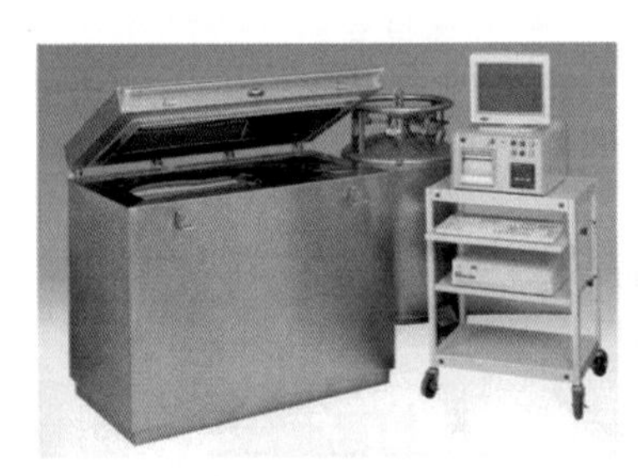

冷冻仪

仪器程序设置面板

★航天云网，网址链接：http://www.casicloud.com/sell/317337847050801152.html
★畜牧研究院，网址链接：http://www.syzyyjy.com/Detail.asp？id=1105

（编撰人：柳广斌；审核人：刘德武）

279. 什么是肉羊的初情期、性成熟和配种年龄？

（1）公羊初情期指第一次排出精子的时期，公羊初情期一般为4～7月龄，体重为成年体重的40%～60%。一般公羊射出的精子至少有5 000万个，存活率至少10%，才认为是初情期。公羊性成熟是继初情期之后，身体和生殖器官进一步发育，生殖机能达到完善，具备了生育能力。公羊的性成熟一般为5～8月龄，受品种、气候环境、饲养管理状况等影响。根据公羊的精液品质、发育情况和使用目的，来确定初配和适配年龄。考虑到公羊的利用年限和对后代的影响，一般初配年龄为性成熟延后一段时间，即12～15月龄，适配年龄为2～5岁。

（2）母羊只排卵而不发情，是由于卵巢中没有黄体存在，没有黄体酮分泌。母羊初情期一般为5～6月龄。母羊性成熟为生殖器官发育完全，脑垂体前叶分泌促性腺激素和性腺激素逐渐形成和增多，具备正常配种能力，一般6～8月龄。母羊初配年龄可根据发育情况和使用目的而定，一般为1～1.5岁或体重和体格达到成年母羊的70%～80%为宜，过早配种会影响母羊生长发育和繁殖性能。适配年龄指母羊最适配种繁殖年龄，一般为3～6岁。

后备羊

青年羊

★慧聪网，网址链接：http://b2b.hc360.com/viewPics/supplyself_pics/237307543.html
★搜狐网，网址链接：http://mt.sohu.com/20151016/n423448501.shtml

（编撰人：孙宝丽；审核人：李耀坤）

280. 羊血的利用途径有哪些方面？

羊屠宰后可获得活体重3%～6%的血液，羊血是重要的蛋白来源，其含量为16.4%，羊血是饲料工业中的重要原料，随着脱色新技术和血蛋白分解方法的进步，羊血可用来加工血粉、食品添加剂、黏合剂、复合杀虫剂等产品。羊血制品在食品中的应用如下。

（1）肉制品。在肠制品中添加血浆，其产品蛋白质含量可提高7%，成本降低5%～8%。

（2）糖果、糕点。血浆或全血水解后，其蛋白含量比奶粉含量高，因此，将羊血制成的食品加入糕点、面包中效果非常好。不仅可以提高食品中的营养价值，而且血蛋白粉用作发泡剂，比鸡蛋发泡大，口味好。另外，血蛋白粉是很好的乳化剂，可代替牛奶加入面包中，使面包外观好，且不易老化。

（3）营养补剂。羊血制品可补充儿童发育所需要的必需氨基酸，如组氨酸、色氨酸，治疗和预防缺铁性贫血。

羊血美食

羊血粉

★百度贴吧，网址链接：https://tieba.baidu.com/p/3716219429？red_tag=2280545429
★360百科，网址链接：https://baike.so.com/doc/5745293-5958047.html

（编撰人：孙宝丽；审核人：李耀坤）

281. 如何给羊群药浴？

药浴一般在剪毛后7～10d，晴朗、温暖、无风的上午进行，采用药浴池、淋浴和喷雾药浴等方式。常用的药浴液主要是蝇毒磷粉剂或乳液，成年羊药液浓度0.05%～0.08%，羔羊0.03%～0.04%。一些杀蛾农药如溴氢菊酯，也可按说明配制成药浴液。药液配制时首先要计算药浴池的容积，然后按比例加入药剂。药浴前8h停料，2～3h给羊饮足水，防止其误饮药浴液，药浴液始终保持25℃左右。药浴液的深度一般以没过羊背为宜，大约70cm，并且药浴中要随时补充水及药剂，保持浓度。药浴池设滴流台，让羊浴后停留几秒钟，使身上的浴液回收。先药浴健康羊，后浴病羊，妊娠2个月以上的羊不浴。药浴时工作人员在药浴池边执一带钩木棒，控制羊的前进速度，保证药浴2～3min。在进出口处，用棒将羊头部向药浴液中按压2次，防止头部生癣。

药浴池

★中国养羊网，网址链接：http://www.zgyangyang.com/news/xinwen/759.html
★中国农机网，网址链接：http://www.agronet.com.cn/Tech/932640.html

（编撰人：柳广斌；审核人：刘德武）

282. 规模羊场防疫有哪些技术要点？

（1）选择场址是基础。规模羊场选址要远离交通要道和村庄，选择背风向阳、地势较高的地方，同时交通便利，水电供应方便，远离动物饲养及畜产品加工厂。

（2）定期消毒是措施。定期消毒，以杀灭环境中的细菌和病毒，减少寄生虫，预防疫病。

（3）驱虫保健是重点。定期驱虫，一般每季度1次，最好是丙硫咪唑和伊维菌素同时使用。内服丙硫咪唑，每千克体重15mg；同时用0.1%伊维菌素注射液肌内注射，每千克体重0.2ml，要调喂全日粮，以提高抗病力。

（4）检疫监测是保障。规模羊场，尤其是种羊场，要定期对结核菌病、布鲁杆菌病进行检疫监测，至少每年1次。发现阳性羊，扑杀处理。

（5）预防接种是关键。对羊群进行免疫接种，是提高羊群相应疫病的抵抗力、预防疫病的关键。

羊场选址

★天水在线，网址链接：www.tianshui.com.cn
★农村致富经，网址链接：http://www.nczfj.com/

（编撰人：孙宝丽；审核人：李耀坤）

283. 如何防治羊病？

（1）选择合理饲养基地。选择合理的饲养基地，从源头上降低羊病的感染几率，并且对饲养基地合理规划，保证饲养基地能够随时符合羊群健康生长的环境要求。在厂址的选择上，要建在向阳、通风、干燥、透水的较高地带，远离生产、生活区。

（2）强化饲养管理措施。要提供羊群充足的草料，并在冬季等缺乏自然草料的时期对羊群进行补饲。对于种羊、孕期羊、哺乳羊和幼羊需要时刻检查其健康状况，适当在其饲料中加入多汁料、维生素等各种微量元素，要保证饲料的基本质量，预防羊群出现胃部疾病，妥善保管消毒设备和药剂，避免羊误食。

（3）注意基地卫生消毒。饲养区环境干燥通风，并且在清洁过程中应注意灰尘，可少量掸水压制灰尘飞散。对羊粪和污物的处理应谨遵分散原则，及时对路径中主要地区喷洒消毒液。另外，鼠类会传染羊群大量病菌，使羊患病，因此，要对周围环境进行防鼠处理。在消毒方面，不仅要对饲养基地大范围消毒，还要对其内部设施、工具定期消毒，一般来说，每4～8d消毒一次。

（4）定期实施免疫接种。在预防措施到位的基础上，还要进行定期免疫，为羊群接种疫苗，强化羊群对病毒和细菌的抵抗力。

羊舍疫病监测

疫苗注射

★畜禽病虫害及疫病诊断图片数据库及防治知识库，网址链接：http://www.tccxfw.com/bch/3/data/%E7%BE%8A.html

（编撰人：柳广斌；审核人：刘德武）

284. 羊入冬前如何防疫?

以防治风湿症为主。羊只四肢、腰肌、关节变化突出，以注射西药氢化可的松治疗或穴位治疗为主；羊蹄腐烂（湿蹄漏），治疗以修蹄、清除腐败分泌物或用沥青、黄蜡、人发灰各适量，共熬成膏，加少许冰片，搅拌均匀，填充患部，并保持圈舍内干燥通风；螨病（疥癣）用抗寄生虫药物治疗，对污染的棚舍用20%石灰乳消毒处理，发现病畜及时隔离。冬季羊易患痢疾、大肠杆菌病、链球菌以及感冒等疾病。因此勤扫羊舍，清除残料，保持清洁干燥，常刷拭羊体。清除粪便进行生物热处理冬季绝大多数母羊处于妊娠期。定期用驱虫药对羊进行预防性驱虫，以保证羊安全越冬。

羊舍内部结构

★健康养羊联盟，网址链接：http://diyitui.com/content-1479920191.63425550.html

（编撰人：柳广斌；审核人：李耀坤）

285. 如何使用肉羊疾病远程辅助诊断系统？

（1）诊断系统登入。在浏览器中输入网址http://jxp.hzau.edu.cn/sheep/，可打开肉羊产业技术体系首页，点击页面右侧的“远程辅助诊断”链接，即可进入诊断系统主界面。

（2）症状选择。使用者将观察到的临床症状，选择所属的疾病组，根据所选疾病组的不同，系统会列出该组下的供选症状，使用者勾选自己观察到的症状，然后点击“开始诊断”按钮进行诊断，根据提供的信息，系统做出不同的回答。当使用者提供信息不足时，系统会提示信息不足，无法诊断；当使用者提供信息足够，系统会给出最可能符合要求的疾病诊疗信息供使用者参考，并提示是否观察到了该病可能有的其他症状。

（3）辅助诊断结果查看。点击该疾病名称，则可看见该疾病的详细介绍，包括病原、致病原因、临床症状、诊断要点和防治措施。

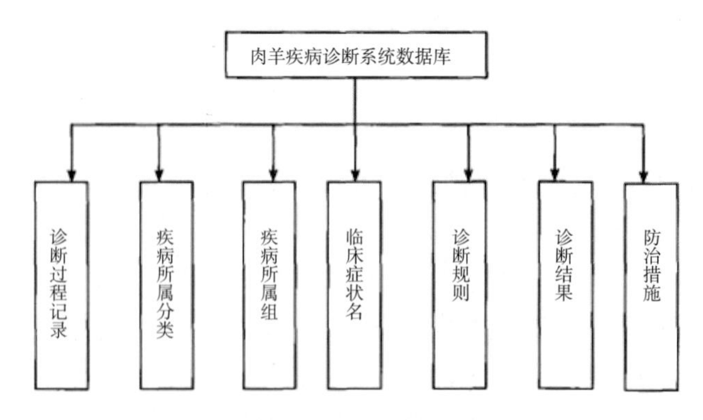

肉羊疾病诊断系统数据结构

（编撰人：孙宝丽；审核人：刘德武）

286. 如何预防公羔羊去势引发破伤风感染?

（1）破伤风的临床症状。公羔去势手术3d后，出现急性死亡。病羊卧地不起或眩晕倒地，全身僵硬，头颈明显偏向一侧，口吐白沫或流涎，牙关紧闭，饮食困难；伴有急性肠炎，腹泻和臌气；去势部位发生坏死、发炎、脓肿现象；体温、呼吸、脉搏变化不大，但有些羊死前体温升高。

（2）破伤风的预防措施。

①去势前，首先将母畜和去势公羔迁出原居住的羊舍，选定另一处地势平坦、干净、避风的优质牧场等待去势。

②将场地清扫后洒水以防尘土飞扬，用5%的来苏儿溶液进行严格消毒：对去势器械进行煮沸消毒30min，并准备5%碘酊及呋喃西林碘仿粉（9∶1）。

③按操作规程进行公羔去势手术，术后创口撒入少量呋喃西林碘仿粉（9∶1），并滴入适量5%碘酊液，术后静休2h后正常放牧和饲喂。

④集中去势的公羔和母畜，在水草丰盛、地势平坦、避风洁净的优良牧场上放牧2周后归群。

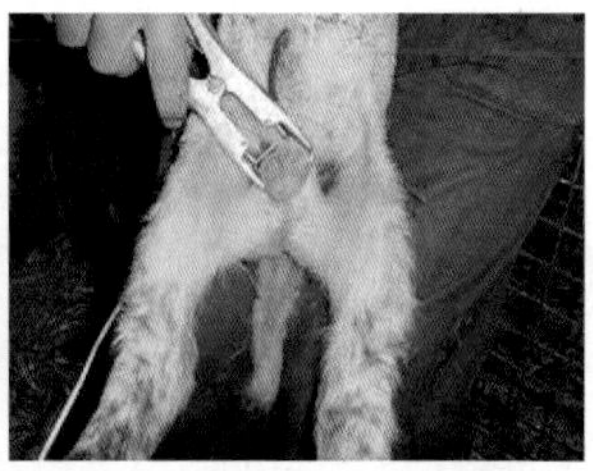

公羊现场去势

★养殖一家人，网址链接：http://diyitui.com/content-1454140827.37832131.html

（编撰人：柳广斌；审核人：刘德武）

287. 羊的三联四防是什么?

三联四防疫苗是预防羊快疫、羊猝狙、羊黑疫和羊肠毒血病。

免疫时间：每年2月下旬至3月上旬（成年羊、羔羊）；免疫方法：成羊或羔羊都按说明注射或成年羊加0.2倍量，10～14d产生免疫力；免疫期：6个月。

羊快疫主要发生于绵羊。羊突然发病，病程极短，其特征为真胃黏膜呈出血性炎性损害。

羊猝狙是由C型产气荚膜杆菌引起的，以急性死亡为特征，伴有腹膜炎和溃疡性肠炎，1～2岁绵羊易发。

羊黑疫，是由B型诺维氏梭菌引起的绵羊、山羊疾病。本病以肝实质发生坏死病灶为特征。

羊肠毒血症是魏氏梭菌产生毒素所引起的绵羊急性传染病。该病以发病急，死亡快，死后肾脏多见软化为特征。又称软肾病、类快疫。

羊肠毒血症

羊口疮

★黔农网，网址链接：http://www.qnong.com.cn/yangzhi/yangyang/12921.html
★百度知道，网址链接：https://zhidao.baidu.com/question/1540899487315652427.html

（编撰人：孙宝丽；审核人：刘德武）

288. 如何防止羊布鲁杆菌病?

布鲁杆菌病是由布鲁杆菌（布鲁杆菌）引起的人兽共患传染病。牛、羊、猪最常发生，羊感染后的主要特征是生殖器官和胎膜发炎，表现流产、不育，公羊发生睾丸炎等，故称传染性流产。

（1）预防措施。布鲁杆菌猪型2号弱毒菌苗，山羊、绵羊臀部肌内注射1ml（3个月以下羔羊和孕羊均不能注射），免疫期绵羊1年，山羊1.5年。饮水免疫时，按每只羊内服200亿菌体计算，两天内分2次饮服。马尔他5号弱毒冻干菌苗，对山羊、绵羊皮下或肌内注射，每只羊剂量为10亿活菌；或羊群室内气雾免疫，室内用量为50亿菌/m^3，喷雾后停留30min，免疫期1年。

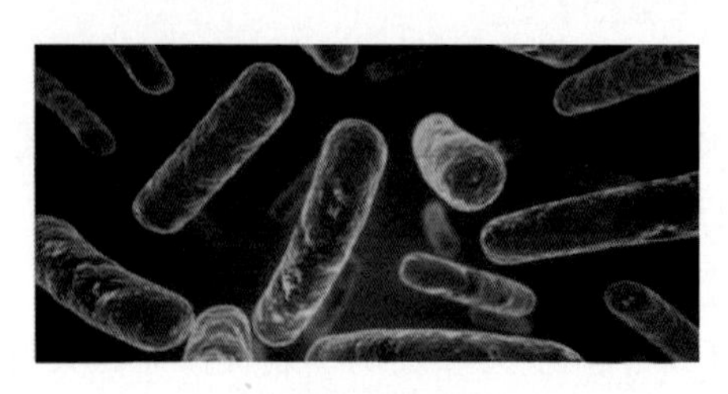

布鲁氏杆菌

★搜狐网，网址链接：http://www.sohu.com/a/120897702_399045

（2）治疗方法。本病一般不治疗，对价值昂贵的种羊，可在发病早期、隔离条件下治疗。用0.1%高锰酸钾溶液冲洗阴道和子宫，每千克体重肌注链霉素10～15mg，每天2次；或每千克体重肌注土霉素5～10mg，每天2次，首次量加倍，连用2～3周治疗。

（编撰人：孙宝丽；审核人：李耀坤）

289. 如何防治绵羊痘、山羊痘?

绵羊痘和山羊痘均为痘病毒科山羊痘病毒属亲上皮病毒引起，主要冬末春初发生和流行，主要特征是在皮肤和黏膜上发生特异性的丘疹和疱疹，病羊发热有较高的致死率。预防措施如下。

（1）严禁从疫区引进种羊，引种前先在外地做好检测工作，引进后进行检疫和消毒，并在隔离区饲养，确保无病后方能混栏。

（2）用山羊痘活疫苗，按照说明，每头尾根内侧注射0.5ml，其次可用羊毒抗配合地塞米松进行治疗。

（3）加强饲养管理，隔离病羊，严禁无关人员进出隔离舍。病死羊消毒后焚烧或者深埋，粪便发酵进行无害化处理，羊舍定时进行消毒，包括圈舍和器具。

治疗措施如下。

（1）用1%高锰酸钾溶液清洗患处，软化后除去坏死组织，涂抹硼酸软膏，每天2次。静脉注射葡萄糖溶液250ml、青霉素400万U、安乃近注射液20ml、地塞米松4ml混合溶液，1d 1次。

（2）可用黄连100g、射干50g、地骨皮25g、黄柏25g、柴胡25g，混合后加10kg水煎至3.5kg，过滤2次，装瓶消毒备用。每次每只大羊10ml、小羊5ml，皮下注射，每天2次，连用3d。

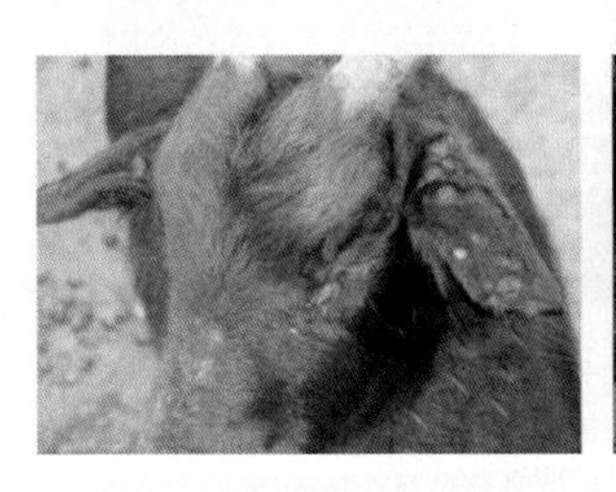

山羊痘

★农村致富网，网址链接：http://www.sczlb.com

（编撰人：孙宝丽；审核人：李耀坤）

290. 如何防治羔羊白肌病?

（1）加强怀孕母羊、羔羊的饲养管理，多喂些青绿饲料及燕麦芽、麦芽及谷芽（芽过长时，会损失维生素E，稍出芽即可）。饲料中如果缺乏维生素和微量元素，可适当补给维生素E和硒、钴、锰、铜等微量元素。

（2）在冬春气候骤变季节和舍饲羊群青绿饲料严重缺乏时以及在一些缺硒地区，应及时对羊群补充硒和维生素E，可在饲草中添加含硒和维生素E的预混料，或给母羊肌肉注射硒和维生素E。

（3）近期预防时，冬春注射0.1%亚硒酸钠注射液，每只母羊4～6ml，并补充适当精料。

（4）远期预防时，饲料中添加亚硒酸钠维生素E粉（按产品说明使用），或补饲微量元素舔砖，或按产品说明在饲料中加入牛羊用含硒微量元素，或使用质量可靠的羊浓缩饲料。

（5）治疗。

①0.1%亚硒酸钠注射液，羔羊2～4ml，间隔1～3d注射一次，连用2～4次。

②醋酸维生素E注射液，羔羊0.1～0.5g，间隔1～3d注射一次，连用2～4次。未发病羔羊可用亚硒酸钠维生素E预混剂（亚硒酸钠0.4g，维生素E 5g，碳酸钙加至1 000g）500～1 000g，加1 000kg饲料混饲。

③青霉素4万U/kg（2次/d）+地塞米松磷酸钠（每只羔羊1～2mg，1次/d），连用3d。

④硫酸庆大霉素4mg/kg，1次/d，连用3d。

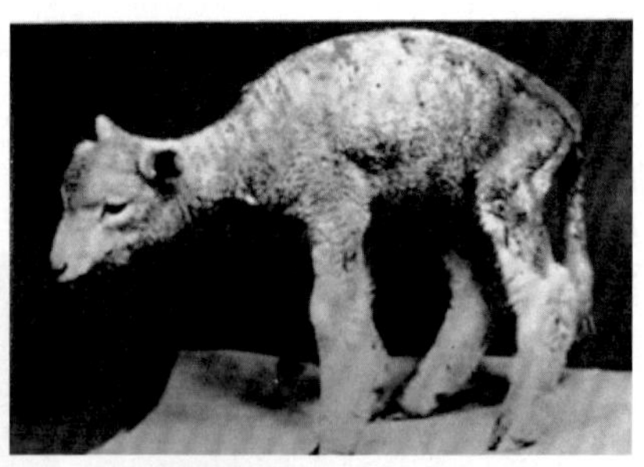

羔羊白肌病症状

★畜禽病虫害及疾病诊断图片库及防治知识库，网址链接：http://www.tccxfw.com/bch/3/data/309.html

（编撰人：柳广斌；审核人：刘德武）

291. 如何防治羔羊痢疾？

（1）预防。

①加强饲养管理，夏季做好母羊的抓膘、保膘工作，冬季对怀孕母羊要加强补饲，以增强母羊及所生产的羔羊体质，从而提高羔羊的抵抗力。

②做好接羔育幼舍的清洁卫生工作，防止病原微生物的侵入，同时做好接羔育幼工作，羔羊出生后要注意保暖，防止受凉，吃足初乳并要合理哺乳，防止饥饱不均，最好临产母羊隔群单养。

③发现病羔，立即隔离，被污染的棚圈和用具用5%来苏尔彻底消毒。

（2）治疗。

①对发病羔羊要做好早发现，早隔离，认真护理，积极治疗，粪便、垫草应焚烧，污染的环境、土壤、用具等用3%～5%的来苏尔喷雾消毒，羔羊出生后12h内口服土霉素0.15～0.3g，1次/d，连续灌服3d或选用其他较为敏感的抗菌药物。

②在对羔羊痢疾进行治疗时，必须将药物治疗与临床护理相结合，须按年龄、体质和临床症状进行必要的补液等对症治疗。临床上治疗羔羊痢疾以抗菌、消炎、解毒、止痢为主，进行综合性的治疗，同时给予病羊精心的护理。

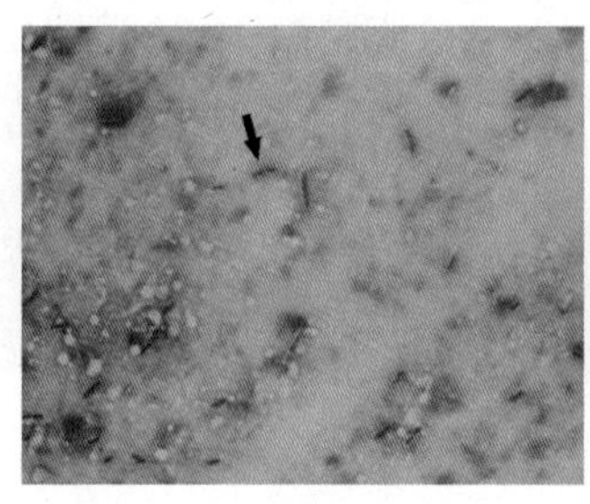

痢疾病毒

羔羊痢疾症状

★360百科，网址链接：https://baike.so.com/doc/5776007-5988784.html

（编撰人：孙宝丽；审核人：刘德武）

292. 如何防治羊肠毒血症？

（1）预防措施。

①加强饲养管理。及时清扫羊舍内外的环境卫生，认真执行消毒制度，及时将运动场的积水滩填平，避免羊饮用受病原菌芽孢污染的积水。同时，控制好饲养密度，保持栏舍通风，给羊群提供优质的饲草，放牧尽量选在高燥地区，春季

和夏季避免过量食用青绿多汁、富含高蛋白的饲草，秋冬季节注意不宜食用过量的结籽饲草。

②免疫接种。由于羊肠毒血症病程短，发病突然，因此，每年春季3—4月和秋季9—10月注射三联疫苗或五联疫苗。

（2）治疗措施。

①对于已发病的羊群，全群及时接种羊用三联疫苗，并且尽快转移到高坡干燥的地方，尽量少饲喂青绿饲料和谷物饲料，多喂粗饲料，并且严格执行消毒制度。对病死羊只要及时焚烧深埋处理，尽快清扫圈舍内外的粪便垫草及其他异物，并堆积到指定地方进行焚烧处理，使用生石灰水或5%来苏儿溶液喷洒消毒。

②对于有症状的羊只，每只羊肌内注射160万IU青霉素3支，2次/d，连用3d。或每千克体重5万～10万IU青霉素，10%葡萄糖500ml，强心安钠咖注射液5ml，生理盐水100～500ml，地塞米松10ml，维生素C 1.5g，依次静脉注射，2次/d，连用3～5d。若病程长的羊，可口服磺胺脒8～12g，连用3d。

③在每日的饲料中每千克体重添加120mg的金霉素，连用5d，饮水中添加氨苄西林钠自由饮用，并且限制在2h内饮完，连用5～7d。

羊肠毒血症临床症状

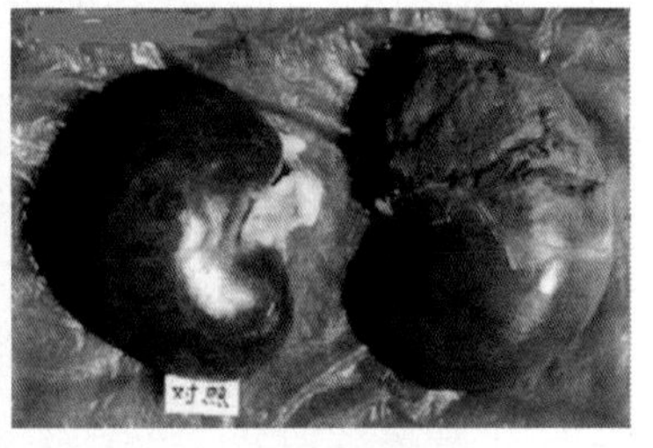

病变心脏

★黔农网，网址链接：http://www.qnong.com.cn/yangzhi/yangyang/12921.html
★百度贴吧养羊吧，网址链接：https://tieba.baidu.com/p/4202634787? red_tag=0876898261

（编撰人：孙宝丽；审核人：刘德武）

293. 如何防治羊传染性胸膜肺炎？

（1）预防措施。

①切断传染源。此病流行疫区，及早接种疫苗，提前防控此病。非流行疫区羊群，严格引种管理，禁止自疫区引进或者迁出病羊，引进的羊则要进行隔离检疫，确认无病原和带菌后可放入羊群中饲养。

②应注意改善管理，每年接种防疫疫苗，严格圈舍消毒，改善圈舍通风条

件，注意清洁卫生管理。

（2）治疗方法。

①做好隔离。一旦出现病羊就要及时地对羊群进行隔离治疗，对病羊待过的区域以及其使用过的饲养工具和粪便等进行消毒，同时给羊群注射传染性胸膜肺炎疫苗，注射后加强检查，出现传染病症状或者羊的体温持续升高，就要及时隔离。病死的羊要进行焚烧处理。

②药品治疗。饲料中，配用恩诺沙星康复治疗，增强疗效。为防控继发病的发生，建议用青霉素、链霉素等肌内注射。此后，根据病情的发展，追加安钠咖、维生素C等。

③做好护理。羊群活动的地方最好阳光充足，羊舍要通风干爽和干净。为了防治交叉感染，羊群尽量居住在病虫害较少的环境中。饲养员要加强管理，饲料要有质量保证，过期发霉的饲料不可给羊群食用。每个季节都要对羊群进行驱虫和免疫，所有的羊都要进行免疫注射。

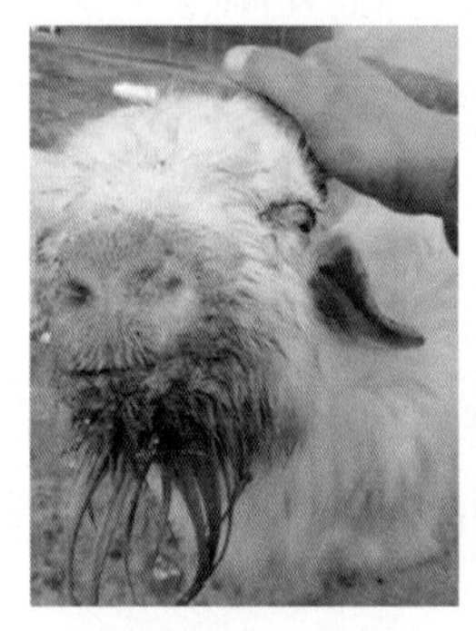

传染性胸膜肺炎症状

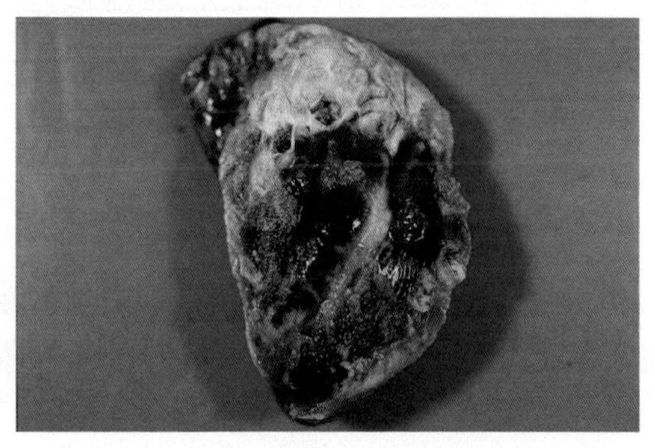

病变心脏

★新浪网，网址链接：http://blog.sina.com.cn/s/blog_1312591410102w0a4.html

（编撰人：孙宝丽；审核人：刘德武）

294. 如何防治羊东毕吸虫病？

（1）预防性驱虫。羊群定期进行驱虫，羊群通常选择在11月和4月中旬使用复方吡喹酮等有效药物进行药物驱虫，确保将羊体内寄生的东毕吸虫完全杀死。每次必须在特定的驱虫草场进行，注意确保高燥，不存在积水，避免对存在积水的草场造成污染。

（2）治疗性驱虫。病羊主要采取分期给药的治疗原则，使虫体被逐渐杀死，并非一次性大量给药，这是由于会使大量虫体死亡，而死亡后无法直接排到体外，反而会通过血液循环侵入肝脏，不但在肝脏内积聚，分解后产生大量毒素，既会加重损伤宿主肝脏，有时还会导致血管栓塞。再加上病羊各个脏器都在一定程度上发生损伤，导致机体抵抗力明显减弱，一次性大量用药，容易导致“虫死畜亡”现象。病羊在使用驱虫药物治疗的同时，还要对表现出临床症状的病原采取综合性治疗措施，如强心、补液、消炎、解毒、利尿等。

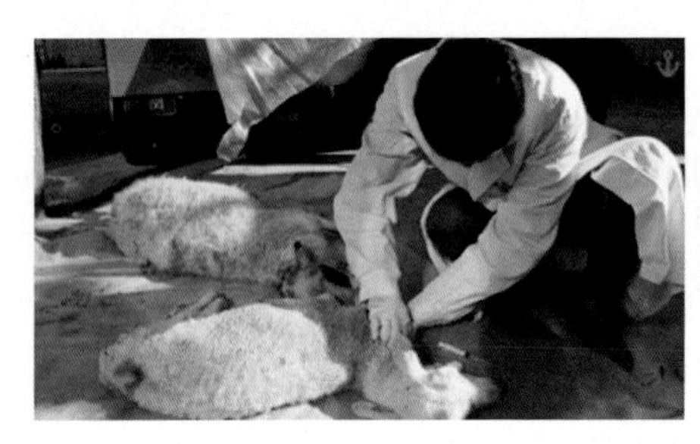

病羊解剖

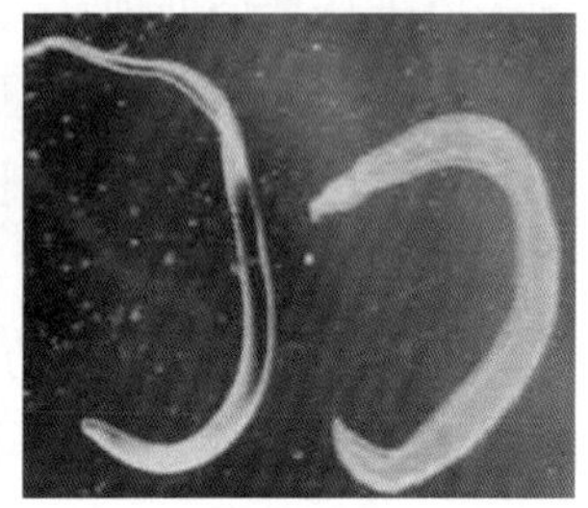

东毕吸虫病

★农村致富经，网址链接：http://www.nczfj.com/yangyangjishu/201020144.html

（编撰人：孙宝丽；审核人：刘德武）

295. 如何防治羊肝片吸虫病?

（1）定期驱虫。一年固定进行2次预防性的驱虫，第1次在冬末、春初时，在将舍饲转为放牧之前进行驱虫；在秋末、冬初时，在将放牧转为舍饲之前进行第2次驱虫。

（2）灭卵。日常进行粪便的收集，同时堆积发酵，杀灭虫卵。

（3）囊蚴感染的防治。切忌在潮湿、低洼且囊蚴多的地方进行放牧；确保饮水的清洁性，避免引用囊蚴易滋生的水，尽量引用质量高的流水或者井水；如若牧草是在潮湿、低洼的地方收割的，应进行晾晒，晒干后再喂羊。

（4）药物防治。驱除羊肝片吸虫的常用药物包括以下几种。

①硝氯酚。硝氯酚药物只对成虫有效果。针剂依据0.8 ~ 1.0mg/kg使用，行深部肌内注射。

②丙硫咪唑。丙硫咪唑药物仅对成虫有效，对童虫的效果没有成虫好。依据15mg/kg给药，一次口服。

③溴酚磷。该药物无论是对童虫还是成虫都有较好的驱杀效果，同时也可用在急性患羊的治疗中，给药方式为一次口服，16mg/kg。

④三氯苯唑。该药物无论是对成虫、幼虫还是童虫都具有较好的驱杀效果，

同样可用于急性患羊的治疗。给药方法为口服，取5%混悬液或者含250mg的丸剂，12mg/kg口服。

⑤中药。药方组成：槟榔、贯仲各100g，使君子50g，龙胆草、苏木各25g，水煎，取浓汁，灌服。

病羊解剖

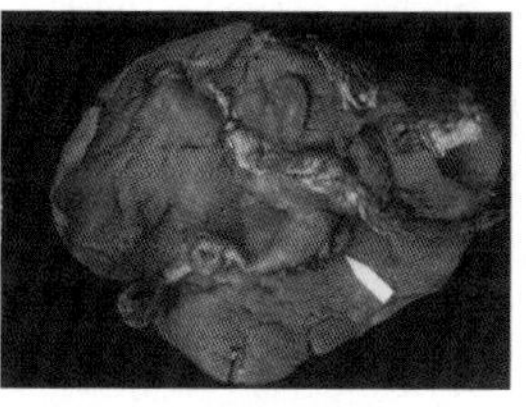

病变肝脏

★百度贴吧湖羊吧，网址链接：https://tieba.baidu.com/p/2407651024? red_tag=1054822928
★农村致富经，网址链接：http://www.nczfj.com/yangyangjishu/201020144.html

（编撰人：孙宝丽；审核人：刘德武）

296. 如何防治羊口蹄疫?

（1）预防措施。

①无病地区严禁从有病国或地区引进动物及动物产品、饲料、生物制品等，来自无病地区的动物及其产品，也应进行检疫。

②无口蹄疫地区一旦发生疫情，应采取果断措施，对患病动物和同群动物全部扑杀销毁，对被污染的环境严格、彻底消毒。

③常发生口蹄疫的地区，应根据发生口蹄疫的类型，每年对所有羊只注射相应的口蹄疫疫苗，包括弱毒疫苗、灭活疫苗、康复血清或高免血清、合成肽疫苗、核酸疫苗等。

（2）治疗方法。根据国家防疫规定除特殊情况外原则上不予治疗。

羊口蹄疫症状

★黔农网，网址链接：http://www.qnong.com.cn/yangzhi/yangyang/12922.html

（编撰人：柳广斌；审核人：刘德武）

297. 如何防治羊快疫?

（1）春季早打预防针。羊快疫病具有地方流行性，因此每年春初都要及时在易感地区进行疫苗预防，注射“羊快疫、羊肠毒血症、羊黑疫、羊猝疽”四联菌苗。注射剂量为射3～10ml，14d后获得免疫力，可产生8个月的免疫保护期。

（2）加强放牧管理。秋冬季、初春气候寒冷且气候变化快，牧草返青迟且有霜冻，羊不仅吃不饱而且吃到有霜冻的牧草后容易诱发本病。因此，为避免羊发病，初春放牧不宜过早。不到腐败梭菌易繁殖的低洼潮湿草地放牧，尽量在地势高燥的草地上放牧。

（3）加强羊的饲养管理。尽量避免喂食苜蓿草或者露水草，雨天不要放牧。疫区羊群禁止饮用地沟水和污水、死水，减少细菌感染几率。为了增强牧草的吸水性、避免羊出现腹泻，在放牧前可以先喂一些干草增强吸水性，或者在饮水中加盐或饮用100ml的10%石灰水，避免羊的胃肠发酵。

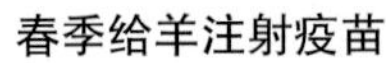

春季给羊注射疫苗　　健康羊只

★黔农网，网址链接：http://www.qnong.com.cn/yangzhi/yangyang/493.html

（编撰人：孙宝丽；审核人：刘德武）

298. 如何防治羊瘤胃臌胀?

（1）预防措施。

①合理搭配日粮，确保日粮中含有适量的粗料。

②控制发酵日粮的喂量，且饲喂谷物类饲料不能够研磨过细。

③加强看管，避免羊只偷食豆科作物，并控制采食含露水青草的量。

④羊只更换草料前，最好经过一段时间的适应。

（2）治疗方法。

①患有轻度瘤胃臌气的病羊，可在其口中横置一根去皮的柳树棍，并将细绳拴在木棍两端，借助两侧的角根在耳后固定，接着将病羊牵引到前高后低的斜坡上站立，同时配合对瘤胃进行按摩，加速蠕动、嗳气，从而达到排气的目的。

②患有较重瘤胃臌气的病羊，即腹围明显臌大，呼吸非常困难，则要马上采取穿刺放气，确保瘤胃内的气体尽快排出，避免引起窒息。病羊可直接插入胃导管进行排气，也可使用套管针进行穿刺放气。

③根据病羊的具体体况，或者使用适量酒精溶解1～5g鱼石脂，在添加适量饮水进行稀释后，充分混合后灌服。

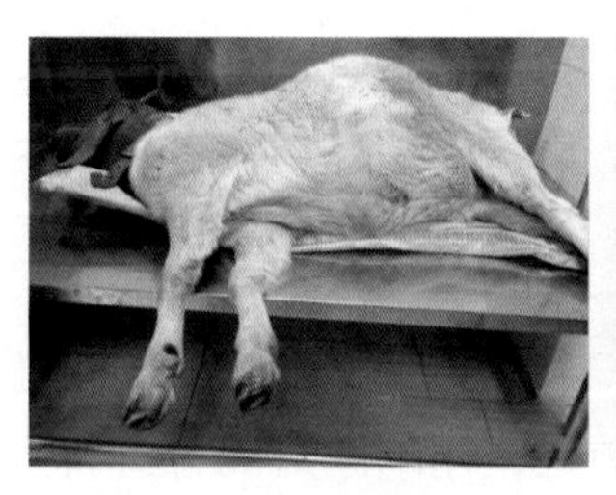

羊瘤胃臌胀

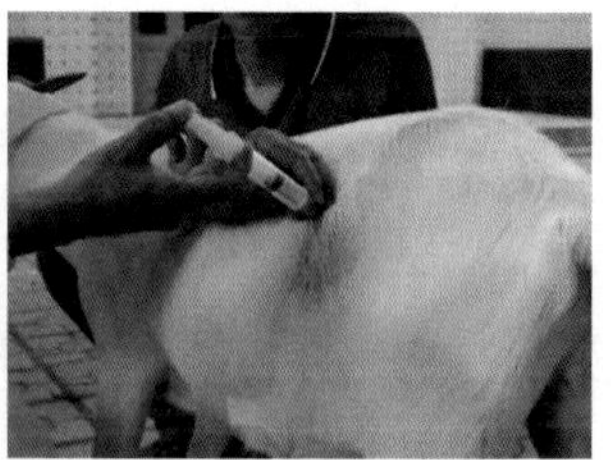

穿刺放气

★百度贴吧，网址链接：https://tieba.baidu.com/p/3519717753？red_tag=1572327658

（编撰人：柳广斌；审核人：刘德武）

299. 如何防治羊瘤胃积食？

（1）预防措施。加强饲养管理，减少不良环境因素应激，避免过食草料或长期、大量饲喂干硬而不易消化的饲料，合理供给精料，保证正常饮水。

（2）治疗方法。

①导泻疗法。

a.植物油100ml，硫酸镁50g，加水500ml一次灌服。

b.中药疗法：大黄60g、枳实60g、厚朴90g、槟榔60g、茯苓60g、白术45g、青皮45g、麦芽60g、山楂120g、甘草30g、木香30g、香附45g，混合磨成粉末，温水罐服。

②洗胃疗法。对严重病例者，将胃导管插入瘤胃中，胃导管放低，让胃内容物外流；如遇外流不畅，外端接漏斗，灌入适量温水并用手按摩瘤胃部，可使外流通畅；如此反复数次后，再灌服0.3g碳酸氢纳片50片、人工盐50g、0.5g酵母片50片。

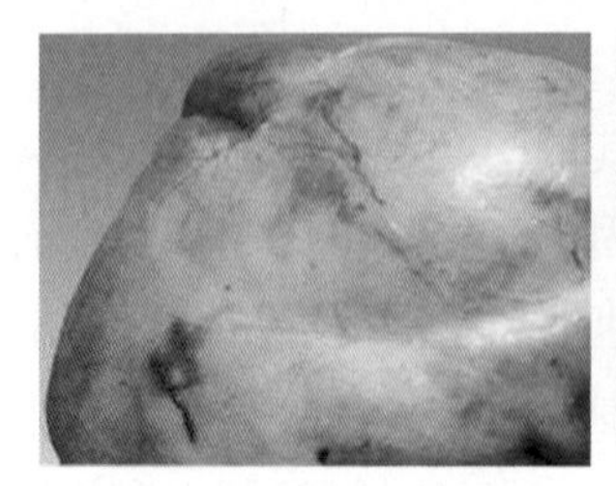

瘤胃臌胀，胃内积食

饲喂青饲料

★新浪网，网址链接：http://blog.sina.cn/dpool/blog/s/blog_9d7b99840101h8q8.html

（编撰人：孙宝丽；审核人：刘德武）

300. 如何防治羊螨病？

（1）预防措施。

①保持羊舍清洁干燥通风，每日清扫羊舍粪便及污物，同时还要定期对羊舍墙壁、地面及饲具用20%热石灰水进行消毒，用螨净对圈舍进行灭螨处理，可防止来自环境的感染。每年秋季进行1次彻底的药浴杀螨工作。

②选择在采光良好、地势干燥宽敞的场地修建羊舍，可减少该病的发生率。

③对羊只可采取定期检疫，并随时注意观察羊只情况，一旦发现患螨病羊，要立即采取隔离治疗，以防止该病的蔓延。

（2）治疗方法。用伊维菌素注射液防治羊螨病，皮下注射，每50kg体重羊注射1ml，轻者即可治愈，每半年皮下注射1次，重者隔1周后再注射1次，除个别病例外，均可治愈。

用螨净（主要成分是二嗪农溶液）按1L螨净：1 000L水的比例进行药浴、涂擦或喷洒，轻者用药液1次即可，重者每隔1周后重复用药1次（按1L螨净：330L水的比例）。

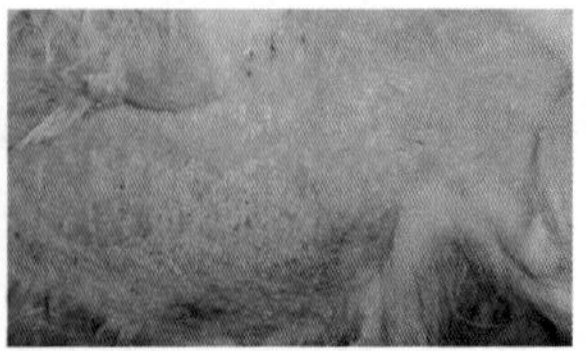

羊螨虫病症状

★新浪博客，网址链接：http://blog.sina.com.cn/s/blog_16f00f69c0102xef5.html
★农村致富经，网址链接：http://www.nczfj.com/wap/Article/16882.html

（编撰人：孙宝丽；审核人：刘德武）

301. 如何防治羊胃肠炎?

（1）预防措施。科学选建羊圈舍，加强饲养管理，做到日粮平衡，确保满足羊的营养需求，固定饲喂模式，做到定时定量，加强饮水管理，注意补给清洁饮水，合理规划饲养密度，按程序做好疫苗接种，定期对羊圈舍进行清扫和消毒，时刻关注羊圈舍情况，做到及时发现及时治疗。

（2）治疗方法。在治疗羊胃肠炎时应遵循相关的治疗原则：对胃肠进行清理，保护胃肠黏膜，防止胃肠中的内容物出现腐败发酵，保持心脏机能，预防脱水，解除中毒，提高病羊免疫力等。腹泻严重的病羊，取适量水添加40g碳酸氢钠或150g左右的活性炭灌服。采用抗菌药物制止炎症发展，使用前进行药敏试验。对于羊胃肠炎通常使用30g左右的磺胺脒和碳酸氢钠，1d 3次，为了获取更好地治疗效果还应注射3g左右的黄连素。

羊饮水

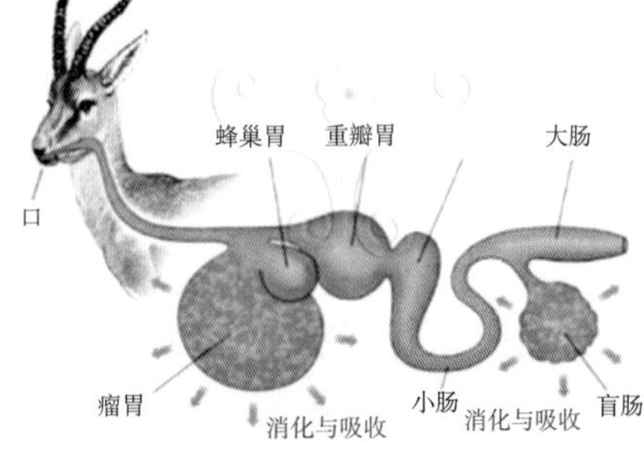

羊胃肠构造

★兽药招商网，网址链接：http://www.514193.com/yangzhijishu/44908.html

（编撰人：孙宝丽；审核人：刘德武）

302. 如何防治羊血吸虫病?

（1）预防措施。

①定期驱虫及时对人、畜进行驱虫和治疗，并做好病羊的淘汰工作；粪便处理人、畜粪便经发酵处理后再作肥料或制造沼气。

②保持水源清洁做好饮水卫生，可用灭螺药物杀灭中间宿主，阻断血吸虫的发育途径。尽量不饮地表水，放牧时若必须饮用，则确信无尾蚴后方可饮用。

③冷冻、辐照致弱童虫苗免疫绵羊，平均减虫率55.1%，冻融死童虫苗免疫绵羊减虫率为65.3%，每次2 000个童虫，共免疫3次。

（2）治疗方法。治疗本病首选药物为吡喹酮，剂量为每千克体重30～50mg，一次口服，治愈率可达93%。此外，治疗该病也可选用硝硫氰胺、敌百虫和六氯对二甲苯。

①颈静脉注射硝硫氰胺，剂量按每千克体重4mg，配成2%～3%水悬液。

②灌服敌百虫，山羊为每千克体重50～70mg，绵羊剂量为每千克体重70～100mg。

血吸虫形态

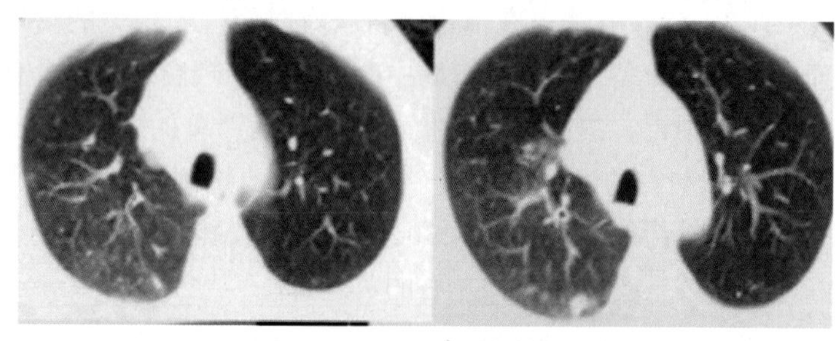

肺感染血吸虫

★互动百科，网址链接：http://tupian.baike.com/ipad/a4_70_74_01300000272943122646749196081_jpg.html

（编撰人：孙宝丽；审核人：刘德武）

303. 羊肉成分和营养价值有何特点？

羊肉属于高蛋白、低脂肪、低胆固醇的营养食品，其味甘性温，益气补虚，强壮筋骨，具有独特的保健作用，经常食用可以增强体质，使人精力充沛，延年益寿。特别是羔羊肉具有瘦肉多、肌肉纤维细嫩、脂肪少、膻味轻、味美多汁、容易消化和富有保健作用等特点。

山羊肉含水分73.80%、含氮物20.65%、脂肪4.30%、矿物质1.25%。绵羊肉含水分55.25%、含氮物16.85%、脂肪27%、矿物质0.90%。每100g山羊肉中含胆固醇60mg，绵羊肉含70mg，所以，羊肉是患高血压和心脏病病人的适宜食品。山羊肉颜色红润，脂肪大多分布在内脏器官周围；绵羊肉颜色较淡，脂肪均匀地分布在皮下，肌肉组织中和内脏器官周围。羊肉脂肪呈白色，熔点高，易凝固，32～45℃时凝结，脂肪硬度大，所以羊肉必须加热食用。羊肉脂肪中的一些脂肪酸，易于挥发而使羊肉带有特殊的膻味。肥度较好的青年羊，阉割的公羊，膻味可大大减轻。

优质羊腿羊排

★羊肉汇，网址链接：http://nrcyd.99114.com/s_41403184_76514684.html

（编撰人：孙宝丽；审核人：李耀坤）

304. 羊的现代屠宰工艺有何特点?

（1）送宰。屠宰前12h断食并喂1%食盐水，使畜体进行正常的生理机能活动，调节体温，促进粪便排泄，放血完全。为了防止屠宰羊倒挂放血时胃内容物从食道流出污染胴体，宰前2～4h应停止给水。

（2）淋浴。宰前淋浴冲洗，洗去体表污垢，减少羊体表病菌污物污染。冬季水温接近羊的体温，夏季不低于20℃。

（3）击晕。采用电麻机将羊击晕，防止因恐怖和痛苦刺激而造成血液剧烈地流集于肌肉内而致放血不完全，以保证肉的品质。

（4）宰杀。现代化屠宰方法将羊只挂到吊轨上，利用大砍刀在靠近颈前部横刀切断三管（食管、气管和血管）。

（5）剥皮。在大型羊场和屠宰场，集中成批宰羊，可用专门的剥皮机剥皮。即先行手工预剥后，用机械剥皮，机械剥皮分立式和卧式两种。

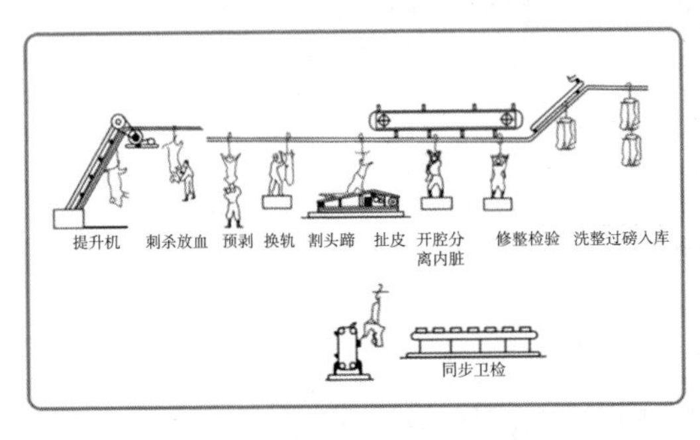

羊屠宰加工工艺流程

羊屠宰现场

★中国食品机械设备网，网址链接：http://www.foodjx.com/offer_sale/detail/2085329.html

（6）开膛。①剖腹取内脏。剥皮后应立即开膛取出内脏，最迟不超过30min，否则对脏器和肌肉均有不良影响，如降低肠和胰脏的质量等。②劈半。羊胴体可以整胴体，也可以劈成两半。劈半前，先将背部用刀从上到下分开，称作描脊或划背。然后用电锯或砍刀沿脊柱正中将胴体劈为两半。

（7）胴体整理。

（8）检验、盖印、称重、出厂。

（编撰人：柳广斌；审核人：刘德武）

305. 羊奶有哪些物理特性？

羊奶呈乳白色，羊奶加热时会有淡淡的奶香味和腥膻味。一般情况下pH值为6.7左右。比重（20℃/4℃）1.028，羊乳的酸度为0.130（%），13.38° T。羊乳中的干物质含量为14.36%、蛋白质含量为3.98%、脂肪含量为4.25%、乳糖含量为4.12%、灰分含量为0.74%、非脂乳固体的含量为8.23%。其中8种必需氨基酸的含量为1 137mg/100ml，8种必需氨基酸的含量占总氨基酸含量的30.13%，羊乳中饱和脂肪酸占脂肪酸总量的67.50%，其中低级饱和脂肪酸占饱和脂肪酸的36.17%，另外羊乳中乙酸含量要高于牛乳。羊乳中含有丰富的矿物质，其中钙、磷、钾、镁元素的含量很高，羊乳中还富含铜、铁、锌、锰等微量元素。但是，羊乳中的钠元素含量要比牛乳低。

加工后羊奶商品

★中国家庭医生网，网址链接：https://ss0.bdstatic.com/70cFuHSh_Q1YnxGkpoWK1HF6hhy/it/u=1792203664，66622668&fm=27&gp=0.jpg

（编撰人：柳广斌；审核人：刘德武）

306. 羊肠衣的加工要点包括哪些方面？

（1）原肠的收购。收购的原肠必须来自健康无病的羊只，要及时去净粪便，冲洗干净，保持清洁，不得有杂物。一根完整的羊小肠包括十二指肠、空肠和回肠。

（2）加工方法。浸泡漂洗、刮肠、灌水、量尺、腌肠、扎把、漂洗、灌水分路、配尺、腌肠及扎把。

（3）质量检验。

①色泽。绵羊肠衣以白色及乳白色为上等，青白色、青灰色、青褐色次之。山羊肠衣以白色及灰色为最佳，灰褐色、青褐色及棕黄色次之。

②气味。不得带有腐败味和腥臭味。

③质地。薄韧透明、均匀，不得有沙眼破洞、硝蚀、盐蚀、不得有寄生虫痕迹，无刀伤。带有老麻筋（显著的筋络）的肠衣为次品。

（4）包装与保存。肠衣多采用塑料桶或木桶包装。放在0～5℃保存，也可放在地下室凉爽处贮存。每周检查一次，如有漏卤、肠衣变质，应及时处理。

加工后的羊肠衣

★中国畜牧业信息网，网址链接：http://www.caaa.cn/public/foodhealth/

（编撰人：孙宝丽；审核人：李耀坤）

307. 现阶段肉羊业存在的主要问题有哪些？

（1）在经济发展方面。①肉羊生产过于分散、单位规模较小、生产方式仍然较为落后。②肉羊产业日益受到资源不足、环境污染的约束。③肉羊的产业化经营水平较低，养羊的农户与大企业缺乏紧密的联系。④现代化屠宰加工水平较低，现在加工业常常竞争不过私宰作坊。⑤羊肉及其制品在整个畜产品消费中比例偏低。⑥肉羊产业的市场竞争加剧，缺乏国际竞争力。

（2）在育种与繁殖方面。①缺乏良好的本地品种，盲目引种，混合杂交。②育种工作滞后，育种基础设施薄弱。③肉羊遗传资源保护和开发利用不足。④良种繁育体系不健全。⑤盲目炒种，热衷炒种，忽视生产。

（3）在营养与饲料方面。①生产中缺乏肉羊饲养标准和常规饲料的营养参数。②禁牧后舍饲成本上升。③粗饲料的加工工艺技术急需提升。

（4）在疾病防控方面。①生产一线人员缺乏疾病防控意识以及疾病鉴别能力。②滥用抗生素，乱用药物。③羊存在人、畜共患病，对人有健康威胁。④免疫程序不规范，无法进行有效的羊群防疫。⑤普通牧场缺少专职兽医，疾病防控与免疫程序无法正常进行。

肉羊舍饲

集约化羊场

★搜狐网，网址链接：http://www.sohu.com/a/82348254_430859
★正北方网，网址链接：http://www.northnews.cn/2017/1115/2685707.shtml

（编撰人：孙宝丽；审核人：李耀坤）

308. 兔有哪些生物学习性和采食习性?

（1）生物学习性。

①夜行性。兔具有昼静夜出的特点。白天无精打采，采食量低；晚上精力旺盛，采食饮水增加。

②胆小性。兔属体小力弱动物。遇敌害时会竖起耳朵，惊慌失措，乱蹦乱跳，引起食欲不振，母兔流产。

③细洁性。兔喜欢清洁干燥的生活环境。所以兔舍在设计以及日常管理中，要保证圈舍清洁干燥、冬暖夏凉、通风良好。

④独居性。群养时不论公、母及同性别的成年兔经常发生互相争斗现象，因此成年兔需要单笼饲养。

⑤啃咬性。兔的第一对门牙是恒齿，需要经常啃咬磨牙，才能使上下门齿正常咬合。所以笼舍应使用兔不爱啃咬的材料建造，笼舍内多投放树枝或木棒供兔啃咬。

（2）采食习性。兔为草食性动物，以青绿饲草为主要饲料来源。蛋白质、维生素和矿物质的需求可用豆粕、麦麸、食盐、骨粉和青绿饲料补充。育肥期的兔子可饲喂玉米、糙米、大麦、米糠、豆饼等。

胆小的兔子

采食青绿饲料

★视觉中国，网址链接：http://www.vcg.com
★富鑫兔业，网址链接：http://ws.jsemw636.com/

（编撰人：孙宝丽；审核人：刘德武）

309. 我国专业化养兔按其用途主要有哪些优良品种?

（1）肉兔。新西兰白兔、加利福尼亚兔、日本大耳兔、青紫蓝兔、比利时兔、花巨兔、垂耳兔、齐卡肉兔配套系、艾哥肉兔配套系、中国白兔、哈尔滨白兔、塞北兔、太行山兔、安阳灰兔、豫丰黄兔、福建黄兔等。

（2）皮兔。主要是引进美国、法国和德国的獭兔。

（3）长毛兔。德系安哥拉兔、中系安哥拉兔、皖系长毛兔、其他长毛兔新品系或类群（如镇海巨型高产长毛兔、珍珠系长毛兔、沂蒙巨型长毛兔、泰山粗毛型长毛兔等）及少量的法系安哥拉兔。

肉兔

皮兔

长毛兔

★一呼百应网，网址链接：http://www.youboy.com/s33640811.html
★新浪网，网址链接：http://blog.sina.com.cn/s/blog_97e670690102vi7e.html

（编撰人：孙宝丽；审核人：刘德武）

310. 哈尔滨大白兔有何特性?

哈尔滨大白兔简称哈白兔，是中国农业科学院哈尔滨兽医研究所经过10多年研究培养出来的大型皮肉兼用兔。先后推广到辽宁、吉林、黑龙江、四川、河南、内蒙古、河北、江苏、山东等地。

20世纪90年代末哈白兔育种场因故转产，核心群兔分散转至哈尔滨市郊扩繁场。2000年后哈白兔种兔群流散到多个繁殖场，在黑龙江、吉林、辽宁及山东、四川、河南等省部分种兔场仍有不同规模的种兔群。哈尔滨大白兔体型匀称紧凑，骨骼粗壮，肌肉发达丰满。公母兔全身毛色均呈白色，有光泽，中短毛；身大，眼呈红色，尾短上翘，四肢端正。公兔胸宽较深，背部平直稍凹；母兔胸肩较宽，背部平直，后躯有8对乳头。该兔繁殖力高，生长快，耐粗食，适应性强，遗传性稳定。通过在全国近10年的推广扩繁，证明了哈尔滨大白兔遗传性能稳定，适应性强，耐粗饲，繁殖性能好，仔兔生长发育快，饲料报酬高，各项生化指标强于进口兔。在相同的饲养条件下各项生产性能指标均高于进口大型肉兔。

哈尔滨大白兔

★动物百科网，网址链接：http://iapi.ipadown.com/api/news/detail.show.api.php？id=334751

（编撰人：孙宝丽；审核人：刘德武）

311. 塞北兔有何特性？

塞北兔虽在北方养殖量大、范围广，但在南方、东海之滨、西部高原等地适应情况也较好，目前主要分布于河北、河南、山西、海南、陕西、广西、新疆、内蒙古等省、自治区。

该品种具有个体大、生长快、繁殖力强、适应性好、抗病力强等优点，其生产性能的某些指标已达到进口肉兔的品种标准，是我国目前数量较多、群体较大的家兔品种之一。塞北兔的兔皮及肉质风味具有较高的经济价值，其毛皮制品和肉产品深受消费者的追捧，因其温顺好管理，所以也备受养殖户的欢迎。塞北兔是用法国公羊兔与比利时的弗朗德巨兔进行两元轮回杂交后，经横交固定而培育成功的一个大型肉皮兼用型家兔品种。塞北兔体型大，呈长方形，头大小适中，眼大有神，耳宽大，一耳直立，一耳下垂，兼有直立耳和垂耳型。下颌宽大，嘴方正，鼻梁上有一黑色山峰线。颈稍短，颈下有肉髯。四肢粗短而健壮，结构匀称，体质结实，肌肉丰满。全身被毛丰厚有光泽，为标准毛类型。

塞北兔

★波奇网，网址链接：http://www.boqii.com/cntry/detail/727.html

（编撰人：孙宝丽；审核人：刘德武）

312. 四川白兔有何特性?

四川白兔属中国白兔（又名本地兔，俗称菜兔），原产于成都平原和四川盆地中部丘陵地区的成都、德阳、泸州、内江、乐山、自贡、重庆等地农耕发达的县乡，在全省区均有分布。随着外来品种的引入与推广，四川白兔仅在交通不发达的边远山区有零星分布。四川白兔体型小，结构紧凑。头清秀，嘴较尖，无肉髯。眼红色，耳短小、厚而直立，耳长约为10.9cm，耳宽约为5.6cm，耳厚约为1.05mm。腰背平直、较窄，腹部紧凑有弹性，臀部欠丰满。被毛为标准毛型，毛质优良，短而紧密。毛色多数为纯白色，间有胡麻色、黑色、黄色和黑白花色的个体。母兔乳头数一般为4对。

四川白兔其适应性、繁殖力和抗病力均较强，耐粗饲，是四川省分布较广的一个皮肉兼用地方品种。自然血配受胎率达80%以上，明显高于外来家兔品种。妊娠期30～31d的达88%以上。母兔最多的一年产仔可达7窝，窝产仔数5～8只，最多一窝产仔11只，平均6.5只。初生窝重300g左右，28～30日龄断奶个体重390～480g。

四川白兔

★生活百科网，网址链接：http://www.tvzhishi.com/ziranbaike/57113.html

（编撰人：孙宝丽；审核人：刘德武）

313. 福建黄兔有何特性?

福建黄兔原产于福建省福州地区各个县、市，如沿海的连江、福清、长乐、罗源及山区的闽清、闽侯等地。福建黄兔又名福建兔（黄毛系），具有耐粗饲、胴体品质好、繁殖性能好、抗病力强等优点，有很好的品种优势，其野性强，肉质口味好，药用价值高。素有“药膳兔”之称，深受消费者喜欢。近几年来该兔市场热销，在福建省的饲养量逐年上升，发展较快。但因福建黄兔体型小，生长速度慢，严重影响了经济效益。全身紧披深黄色或米黄色标准型被毛，具有光泽，下颌至腹部至胯部呈白色带状延伸，头大小适中，呈三角形，公兔略显粗大，而母兔比较清秀。两耳直立、厚短，耳端钝圆、呈“V”形，眼大，虹膜呈棕褐色。头部、颈部和腰部结合良好，胸部宽深，背腰平直，后躯较丰满，腹部紧凑、有弹性。四肢强健，后足粗长，善于跳跃奔跑及打洞。福建黄兔性成熟早，90日龄、体重达1.5～1.7kg时即有求偶表现，105～120日龄、体重2kg即可初配，最迟150日龄左右初配，比其他品种兔一般要早30～60d。一年四季均可繁殖配种，但夏季配种受孕率明显下降。母兔一般年产5～6胎，年产活仔数33～37只，年育成断奶仔兔28～32只。公、母兔使用年限一般为2年。

福建黄兔

★慧聪网，网址链接：https://b2b.hc360.com/supplyself/319258359.html

（编撰人：邓铭；审核人：刘德武）

314. 云南花兔有何特性?

云南花兔分布在全省各地，但多产于云南省曲靖市、楚雄州、普洱市、大理州等地。云南花兔是一种肉皮兼用型兔，它的适应性广，抗病力强且生长快，是提高家兔自身免疫力，开展抗病育种或培育观赏兔难得的育种素材。耳短而直立，嘴尖，无垂髯，白毛兔的眼为红或蓝色，其他毛色兔的眼为蓝或黑色。毛色以白为主，其次为灰色、黑色、黑白杂花，少数为麻色、草黄色或麻黄色。成年兔的体重在2kg左右。云南花兔8月龄的屠宰率为58.7%，一岁龄的屠宰率为60.5%。云南花兔性早熟，公兔3～4月龄有性欲，母兔4～5月龄可交配受孕，但饲养者一般习惯在5～6月龄、体重达1.3～1.4kg时开始繁殖配种，公兔6～7月龄、体重达1.4～1.5kg时才用于配种。母兔发情持续期2～3d，平均妊娠期30d（28～32d），一年可产7～8窝，平均窝产仔数5只，初生个体重35～45kg，断奶成活率在90%以上。

云南花兔

★百度百科，网址链接：http://so.baike.com/m/doc/%E6%B5%9C%E6%88%9D%E5%B4%A1%E9%91%BA%E5%8D%9E%E5%8E%B0&prd=so_m

（编撰人：邓铭；审核人：孙宝丽）

315. 皖系长毛兔有何特性?

目前，皖系粗毛型长毛兔已在省内外推广，占全省长毛兔存栏量的40%左右，分布到河南、河北、江苏、浙江、山东、辽宁、黑龙江、湖北、湖南、江西、陕西等10余个省。该品系克服了国内饲养法系兔产毛量低和德系兔粗毛率低的弱点，且毛品质优良，毛纤维长度、细度、强度及伸度在正常饲养管理条件下，超过目前的引进品种。不仅产毛量、粗毛率高，且适应性强，抗病力强，耐粗饲，易于饲养，深受广大养兔户欢迎。皖系粗毛型长毛兔体躯结构匀称，细致紧凑，体型中等。全身被毛白净，浓密而不缠结，柔软、富有弹性和光泽，毛长7～12cm，粗毛密布而凸出于毛被。头圆而中等，两耳直立，耳尖少毛或一小撮毛；眼睛红色、大而光亮；胸宽深，背腰宽而平直，臀部钝圆；腹容量大、有弹性、不松弛；四肢强健、有力，肢势端正；骨骼粗壮结实；尾巴中等长，尾毛丰富。该品系兔生长发育正常，前期生长速度较快。繁殖性能适中，性成熟年龄，公兔为6～7月龄，母兔5～6月龄。初配年龄，公兔6.5～7.5月龄，体重3 000g以上；母兔5.5～6.5月龄，体重2 800g左右。母兔怀孕期为28～31d。哺乳期为42日龄。母兔利用年限为3～5年。每只母兔年提供商品兔数量为25只左右。

皖系长毛兔

★安徽日报农村版，网址链接：http://epaper.anhuinews.com/html/ahrbncb/20110114/article_2524388.shtml

（编撰人：孙宝丽；审核人：刘德武）

316. 中系安哥拉兔有何特性?

引种之初主要饲养于上海、江苏、浙江等地，随着杂种长毛兔的发展，日渐取代了中系安哥拉兔，所以目前中系安哥拉兔仅在江苏盐城和滁州等地的少数乡镇有零星饲养。该兔属小型毛用兔，俗称全耳毛兔，主要特点是适应性强，绒毛品质好，性成熟早，繁殖力强，母性好，仔兔成活率高适应性强，较耐粗饲。体毛洁白，细长柔软形似雪球，可兼作观赏用。安哥拉兔耐寒不耐热，适宜的生境温度为10～30℃，在15～25℃间最适宜于繁殖。安哥拉兔的交配繁殖不受季节限制，公兔可随时交配；未怀孕母兔每7～9d发情1次，每次持续3～5d，每半个月为一个发情周期。分娩后的母兔第2d即可发情，此时可进行血配。在非发情期，温度适宜时交配后同样可以排卵受孕。母兔在交配后10～12h开始排卵，此为刺激排卵。

中系安哥拉兔

★泽牧久远网，网址链接：http://www.zgcsdwyyzj.com/yangtujishu/2016/0608/469.html

（编撰人：孙宝丽；审核人：刘德武）

317. 力克斯兔有何特性?

力克斯兔原产于法国。目前，力克斯兔生产主要分布在中国、法国、美国、德国、西班牙及俄罗斯等国家和地区，中国商品兔生产数量最大，美国、法国和德国种兔生产处于领先水平。力克斯兔是普通家兔的突变种，资源稀少。被毛浓密，短绒毛占92%以上，粗毛不外露，平齐而富有光泽，手感丰厚、柔顺、富有弹性，不易脱落，色型丰富，皮裘性能好，经济价值高，产肉性能和适应性能好，但不耐粗饲，对饲养管理条件要求较高。力克斯兔头型清秀，两耳直立、呈

“V”形，大小中等，厚薄适中。眼大而圆，须眉触毛卷曲，成年兔可见肉髯。体型形态紧凑，结构匀称，背腰平直，肌肉丰满，臀部圆实。被毛短密、平整、光滑，自然毛色多姿多彩，是划分品系的主要依据，标准色有14种。在我国饲养条件下，力克斯兔一般4～5月龄性成熟，母兔5.5～6.0月龄、公兔6～7月龄初配。母兔年产4～5窝，妊娠期28～32d；窝产仔数6～9只，平均窝产活仔数7只左右。

黑白色力克斯兔

灰色力克斯兔

★百度百科，网址链接：https://baike.baidu.com/item/%E5%8A%9B%E5%85%8B%E6%96%AF%E5%85%94

（编撰人：孙宝丽；审核人：刘德武）

318. 新西兰兔有何特性？

新西兰兔原产于美国，由美国于20世纪初用弗朗德巨兔、美国白兔和安哥拉兔等杂交选育而成。广泛分布于世界各地。有白色、红棕色和黑色3个变种，其中白色新西兰兔最为出名。它们之间没有遗传关系，而生产性能以白色最高。我国多次从美国及其他国家引进该品种，均为白色变种。它体型中等、臀围、腰与肋部丰满；具有早期生长快、产肉率高，肉质肥嫩，产仔率高，适应性和抗病力较强等优点，深受我国各地养殖者欢迎。主要缺点是毛皮品质较差，利用价值低。该兔体型中等，全身结构匀称，发育良好，被毛白色浓密，头粗短，额宽，眼呈粉红色，两耳宽厚、短而直立，颈粗短，腰肋丰满，背腰平直，后躯圆滚，四肢较短，健壮有力，脚毛丰厚，适于笼养。适应力强，较耐粗饲，繁殖性能好，年繁殖5～6胎，胎产仔7～12只，年均胎产8只左右，初生仔兔体重均匀，达60g左右，受胎率高达95%。

新西兰兔

★一呼百应网，网址链接：http://b2b.youboy.com/i/D0C2CEF7C0BCCDC3D1F8D6B3BBF9B5D8.html

（编撰人：邓铭；审核人：孙宝丽）

319. 比利时兔有何特性?

比利时兔原产于比利时贝韦伦，引入中国后，主要分布于河北、山东、辽宁等。被毛颜色多为鼠毛型。该兔头、颈、背、体侧、四肢外侧毛纤维均与野兔毛纤维颜色相似，毛纤维的基部为浅灰色，中段色稍淡，毛尖颜色深，并夹杂有黑色枪毛。头部中等匀称，眼眶凸出，眼睛为黑色，两眼周围有不规则的白圈；耳宽大而直立，稍倾向于两侧，耳尖部有黑色光亮的毛边；面颊部凸出，脑门宽圆，下颌骨宽大，嘴方正，鼻梁上有黑色山峰线，鼻骨隆起，类似马头，俗称“马兔”。比利时兔的主要优点是体型大，体质健壮，增重快，屠宰率高，尤以肉味鲜美和皮质好而闻名于世。在我国生产性能表现比其他大型兔好，备受养殖户的欢迎。生长发育快，适应性强，泌乳力高。“比利时兔”与中国白兔、日本大耳兔杂交，可获得理想的杂种优势。比利时兔的遗传性能稳定。在一般饲养管理条件下，喂给相同的全价颗粒饲料，比其他肉兔生长快，抗病力强。饲料报酬为1∶3，屠宰率52%。一只母兔年繁殖仔兔45只左右。

比利时兔

★百度百科，网址链接：https://baike.baidu.com/item/%E5%8A%9B%E5%85%8B%E6%96%AF%E5%85%94

（编撰人：孙宝丽；审核人：刘德武）

320. 日本大耳白兔有何特性?

日本大耳白兔，原产于日本，系中国白兔与日本原产大耳白兔的优质杂交品种，又称大耳白兔、日本白兔、大耳兔。我国地域辽阔，科研单位分布广泛，使得日本大耳白兔广泛地分布于全国各地，逐渐形成了天津日本大耳白兔、湖北日本大耳白兔等品系。日本大耳兔以耳大、血管清晰而著称，外观看上去很大，尤其是一对大大的耳朵，呈“V”字形分散在头顶，宽大、厚并且长，全身被毛为白色，没有任何的杂色。该兔头大小适中，额宽，面丰，被毛全白且浓密而柔软。日本大耳兔体格强健，较耐粗饲，适应性强，体型较大，生长发育较快，繁殖力强，以皮肉品质兼优著称，我国各地广为饲养。该兔种的主要优点是早熟，生长快，耐粗饲；母性好，繁殖力强，常用作“保姆兔”，肉质好，皮张品质优良。商品兔的饲养通常是比较粗养的方式，所以商品兔通常选用比较耐粗饲的品种，日本大耳兔就是比较好的商品兔品种，因此备受养殖户青睐。

日本大耳白兔

★360百科网，网址链接：https://m.baike.so.com/doc/6301633-6515157.html

（编撰人：孙宝丽；审核人：刘德武）

321. 青紫蓝兔有何特性?

青紫蓝兔由法国育种家戴葆斯基用噶伦兔分别与喜玛拉雅兔和蓝色贝韦伦兔杂交，后来经改进毛色和体重，在欧美的部分国家又曾导入弗郎德巨兔等其他兔种血缘，最终形成青紫蓝兔的标准型、美国型和巨型3个类型。青紫蓝兔以皮肉兼用品种分布在世界各地。标准型青紫蓝兔体型较小、结实而紧凑，头较圆，眼睛大而明亮，呈茶褐色。耳中等大或较大，长10～14cm，宽5～6cm，短而直立。颈部稍短，颌下肉髯不明显。胸部较狭小，腹部收缩而不下垂，腰短平直，后躯较发达，四肢较细弱，被毛较匀净，色泽美观。此兔活泼好动，动作灵活。青紫蓝兔繁殖力强，泌乳力高，母性好，仔兔成活率高。标准型、美国型以及巨型青紫蓝兔每窝产仔一般是5～9只，平均为7只。标准型青紫蓝兔体型较小，成年母兔重2.7～3.6kg，公兔2.5～3.4kg。标准型青紫蓝兔除主要用于生产皮外，还生产兔肉，成年兔肥育后屠宰率达56.3%。

青紫兰兔

★必途网，网址链接：http://detail.b2b.cn/product/601153066.html

（编撰人：孙宝丽；审核人：刘德武）

322. 加利福尼亚兔有何特性？

利福尼亚兔是原产于美国加利福尼亚州的一个专门化的中型肉兔品种，是先用喜玛拉雅兔与标准型青紫蓝兔杂交，然后从杂种一代兔中选用青紫蓝毛色的公兔与新西兰白兔杂交，再选出全身被毛白色，只有两耳、鼻、四爪及尾部为黑色或锈黑色的杂交后代进行横交固定，经过多个世代选育形成。加利福尼亚兔体躯中等，结构类似新西兰兔，绒毛丰厚，体躯浑圆、匀称而更显紧凑秀丽。头部稍小，眼红色，耳小直立。颈粗短，胸部、肩部和后躯发育良好，背腰平直，肌肉丰满，四肢强健，具有理想的肉兔轮廓。体躯被毛浓密、中等长度，基本色为纯白色，只有两耳、鼻端、四爪及尾部的被毛呈黑色或锈黑色，故俗称“八点黑”。繁殖性能好是加利福尼亚兔的突出优点，尤其是母性好、泌乳力强及仔兔成活率高，故有“保姆兔”的誉称。在较好的管理条件下，4～5月龄性成熟，5.5～6.5月龄初配，公兔宜大。母兔妊娠期29～32d，窝产仔数6～8只。

加利福尼亚兔

★新浪微博，网址链接：http://blog.sina.com.cn/s/blog_54b6936a0102vmv3.html

（编撰人：孙宝丽；审核人：刘德武）

323. 丹麦白兔有何特性?

丹麦兔原产于丹麦，是丹麦著名的肉用型品种。我国于1973年直接由丹麦引入，是近代著名的中型皮肉兼用型兔，主要分布在四川、山东、辽宁与江苏等地。该兔毛皮优质，产肉性能好，体型较其他品种偏小而体长稍短，四肢较细。丹麦兔被毛纯白，柔软紧密，眼红色，头较大，耳较小、宽厚而直立，口鼻端钝圆，额宽而隆起，颈粗短，背腰宽平，臀部丰满，体型匀称，肌肉发达，四肢较细，母兔颌下有肉髯。丹麦白兔的主要优点是产肉性能好，抗病力强，性情温驯，容易饲养。该兔体型中等，仔兔初生重45～50g，6周龄体重达1.0～1.2kg，3月龄体重2.0～2.3kg，成年母兔体重4.0～4.5kg，公兔3.5～4.4kg，生产性能较新西兰兔低。繁殖力高，平均每胎产仔7～8只，最高达14只。母兔性情温顺，泌乳性能好。

丹麦白兔

★企翼网，网址链接：http://shop.71.net/Prod_1088991143.html

（编撰人：孙宝丽；审核人：刘德武）

324. 公羊兔有何特性?

公羊兔最早出现在北非，已经有百余年历史，后来分布在荷兰、比利时和法国，德国和英国也有很长的培育史。我国1975年后才陆续引进中型法系的公羊兔，主要分布在北京、江苏、四川、上海、山东和黑龙江等地。公羊兔体型巨大，可算得上兔子里面的壮汉，它体质结实、体型匀称，公羊兔被毛颜色多为黄褐色，耳朵大而下垂，两耳尖距离可达60cm，而且特别长，耳长最大者可达70cm，耳宽20cm。头型粗大、短而宽，眼小，颈短，额、鼻结合处稍微凸起，形似公羊，背腰宽，臀部丰满，骨粗，四肢结实，体质疏松肥大。公羊兔抗病力强，耐粗饲，性情温顺，过于迟钝，不爱活动，易于饲养。此兔有一优点是其他肉兔所无法比拟的，就是如果品种较纯，在3月龄以前，将青绿多汁饲料在阳光下经日晒将水分拔干，单纯饲喂，是完全可以的。公羊兔肉质优良，属高蛋白、低脂肪、少胆固醇的肉类，质地细嫩，吃起来口感细嫩香醇。繁殖性能低，母兔每窝平均产仔8～9只，年产6～7窝仔。泌乳性能较差，育仔率低，仔兔成活率较低，一般为60%～70%。

公羊兔

★互动百科，网址链接：http://tupian.baike.com/a1_11_90_20200000013920144724909253070_140_jpg.html

（编撰人：邓铭；审核人：孙宝丽）

325. 德系安哥拉兔有何特性?

德系安哥拉兔为目前世界上饲养最普遍、产毛量最高的品系。全身披厚密绒毛，被毛有毛丛结构，不易缠结，有明显波浪形弯曲。面部绒毛不甚一致。四肢、腹部密生绒毛，体毛细长柔软，排列整齐。耳长中等、直立，头型偏尖削。四肢强健，肢势端正，胸部和背部发育良好，背线平直。该兔体型大，繁殖力强，被毛密度大，细毛含量高，有明显的毛丛结构，被毛不易缠结，产毛量高，其产品适合于精纺。毛发很浓密且是竖起的，但却不会像其他安哥拉兔般常常掉毛，而质地亦较为坚韧。主要缺点是繁殖性能较低，配种比较困难，初产兔母性较差，少数有食仔恶癖。适应性较差，公兔出现夏季不育的现象。

德系安哥拉兔

★中科商务网，网址链接：http://www.zk71.com/tatu_6902/products/tatu_6902_67531926.html

（编撰人：孙宝丽；审核人：刘德武）

326. 法系安哥拉兔有何特性?

法系安哥拉兔全身披白色长毛，粗毛含量较高。头部稍尖削，面长鼻高，耳大而薄，耳尖、耳背无长毛或有一撮短毛，耳背密生短毛，俗称“光板”。额部、颊部及四肢下部均为短毛，腹毛也较短，被毛密度差，毛质较粗硬，枪毛含量高不易缠结。新法系安哥拉兔体型较大，体质健壮，面部稍长，耳长而薄，脚毛较少，胸部和背部发育良好，四肢强壮，肢势端正。法系兔的主要优点是产毛量较高，兔毛较粗，粗毛含量高，适于纺线和作粗纺原料；适应性较强，耐粗性好，繁殖力较高，并适于以拔毛方式采毛。主要缺点是被毛密度较差，面、颊及四肢下部无长毛。体型比英系长，骨骼较粗重，耳大而薄，耳尖无长毛，称为“光板”，是区别于英系安哥拉兔的主要特征。其繁殖力较强，母兔每年繁殖4～5胎，每胎产仔6～8只，平均奶头4对，配种受胎率为58.3%。产毛量，公兔为900g，母兔为1 000g，高的可达1 200～130g。

法系安哥拉兔

★互动百科，网址链接：http://tupian.baike.com/3g/a3_58_37_01300535609836139206376762625_jpg.html

（编撰人：孙宝丽；审核人：刘德武）

327. 兔的品种按经济用途分类有哪些?

（1）肉用兔主要生产兔肉。其特点肩宽、背平、臀圆、体型呈圆柱状，被毛为标准毛长2～4cm，前期生长发育快，肉用性能、繁殖性能好，饲料报酬高。目前，我国饲养的肉用兔品种主要有新西兰白兔、加利福尼亚兔、比利时兔、齐卡兔等。每年可剪4～5次毛，产毛量高。目前我国饲养的长毛兔品系主要有德系、法系、镇海巨型高产长毛兔和中国粗毛型长毛兔等新品系。

（2）皮用兔主要生产兔皮。其最大特点是被毛绒、密且短，毛纤维2.2cm以下，光泽度好，手感好，毛皮平整，不易掉毛，毛皮价值高。主要品种有力克斯兔、银狐兔等。目前，我国饲养的皮用兔品种仅有力克斯兔，主要有美系、德系、法系，颜色有白色、黑色、蓝色、海狸色、八点黑等。

（3）兼用兔是指具有两种或两种以上经济特性的家兔品种。如青紫蓝兔毛皮品质较好，颜色独特，有很高的皮用价值，又适于兔肉生产，是典型的皮肉兼用品种。

（4）观赏用兔是指其外貌奇特，或毛色珍稀，或体格微型，专供人们观赏的家兔品种。如德国白鼬兔、侏儒维德兔等。

观赏兔

毛用兔

★农村致富经，网址链接：http://www.nczjcm.com/zhfw_show.asp？id=180
★安徽日报，网址链接：http://epaper.anhuinews.com/html/ahrbncb/20110114/article_2524388.shtml

（编撰人：孙宝丽；审核人：刘德武）

328. 空怀母兔的营养需求和饲养管理要点有哪些？

（1）补充青料。配种前，种母兔除补加精料外，应以青饲料为主，冬季和早春淡青季节，每天应供给100g左右的胡萝卜或冬牧70黑麦、大麦芽等，以保证繁殖所需维生素的供给，促使母兔正常发情。

（2）保持膘情。要求空怀种母兔七、八成膘，如母兔体况过肥，应停止精料补充料的饲喂，只喂给青绿饲料或干草；对过瘦母兔，应适当增加精料补充料喂量。

（3）诱导发情。膘情正常但发情不明显或不发情的母兔，在改善饲养管理条件的同时，可采用如下方法诱导其发情：异性诱导法、饲喂催情散、涂碘酊、注射硫酸铜、喂胡萝卜、拍按阴部、饲喂麦芽、激素刺激法。

（4）适时配种及配种方法。空怀期的母兔可单笼饲养，也可群养。但必须观察其发情情况，适时配种。据经验，春、夏、秋3季，公兔在早晨和夜间性欲旺盛；在冬季较寒冷的季节，中午配种效果较好。母兔阴唇颜色呈大红或稍紫、充血肿胀时，是配种理想时期。应采用复配法或双重双配法。无论是公兔还是母兔，饲喂前和饲喂后半小时之内不要配种。

（5）摸胎补配。母兔配种后可在9～12d摸胎，对未妊娠者，注意观察发情表现，及时补配。

（6）增加光照注意兔舍的通风透光。冬季适当增加光照时间，使每天的光照时间达14h，光照强度为每平方米2W左右，电灯泡高度2m左右，以利发情受胎。

（编撰人：孙宝丽；审核人：刘德武）

329. 孕兔的营养、饲养、管理和待产有哪些要求？

（1）营养。妊娠前期（1～15d）胎儿处在发育阶段，主要是各种组织器官的形成阶段，增质量占整个胚胎期的1/10左右，对营养物质数量的要求不高，应注意饲料的质量。一般按空怀母兔的营养水平供给即可。15d后应逐渐增加精料喂量。从妊娠19d到分娩这段时间，胎儿处于快速生长发育阶段，增质量加快，精料应增加到空怀母兔的1.5倍。同时，要特别注意蛋白质、矿物质饲料的供给。矿物质缺乏时，易造成母兔产后瘫痪。临产前三四天要减少精料喂量，以优质青粗和多汁饲料为主，以免造成母兔便秘和死亡，或难产和产后患乳房炎。

（2）注意管理妊娠母兔，主要管理是防止流产。特别是妊娠15d后要单笼饲养，保持环境安静，禁止在兔舍附近大声喧哗等。兔笼、舍要经常保持干燥，夏季饮清凉井水或自来水，有利于防暑降温。冬季最好饮温水，以防水温过低引起腹痛而流产。

（3）产前三四天将兔舍和产箱彻底清洗消毒（2%～3%来苏儿、0.1%新洁尔灭均可）。消毒后的笼和产箱应用清水冲洗干净，移动式产箱应在阳光下晒干后再放入笼内，除去消毒残留的药液味，以免母兔不安而到处乱钻乱撞。然后放进柔软垫草，让母兔熟悉环境，便于衔草、拉毛做窝。

规模化兔场

★畜牧养殖网，网址链接：http://www.shengzhujiage.com/view/56782.html
★农村致富经，网址链接：http://www.nczfj.com/yangtujishu/

（编撰人：孙宝丽；审核人：刘德武）

330. 哺乳期母兔有哪些特殊的营养需求，如何通过饲养管理手段保障哺乳期母仔健康、仔兔生长发育良好?

（1）饲喂青料。母兔分娩后1～3d，分泌乳汁较少，且消化机能尚未完全恢复，食欲不振，体质较弱。此时，饲料喂量不宜太多，应以青饲料为主。5d后可采取自由采食方式饲养。母兔采食量越多，泌乳量越多。

（2）增加营养。应适当增加饲料供给，除喂给新鲜优质青绿饲料外，还应注意日粮中蛋白质和能量的供应。家庭饲养条件下，日粮蛋白质水平应达17%～18%，日喂青草750～1 000g。同时，保证混合精料的数量和质量，给母兔每只每天补喂骨粉3～4g，补加适量微量元素。

（3）预防疾病。为防止母兔发生乳房炎，产前2～3d要适量减少精料的饲喂量，增加青绿多汁饲料的饲喂量，同时每天喂给母兔磺胺嘧啶1片，或新诺明1片。产后肌内注射青霉素40万～80万IU。

（4）人工哺乳。在母兔分娩后要及时检查其泌乳情况，一般可通过仔兔的表现反映出来。若无乳，可进行人工催乳；若有乳不哺，可人工强制哺乳。

（5）环境控制。饲养哺乳期母兔，环境方面要求保持安静和兔舍卫生，不随意捉捕、惊吓、追打母兔，不可随意挪动产仔箱或赶跑母兔，母兔在场时不要随意拨弄仔兔。

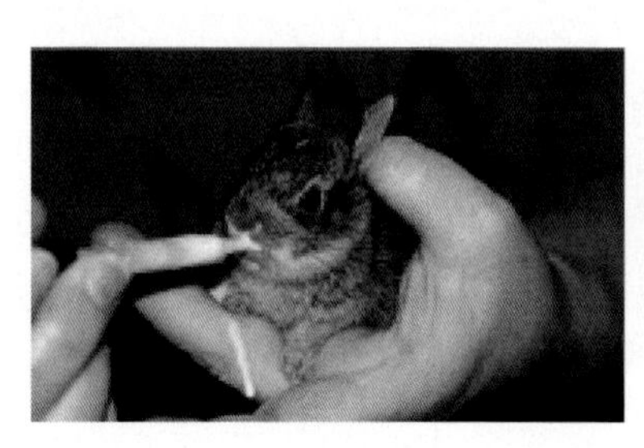

人工喂奶

母兔自然哺乳

★中国养殖网，网址链接：http://www.yangjw.com/jishu/tu/

（编撰人：孙宝丽；审核人：刘德武）

331. 家兔日粮中需要哪些营养物质?

（1）水分。家兔体内的水约占其体重的70%。水参与兔体的营养物质的消化吸收、运输和代谢产物的排出，对体温调节也具有重要的作用。

（2）能量饲料。家兔机体的生命与生产活动，需要机体每个系统相互配合与正常、协调地执行各自的功能，在这些功能活动中要消耗能量。

（3）蛋白质。蛋白质是生命的基础，是构成细胞原生质及各种酶、激素与抗体的基本成分，也是构成兔体肌肉、内脏器官及皮毛的主要成分。

（4）脂肪。脂肪是能量来源与沉积体脂肪的营养物质之一，一般认为家兔日粮需要含有2%～5%的脂肪，脂肪是由甘油和脂肪酸组成的。脂肪酸中的亚麻油酸、次亚麻油酸、花生油酸在家兔体内不能合成，必须由饲料供给，所以这3种脂肪酸称为必需脂肪酸。

（5）矿物质。矿物质是饲料中的无机物质，在饲料燃烧时成灰，所以也叫粗灰分，其中包括钙、磷及其他多种元素。

（6）维生素。维生素是兔体新陈代谢过程中所必需的物质，对家兔的生长、繁殖和维持其机体的健康有着密切的关系。

（7）粗纤维。粗纤维起到填充胃肠的作用，粗纤维又能刺激胃肠蠕动，加快粪便排出。日粮中粗纤维不足引起消化紊乱，发生腹泻，采食量下降，而且易出现异食癖，如食毛、吃崽等现象。

兔营养需要

营养素	0～4周龄	4周龄以后	成年种兔
代谢能（MJ/kg）	12.13	12.55	12.13
粗蛋白质（%）	20	15	15
赖氨酸（%）	1.00	0.85	0.60
蛋氨酸+胱氨酸（%）	0.60	0.15	0.50
钙（%）	0.65	0.60	2.25
有效磷（%）	0.30	0.30	0.30
维生素A（IU）	1 500	1 500	4 000
维生素D_3（IU）	200	200	200
胆碱（mg）	1 500	1 000	
烟酸（mg）	65	35	200
泛酸（mg）	15	10	10
维生素B_2（mg）	3.8	2.5	4.1

★8794网，网址链接：http://www.8794.cn/yangzhi/2017/46063.html

（编撰人：孙宝丽；审核人：刘德武）

332. 家兔的能量需要、能量饲料及能量不足或过剩时的危害有哪些?

（1）能量需要。生长兔为了保证日增重达到40g水平，日喂量在130g左右饲料情况下，每千克日粮所含的热能为12 558kJ。妊娠母兔的能量需要随着胎儿的发育而增加。泌乳母兔每千克日粮应含10 467～12 142J的消化能，才能保持正常泌乳。

（2）能量饲料。能量饲料是指在饲料干物质中粗纤维含量小于18%，粗蛋白含量小于20%，并且消化能大于10.45kJ/kg的一类饲料。一般为淀粉含量高的植物，如玉米、高粱、大麦、米糠和块根植物等。

（3）能量不足。①幼兔生长缓慢，体弱多病。②母兔发情不明显，屡配不孕。③泌乳母兔泌乳力下降。④种公兔性欲下降，精液品质差。⑤商品毛兔产毛量下降，商品獭兔毛皮质量差。

（4）能量过剩。过高能量水平对家兔健康和生产同样不利，如诱发胃肠炎、魏氏梭菌病、妊娠毒血病、乳房炎、性欲低下等病症。

不同生长阶段兔的营养需要

项目	生长兔		繁殖兔[1]		母子饲料[2]
	18～42d	42～75，80d	集约化	半集约化	
消化能（kcal/kg）	2 400	2 600	2 700	2 600	2 400
消化能（MJ/kg）	9.5	10.5	11.0	10.5	9.5
粗蛋白	150～160	160～170	180～190	170～175	160
可消化蛋白	110～120	120～130	130～140	120～130	110～125
可消化蛋白/消化能（g/kcal）	45	48	53～54	51～53	46
可消化蛋白/消化能（g/MJ）	10.7	11.5	12.7～13.0	12.0～12.7	11.5～12.0
脂类（g/kg）	20～25	25～40	40～50	30～40	20～30
赖氨酸（g/kg）	7.5	8	8.5	8.2	8
含硫氨基酸（蛋+胱氨酸）（g/kg）	5.5	6	6.2	6	6
苏氨酸（g/kg）	5.6	5.8	7	7	6
色氨酸（g/kg）	1.2	1.4	1.5	1.5	1.4
精氨酸（g/kg）	8	9	8	8	8
钙（g/kg）	7	8	12	12	11
磷（g/kg）	4	4.5	6	6	5

（续表）

项目	生长兔		繁殖兔[1]		母子饲料[2]
	18～42d	42～75，80d	集约化	半集约化	
钠（g/kg）	2.2	2.2	2.5	2.5	2.2
钾（g/kg）	<15	<20	<18	<18	<18
氯（g/kg）	2.8	2.8	3.5	3.5	3
镁（g/kg）	3	3	4	3	3
硫（g/kg）	2.5	2.5	2.5	2.5	2.5
铁（mg/kg）	50	50	100	100	80
铜（mg/kg）	6	6	10	10	10
锌（mg/kg）	25	25	50	50	40
锰（mg/kg）	8	8	12	12	10
维生素A（IU/kg）	6 000	6 000	10 000	10 000	10 000
维生素D（IU/kg）	1 000	1 000	1 000（<1 500）	1 000（<1 500）	1 000（<1 500）
维生素E（mg/kg）	≥30	≥30	≥50	≥50	≥50
维生素K（mg/kg）	1	1	2	2	2

注：①对于母兔，半集约化生产表示平均每年生产断奶仔兔40～50只，集约化生产则代表更高的生产水平（每年每只母兔生产断奶仔兔大于50只）

②单一饲料推荐量表示可应用于所有兔场中兔子的日粮。它的配制考虑了不同种类兔子的需要量

③资料来源：De Blas 等. 2010. Nutrition of the Rabbit（2th editor），CABI Publishing

★牧通人才网，网址链接：http://www.xumurc.com/main/ShowNews_22846.html

（编撰人：孙宝丽；审核人：刘德武）

333. 家兔的蛋白质需要、蛋白质饲料及蛋白质缺乏或过剩时的危害有哪些?

（1）蛋白质需要。蛋白质是氨基酸构成，所以兔对蛋白质的需要，实际上就是对氨基酸的需要。动物需要氨基酸有20多种，有的氨基酸不能在动物体内合成或合成量少，称为必需氨基酸，共有10种，即：赖氨酸、蛋氨酸、色氨酸、苯丙氨酸、亮氨酸、异亮氨酸、缬氨酸、苏氨酸、组氨酸和精氨酸。其中，赖氨酸、蛋氨酸、色氨酸极易缺乏，常把这3种氨基酸称为限制性氨基酸。对生长兔来说，维持需要的粗蛋白含量为17%，其中最必需的有精氨酸（要求占日粮的0.6%）、赖氨酸（占日粮的0.6%）、含硫氨基酸（蛋氨酸和胱氨酸）占0.6%。

（2）蛋白质饲料。蛋白质饲料是指干物质中粗纤维含量低于18%，而粗蛋白质含量达到或超过20%以上的一类饲料，如植物性的有豆类籽实、饼粕类和酒糟，动物性的有鱼粉、肉骨粉、血粉和羽毛粉。

（3）蛋白质缺乏。①幼兔生长缓慢，体弱多病。②母兔发情异常，死胎率高。③泌乳母兔泌乳能力差，仔兔死亡率高。④种公兔精液质量下降。⑤商品獭兔皮板薄小，被毛杂乱无光，毛皮质量低。⑥商品毛兔产毛量低，品质差。

（4）蛋白质过剩。造成不必要的浪费，导致生产成本无形增加；代谢紊乱，诱发肠毒血症、魏氏梭菌病和蛋白质中毒等疾病。

粗蛋白含量不够，还需要添加一些豆粕、花生粕、菜籽粕、棉籽粕之类的饼粕类蛋白源饲料才行。

一、幼兔饲料配方：玉米30%、豆饼（粕）23%、麦麸12%、米糠10%、草粉20%、骨粉2%、食盐0.5%、兔1%、兔球丹2%。每兔日喂10～20g，另补青料50～100g。

二、种公兔饲料配方

①配种期：玉米11%、豆饼（粕）25%、麦麸20%、草粉40%、骨粉2%、食盐1.5%、生长素0.5%，日喂量150～200g，另加维生素E一片（分两次拌料饲喂），青料700～800g。

②非配种期：玉米15%、豆饼11%、麦麸20%、草粉50%、食盐1.5%、生长素0.5%。每兔日喂100g，另加青料700～800g。

三、空怀母兔饲料配方

玉米15%、豆饼（粕）25%、麦麸10%、米糠10%、草粉35%、骨粉3%、食盐1.5%、生长素0.5%。每只兔日喂150g，另喂青料800～1 000g，加蚯蚓3～5条，洗净、煮熟、切碎。

四、成年兔育肥饲料配方

①前期：玉米10%、青干草7%、豆饼（粕）5%、麦麸10%、食盐2%、每兔日喂120～150g，青饲料适量。

②后期：玉米80%、青干草10%、麦麸5%、骨粉3%、食盐2%。实行自由采食，每日适当加喂青饲料。

兔饲料配方

★百度知道，网址链接：https://zhidao.baidu.com/question/2010991197530268188.html

（编撰人：孙宝丽；审核人：刘德武）

334. 家兔所需常量元素的种类与主要功能有哪些?

常量元素：钙、磷、氯、钠、钾、镁、硫。

（1）钙、磷。骨骼的重要成分，骨骼支撑体重，围成体腔，保护脏器。血中的钙有凝血作用。钙维持肌肉、神经正常生理，磷是血液中重要的缓冲物质，也是神经、肌肉的活性物质。兔在维生素D、钙磷不足时，会表现软骨、佝偻、瘫痪、凝血不良。

（2）钠钾氯。体内重要的强电解质，维持细胞与体液渗透压平衡、酸碱、电解平衡，缺乏会出现厌食、水肿、乏力、代谢紊乱而死亡，所以饲料中需添加食盐。当兔因拉稀而大量失水时应口服氯化钾，也可口服补达秀（钾缓释剂）半颗。

（3）硫。用于合成含硫氨基酸，硫酸钠中的硫最适宜吸收。硫酸钠同时可以促进盲肠内维生素B_1的合成，增加兔的耐热性。

（4）镁。骨骼的成分之一，血中镁有调节肌肉神经敏感性的作用，还有轻泻性，能软化粪便。缺镁时，兔生长受阻，骨壁变薄变脆、共济失调、痉挛、抽搐、厌食。

（编撰人：孙宝丽；审核人：刘德武）

335. 家兔所需微量元素的种类与主要功能有哪些?

微量元素：铁、锰、铜、锌、钴、碘、硒、钼、氟等。

（1）铁。血红素的成分，细胞质的成分。缺乏时发生低色素小细胞性贫血，兔消瘦虚弱。饲料中添加铁百万分之60～80。

（2）铜。在兔体内以血浆铜蓝蛋白复合物形式存在，具有造血，促蛋白、脂肪沉积的作用。饲料中添加铜百万分之30，同时加喹乙醇精粉百万分之20～40，兔生长快，拉稀、呼吸道炎症极少发生。铜过量至中毒时，兔表现尿铁锈红色，精神萎靡、食欲不振，进行性消瘦，粪便形态正常，应一次性口服50～100mg维生素C，同时减少铜的摄入。

（3）锌。体内多种酶的成分，具有促进消化、食欲、生殖、毛发生长的作用。缺乏时表现为厌食、生殖差、毛发生长不良。饲料中补锌百万分之50～100。

（4）钴。合成维生素B_{12}的重要原料。

（5）碘。维持兔的甲状腺正常机能和甲状腺素的成分。缺乏时引起甲状腺肿，表现在大脖子病和生长滞缓。饲料中补碘百万分之1.5～3。

（6）硒。与维生素E功能相似，互促吸收，缺乏时兔剧烈拉稀或长期腹泻，肌肉萎缩，肝、肾、心肌坏死，肝脏呈大理石样坏死纹，流产、死胎、畸胎。四川是典型缺硒地区，饲料中需加硒2.5～3mg/kg。

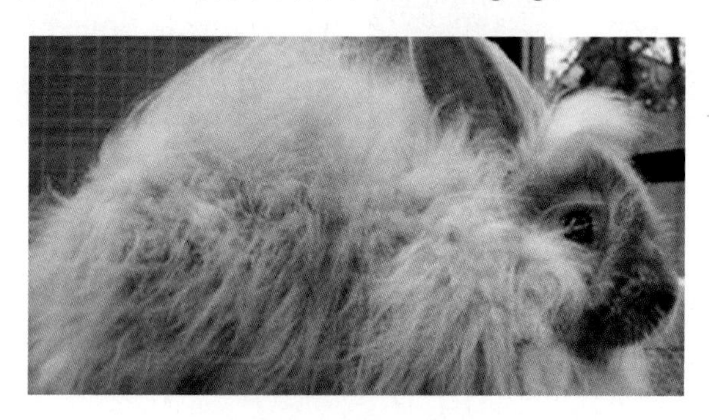

家兔缺乏微量元素症状

★圣宠培训网，网址链接：http://www.petmrs.com/a/yichongbaike/rabbit/11683.html

（编撰人：孙宝丽；审核人：刘德武）

336. 脂溶性维生素对家兔有什么营养作用？

脂溶性维生素有维生素A、维生素D、维生素E、维生素K。

（1）维生素A。视黄醇，具有促进上皮、神经、肌肉、骨组织正常生长发育的作用，并促进繁殖和泌乳。兔可食用玉米、红苕等植物摄入β-胡萝卜素在肝脏和小肠壁内转化成维生素A。但当兔肝炎、中毒性肝损害、球虫性肝及小肠溃疡时，维生素A合成障碍，需要人工补充。缺乏维生素A可出现繁殖障碍，兔上皮、神经、肌肉发炎萎缩等症状。兔日粮中以维生素A　800～1 000U/kg为宜。

（2）维生素D。促进钙磷吸收，有利于骨骼生长，调节肌肉、神经机能。缺乏时则发生痉挛、抽搐、凝血不良、骨质疏松、骨软、骨变形、瘫痪、佝偻、骨关节大、韧带松、吃毛等异食症状。可以肌注维生素D_3注射液治疗。动物皮肤可在阳光下合成维生素D_3，缺乏时可在饲料中加入维生素D 500～1 000U/kg。

（3）维生素E。有促进胚胎发育，促进精子卵子形成，促进肌肉生长的作用。缺乏时，兔表现为生殖衰退、流产、难产、死胎，严重可出现白肌病。

（4）维生素K。身体重要的凝血因子，兔盲肠内可合成大量维生素K。当兔产仔后，恶露不尽，可口服后肌内注射维生素K_1或维生素K_3。

维生素缺乏症

★爱畜牧网，网址链接：http://www.ixumu.com/thread-248374-1-1.html
★百度百科，网址链接：http://www.baike.com/gwiki/%E8%A5%BF%E5%BE%B7%E9%95%BF%E6%AF%9B%E5%85%94

（编撰人：孙宝丽；审核人：刘德武）

337. 水溶性维生素对家兔有什么营养作用？

水溶性维生素。维生素B族和维生素C，其中维生素B族包含有18种不同的维生素B，其共同特点是不耐高温。成年兔盲肠能合成大量B族维生素，故不缺乏，小兔消化道发育不完善，最缺乏维生素B_1、维生素B_2、维生素B_{12}。

（1）维生素B_1。促进食欲和消化，调节植物性神经。缺乏时表现为厌食、消瘦和痉挛。

（2）维生素B_2。又名核黄素。促进兔体细胞氧化过程，促进食欲、消化，缺乏症为消瘦、厌食、口角炎、烂脚丫，对疾病抵抗力差。维生素B_1和维生素B_2宜用神曲50g、山楂80g、鸡内金35g、酵母100g、麦芽150g、陈皮60g、艾叶粉100g磨细加到500kg料中补充。

（3）维生素B_{12}。又名抗恶性贫血。它促进血红素的生成，促毛中蛋白质形成，促肌肉生长。兔通过采食豆科类牧草摄入维生素B_{12}。皮毛兔换毛或剪毛后，肌内注射维生素B_{12}能显著促毛生长，提高品质。饲料中可通过补钴百万分之2.5～3mg/kg来补充维生素B_{12}，常选用硫酸钴或氯化钴。

（4）维生素C。又名抗坏血酸。防止坏血病，解毒，还能增强兔的耐热性。加工草粉饲料颗粒料时，维生素C大量丢失，因此需要额外补充维生素C。

（编撰人：孙宝丽；审核人：刘德武）

338. 家兔常用的钙、磷等矿物质饲料有哪些？

常用的补充钙、磷的饲料包括石粉、贝壳粉、骨粉、磷酸钙、磷酸氢钙、磷酸二氢钙等。

（1）石粉的主要成分为碳酸钙，其中钙含量为35%~39%。天然的石灰石只要铅、砷、氟的含量不超过安全系数，都可用作饲料。常见的石粉有细粉状和粗粒状两种。

（2）贝壳粉也称蛎壳粉，主要由蚌壳、牡蛎壳、蛤蜊壳、螺壳等烘干后制成的粉，是良好的钙质饲料，含碳酸钙96.4%，含纯钙量为38.0%，用量与石粉基本相同。

（3）蛋壳粉是鸡蛋壳烘干后制成的粉。蛋壳粉含有有机物质，其中粗蛋白质含量在12.0%左右，含钙25%，用鲜蛋壳制粉要注意消毒，防止细菌污染带来疫病。

（4）脱氟磷矿石含磷12.6%、含钙26.0%，有代替骨粉的效果，但应该注意其氟含量是否超标。

（5）磷酸氢钙，也称磷酸二钙，含磷19.0%，含钙24.3%，钙、磷比平衡。

（6）骨粉含磷11%~15%，含钙25%~34%；骨制沉淀磷酸钙含磷11.4%，含钙28.3%。骨粉在各种动物的日粮中都可以广泛的应用，只要氟不超量，无任何副作用。

石粉

贝壳粉

骨粉

★万国企业网，网址链接：http://cn.trustexporter.com/baojiaaezecqq.htm
★搜狐网，网址链接：http://www.sohu.com/a/139915247_661244

（编撰人：孙宝丽；审核人：刘德武）

339. 水对家兔的营养作用与科学供水方法有哪些？

（1）水的营养作用。

①水是构成机体的主要组成部分。水是动物机体细胞的一种主要结构物质。

早期发育的胎儿含水量高达90%以上，成年兔达50%～60%。

②水是一种理想溶剂。水具有可溶性和流动性，可作为养分和代谢产物的理想溶剂。体内的营养物质的吸收和转运必须在溶于水后才能进行；水也是机体清除代谢废物所必需的，如二氧化碳、尿素等先溶于水再通过肺和肾脏排出体外。

③水是一切化学反应的介质。水解、水合、氧化还原和细胞呼吸过程等生理生物化学反应都需要水的参与。

④水参与体温调节。家兔体温调节主要通过水摄入和水排出来实现。水的比热大、导热力强、蒸发热高，能迅速传递热能和蒸发散失体热。

⑤维持细胞内环境稳定。组织液和血浆之间水的交换是维持体液渗透压和pH值等稳定的重要因素。

（2）科学供水。

①水质。水中的矿物元素含量不宜过高，pH值在5～7为宜。饮水必须清洁，不含重金属、农药和病原微生物。

②水温。饮水温度过高会刺激兔的肠道，产生应激反应，容易腹泻。

③供水制度。在冬季大量饲喂青绿多汁饲料的民间传统方式散养兔可不另外给饮水，但对仔兔、公兔、妊娠母兔和哺乳母兔必须日供水1～2次。高温季节必须提供饮水，饲喂干草和颗粒料的家兔一天供3次水。由于家兔有夜食夜饮的习性，注意夜间供水。

④供水方式。最好采用自动饮水器供水。

⑤饮水给药。家兔的药品是按饮水的比例计量的。

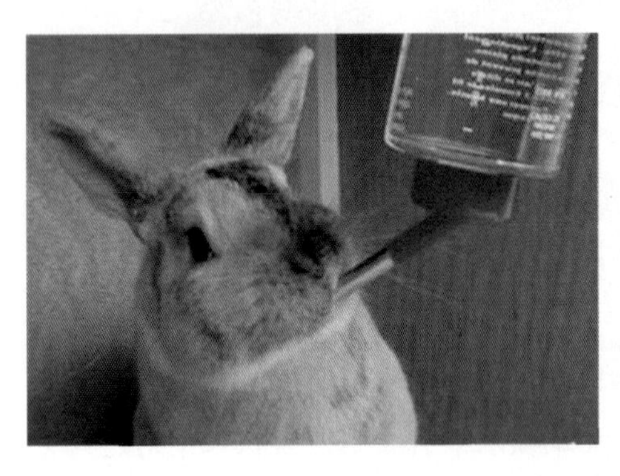

饮水器饮水

★莲霞养殖网，网址链接：http://yangzhi.huangye88.com/xinxi/42002664.html

（编撰人：孙宝丽；审核人：刘德武）

340. 家兔利用非蛋白氮饲料的原理是什么?

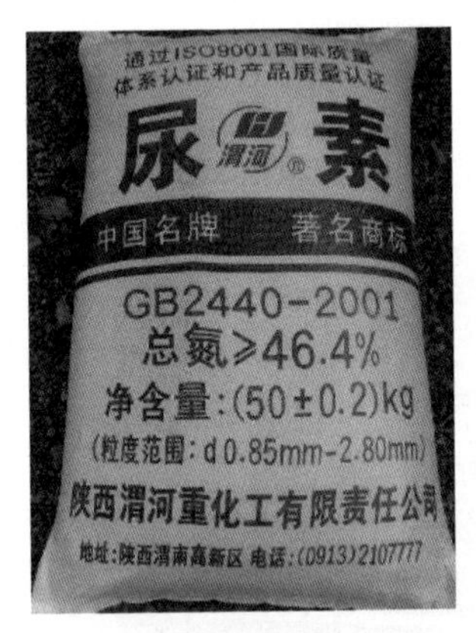

饲料用尿素

★中国鸡蛋网，网址链接：http://www.cnjidan.com/news/803051/

在草食家畜特别是牛羊等反刍动物的饲料中添加适量非蛋白氮（NPN），如尿素等，以降低饲料成本，提高饲料效率，反刍家畜饲料中添加尿素已在生产中广泛应用，作为单胃动物的家兔发达的盲肠存在着与反刍家畜瘤胃微生物发酵过程类似的机制，也可以利用尿素。饲料中加入尿素后，首先在胃中被随饲料进入的微生物分泌的尿素酶及胃液中的尿素酶所分解，形成氨（NH_3）。后者被胃壁吸收，进入血液，在肝脏中合成尿素。一部分尿素通过肾脏随尿液排出体外，一部分随血液运送至盲肠壁的毛细血管，通过盲肠黏膜分泌到盲肠，被盲肠内微生物分泌的尿素酶分解成氨，并被微生物利用，合成自身蛋白。在兔子吞食自身粪便时，微生物蛋白在胃肠中消化吸收和利用。

（编撰人：孙宝丽；审核人：刘德武）

341. 家兔常用蛋白质饲料的营养特性如何?

（1）大豆。含粗蛋白质35%左右，赖氨酸含量2%以上，蛋氨酸含量低，脂肪含量17%，能值高于玉米。注意煮熟或炒熟后利用，给哺乳母兔补饲，切勿生喂。

（2）豆饼（粕）。家兔主要的蛋白质来源。粗蛋白质约42%，赖氨酸、铁含量高。豆饼经热处理或经颗粒机加工后使用，可占家兔日粮20%左右。豆饼中含胰蛋白酶抑制因子等抗营养因子，对家兔健康和生产性能有不利影响，必须经过热处理（蒸、炒、煮）后，才可用来喂兔。经颗粒机加工，则不需再热处理。

（3）花生饼（粕）。粗蛋白质含量约43%，品质低于大豆蛋白。精氨酸含量较高，赖氨酸、蛋氨酸含量偏低。花生饼适口性极好，有香味。家兔喜食，可占到家兔饲料的20%以上。花生饼（粕）极易感染黄曲霉，产生黄曲霉毒素，可引起家兔中毒和人患肝癌。霉变的花生饼（粕）千万不能使用。

（4）葵花饼（粕）。脱壳的粗蛋白质含量约41%，带壳的粗蛋白质含量约30%。缺乏赖氨酸、苏氨酸。

（5）芝麻饼。粗蛋白质含量约40%，蛋氨酸含量是所有植物性饲料中最高的，色氨酸含量较高，但赖氨酸含量低，精氨酸含量高，约4.0%，钙含量远高于其他饼粕饲料。注意黄曲霉毒素含量。使用时要注意添补赖氨酸。

（6）鱼粉。粗蛋白质含量40%～70%，蛋白质品质好，氨基酸含量高，比例平衡。磷、钙含量较高且比例合适。铁、锌、硒、维生素B_{12}含量高。

大豆

花生饼粕

★素材图库网，网址链接：http://tw.pixtastock.com/photo/11686280
★搜狐网，网址链接：http://www.sohu.com/a/62753054_360088

（编撰人：邓铭；审核人：刘德武）

342. 什么是必需氨基酸和非必需氨基酸?

必需氨基酸指的是机体不能合成或合成速度不能满足机体需要，必须从食物中摄取的氨基酸。它是本身必不可少，而机体内又不能合成的，必须从食物中补充的氨基酸，称必需氨基酸。非必需氨基酸是体内合成较多或需要较少而不需由饲料来供给也能满足机体正常生长需要的一类氨基酸。

R.Blair发表的研究结果表明，生长兔氨基酸比例为：精氨酸1.00%，甘氨酸0.50%，组氨酸0.45%，亮氨酸0.90%，异亮氨酸0.70%，赖氨基酸0.70%，蛋氨酸+胱氨酸0.60%，苯丙氨酸+酪氨酸0.60%，苏氨酸0.50%，色氨酸0.15%，缬氨酸0.70%。其中甘氨酸是快速生长必需氨基酸，其中苏氨酸、赖氨酸、异亮氨酸、苯丙氨酸过多，会阻碍生长。兔的第一限制性氨基酸是精氨酸。对于非必需氨基酸一般在兔体内能合成，但是也要注意它与必需氨基酸的比例，这是因为日粮中必需氨基酸和非必需氨基酸不平衡的话，则需要分解必需氨基酸提供氮来合成非必需氨基酸。

（编撰人：孙宝丽；审核人：刘德武）

343. 青绿多汁饲料的营养特点有哪些?

（1）蛋白质含量较高且品质优良。一般含粗蛋白质0.8%～6.7%，按干物质计算为10%～25%。含多种必需氨基酸，如苜蓿所含的10种必需氨基酸比谷类多，其中赖氨酸含量比玉米高出1倍以上；粗蛋白质的消化率达70%以上，而小麦秸仅为8%。水分含量很高，适口性好，消化率高。一般水分含量为70%～95%，水生饲料高达90%～95%；消化能低，具有轻泻作用。

（2）维生素含量丰富，种类多这是青绿多汁饲料最突出的特点，也是其他饲料所不能比拟的。如与玉米籽实相比，每千克青草胡萝卜素含量高50～80倍，维生素B_2高3倍，泛酸高近1倍，另外，还含有烟酸及维生素C、维生素E、维生素K等，但不含维生素D。

（3）矿物质含量丰富尤其是钙、磷含量多且比例合适。豆科植物的含钙量高于其他科植物。

（4）含粗纤维较少，因而消化率高。碳水化合物中以无氮浸出物为主，具有较好的适口性和润便作用，与干、粗饲料适当搭配，有利于粪便排泄。

牧草

玉米植株

★慧聪网，网址链接：http://b2b.hc360.com/supplyself/325669921.html
★搜狐网，网址链接：http://www.sohu.com/a/29410266_217528

（编撰人：邓铭；审核人：孙宝丽）

344. 家兔饲喂发霉变质饲料有什么害处?

家兔对霉菌毒素特别敏感，含有相同数量和种类的霉菌毒素，其他动物可能不表现明显的中毒症状，而家兔却不能承受。家兔采食霉变饲料后会出现减食或拒食、贫血、腹泻、消瘦、流产、呕吐、繁殖性能下降、脱肛、发情紊乱等现象。霉菌毒素对家兔的影响主要表现在以下几个方面。

（1）首先，降低生长性能，增加料肉比，降低经济效益。

（2）其次，抑制免疫机能使家兔自身抵抗力下降，同时易感染球虫病和大肠杆菌病等。

（3）最后影响繁殖，使母兔不易受孕，发生流产和死胎，严重时导致瘫痪、死亡。

家兔霉菌毒素中毒发病特点如下。

（1）有明显的季节性。虽然一年四季均可发生，但多集中在每年的夏季，其次为春季。

（2）明显的生理阶段。主要发生于泌乳母兔，其次为妊娠后期母兔，其他家兔表现症状稍轻。

（3）没有传染性。

（4）无特效药物，只能对症治疗。

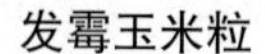

发霉玉米粒

发霉配合饲料

★牧通人才网，网址链接：http://www.xumurc.com/main/ShowNews_53569.html

（编撰人：邓铭；审核人：孙宝丽）

345. 如何按家兔的饲养标准结合饲料资源进行科学养兔？

（1）饲料要多样化。我国目前的饲料生产水平很低，尚不能提供更多粮食和粮油加工副产品作为家兔的饲料，多数地区还几乎全用草，这种情况下更需要饲料的多样化。禾本科籽实及其加工副产品缺少赖氨酸、精氨酸和含硫氨基酸，在日粮中添加10%以上的豆饼、鱼粉作为蛋白质补充饲料时，能满足家兔各种氨基酸的需求。如果以棉籽作为蛋白质补充饲料时，还需要另外补给赖氨酸和蛋氨酸。因此饲料的多样化对家兔的科学饲养以及提高饲料报酬都很关键。

（2）适口性。家兔喜爱吃带有甜味的饲料，所以可在饲料中使用某些糖酵饲料。家兔也喜欢吃补加植物油的饲料，国外普遍采用补加5%玉米油的方法以提高日粮的脂肪含量，而在我国可用榨油厂的副产品作为饲用脂肪的来源。家兔喜欢吃颗粒料，所以在调制家兔日粮时，不但要考虑日粮的营养价值和经济效果，同时需要注意适口性问题。

兔配合饲料

★兽药饲料招商网，网址链接：http://www.1866.tv

（编撰人：孙宝丽；审核人：刘德武）

346. 兔场选址有哪些要点？

（1）地势。兔场场址应选在地势高、有适当坡度、背风向阳、地下水位低（2m以下）、排水良好的地方。如在山区建场，应选择坡度小、比山底高一些的向阳坡。低洼、山谷、背阴地区不宜兴建养兔场。

（2）风向。兔场应位于居民区的下风方向，距离一般保持200m以上，既要考虑有利于卫生防疫，又要防止兔场有害气体和污水对居民区的侵害。应当注意当地的主导风向，可根据当地的气象资料和风向来考虑。

（3）水、电。水不仅为维持兔生命所必需，而且也是日常饲养管理、清洁卫生、种植饲料以及饲养管理人员的生活所必需。最好的水源是泉水、溪涧水、井水或城市中的自来水，其次是江河中流动的活水，使用池塘水时必须设沙缸过滤、澄清，并用1%漂白粉液消毒后使用。兔场应设在供电方便的地方，可经济合理地解决全场照明和生产、生活用电。规模较大的兔场还应自备电源，以备停电就急之需。

（4）交通。场址应设在交通比较方便的地方，以便产品外销和其他物质的运输。但不能紧靠公路、铁路、屠宰场、牲畜市场、畜产品加工厂及牲畜来往频繁的道路、港口或车站。一般要求兔场离交通主干线的距离不少于300m，距离一般道路不少于200m。

兔场环境

★百度贴吧，网址链接：https://tieba.baidu.com/p/1465949805？red_tag=3337859076&traceid=

（编撰人：孙宝丽；审核人：刘德武）

347. 投资养兔前要做哪些准备工作?

对于初次养兔的人来说，养兔之前应做一些准备工作，要多方调查，全面考虑，不可仓促上马。

（1）学习养兔技术。养兔是一项细致和技术性很强的工作，养兔之前要购买一些养兔资料，系统学习养兔理论，了解家兔的生物学特性。有条件者可向有关专家以及有饲养经验的农民请教，最好能参加养兔技术培训班和到有一定规模的兔场参观、学习一段时间。

（2）确定饲养方向和规模。养兔之前，应向有关部门了解国内外养殖现状和市场行情，各类兔产品的销路及前景如何，向有关兔场了解兔场经营情况，本地青、粗饲料来源等自然条件情况，自有资金、技术水平和劳力情况，以此确定自己所选购的品种、数量及发展规划。

（3）做好养兔前的一切准备工作。根据确定的养兔规模，建好兔场、兔舍、兔笼，准备好食槽、草架、产仔箱等有关用具，进兔前一周全面清理和消毒。准备好兔常用的粗饲料、精饲料以及矿物质和添加剂，至少备好1个月的用量。进兔前应根据引种兔场情况，拟定配方，配好饲料，使新引进的兔不因饲料的突然变化而造成不良反应。准备好诊治兔病常用的药物，如助消化药、抗菌消炎药、外用药、抗寄生虫药和各种疫苗及药械如注射器、体温计、剪子、镊子等。

笼养兔子

笼养兔场

★云商网，网址链接：http://www.ynshangji.com/g2012032118523368/
★搜狐网，网址链接：http://www.sohu.com/a/108095485_259660

（编撰人：孙宝丽；审核人：刘德武）

348. 种兔挑选的要点和技巧有哪些？

（1）正规引种。必须从正规的兔场引种，要了解种兔的来源和健康状况。选购时，详细查明系谱，细看特征。优良的种兔必须有完整的系谱信息，记录了耳号、产地、出生日期、毛色特征、体重、生长特征和生产性能等。

（2）个体选择。健康兔眼大明亮有神，活泼好动，体型匀称丰满，皮光毛亮弹性好，采食兴奋有力，粪粒成形，尿色淡清或淡黄。病兔反应冷漠，体型消瘦，皮下有肿包，皮毛有脱斑，食欲不振或停食，有的便稀粘粪污毛或粪粒过干、硬、小，外阴部有脓性污液或血尿等。健康兔双耳等温，耳窝洁净，口角干净不流唾液，舌色红润无烂斑；母兔乳腺无肿块，外阴不流污液；公兔外阴无肿、烂、痂皮，睾丸对称，脚掌行走敏捷自然。皮糙、肿胀、龟裂、颤抖瘸腿多为病象。

（3）观察行为和繁殖器官。查看腹部乳头数应在8只以上。公兔的睾丸应匀称，富有弹性，要防止公兔隐睾或单睾。观察兔的姿势走动，若四肢不敢着地或轮换着地，可能患脚癣或脚皮炎，耳朵频频抖动，脚爪不断搔抓，可能患有耳癣。

（编撰人：孙宝丽；审核人：刘德武）

349. 獭兔养殖规范是什么？

要科学合理搭配饲喂饲料，不要喂单一品种。如无条件饲喂配合饲料，应适当添加黄豆、豆饼、麸皮、玉米等精饲料和胡萝卜等多汁饲料。特别是冬季天气寒冷，热能消耗大，獭兔维持需要的能量比其他季节多，缺乏青饲料，因此冬季要调整獭兔饲料配方，加大饲料喂量，每千克饲料消化能比其他季节要高100～200大卡，配方中增大能量饲料玉米的比重，以提高饲料的消化能，增大饲料喂量，喂量要比平时高20%～30%。

冬季缺乏青绿饲料，獭兔维生素的供给缺乏，饲料中要特别注意维生素的补充，要比平时高30%。将花生秧、豆秸、甘薯秧等粗饲料粉碎后和玉米、花生饼、麦麸、骨粉、食盐等原料混合均匀后配成配合饲料喂兔。需要注意的是，在喂颗粒饲料时，要喂温水；喂粉料时，要用温水拌料，少喂勤添，以食槽不剩料为宜，以防剩料结冰。牧草方面可以选用苦荬菜、菊苣、黑麦草、紫花苜蓿等高产、优质、适应性强的牧草品种。此外，甘薯藤、胡萝卜、花生藤、大头菜、花菜叶等也是喂兔的好饲料，可综合种植利用。獭兔的喂养不要喂得过饱，要定时定量，成年兔每天喂4次，幼兔每天喂4～6次，每次喂七八成饱，不可添料太勤或喂得太饱，以防引起兔腹泻、腹胀。

紫花苜蓿

胡萝卜

★新浪博客，网址链接：http://blog.sina.com.cn/s/blog_626e22650100f7e4.html
★搜狐网，网址链接：http://www.sohu.com/a/32986363_173149

（编撰人：邓铭；审核人：孙宝丽）

350. 獭兔养殖效益怎样？

獭兔的养殖效益以50组（250只）种兔为单位计算。假设种草成本与粪便效益相抵消。

（1）养殖成本。①圈舍建设成本。养殖50组繁育獭兔需100m²圈舍2栋，每栋圈舍建设成本5 000元，使用年限按15年计，平均每年需投入成本为667元。②兔笼成本。种兔为单兔单笼，商品兔根据月龄确定每笼养殖数量。兔笼为3层重叠式结构，每套12个笼位，50组繁育獭兔及其商品兔共需兔笼100套，每套价格380元，兔笼使用年限为10年，平均每年成本3 800元。③引种成本。180元/只，种兔使用年限一般为3年，平均每年的引种成本为15 000元。④产仔箱成本。250只繁育獭兔需产仔箱100个，每个产仔箱价格为30元，可使用10年，平均每年的投入成本为300元。⑤饲料成本。种兔饲料成本：繁育獭兔每天吃0.1kg精料，饲料价格为3元/kg，每年需消耗饲料成本27 375元；商品兔饲料成本：1只商品兔从出生到出栏消耗精料约9kg，饲料价格为3元/kg，年出栏按7 200只獭兔计，需消耗饲料成本194 400元。⑥疫苗及常规药物。成年种兔每年3元/只，商品兔1元/只。共计7 950元。⑦劳动力成本。250只繁育獭兔饲养管理仅需1人，工资按3 000元/月计，每年需付劳动力成本36 000元。

（2）养殖效益（不含种兔）。商品兔整只出售年产值约为50.4万元；皮肉分离出售年产值约为61.2万元。养殖50组獭兔每年约投入28.55万元。

笼养的兔

兔笼

★山东省济宁市嘉祥县三宝獭兔肉兔育种场，网址链接：http://www.youboy.com/s6443886.html

★一呼百应，网址链接：http://www.jdzj.com/shop/productall.aspx？p_UserID=640408&cpsortid=972011

（编撰人：邓铭；审核人：孙宝丽）

351. 如何提高獭兔养殖经济效益?

（1）合理压缩兔群。淘汰繁殖力低、泌乳力低的兔子，淘汰质量差或者体重少于4kg的公兔子。选择健壮、皮毛丰厚的平整度好的种兔。

（2）选择优质饲料。要根据不同生理阶段合理搭配，根据本地区的特点和兔场实际情况配料，饲养不能一味追求生长速度。

（3）及时宰杀。对于优质皮毛的獭兔应及时宰杀以减少多余饲料消耗。养殖户和收购商应保持及时的联系沟通以降低兔子不能及时宰杀而留滞的问题。

（4）减少应激。科学饮食，定时饲喂，做好防疫措施。

（5）合理提高兔皮售价。当市场价下滑到一定程度甚至亏本时，獭兔养殖散户应联合起来，将优质獭兔取皮形成数量优势，再直接与加工厂家或外商洽谈，以避免中间商的剥削。

（6）适当贮藏，待价而沽。在养殖低潮，可将取下的优质兔皮盐腌渍贮存或放在冷库贮存，这样皮质基本不会改变，等到价格上升到一定程度再出售，就会获得一个较好收益。

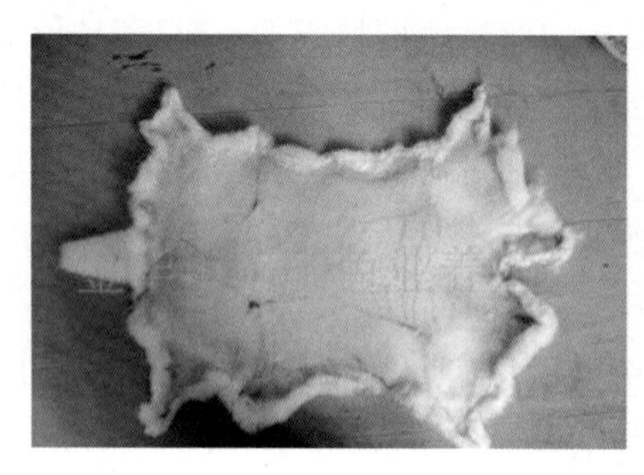

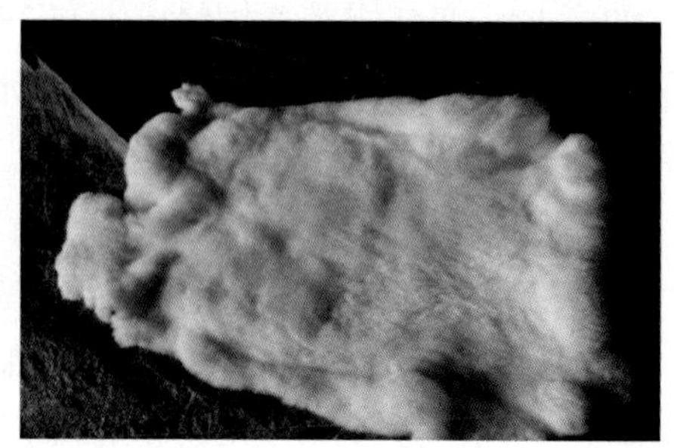

宰杀后的兔皮

★兽药饲料招商网，网址链接：http://jiage.1866.tv/xuchanpin/56027.html

（编撰人：孙宝丽；审核人：刘德武）

352. 如何适时对兔进行取皮、处理与保存？

（1）对要宰杀的兔子必须先进行健康检查，有病的兔子应隔离处理。皮用兔应检查毛皮的质量，处于换毛期间的兔子应缓期屠宰。确定屠宰的兔子，屠宰前断食8h，但饮水照常供应。小型兔场零星屠宰可采用棒击法，亦可采用灌醋法、放血法。耳静脉注射空气法和颈椎错位法等，大批屠宰时常用电击头部或用圆盘刀割头。兔子被击毙后应立即放血。最好将兔体倒挂，用小刀切开颈动脉，放血时间不少于2min。

（2）剥皮前先将前肢腕关节和后肢跗关节周围的皮肤切开，再用小刀沿大腿内侧通过肛门把皮肤切开，然后用手分离皮肉，剥皮时双手紧握兔皮的腹、背处向头部方向翻转拉下。趁热剥皮比较顺利，一般不需用刀，最后抽出前肢，剪掉耳朵、眼睛和嘴唇周围的结缔组织和软骨，至此一个毛面向内、肉面向外的筒状鲜皮即被剥下。

（3）鲜皮剥下后，立即用剪刀剪掉皮上带下的肌肉、筋腱、乳腺和外生殖器等。除去皮肤肉面附着的脂肪后，将皮筒按自然状态沿腹中线剪开，使筒皮成为开片皮，然后进行防腐处理。

（4）兔皮晾干后整理时，要检查边沿等处是否干透，以防霉烂。对完全干透的兔皮，进行打捆或包装。甜干板兔皮在夏秋季节，打捆包装时要放一些精萘粉（俗称卫生球），以防生虫。

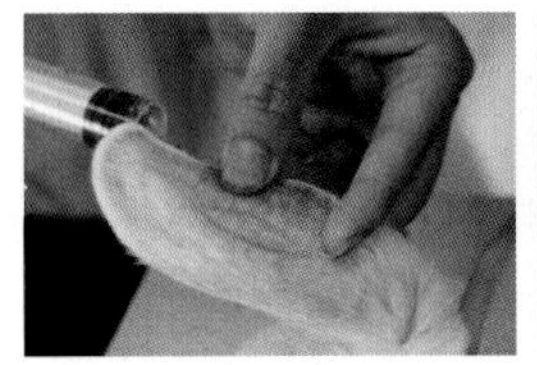

耳缘静脉注射　　　　取兔皮

★猪友之家，网址链接：http://www.pig66.com/breed/2015/0725/3199.html

（编撰人：孙宝丽；审核人：刘德武）

353. 长毛兔怎样剪毛？兔毛如何保存？

先用笤帚或者皮毛梳子清理长毛兔身上的杂质，然后将兔放在剪毛桌上，左手捉住兔耳，右手持剪刀从兔脊背后部中间位置开始向前剪毛，先沿脊背中线剪开一条直线至颈后部，然后分别剪脊背两侧，这种情况下要尽可能的往多里剪。然后剪后臀部和头部，然后把兔子头部提起，剪脖下和前腿的兔毛。长毛兔最难剪毛的部位是后腿、生殖器附近和腹部的兔毛。一个人剪毛，可以让兔子腹部朝上，用左胳膊夹住兔子的头部，要露出兔子的口鼻部位以利于呼吸。腾出的左手就可以推直兔子的后腿关节，右手持剪刀就可以很方便的剪掉后腿的兔毛，然后继续用此方法剪腹部和生殖器附近以及尾巴的兔毛，剪腹部兔毛，要提前找准乳头的位置，注意防止剪伤母兔的乳头。冬季剪毛，养毛期可以适当延长一段时间，给兔子留有0.5～1cm的底茬兔毛，以防止感冒和有利于母兔拉毛絮窝。

由于兔毛的黏合性和吸湿性较强，因此，在存放时不要用塑料袋，最好用布袋，厚纸箱或者是木箱等透气的包装，避免重压。贮存兔毛时，事先在箱内，或者布袋底部放置3～4粒樟脑球，用纸包好，待箱或布袋内兔毛盛放一半时，中间再放上3～6粒，最后贮满的时候上层再放3粒（樟脑丸的存放位置呈三角形）。

剪兔毛

★镇海新闻网，网址链接：http://zh.cnnb.com.cn/photo/ps.asp？SmallClassCN=%E9%95%87%E6%B5%B7%E6%96%B0%E9%97%BB-%E7%BB%8F%E6%B5%8E

（编撰人：孙宝丽；审核人：刘德武）

354. 兔的消化特性及其对饲料供给有何要求？

（1）消化特点。

①对粗纤维的消化率很高。兔子属单胃食草性动物，消化道长，容积大，可依靠盲肠中微生物和发达的球囊组织利用低质高纤维饲料。

②能充分利用粗饲料中的蛋白质。资料显示兔子对苜蓿草中的粗蛋白消化率达70%以上，对玉米颗粒饲料中的粗蛋白消化率在80%以上。

③能耐受日粮中的高钙比例。兔子对钙、磷比例要求不像其他畜禽要求那么严格，即使钙磷比例为6：5，家兔仍可以保持正常的生长速度。

（2）饲料供给。

①主要以青绿饲料为主，但是所喂食的饲料原料必须是新鲜无污染；刺激性强的饲料如洋葱、韭菜、大蒜等不宜用来饲喂兔子。

②不可饲喂带露水、带泥、带虫卵和粪便的饲料，不可饲喂腐烂变质的饲料，不可饲喂带有农药或有毒的饲料，不可饲喂冰冻的饲草。

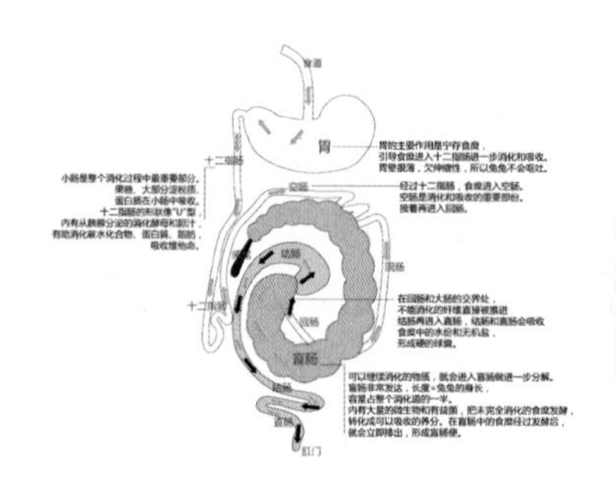

兔子消化系统

青绿饲料

★中国百科网，网址链接：http://www.chinabaike.com/z/sh_zhishi/2011/0419/848839.html
★波奇网，网址链接：http://www.boqii.com

（编撰人：孙宝丽；审核人：刘德武）

355. 家兔配合饲料喂养技术较传统喂养方法有什么优势？

所谓全价颗粒饲料是按照兔子生长需要选择由多种饲料原料经粉碎后，按一定的配方均匀混合而成的。这种饲料的配方是必须根据兔子对营养的需要和兔子各个阶段生长特点来拟定的。养兔饲料主要来源还是以大量的青干草粉和一些蛋白质、能量饲料原料，富含兔子生长发育需要的蛋白质、淀粉、脂肪、纤维素、维生素、钙、磷、钾、钠等营养物质。

用全价颗粒饲料喂兔，具有许多优点：①它是经过粉碎加工搅拌均匀后再制成颗粒的饲料，兔子喜欢吃，不但容易被家兔消化吸收而且能够满足兔子生长发育需求。②它是按照兔子生长发育需要，科学配方配种的，各种营养成分和微量元素全面，能保证兔子营养的需要。③颗粒饲料有一定的硬度适合兔子的啮咬习性，兔子爱吃，吃得干净，不浪费。同时饲料干燥、卫生，喂兔不会因为饲料而给兔子带来球虫的传播感染，可以杜绝以前用草养兔或者用水拌湿料喂兔导致球虫病、肠道传染病暴发而影响兔子生长和养兔经济效益。

饲喂全价饲料

★澳普森网，网址链接：http://www.tatuliao.com/d/? 966.html

（编撰人：孙宝丽；审核人：刘德武）

356. 野兔和家兔有何区别?

野兔是在野外自由生存的兔子，家兔是人工驯化的种类，二者截然不同。

（1）体型。家兔体型较大，一般体重在3.5kg以上，最大可达8kg；而野兔体型相对来说要小得多，一般体重在2.5kg左右，最大也就是3.5kg，4kg的野兔就极少了。

（2）外观。家兔的耳朵比野兔的要短，野兔的耳朵比较长，家兔的身材要大于野兔，但野兔的前肢和尾巴都比较长。兔子是食物链最底层，野外的环境对于它们来说危机重重，所以它们需要更敏锐的听力和更发达的四肢。

（3）染色体。家兔的染色体是22对，野兔是24对，相差2对。它们的亲缘关系甚至远不如马和驴（前者染色体32对，后者是31对，这就意味着它们无法婚配）。

（4）繁殖性能。经人们长期饲养驯化、培育，家兔已成为具有高繁殖性能的动物，怀孕期为30d，每年可产仔6～10胎，野兔每年仅仅产一窝，年产仔4～8只。

（5）幼兔特征。家兔的新生兔宝宝们属于晚成型，出生时候全身裸露无毛，眼睛和耳朵未开，基本没有行动能力，无法自行调节体温。家兔的幼兔宝宝15d左右才睁开眼睛，20d左右才可吃少量苜蓿草并随母兔外出活动。而野兔的新生兔宝宝们相反属于早成型，生出来就全身有毛，眼睛可看，耳朵可听，小野兔出生3d就可以走路，并且能自行进食。

家兔

野兔

★农村致富经，网址链接：http://www.nczfj.com/yangtujishu/201029164.html
★新浪微博，网址链接：http://blog.sina.com.cn/s/blog_4ff000a70100av95.html

（编撰人：孙宝丽；审核人：刘德武）

357. 野兔养殖要注意哪些问题？

（1）加强饲养管理，注意环境卫生。定期消毒兔笼兔舍，按野兔的年龄、性别、体重、强弱分群饲养。野兔养殖日粮配合要适当，避免饲料营养单一。严禁喂霉变、有毒、冰冻或带有露水的饲料和饲草。

（2）建立种兔系谱档案。对公兔、母兔分别建立繁殖卡片，做到交配、产仔有记录，使兔群血缘清楚，避免近亲交配、早配和连续血配。野兔养殖对哺乳仔兔从20日龄开始补料，做好从断奶到吃料的转变过程。

（3）按时驱虫。仔兔断乳后，即可在饲料中添加氯苯胍、复方敌菌净预防球虫病。氯苯胍用量应掌握在1只小兔日服15mg，或每千克饲料中添加300mg，连喂4～5d；野兔养殖敌菌净的用量为每只小兔每天1片，连喂7d，停药3d，再喂7d；对兔螨病可皮下注射虫克星，每千克体重用药0.2ml，7～10d重复1次。2月龄左右的幼兔，可用虫克星粉，按每千克体重0.1g拌入饲料中喂兔1次，防止消化道寄生虫病。

（4）兔慢性病愈后的处理。野兔的一些慢性传染病，在治疗之后，野兔干瘦，生长停滞，可选用中草药饿蚂蟥、独脚金、鹅不食草、紫背金牛各适量，水煎喂服。野兔养殖也可用新鲜的兔血拌料，每次5～10ml，或采健康兔的血进行肌内注射，每次2～3ml，每日1次，连用3～5d即可。

氯苯胍片

野兔养殖

★7788商城网，网址链接：http://www.997788.com/87323/search_42_27710493.html
★学习啦，网址链接：http://www.xuexila.com/aihao/siyang/2622248.html

（编撰人：孙宝丽；审核人：刘德武）

358. 为什么要在家兔饲料中添加沸石粉?

（1）沸石饲料以石代粮，可代替5%左右的玉米或全价配合饲料，从而大大降低饲料成本。

（2）延长食物在动物体内的停留时间，促进营养物质充分消化吸收，从而节省饲料，提高饲料利用率。

（3）促进动物新陈代谢和饲料中蛋白质的转化，保护氨基酸不被破坏，节省能量和蛋白质。

（4）对动物体内的各种酶进行激化，具有吸附毒性物质和双向调解功能，防治胃肠和气管疾病，减轻氨中毒，吸附NH_4^+再缓慢释放，有利于蛋白质合成。

（5）生物效益试验证明，能提高动物造血肝细胞功能，提高动物抗毒、抗病、抗缺氧能力，防病治病，净化饲养环境，改善水质，提高畜禽、鱼虾的成活率和生长性能。

（6）由于沸石分子晶体中具有相当多的孔道和孔穴，呈海绵或蜂窝状，具有较强的承载能力，其晶体结构稳定，在高温、酸性或碱性条件下，不会改变它原有的理化特性。钙、磷含量极微，除用于普通的预混料外，还可用于氯化胆碱的粉制剂、尿素饲料制品中。沸石遇水浸或受潮，只要弄干后仍可使用，没有任何影响。又具有独特的离子交换性、吸附性和催化性能，所以沸石粉是目前化工兽药、预混料、添加剂最理想的载体。

沸石

沸石粉

★中国建材网，网址链接：http://www.bmlink.com
★机电在线网，网址链接：http://www.jdol.com.cn

（编撰人：邓铭；审核人：刘德武）

359. 如何给家兔补喂食盐?

食盐含有氯和钠两种元素，它们广泛分布于家兔的所有软组织、体液和乳汁中，对调节体液的酸碱平衡，保持细胞和血液间渗透压的平衡，起到重要作用。此外，还有刺激唾液分泌和促进消化酶活性的功能。所以，食盐既是调味品，又是营养品。它可以改善饲料的适口性，增进食欲，帮助消化，提高饲料利用率。当缺乏时，造成食欲降低，被毛粗乱，生长缓慢，出现异食癖。严重缺乏会产生被毛脱落，肌肉神经紊乱，心脏功能失常等症状。家兔饲料中食盐的添加量一般为0.5%。

（编撰人：邓铭；审核人：孙宝丽）

360. 留作种用的仔幼兔和青年兔应该怎样选择?

（1）初选。在刚断奶的仔兔（30～42d断奶）中进行。良好种兔应体毛卫生、鲜艳，耳色桃红，肌肉丰满，腹部柔软有弹性，肛门周围无稀粪痕迹，活跃，眼大有神，食欲旺盛。体重一般中型品种在0.45～0.60kg，大型品种0.6kg以上。体重在0.45kg以下的仔兔不宜留种。

（2）复选。一般在青年期选择。要求兔身体发育匀称，生殖器官发育好，骨骼匀称，营养好，健康无病，符合品种外貌特征和生产性能指标，留作种用。

（3）定选。对刚投入使用的青年兔群，进行全面体检、称重等测定，对符合种用要求的公、母兔进行配种，根据前4胎产仔情况选留繁殖性能好、后代优的兔作种用，准备配种。在公、母兔留种时，一定要按品种或品系、血缘系谱等选留，尽量做到在其后代3代以内不同血缘。

（编撰人：邓铭；审核人：孙宝丽）

361. 种公兔的饲养管理要点有哪些?

（1）供给营养要全面、均衡。公兔的种用价值与营养，尤其是蛋白质、维生素和矿物微量元素密切相关。日粮中蛋白质过低或过高，都会使活精子数减少，导致受胎率和产活仔数下降。如果缺钙，精子会出现发育不全，活力降低，公兔表现四肢无力、性欲减退；缺乏维生素A、维生素D、维生素E，不仅精子数量少，畸形精子还会增加。

（2）公兔需要保持合适的体况。喂公兔的饲料，体积要小，适口性要好，容易消化，品种要多样化，以增进种公兔食欲，保证营养，避免造成公兔腹部过分膨大，影响配种。

（3）要科学使用公兔。在繁殖旺季要限制公兔的配种次数，青、老年兔1d只能配1次种，用1d休息1d；壮年公兔，1d内可交配2次，用2d需休息1d。对青年公兔应防止过早偷配。配种时，应将母兔捉入公兔笼内，而不是把公兔送到母兔笼内交配，否则会影响配种效果。

（4）种兔要单笼饲养。公母兔同笼会使异性之间接触频繁，乱配乱交，降低公兔的性欲和配种能力。

（5）加强运动。保证公兔每天有适当的运动时间，保持强壮的体质和旺盛的性欲。

（编撰人：邓铭；审核人：孙宝丽）

362. 家兔生产后母仔是分开饲养还是同笼饲养好?

（1）全程母仔同笼的饲养方式有利于节约人工，减少饲养人员的工作量。在炎热的夏季使用母仔同笼的效果较差，因为在哺乳后期小兔会追着母兔喝奶，这个时候天气热，同笼生活的兔子多，加上母兔躲避小兔，会增加母兔的产热量。

（2）母仔全程分离会增加饲养人员的工作量，但是仔兔全程由人工来护理，能够及时发现问题，冬天减少出现母兔喂奶时把小兔带出产箱被冻死的几率。同时饲养得法，30日龄断奶会每只比母仔同笼的重50g。

（3）母仔半分离的工作量介于以上二者之间，比较突出的缺点是如果产仔箱的设计不合理，会增加母兔喂奶带出小兔冻死的可能性。

人工辅助喂奶

★中华养殖网，网址链接：http://www.yangjw.com/jishu/show-7749.html

（编撰人：孙宝丽；审核人：刘德武）

363. 母兔产后拒食的原因及防治措施有哪些？

（1）拒食的原因。产后没水饮，或饮水不够，母兔口渴，容易出现将仔兔咬死或吃掉仔兔的现象；由于母兔产仔过程中，产道损伤，被细菌感染而发炎，患有生殖道疾病，疼痛难忍拒食；频密繁殖使得母兔连续怀孕又哺乳，自身负担过重，摄入和消耗不成比例，消化功能减退；母兔配种月龄小，发育不成熟；母兔的日粮中饲料配比不合理，造成母兔饲料营养需要不均衡；钙、磷比例失调、蛋白质和脂肪、微量元素等缺乏；母兔患有其他寄生虫和消耗性疾病，导致消化不良，使营养吸收出现障碍。

（2）母兔产后拒食的防治。使用母兔专用预混料配制颗粒饲料。重视整个妊娠期的饲料管理，保证营养供给。母兔产后要及时饮水（水中可加入一些消炎的药物），再进行喂料；哺乳母兔在分娩后1～3d，食欲较差，体质也较差，一般多喂青料，少喂精料，3d后逐渐增加精料，但不要突然增加过多，要逐渐增加其采食量。母兔怀孕7日后，每日摄入饲料量要逐步增加。产前一周供给营养丰富和易消化的全价饲料和青饲料。28日开始“减精加青”，同时要保证充足的饮水。母兔产仔前，用高效消毒剂消毒兔笼，防止细菌污染。

（编撰人：孙宝丽；审核人：刘德武）

364. 新生仔兔不吃奶应如何预防与处理?

新生仔兔不吃奶症是因母兔怀孕后期营养不平衡所致。此症在仔兔出生后2~3d内发病，在同一窝内，部分或整窝相继发病。患病仔兔表现为不吮乳，皮肤凉而发暗，全身软绵无力，有的迅速死亡，有的出现阵发性抽搐，最后于昏迷状态下死亡。病程一般2~3h，如不及时治疗，死亡率可达100%。

（1）治疗。用自行车气门芯乳胶管2cm套在注射器的接嘴上，吸取25%葡萄糖液后，将乳胶管插入患病仔兔口中，缓缓推动活塞，每只仔兔灌服1~2ml；对已不会吞咽的仔兔，则腹腔注射5%~10%葡萄糖溶液4~5ml。一般可在30min内见效。为巩固疗效，间隔4~5h后再重复治疗一次，并随后连续3d补哺葡萄糖液，每天2次，即可痊愈。

（2）预防。母兔怀孕期，尤其是怀孕后期，每天除喂3次青绿饲料外，补饲玉米、大麦等含碳水化合物高的精饲料100g和适量的食盐与骨粉，天气好时放出晒太阳和运动。产后应供给母兔8%的食糖溶液，任其自由饮用，可有效防止该病的发生。

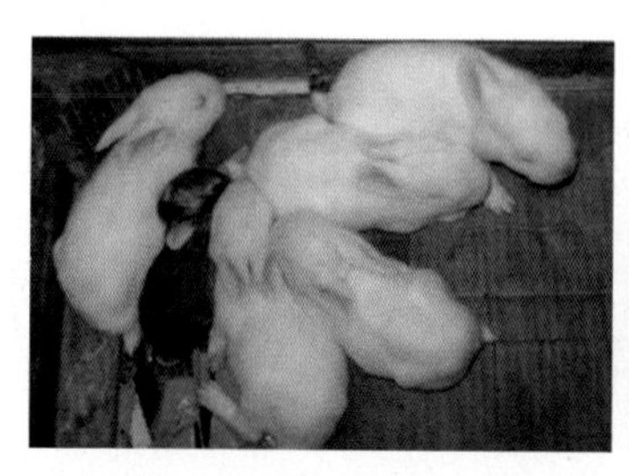
健康仔兔

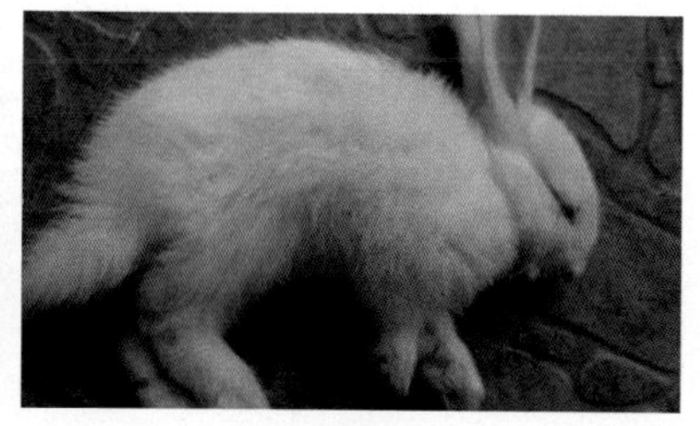
患病仔兔

★农村致富经，网址链接：http://www.chinabreed.com/photo/index.htm

（编撰人：孙宝丽；审核人：刘德武）

365. 如何给仔兔进行科学合理的断奶与补饲，让仔兔过好断奶关?

（1）断奶。1个月后，仔兔应与母兔分开，逐渐增加青料和精料，减少喂的次数，并根据仔兔的大小及发育状况逐步断奶，一般仔兔在42日龄左右或体重达600~700g可以断奶。为提高母兔的繁殖率，也可以28日龄时断奶。如果同一窝仔兔个体比较均匀，可以采用全窝一次性断奶；如果大小差异较大，可以采用分批次断奶，先断大的后断小的。断奶时尽量做到饲料、环境、管理“三不变”，注意饲养管理、环境条件和饲料等方面的逐渐过渡。断奶仔兔要做到离奶不离窝，尽量保持断奶前的环境条件，减少应激反应。

（2）合理补饲。仔兔出生后16～18d便开始补料，可喂给营养丰富、含粗纤维少、易消化的饲料，根据仔兔胃容积小、消化力弱、生长快的特点，要以精料为主、青料为辅，必须控制采食量，要逐渐增加饲料用量，定时定量，少喂勤添。从补饲开始就要喂抗球虫药物，18日龄后再开始饲喂全价配合饲料。

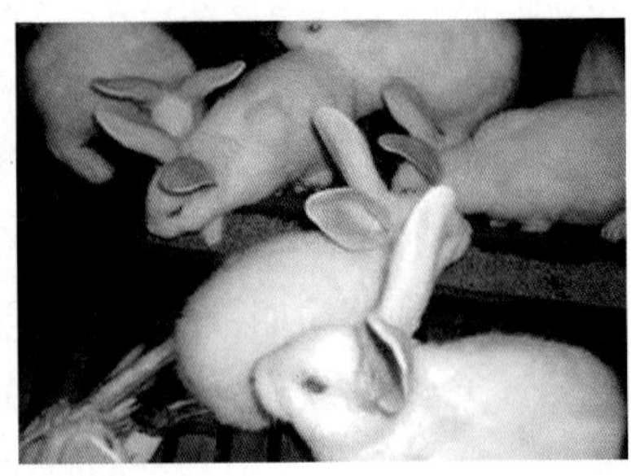

给仔兔补充青饲料

★农村致富经，网址链接：http://www.chinabreed.com/photo/photo/19-1/1306.html

（编撰人：孙宝丽；审核人：刘德武）

366. 采取哪些措施可以有效提高断奶仔兔的成活率和促进仔兔的增重？

仔兔断奶后成活率的高低，与断奶体重有很大关系。也就是说，断奶体重越大，断奶后的成活率越高。因此，提高仔兔断奶体重是提高断奶后成活率的关键。

（1）吃好初乳。初乳对于提高仔兔抗病力和成活率是非常重要的。实践证明，凡是早吃初乳的仔兔，生长发育速度就快，体质健壮，死亡率低。反之，生长速度慢，死亡率高。因此，出生后应尽早让仔兔吃到初乳。

（2）调整仔数。在生产中适当调整仔兔的哺育对于提高仔兔成活率和保证仔兔发育的一致性是非常重要的。调整仔兔的方法主要有寄养、主动弃仔、开小灶。

（3）营造良好的饲养管理环境。刚出生的仔兔最适宜的环境温度是35℃，以不低于33℃为宜。最好采取整体适温、局部高温的办法。即兔舍保持适宜的温度（以15℃以上为宜，冬季最低温度在5℃以上），产箱内保持较高温度。

（4）做好补饲工作。随着仔兔逐渐长大，母兔奶水就不能满足仔兔营养需求，所以就通过补饲来满足。补饲时间一般以出产箱时间为准，开始补料时要少喂勤添，以后逐渐增加投料量。

（5）做好疾病预防和治疗。能引起断奶前仔兔高死亡率的疾病有黄尿病、仔兔腹泻、仔兔真菌病等疾病。这些疾病都与母兔的健康有关，由于仔兔体重小，所以治疗效果不好，所以要以预防为主。

断奶仔兔分栏饲养

保持兔舍整洁

★农村致富经，网址链接：http://www.chinabreed.com/photo/photo/16-1/1052.html

（编撰人：孙宝丽；审核人：刘德武）

367. 幼兔的饲养管理要点是什么？

（1）做好日常管理。仔兔出生后要按时放入铺有吸湿性好、干燥松软、清洁卫生垫料的产仔箱内，产仔箱内的温度为：0～5日龄30～34℃、6～20日龄25～30℃、20日龄后18～30℃。

（2）早吃奶，吃足奶。如果仔兔能早吃奶、吃足奶，则生长发育好，体质健壮，生活力强。对吃奶不足或吃不到奶的仔兔应及时采取措施，如强制母兔哺乳或将仔兔寄养或人工哺乳。

（3）做好开食补料工作。开食时间以16～18日龄为宜，过早因仔兔肠胃功能尚未健全，容易发生消化道疾病。补喂的饲料开始用少量的嫩青草、野菜诱食，23d左右可逐渐混入少量精料。补料量要由少至多，少喂多餐，每天喂5～6次。

（4）实行合理寄养。对产仔太多，或母兔奶水较少，超过母兔哺乳能力的，应该实行寄养的办法提高仔兔成活率。

（5）科学断奶。断奶时间建议根据生产需要和仔兔体质而定，断奶后的1～2周内，饲料、环境和管理不变，以减少对仔兔造成的应激反应。

（6）做好防疫。根据垫料原料确定产仔箱内垫料的更换频率，以不使用有臭味或潮湿的垫料为准。

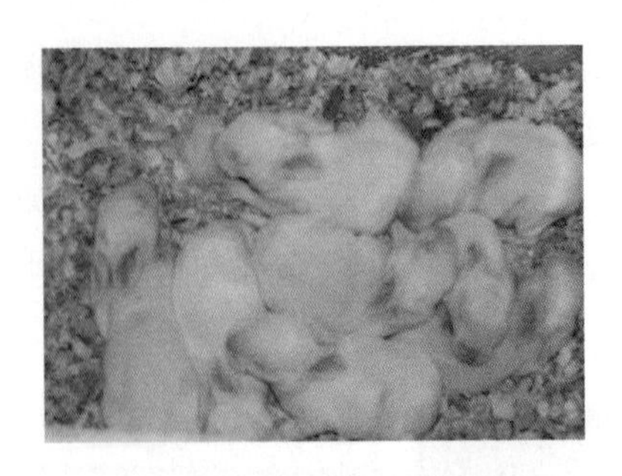

兔箱内铺有松软、清洁垫料

★搜狐网，网址链接：http://www.sohu.com/a/169750964_764229

（编撰人：孙宝丽；审核人：刘德武）

368. 采取哪些措施可以提高青年兔成活率和促进青年兔的增重?

（1）提供均衡营养。青年兔由于生长发育快，体内代谢旺盛，需要充分供给蛋白质、无机盐和维生素。饲料应以青粗料为主，适当补给精饲料，5月龄以后需控制精料用量，以防过肥，影响种用。

（2）保证适宜的生长环境。青年兔最适温度为15～20℃，过高或过低的温度都不利于兔的生长发育和繁殖。肉兔喜欢干燥的饲养环境，最适宜的相对湿度为60%～65%，高温高湿或低温高湿环境对肉兔十分有害，同时提供充足的饮用水。

（3）做好主要传染病的预防工作。对于一些烈性传染病，如兔瘟、巴氏杆菌、魏氏梭菌等病，应及时进行预防接种。

（4）隔离饲养。从3月龄开始和母兔隔离饲养。对4月龄以上的青年兔进行选择，把生长发育优良、健康无病、符合种兔要求的留作种用并单笼饲养。不作种用的兔及时去势，可合群饲养。

留种青年兔单笼饲养

去势兔合群饲养

★猪价网，网址链接：http://www.shengzhujiage.com/view/506491.html

（编撰人：孙宝丽；审核人：刘德武）

369. 怎样鉴别兔的公母？

（1）对初生仔兔，可根据其阴部孔洞形状，以及阴部生殖孔与肛门之间的距离来鉴别公母。孔洞距离略大，与肛门相向，距离近的是母兔；孔洞距离略小，与肛门同向前方，距离较大的是公兔。另外还可用手指压阴部，能翻出圆筒状凸起的是公兔。阴部呈尖叶状、三边稍隆起，而靠肛门一面不凸起的是母兔。

（2）开眼后的仔兔，可检查生殖器，方法是：用右手抓住仔兔耳颈部，左手以中指及食指夹住兔尾。大拇指轻轻向上推开生殖器。局部呈“O”形，下端呈现圆柱体者为公兔，局部呈“V”形，下端裂缝延至肛门者为母兔。

（3）幼兔及青年兔。用手打开生殖器，阴部呈现圆柱形是公兔，呈尖叶形，裂缝延至下方接近肛门的是母兔。

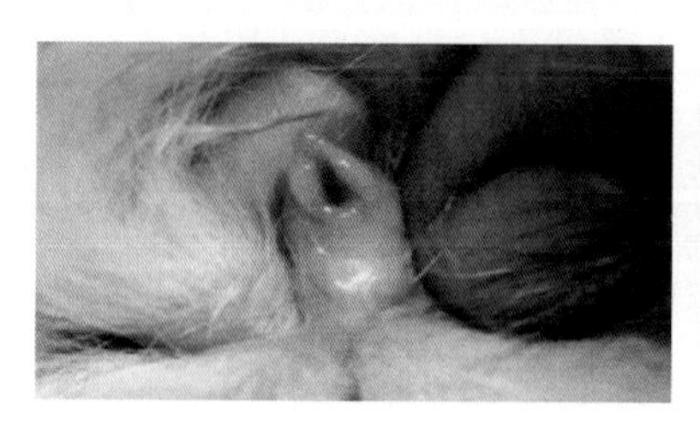

生殖器“O”形

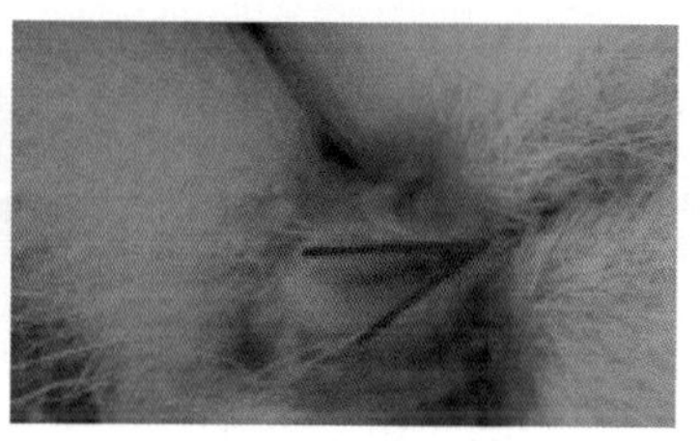

生殖器“V”形

★中国养殖网，网址链接:http://www.chinabreed.com/special/rabbit/2014/12/20141208648470.shtml#_motz_

（编撰人：孙宝丽；审核人：刘德武）

370. 如何给兔打耳号、带耳标，操作后的护理要点是什么？

（1）耳标法。用电工压线铝片，预先在其上打印号码，然后在兔耳上缘靠近耳根部用碘酒消毒，用铝片尖端刺穿耳边缘皮肤，并将尖端穿入另一端长方孔中圈成环状固定即可。可规定公兔穿左耳编单号，母兔穿右耳编双号，以示区别，便于管理。

（2）墨刺法。使用一种金属刺号钳。将要编的号码排列在钳子上，在耳内面中央血管分布较少处，先用碘酒消毒，再涂上颜料，然后将刺耳钳夹住耳朵对准部位用力压紧，刺针即穿入皮内，再松开取下刺号钳，数日后被刺部位即出现蓝色号码。颜料用食醋磨墨汁，或用废橡胶经燃烧后收集的灰粒，加入酒精调匀作涂料，能长久保持颜色不变。

（3）针刺法。使用注射针头，空心吸醋墨，刺后字迹清晰，永不褪色，是最理想、最经济、最有效的办法。

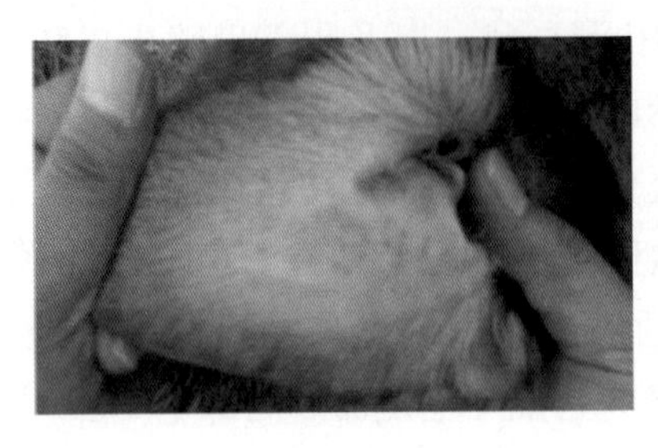
针刺法打耳号

墨刺法打耳号

★007商务网站，网址链接：http://www.007swz.com/ps13878847749/products/qitashengxu_159422.html

（编撰人：孙宝丽；审核人：刘德武）

371. 如何按商品獭兔的生物学特性进行规范的饲养管理?

獭兔繁殖力极强，表现在性成熟早，怀孕期短，胎产仔数多，且终年均可繁殖，不受季节影响。獭兔的生长发育有阶段性；獭兔是草食性动物，能广泛利用多种植物饲料；獭兔的嗅觉、听觉发达，视觉较差；獭兔对温度环境的要求有一定的范围；獭兔还有昼伏夜行的特性，晚上活动频繁，食欲旺盛。管理要点如下。

（1）适时配种。注意獭兔的体成熟与性成熟的关系，过早过晚配种都会对獭兔造成不良的影响。由于家兔属于刺激性排卵动物，生产中可以根据日粮的营养状况和饲养管理水平采取频密繁殖和半频密繁殖的模式，提高种兔的利用率。

（2）环境舒适。提供合适温度，成年獭兔的适宜温度范围为5～30℃，而对生长，生产繁殖的最适温度是5～25℃。在实践生产中发展密闭环境全控式饲养方式，严格控制室内小环境。做好冬季保暖工作，夏季防暑降温工作。

（3）合理分群。商品獭兔实行分小群饲养，即断奶后的幼公兔除留种外，全部去势，然后按日龄、体重、大小、强弱进行分群，每笼为一群。并窝、合群或寄养时，应使调入的兔和原来的兔的气味相似。

（4）科学饲养。要按獭兔皮毛生长特点和营养需要提供全价配合饲料，饲喂时配合饲料和青绿饲料各占一半，任兔自由采食，并供给充足清洁的饮水。在日常工作中保持兔舍的安静和卫生，补充光照时不应使用强光。注意夜间的饲料供给，保证夜间有充足的饲料和饲草。

全群式饲养　　留种獭兔单独饲养

★慧聪网，网址链接：https://b2b.hc360.com/supplyself/202476959.html
★农村致富经，网址链接：http://www.chinabreed.com/photo/photo/16-1/1052.html

（编撰人：孙宝丽；审核人：刘德武）

372. 影响长毛兔产毛量的因素及提高产毛量的技术措施有哪些?

（1）影响兔毛产量的因素如下。

①品种。不同品系的长毛兔，其产毛性能和毛的品质各不相同。

②年龄。长毛兔因年龄不同，毛的产量与质量也不相同。

③体重。体重与产毛量呈正相关。

④性别。长毛兔与其他家畜不同，公兔兔毛生产性能不如母兔。

⑤营养。具有高产遗传性的个体产毛量和毛的品质也受饲料营养水平的影响。

⑥季节。季节影响兔毛的产量和质量。

⑦光照。光是环境中的兴奋因子，不仅能促进性腺发育，而且能促进兔毛生长。

（2）提高产毛量的技术措施如下。

①建立高产兔群。初建场时，一定要去高产的老场引种，因为那里大都是经过周期性变化去劣留优后选育出来的高产群，种兔的质量有保证。

②改善饲养环境。夏季兔舍温度要保持在30℃以下，这样有利于兔毛的生长。冬季兔舍温度最好保持在-5～10℃。

③增加剪毛次数，改善饲料营养。饲料营养与长毛兔产毛量和毛品质有密切关系，饲料除了要求全价、平衡外，还要供给一些特殊物质。

长毛兔（公兔）　　长毛兔（母兔）

★兔毛论坛，网址链接：http://www.tumao.com.cn/thread-10861-1-1.html

（编撰人：孙宝丽；审核人：刘德武）

373. 规模化兔场的科学控温措施有哪些?

（1）夏季降温措施如下。

①兔舍通风。良好的通风是兔舍防暑降温的主要措施，不仅能驱散舍内产生和累积的热量，还能带走家兔机体本身的热量。

②兔舍遮阴。采取加宽屋檐，舍外植树、种植攀缘植物、设置挡阳板、遮阳网等措施。

③降低饲养密度。群养的家兔要分成小群，免得家兔拥挤受热，笼养时要减少笼养只数。

④加强饲养管理。科学饲养，夜间补饲，夏季白天温度高食欲下降，采食量减少，夜间温度较低，应加强夜间的补饲量，同时在日粮配比中可以使用脂肪代替部分碳水化合物，从而增加能量的浓度。

⑤兔舍降温。常用的兔舍降温方法有喷雾冷却法和蒸发冷却法两种。

（2）冬季保暖措施如下。

①增加饲养密度，靠兔体散热增温。

②尽量降低通风量到最低限度，关好门窗，防止贼风侵袭，以便保存兔体产生的热量。

③兔舍外墙搭一层塑料布充分利用太阳光照，晚上再覆盖一层草苫，这样可使兔舍温度白天达25℃以上、晚上保持在15℃左右，有条件的可安装供热设备，如暖气、电热器、火炉、火炕等。

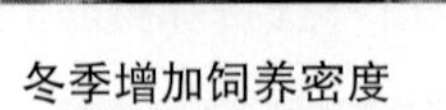

冬季增加饲养密度　　夏季降低饲养密度单栏饲养

★网易新闻，网址链接：http://news.163.com/14/1029/05/A9MUN1PK00014Q4P.html

（编撰人：孙宝丽；审核人：刘德武）

374. 规模化兔场的科学控光措施有哪些?

我国养兔多以自然光照为主，人工光照为辅。即根据当地日照时间长短，将不足部分人工补充光照到额定时间。如某地区冬季光照时间11h，而母兔繁殖需要16h，二者差距5h，那么人工补充5h即可。可采取早补（即日出前补充5h）或晚补（即日落后补充5h），也可以早晚补（即日出前和日落后各补充一定的时间）。对于光照时间较长的季节，需要缩短光照时间，但目前我国多数养兔场没有采取措施。可设置窗帘黑布控制光照，尤其是对于育肥兔是有必要的。在全封闭的兔舍，实行程序化控光可获得满意的效果。兔舍安装光照程序控制器，仪器内芯由电脑芯片经组装而成，能自由设置程序，开关渐明渐暗时间达30min，模拟自然阳光，对兔群无应激。

兔场补充自然光照

兔场人工补充光照

★辽宁金农网，网址链接：http://www.lnjn.gov.cn/edu/pzbl/yangzhi/2014/561299.shtml
★中国养殖网，网址链接：http://www.chinabreed.com/photo/photo/16-1/1052.html

（编撰人：孙宝丽；审核人：刘德武）

375. 规模化兔场如何科学控制湿度与粉尘?

（1）兔舍内相对湿度以60%～65%为宜，一般不应低于55%或高于70%。湿度往往伴随着温度高低而对兔体产生影响，如高温高湿会影响家兔散热，易引起中暑；低温高湿又会增加散热，使家兔产生冷感，特别对仔、幼兔影响更大。温度适宜而潮湿，有利于细菌、寄生虫活动，可引起疥癣、球虫病、湿疹等；空气过干燥，可引起呼吸道黏膜干燥，细菌、病毒感染致病。

（2）将多余湿气排出舍外的有效途径是加强通风。降低舍内饲养密度，增加粪尿清除次数，排粪沟撒落一些吸附剂如石灰、草木灰等，均可降低舍内湿度。冬季舍内供暖可缓解高湿度的不良影响。

（3）灰尘对家兔的健康和兔毛品质有着直接影响。灰尘降落到兔体体表，可与皮脂腺分泌物、兔毛、皮屑等粘混在一起，妨碍皮肤的正常代谢，影响兔毛品质；灰尘吸入体内，还可引起呼吸道疾病，如肺炎、支气管炎等，灰尘还可吸附空气中的水汽、有毒气体和有害微生物，产生各种过敏反应，甚至感染多种传染性疾病。为了减少兔舍空气中的灰尘量，应注意饲养管理的操作程序，最好改粉料为颗粒饲料，保证兔舍通风性能良好。

室内外湿度与粉尘含量

类别	空气中的微生物（个/L）	空气中的氮（mg/m^3）	大气湿度（%）	光照强度（lx）	土壤微生物（个/100g）
室内	21 858	0.53	61.76	28.67	84.00
室外	20 83	0.31	50.53	39.67	30.00
市内比室外（%）	+4.94	+70.79	+22.22	-38.37	+180.00

数显湿度粉尘管理系统

★中国养殖网，网址链接：http://www.chinabreed.com/photo/photo/20/764.html

（编撰人：孙宝丽；审核人：刘德武）

376. 规模化兔场如何控制噪声污染?

家兔胆小怕惊，突然的噪音易引起母兔流产、拒绝喂奶，或出现神经症状，引起碰撞致伤。长时间的噪声会使家兔体质下降，影响生长发育，甚至死亡。

修建兔场时场址要选在远离公路、工矿企业之处；场内规划要合理，使汽车、拖拉机等不能靠近兔舍；选择性能稳定、噪声小的机械设备，如选用噪音小的换气扇；同时可以通过种树种草降低噪声；饲料加工车间应远离生产区；饲养人员日常操作动作要轻稳；母兔怀孕后期尽量不用汽（煤）油喷灯消毒；禁止在兔舍周围燃放鞭炮。

兔场周围环境

★中华养殖网，网址链接：http://www.yangjw.com/jishu/tu/

（编撰人：孙宝丽；审核人：刘德武）

377. 采取哪些措施可以有效控制兔舍内有害气体对兔的危害?

舍内有害气体浓度的高低，受饲养密度、湿度、饲养管理制度等的影响。舍内密度小，温度低，增加清粪次数，减少舍内水管、饮水器的泄漏，均可有效降低舍内有害气体浓度。调控舍内有害气体的关键措施是减少有害气体的生成量和加强通风。通风有自然通风和动力通风两种，自然通风是利用门、窗（天窗）让空气自然流动，将舍内有害气体排到舍外，适宜于跨度小、密度和饲养量小的兔舍。动力通风则是利用动力，通过正、负压方式将舍内污浊空气排到舍外，适于跨度大、饲养密度大的兔舍。要注意进出风口位置、大小，防止形成“穿堂风”。进出风口要安装网罩，防止兽、蚊蝇等进入。

肉兔单独饲养

兔舍内部环境

★科技苑，网址链接：http://www.cyone.com.cn/cfsp/6398.html

（编撰人：孙宝丽；审核人：刘德武）

378. 春季养殖家兔如何进行科学饲养管理、疾病预防、环境控制?

春季气温变化大，对家兔的安全生产有很大的影响，因此加强家兔春季饲养管理，既能保证家兔安全生产又能提高养殖效益。

（1）加强营养。增加全价配合饲料和优质青绿饲料的饲喂量。

（2）做好饲料过渡，加强饲养管理青料为主，精料为辅，注意饲料搭配的多样性。精料要注意营养搭配，保持合理的营养水平。饲喂要定时，饲料要定量，添喂夜草，注意饮水，注意卫生、保持干燥。保持兔舍内空气流通，兔舍地面、兔笼及兔体清洁卫生，兔舍及饲喂兔子的水槽、食槽要经常清洗消毒，兔笼要经常打扫，对长期照射不到阳光的兔子要调换到光线充足的笼内。保持安静，防止骚扰。分群管理，注意运动。

（3）做好配种繁殖工作。春季是家兔繁殖的黄金季节，青饲料充足，家兔繁殖机能旺盛，抓住有利时机，提高繁殖成活率。

（4）春季气候多变，是多种传染病高发季节，要做好兔疾病的预防工作。注射兔瘟、巴氏杆菌和魏氏梭菌等几种传染病疫苗，避免不必要的损失。

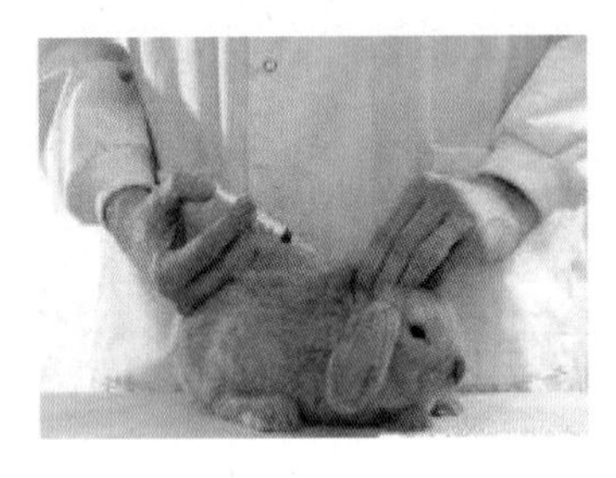

注射疫苗

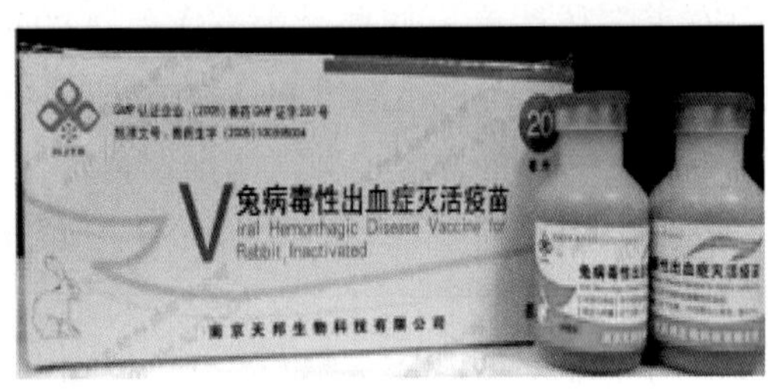

病毒性出血症灭活疫苗

★中国百科网、网址链接：http://www.chinabaike.com/t/9509/2016/0820/5709074.html

（编撰人：孙宝丽；审核人：刘德武）

379. 夏季养殖家兔如何进行科学饲养管理、疾病预防、环境控制？

高温多湿的夏季对家兔养殖极为不利，尤其是对幼仔兔和种公兔影响大，轻则影响其生长、繁殖，重则死亡，给养兔业造成了严重的损失。夏季养殖家兔应做好以下工作。

（1）防暑降温保持兔舍凉爽通风。高温期间，在兔舍屋顶搭稻草、树枝、遮阳布等，形成厚的覆盖层；屋顶喷井水，以降低兔舍温度。改变家兔饲养方式，降低饲养密度，剪短兔毛，以利兔体散热，防止中暑。

（2）科学饲喂、精细饲喂，合理搭配饲料。夏季家兔食欲下降，做到饲料的科学搭配，以增加其食欲，饮水供应要充足。夏季家兔采食量的减少会造成维生素和微量元素的摄入不足，因此可在家兔的日粮中添加适量的营养物质。

（3）减少配种工作。夏季天气炎热家兔采食量减少，体质变弱，公兔精液质量差，无精、死精增多，性欲差，同时母兔怀孕后易造成死胎、难产。

（4）加强疫病防治。夏季气温高、湿度大，蚊蝇孳生，利于病菌的生长繁衍，诱发家兔感染疾病，使兔易发生腹泻、球虫病、兔瘟等，常常导致家兔尤其是幼仔兔死亡、生产受阻。因此，夏季尤其是要注意做好疫病防治工作。

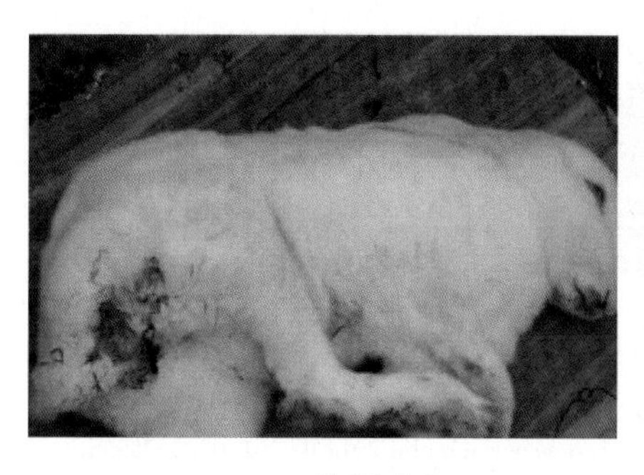

腹泻病兔

夏季给家兔剪毛

★宠物百科网，网址链接：http://www.boqii.com/article/20667.html? _da0.7577485896181315
★四川省农业厅网站，网址链接：http://www.scagri.gov.cn/jlhd/tpjc/201409/t20140930_321207.html

（编撰人：孙宝丽；审核人：刘德武）

380. 秋季养殖家兔如何进行科学饲养管理、疾病预防、环境控制？

（1）调日粮。根据兔的不同年龄，按饲养标准配制，适当提高蛋白质水平，降低能量饲料，要求饲料营养丰富，适口性好，容易消化。保证家兔每天有充足的青饲料如青草、青菜等，饲料应新鲜洁净，无发霉变质。

（2）加强管理。秋季气温温差大，幼兔易患感冒、肺炎、肠炎等疾病，严重者会造成死亡。同时秋季湿度较大，兔舍应做好通风，保持干燥和防潮，可在舍内撒一些石灰或草木灰。经常清洗饲槽、食槽和笼底板，做好清洁卫生。

（3）抓好秋繁。秋季是家兔繁殖的黄金季节，入秋前应加强饲养管理，注意补充人工光照，以使刚过盛夏而体质瘦弱的家兔恢复体力。可在8月中下旬进行配种繁殖，保证秋季繁殖1～2胎。可实行复配法，以提高配种受胎率。

（4）整顿兔群。每年秋季对兔群进行1次全面整顿，要求是选择产毛性能好、繁殖力强、后代整齐的兔子继续留作种用。选留优良后备兔补充种兔群，及早淘汰生产性能差或老、弱、病、残的兔子。

（5）做好疫病防治工作。对兔群每周要进行健康检查1次，在每日的饲养过程中，饲养人员平时要细心注意观察家兔的活动、眼神、耳色、食欲、饮水、呼吸、毛色、鼻翼及粪便等情况；检查心跳、体温等，及时发现可疑病兔，并采取措施。

饲喂青饲料

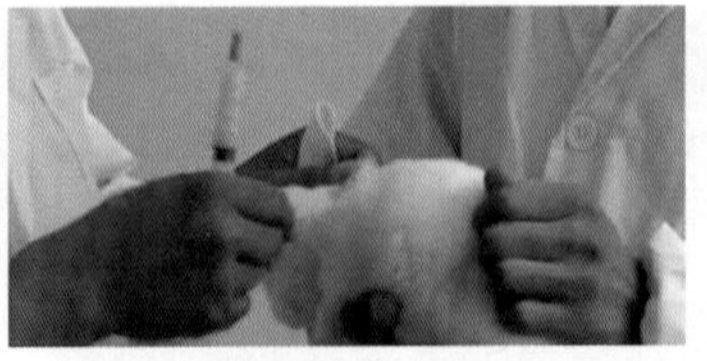

进行疫苗注射

★新浪博客，网址链接：http://blog.sina.com.cn/s/blog_49e1b3490101adcg.html
★中国养殖网，网址链接：http://www.chinabreed.com/special/rabbit/2014/08/20140805635955.shtml

（编撰人：孙宝丽；审核人：刘德武）

381. 冬季养殖家兔如何进行科学饲养管理、疾病预防、环境控制?

冬季气温较低，日照时间短，青绿饲料缺乏，给养兔带来一定困难。冬季饲养管理的重点是做好防寒保温和冬繁冬养工作。

（1）做好防寒保温。气温在0℃以下时，要关好门窗，防止贼风侵袭；室外养兔时，笼门上应挂好草帘，以防寒风侵入。白天应使家兔多晒太阳，夜间严防贼风侵入。使兔舍温度保持在5～10℃。

（2）加强饲养管理。饲料喂量应比其他季节增加20%～30%，饲料中要保持较高能量水平和一定的维生素含量。提高能量饲料的比例，防止维生素缺乏，补喂青绿饲料，并做到少喂勤添，以防剩料结冰后食用。

（3）适量运动。冬季家兔普遍缺乏运动及光照，可在正午天气晴朗的日子，将兔放至避风向阳处自由活动1～2h，以增强兔的体质，提高机体抗病力。

（4）冬季兔的常见病主要有感冒、便秘、腹泻、疥癣等，应以预防为主，做好环境卫生，在日粮中添加一些葱、姜、蒜及预防性药物，提高养殖效益。

群饲

单独饲养

★农村致富网，网址链接：http://www.8658.cn/nccy/377623.shtml

（编撰人：孙宝丽；审核人：刘德武）

382. 兔场如何进行消毒?

兔场消毒分为场所消毒（进场、舍门口、场区环境、兔舍）、用具设备消毒、工作人员自身消毒和特殊时期的消毒。

（1）门口车辆消毒。进入场区的车辆必须经过消毒后方可进入场内，兔场大门口过去多设置车辆消毒池，池的长度等于汽车轮胎周长的2.5倍，池深度大于15cm或汽车轮胎厚度的一半。池内投放消毒液，如稀碱液、来苏儿等。但由于这种消毒池长期暴露，消毒液蒸发、尘土混入或受到雨浸的影响，常常达不到消毒效果，经济上也不划算。因而，大型养殖场多用车辆消毒通道，或高压消毒枪。

（2）入口人员物品消毒。养殖场区要设置人员入口消毒通道，经过更衣（必须配有帽子和胶鞋）、洗手消毒和脚踏消毒后方可进入。

（3）兔场场区。平时注意卫生，保持清洁，防止污染物、污水污染，定期清扫。设置绿化带，根据疫病发生情况，对场区进行消毒，无特殊情况，一年4次即可。

兔场喷雾消毒

兔舍外部环境

★慧聪网，网址链接：https://b2b.hc360.com/supplyself/82801162602.html

（编撰人：邓铭；审核人：刘德武）

383. 如何科学合理利用兔的纯种繁育、杂种优势保持和提高家兔的生产性能?

（1）纯种繁育。纯种繁育简称为“纯繁”，又称本品种选育。一般就是指同一品种内进行的繁殖和选育，其目的是为了保持该品种所固有的优点，并且增加品种内优秀家兔的数量。纯种繁育是比较好的方法。再如，我国江苏、浙江一带选育的地方良种全耳毛兔，不仅具有较好的生产性能，又能适应当地的环境，抗病力较强，还须采用纯种繁育加以固定和提高。

（2）杂交改良。杂交就是指不同品种（或品系）的公母兔之间交配，获得兼有不同品种（或品系）特征的后代。在多数情况下，采用这种繁育方法可以产生“杂种优势”，即后代的生产性能和繁殖能力等方面都不同程度地高于其父母的总平均值。

（编撰人：孙宝丽；审核人：刘德武）

384. 家兔的生长发育阶段和繁殖特征有哪些?

根据家兔生长发育的特点，将家兔从出生到衰老死亡的整个时期分为5个阶段。

（1）仔兔期（哺乳期）。指出生到断奶的时期。一般为28～42d。

（2）幼兔期。指断奶当天至3月龄的时期。

（3）中兔期（又叫青年兔、后备兔、育成兔）。指满3月龄至初配前的时期，一经配种即算成年期。

（4）成年期。指初配到3周岁的时期。

（5）老年期。指3岁以上的。家兔寿命一般5～9岁，最高12岁。

家兔繁殖力强，是多胎多产的动物。家兔窝产仔数多平均7只左右、孕期短（31d）、年产胎次多（一般年产4～7胎，最高达11胎），并且性成熟早，终年均可繁殖配种。此外，家兔还有两个主要繁殖特征。

（1）刺激性排卵。兔与猪、牛、羊等家畜不同，在达到性成熟以后，虽每隔一定时间出现发情症状，但并不伴随着排卵。只有在公兔交配以后，或相互爬跨，或注射外源激素，才发生排卵，这种现象称为刺激性排卵。

（2）两个子宫。兔与其他家畜不同，如前所述，它有两个互不相连的子宫，各自开口于阴道。这使母兔有时会出现双重孕现象，即第一批胎儿产出后，隔数小时，甚至几天后又产出第二批胎儿，这是两次受孕，胎儿各在一侧子宫发育的结果。

（3）卵子大。兔卵子是目前所知哺乳动物中最大的、发育最快的。

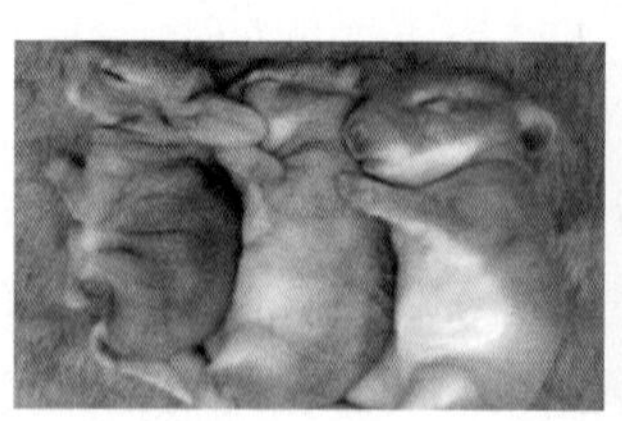

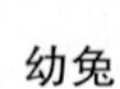

幼兔

成年兔

★波奇网，网址链接：http://www.boqii.com
★图新浪网，网址链接：http://blog.sina.com.cn/s/blog_130d284da0102xo7l.html

（编撰人：孙宝丽；审核人：刘德武）

385. 如何选择适宜的家兔品种进行保种自繁自养?

（1）正确地引种。引入的品种需具有良好的经济价值和育种价值，同时具有良好的适应性。针对引种目的来确定具体的引入品种。

（2）慎重确定种兔产地。引入种兔需要考虑到引入地的气候条件、地理条件以及饲养条件，尽量与我国相近。以使之迅速适应，减少风土驯化的代价。同时注意引入地的地方性传染病。

（3）进行引种试验。在大量引种前，最好进行引种试验。引入少量种兔，在正常的饲养管理下，观察种兔的生长发育、繁殖能力、产毛（皮、肉）能力、抗病能力、适应能力等。还可进行多品种比较，选择出最适合本地饲养的品种。

种兔

★新浪网，网址链接：http://photo.blog.sina.com.cn/photo/1235531101/49a4b55dhe39d5d8743e1

（编撰人：孙宝丽；审核人：刘德武）

386. 不同季节家兔的繁殖特点分别是什么?

（1）春季。春季气候温和，饲草丰富，公兔性欲旺盛，母兔配种受胎率高，是肉兔配种繁殖的好季节。公兔在春季的射精量和精子密度最高，母兔发情率高达80%以上，情期配种受胎率高达90%左右，平均窝产仔7～8只。但是，我国南方由于春季正值雨季，湿度过大，仔兔易患病，故繁殖时一定要做好防湿和防病工作。

（2）夏季。夏季气候炎热，高温多湿，肉兔食欲减退，体质较弱，性机能不强，配种受胎率低，产仔少。夏季公兔精子活力下降，密度降低，畸形精子数量增加。母兔的发情率只有20%～40%，受胎率为30%～40%，平均每窝产仔数为3～5只，而且成活率也很低。若母兔在夏季体况较好又有遮阴防暑条件，温度低于32℃的地区，仍可适当安排配种繁殖。

（3）秋季。秋季气候温和，饲料充足并且营养丰富，公母兔体质开始恢复，性欲渐趋旺盛，母兔受胎率高，产仔数多，是肉兔繁殖的好季节。9—11月时公兔性欲旺盛，精子活力增加，密度增大。母兔发情率为80%左右，配种受胎率为65%左右，平均窝产仔6～7只。秋季是肉兔换毛季节，营养消耗大，对配种繁殖有影响，但要加强饲养管理就可避免。公兔因夏季休闲后可能会出现暂时性不育，所以首次配种必须进行复配。

（4）冬季。冬季气温较低，青绿饲料缺乏，营养水平下降，种兔体质瘦弱，母兔发情不正常，配种受胎率较低，所以仔兔如无保温设备极易冻死。公兔一般在12月至第二年的2月，性欲不强，精子活力、密度正常。母兔发情率为60%～70%，配种受胎率为50%～60%，平均窝产仔6～7只。但是冬季如有丰富的饲料，又有良好的保暖条件，仍可获得较好的繁殖效果。

（编撰人：孙宝丽；审核人：刘德武）

387. 采取哪些措施可以提高母兔的受孕率?

（1）合理搭配。要防止过早配种，一般母兔达到7月龄，体重2.5kg左右，公兔达到9月龄，体重3kg左右时配种繁殖较好。为避免品种退化，应防止近亲交配，至少在3代以内没有血统关系；壮年种公兔配壮年种兔繁殖最好；特种养殖公兔配种频率最好是每2d 1次，1只公兔可配8～10只母兔；或根据体质每周配种3～5次，每周最少要休息1d。另外，种公母兔使用年限以不超过3年为宜。

（2）同兔复配。母兔在第一次配种后，中间间隔一段时间，间隔时间不超过5h，再与同一只公兔交配一次，称复配；这种配种方法，与母兔受交配刺激8～12h排卵相吻合，使受孕率提高，增加产仔数，这种交配法多用于种兔生产。

（3）异兔重配。用两只血缘不同的公兔间隔5～10min（其中间隔时间不超过30min），先后同一只母兔各交配一次（繁殖纯种兔不能用此法），可提高受孕率，这种交配法多用于商品兔生产。

（编撰人：邓铭；审核人：刘德武）

388. 提高家兔繁殖性能的主要措施有哪些?

（1）严格选种。选种前进行系谱鉴定，应注意祖先有无遗传原因造成的繁殖障碍，如公兔的隐睾症等。个体鉴定时应认真检查种兔的生殖器官、公兔的精液品质、母兔的乳头数等。后裔鉴定应评定产仔性能和哺乳性能。精液品质与受胎率有密切的关系，其中温度对精液品质影响很大。选择耐高温的公兔是提高家兔在高温时节繁殖性能的有效措施。种兔群需要有合适的公母比例和年龄结构，做好后备兔的选育工作。

（2）合理配种。安排好配种计划，以每只母兔年产4胎为宜。配种时要遵循老兔不配、弱兔不配、病兔不配的原则。要合理使用公兔，避免公兔配种过度，正确地方法是1d配1次，连配2d后休息1d。激素催情法可提高母兔的受精率，常用激素有促卵泡素、促黄体素等。人工授精是提高繁殖力的有效措施，而且对提高高温季节的繁殖率有显著效果。

（3）加强饲养管理。种公兔摄入的营养应均衡，膘情不宜过肥过瘦。空怀母兔多饲喂青绿饲料，保持七八成膘。如过瘦，则需要提高精料的喂量；过肥则减少精料喂量，增加运动。妊娠兔需要保证足够的营养提供胎儿发育，但不宜过肥，否则容易发生难产和死胎。兔舍内应保持清洁卫生，补充足够光照，杜绝惊扰母兔，防止流产。

（编撰人：孙宝丽；审核人：刘德武）

389. 为什么母兔产仔后会吃自己的仔（崽）？

母兔产仔后，将其仔兔部分或全部吃掉。以初产母兔最多，多发生在产后3d以内。其主要原因如下。

母兔哺乳

★波奇宠物百科，网址链接：http://www.boqii.com/article/149.html

营养缺乏，尤其是蛋白质和矿物质不足，产后容易出现食仔；母兔在产前和产后没有得到足够的饮水，舔食胎衣和胎盘，口渴而黏腻，此时如果没有提前备有饮水，有可能将仔兔吃掉；产仔期间和产后，母兔精神高度紧张，如果此时受到噪音、震动或动物等的惊吓，造成精神紊乱，多出现吃仔、咬仔、踏仔或弃仔（不再给仔兔哺乳）等现象；产仔期间周围环境或垫草有不良气味（如老鼠尿味、发霉味、香水味等），造成母兔的疑惑，从而将仔兔当仇敌吃掉。母兔一旦吃仔，尝到了吃仔的味道，可能在以后产仔时旧病复发，形成恶癖。

一般来说，预防食仔癖，应保证营养、提供充足的饮水、保持环境安静和防止异味刺激等。母兔在没有达到配种年龄和配种体重时，不要提前交配。对于有食仔经历的母兔，应实行人工催产，并在人工看护下哺乳。一般来说，经过1周的时间，不会再发生食仔现象。

（编撰人：邓铭；审核人：孙宝丽）

390. 后备母兔不让公兔配种的处理方法有哪些?

（1）信息催情配种。

①把久不发情的母兔放入公兔笼，让公兔追逐爬跨挑逗10min后拿出，过8h再放回公兔笼交配。②公、母兔互换笼位一昼夜后，把公兔放回原笼与母兔交配。③把母兔放入公兔笼，让公、母兔同笼12h以后自由交配。

（2）人工按摩催情配种。饲养人员用左手抓住母兔双耳和颈皮，右手轻轻按摩或快频率拍打母兔外阴部。当母兔有举臀动作时，放入公兔笼交配。

（3）药物刺激催情配种。用清凉油或2%碘酊少许，抹在母兔的阴唇上，待30min后，放入公兔笼交配。

（4）激素催情配种。①促排卵素3号，5mg/只，肌内注射5～8h后配种。②三合激素，0.15ml/只，肌内注射6h后配种。③氯前列烯醇，0.2mg/只，肌内注射6h后配种。

（5）人工强制配种。①用细绳拴住母兔尾巴1/3处，左手抓住耳和颈皮的同时，并向前拉绳，使兔尾上翘露出阴门，放入公兔笼内，待爬跨时，右手轻轻插入腹下托高臀部，迎接公兔交配。②左手抓住母兔双耳和颈皮，右手伸入腹下两后腿间，无名指和拇指支撑在阴门右侧，使阴门在中指和无名指之间露出，令公兔爬跨，右手掌心上托臀部，迎接公兔交配。

本交

人工配种

★伊秀生活网，网址链接：https://life.yxlady.com/Pet/201508/206732.shtml?_t_t_t=0.9309649530332536
★农村致富经，网址链接：http://www.nczfj.com/

（编撰人：孙宝丽；审核人：刘德武）

391. 给母兔催情常用方法有哪些？

（1）性诱催情法。将长期不发情或拒绝配种的母兔放入公兔笼内，经公兔追逐、爬跨等性刺激后，再把母兔放回原笼，反复2～3次后母兔可出现发情。

（2）按摩催情法。用手轻轻按摩母兔外阴或以较快频率拍打其阴部，每次几分钟。

（3）信息催情法。把母兔放入公兔笼内，而公兔放入母兔笼内，一天后放回原笼，通过变换笼位彼此接受对方信息而诱发性冲动。

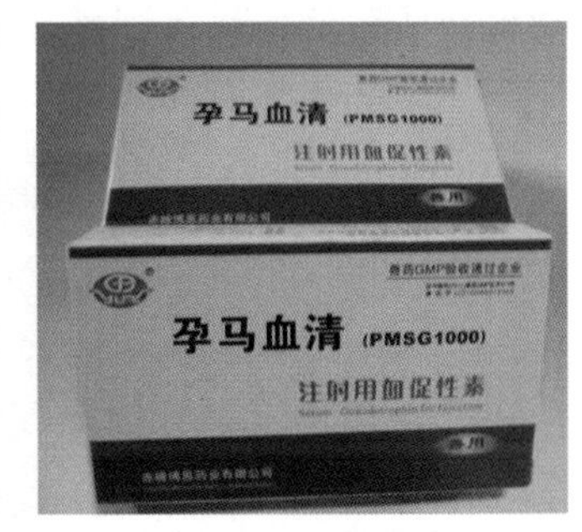

孕马血清促性素

★新浪网，网址链接：http://blog.sina.com.cn/s/blog_c529bceb0101jdu5.html

（4）断乳催情法。对产仔少的母兔采取寄养哺乳或提前断乳，一般断乳一周左右母兔可出现发情。

（5）药物催情法。给母兔补充维生素E，连续3～5d，可出现发情；或用2%医用碘酊涂擦在母兔外阴部，可刺激母兔发情。

（6）激素催情法。给母兔注射孕马血清促性腺激素一次，每只100IU；或肌注绒毛膜促性腺激素，每只80IU，连用2～3d。

（7）光照催情法。秋冬季日照时间短，应补充光照，使每天光照达16h，可促进母兔卵子发育。

（编撰人：邓铭；审核人：孙宝丽）

392. 母兔孕检的方法有哪些？

家兔到了配种年龄后就需要配种，确定是否怀孕的方法有如下几种。

（1）称重检查法。在母兔配种前进行称重并记录配种日期，到15d时进行称重，如果体重增加100g左右，证明已经怀孕，如果没有增重现象，可再行配种。

（2）复配检查法。在配种后10d左右，再次把母兔放入公兔栏里进行交配，当公兔爬到母兔背上时，母兔表现不安，并在栏中乱窜或四肢趴在地上拒绝交配，证明母兔已经受孕。若母兔在栏中不动接受公兔的交配，说明尚未怀孕，可及时补配。

（3）摸胎检查法。在母兔交配后8～10d即可隔腹壁摸到胎儿。摸胎切忌将孕兔提起离地操作，而且不要用力过猛，否则，会造成母兔流产。正确的方法是左手抓着母兔的耳朵，使母兔蹲着不动，右手做“八”字形自前向后沿其腹壁后部两侧轻轻摸索，不可用力过重，以防伤胎和引起流产。当摸时腹部柔软如绵，说明没有受胎，如摸到像花生米大小的滑动软球，证明已经受胎。

摸腹检胎

★百度经验，网址链接：https://jingyan.baidu.com/article/f3e34a12c4dcf6f5eb6535cf.html

（编撰人：孙宝丽；审核人：刘德武）

393. 种兔人工授精技术的意义及其操作要点有哪些？

人工授精是用特制的器械将公兔的精液采出来，再按一定的比例用稀释液稀释，然后输入母兔生殖道内使其受胎。采用这种方法，一是可以提高良种公兔利用率，降低生产成本，1只公兔采精1次，稀释后可给10只以上母兔输精；二是减少因交配而传播的疾病；三是精液经稀释、冷冻处理后能在一定温度下短期或长期保存、运输，可解决异地良种公兔缺乏，或因高温引起暂时不孕的问题。操作要点如下。

（1）采精公兔的调教。调教时选择健康发情母兔放于假台兔或手臂上，让公兔爬跨，待公兔爬上母兔背后再轻轻拔下以防射精，公兔性欲达高潮时将母兔捉回原笼。

（2）授精器械准备。主要有采精、镜检和输精3类器械。采精器械有假阴道和集精瓶；镜检器械包括显微镜、玻璃棒、玻片等；输精器械有注射器、输精器等。这些器械在使用前都必须洗涤干净，并进行消毒。

（3）采精。准备好假阴道，公兔爬跨时，采精者手持假阴道与水平面成30°。当公兔阴茎反复抽动时，采精者手指可随公兔阴茎拔出的方向调整假阴道的位置和角度。

（4）精液检查、稀释和保存。肉眼检查精液色泽，镜检评定精液密度和活力。公兔精液稀释倍数一般为10～20倍。

（5）输精。由于兔属诱导排卵动物，输精前必须对发情母兔做排卵处理。有两种方法：一是用结扎公兔与母兔交配诱发排卵；二是注射激素。输精时，提起母兔两后肢并分开，对外阴部进行消毒，分开阴唇，插入输精管6～7cm，缓慢注入精液。输精完毕，轻拍母兔臀部，防止精液倒流。

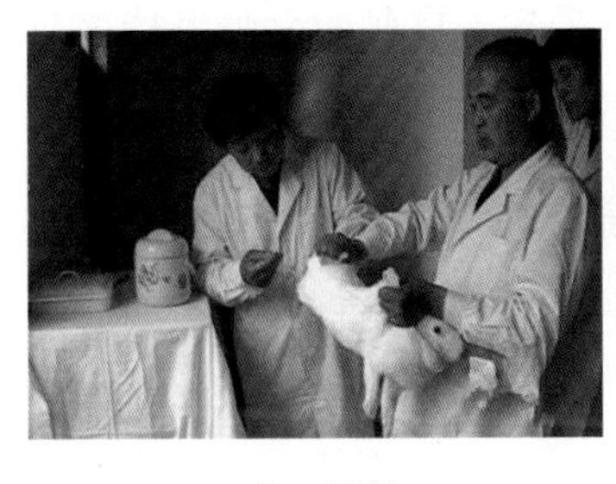

人工授精　　精液检测

★波奇网，网址链接：http://www.boqii.com/baike/tufz
★农博特养，网址链接：http://teyang.aweb.com.cn/20140425/638661.html

（编撰人：孙宝丽；审核人：刘德武）

394. 母兔久配不孕的原因与预防措施有哪些?

（1）管理不当。种公兔交配次数过多，配种负担重或笼舍透光较差等，均能使公兔精液品质下降；母兔管理不当使排卵率降低而影响受孕。因此，兔群公母比例以1∶10左右为宜。笼舍要保持卫生清洁，空气新鲜，通风透光，背风向阳等。

（2）营养因素。由于蛋白质、脂肪含量偏高或偏低及缺乏矿物质和维生素等原因，使公兔精液质量下降；使母兔脑垂体功能受到抑制，从而不能正常产卵细胞而无法怀孕。因此，要求皮肉兼用兔、公兔日粮中蛋白质含量为14%～15%，毛兔还应高一些，要特别注意补充维生素及矿物质等；母兔饲养应多喂优质青绿多汁饲料和少量混合饲料，使其维持不肥不瘦的中等膘情。

（3）温度影响。温度超过30℃，使公兔睾丸缩小，精液品质急剧下降；高温还会使母兔发情不明显，发情持续期缩短；如温度降至5℃以下，也会使母兔发情不明显或停止发情。因此夏季注意防暑降温，冬季注意防寒保暖。

（4）疾病原因。

①卵巢发育不全或机能减退，引起激素分泌紊乱，造成乏情或不排卵。防治方法：一是注射激素，肌注促卵泡素5～10IU，每日1次，连注2～3次，或肌注雌二醇注射液，待二次自然发情后再配；二是补充青饲料，多运动，保持良好

膘情。

②由于缺乏青饲料，维生素A和维生素E不足，或在母兔卵巢发育阶段受到应激，或母兔脑下垂体前叶分泌的促黄体生成素不足，或孕激素不足，出现长期发情，屡配不孕。防治方法：改善管理，在青饲料缺乏季节补饲胡萝卜等；其次，可使用中药“催情散”。母兔在排卵时受到不良刺激会引发持久黄体，长期不发情，需要注射前列腺素。

（编撰人：孙宝丽；审核人：刘德武）

395. 秋季母兔不易受孕的原因与对策有哪些?

（1）母兔不发情，母兔刚刚摆脱炎夏困扰，又入秋毛脱换期，加之体质衰弱，尚未恢复，营养供应不足，阻止被毛脱换，因而亦制约发情，因此，应加强管理，增加营养，提高蛋白水平，以16%～18%为宜，另补充维生素A（每千克体重14～20μg）、维生素E（每千克体重0.5mg）、蛋氨酸、胱氨酸（50kg饲料另加100g）、鱼粉3%、蚕蛹粉2.5%等，同时增加光照时间，一般应达14h左右，白天不足晚上补，并辅以人工梳理被毛，帮助脱换促进再生。一般情况，换毛结束，待体况恢复后，即会自然发情，否则再结合人工催情，如互换笼位、按摩、挑逗、涂药等，万不得已，再用激素及其他药物催情。其使用激素或其他药物仅能催情，而不能促进卵泡发育，所以配种效果不太好。

（2）公兔性欲差，兼之屡配不孕，与公兔夏季不育有关。因此，夏季不育，应秋季调养。公兔受炎夏高温刺激影响，体质非常虚弱，睾丸体积缩小，生精能力降低，导致暂时性不育。其恢复至正常有一个缓慢的过程，通常需40～60d，甚至会更长一些。如果夏季防暑降温设施不得力，没有有效保护，就会直接影响秋季繁殖，即使母兔发情，但公兔不适，也无所事事，因此公兔应采取与母兔同等的补救调养措施，兼之补充煮熟的鸡蛋黄，每天一枚，早晚喂2次，连用5～7d，或煮熟的黄豆10～20粒，也可肌注丙酸睾丸素，每次5mg，每天2次，连用两次即可。

（编撰人：邓铭；审核人：刘德武）

396. 母兔假孕原因与对策有哪些?

母兔假孕是指母兔在交配后16～18d出现临产行为，乳房臌胀、叼草拉毛，但并无仔兔产出的现象。

（1）病因。不育公兔的性刺激或母兔患子宫炎、阴道炎等的影响。母兔排卵后，由于黄体的存在，黄体酮分泌，促使乳腺激活，子宫增大，从而出现假孕现象。

（2）防治方法。

①养好种公兔。采用重复配种或双重配种法，减少母兔因配种刺激后排卵而未受精的现象。

②加强繁殖母兔的管理。应单笼饲养，防止母兔相互爬跨，不要随意捕捉和抚摸等人为刺激。

③配前消炎。配种前，应检查母兔的生殖系统有无炎症，如有炎症，应及时治疗。

④配种选择。近亲不配，未发育成熟不配，换毛高峰期和恶劣天气不配。

重复配种和双重配种并举：种兔场可选择重复配种，即在第一次配种5～6h再用同一只种公兔进行第二次交配。商品兔场可采用双重配种法，即在第二只公兔交配后过15min再用另1只种公兔交配1次。

⑤加强管理，防止种兔过度肥胖。不要随意捕捉、抚摸母兔。除促使母兔发情外，一般不让试情公兔随意爬跨母兔。此外，种母兔应保持一兔一笼。

⑥及时补配。母兔交配后10～12d进行摸胎检查，发现不孕母兔要及时补配。

⑦假孕处理。当发现假孕后，将其立即放进公兔笼内进行配种，一般即可准胎。

（编撰人：孙宝丽；审核人：刘德武）

397. 母兔实施诱导分娩的条件、操作方法与注意事项有哪些？

家兔为多胎动物，产仔时间较短，一般持续时间为20～30min。母兔一般都会顺利分娩，不需助产。但在生产实践中，50%以上的母兔在夜间分娩。在冬季，尤其那些初产和母性差的母兔，若产后得不到及时护理，仔兔易产在窝外，被冻死，影响仔兔成活率。遇到下列情况之一者均可采取诱导分娩：①母兔超过预产期而不产仔。②母兔有食仔恶癖，需要在人工监护下产仔。③寒冷季节为防止夜间产仔而造成仔兔冻死，需调整到白天产仔。操作步骤如下。

（1）拔毛。将待产母兔轻轻取出，置于操作台上，左手抓住母兔的耳朵及颈部皮肤，使其腹部向上，右手拇指和食指及中指捏住乳头周围的毛，一小撮一小撮地拔掉。拔毛面积为以每个乳头为圆心，以2cm为半径画圆，拔掉圆内的毛即可。

（2）吮乳。先选择产后4～10d的仔兔1窝，仔兔数为5只以上，发育正常无疾病，6h之内没有吃过奶。将这窝仔兔连其巢箱一起取出，把待催产并拔过毛的母兔放在产箱里，轻轻保定母兔，防止其跑出或蹬踏仔兔。让仔兔吃奶3～5min，然后将母兔取出。

（3）按摩。将干净的毛巾用温水浸泡，拧干后覆在手上，伸到母兔腹下，轻轻按摩0.5～1min，手感母兔腹内变化。

（4）观察及护理。把母兔放在已准备好的干净产仔箱里，铺好垫草，观察母兔表现，一般5～12min即可分娩。若天气寒冷，可将仔兔口鼻处黏液清理掉，用干毛巾擦干身上的羊水。分娩结束后，清理血毛及污物，换上干净的垫草，整理巢箱，将拔下的兔毛盖在仔兔身上，将产箱放在温暖处，给母兔备好饮水，将母兔放回原笼，让其安静休息即可。

（编撰人：孙宝丽；审核人：刘德武）

398. 如何有效解决母兔产后缺乳、无乳与催乳？

初产母兔缺乳或无乳多由泌乳系统发育不充分或母性不强、产前未拉毛或饲料营养缺乏、供应不足所致。对策：加强营养、调整饲料结构；未拉毛的母兔，将其乳头周围的毛拉光，以刺激乳腺。也可用温淡盐水擦洗乳房后，按摩1～2次，促进乳腺发育和泌乳。另外，取些浸泡的黄豆，一般6～8粒，拌料喂兔，连喂2～3次，乳汁会明显增多。

肥胖母兔因过肥而导致泌乳减少或缺乳，处理对策：取促乳素皮下注射1～2ml，每天2次，并适当降低饲料能量和蛋白质水平，增喂青绿粗饲料，加强运动，以减少脂肪在体内的沉积。

母兔采食青绿饲料

★百度知道，网址链接：https://zhidao.baidu.com/question/326985779268942325.html

瘦弱母兔缺乳或无乳多因营养不良或患病所致。对策：加喂营养丰富、蛋白质含量高的草料。同时取活蚯蚓5～10条（长约6.67cm），用清水洗净，再用开水烫死，切碎拌入少量精料中饲喂，一般1次即可见效。

经产母兔缺乳或无乳可能因乳房炎或其他疾病所致。需要及时消除病因并进行催乳。处理方法：①减少精料喂量，多喂青绿多汁植物。②肌注胃复康注射液。③饲喂催乳片（主要成分为王不留行）。④生南瓜籽混入精料中一起饲喂。⑤黑芝麻炒香研磨混入精料中饲喂。

（编撰人：孙宝丽；审核人：刘德武）

399. 家兔如何免疫，使用疫苗有哪些注意事项？

（1）选择适合自己兔场的疫苗。每个兔场的生产情况与疾病发生情况都有所不同，各兔场要根据自己兔场的生产需要，合理制定免疫程序，按计划进行接种免疫；不能听到有防病的疫苗就去用，结果增加了开支，浪费了人力，有时还会因过度接种给兔只造成不良影响。

（2）免疫接种前的准备。要根据兔场的养兔数量制定合理科学的免疫接种计划或免疫接种程序；按免疫接种程序有计划地进行免疫。所用的注射器、消毒棉球、针头等要经过严格的消毒后备用。

（3）免疫接种的方法。兔的接种方法一般为皮下注射法，选择皮薄、毛少、皮下血管少的耳后颈部作为注射点。

（4）免疫接种后的工作。接种时所用的用具及疫苗，将用过的用具清洗净、消毒后备用；用过的疫苗瓶、棉球等废弃物应消毒后深埋；填写免疫接种登记表，做好相关记录工作。观察免疫后兔只的饮食、精神、大小便等情况有无异常，常有一过性的减食现象，其他不良反应不多见；有条件的兔场可做免疫监测，以了解免疫的效果。

（5）免疫接种时的注意事项。接种时注意要求无菌操作，接种免疫一定要在兔群正常饲养状态下进行，注意接种剂量要准确，免疫接种次数并非越多越好。

肉兔皮下注射大肠杆菌疫苗

★中国养殖网，网址链接：http://www.chinabreed.com/special/rabbit/2014/08/20140805635955.shtml

（编撰人：孙宝丽；审核人：刘德武）

400. 如何进行病兔剖检，需要注意些什么？

（1）将尸体腹面向上，用消毒液冲洗胸部和腹部的被毛。沿中线从下颌至性器官切开皮肤，离中线向每条腿做四个横切面，然后将皮肤分离。用刀或剪打开腹腔，并仔细地检查腹膜、肝、胆囊、胃、脾、肠道、胰脏、肠系膜及淋巴结、肾、膀胱及生殖器官。进一步打开胸腔（切断两侧肋骨、除去胸壁），并检查胸腔内的心脏、心包及其内容物，如肺、气管、上呼吸道、食管、胸膜以及肋骨等。如必要时，可打开口腔、鼻腔和颅腔。

（2）剖检要尽早进行，剖检前应进行详细的调查，包括病史、发病经过、治疗过程、免疫预防情况等。注意防止病原的扩散，又要预防自身的感染。剖检结束，尸体应深埋或焚烧，切忌随意抛弃。剖检场地要进行认真消毒。

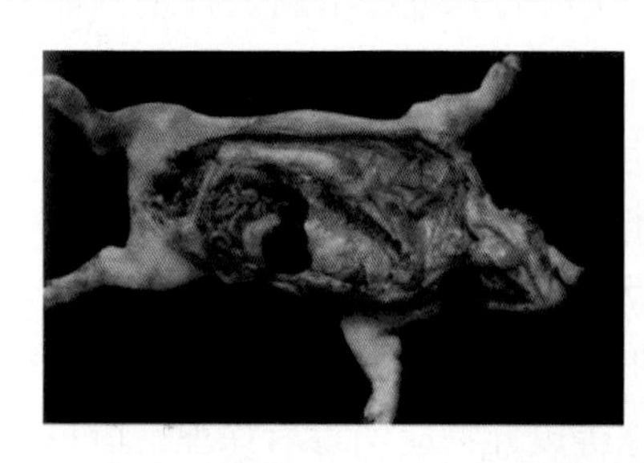

病兔解剖

★养殖一点通，网址链接：http://tu.yzydt.com/tbfz/13460296811477_2.html

（编撰人：孙宝丽；审核人：刘德武）

401. 怎样处理病死兔？

（1）及时发现。尽早处理，每天对每只兔子检查1～2次，发现疾病随即处理。耽误时间，就会丧失治疗的机会。

（2）发现病死兔应该进行解剖。兔死后要立即解剖，主要检查胸腔和腹腔的内脏组织，检查肺、肝、肠道等主要部位有何病理变化，并做好记录工作。

（3）及时淘汰。及时淘汰病残兔和一些失去治疗价值及经济价值的兔。例如僵兔、畸形兔，以及失去繁殖能力的兔。一些病兔虽然能存活，但病又不能全治愈，应该尽早淘汰，以避免大量散布病原菌。

（4）深埋或焚烧。所有病死兔剖检后，如不送检，应在远离兔舍处深埋或烧毁，减少病原散播，千万不能乱扔，或给狗、猫等食用。

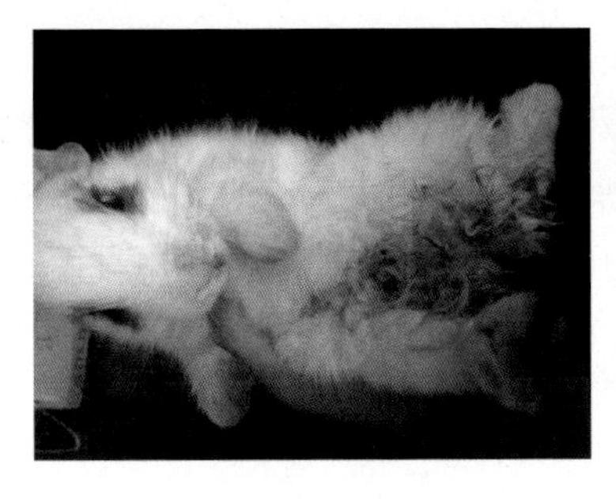

兔腹泻症状

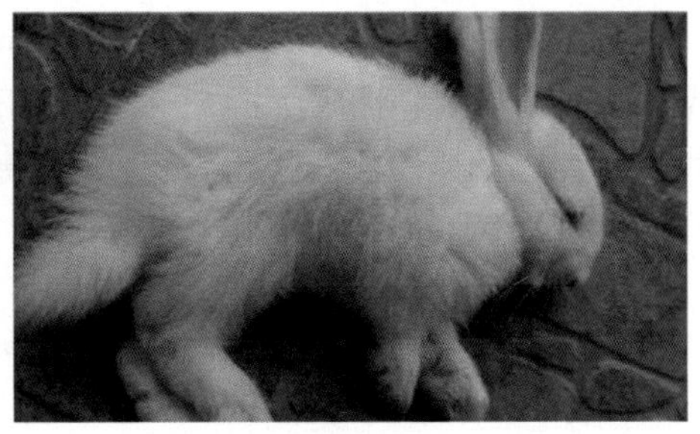

球虫病症状

★黔农网，网址链接：http://www.qnong.com.cn/yangzhi/tuzi/12853.html
★搜狐网，网址链接：http://www.sohu.com/a/121609925_456824

（编撰人：邓铭；审核人：刘德武）

402. 家兔给药方式有哪些，如何进行？

（1）内服给药。优点：操作简单，使用方便，适用于多种药物，尤其是治疗消化道疾病；缺点：药物易受胃、肠内环境的影响，药量难以掌握，药效慢，吸收不完全，有些药还会对家兔胃肠道有强烈的刺激作用，容易造成家兔的不适。内服给药的方法有自行采食、口服、灌服等。

（2）注射给药。注射给药药量准、吸收快、起效快、安全、节省药物，但需要掌握一定的操作技巧，把握好药品用量及做好注射器、针头、注射部位等的消毒工作。常用的注射给药方法因注射部位不同分为肌内注射、皮下注射、静脉注射、腹腔注射、气管内注射等几种。

（3）外用给药。主要用于家兔组织或器官外伤、体表消毒、皮肤真菌病和体表寄生虫的灭杀。外用给药主要有洗涤、涂擦、浇泼、点眼4种方法。

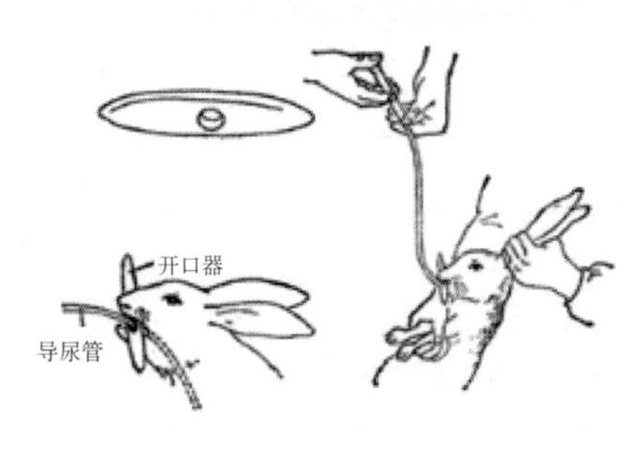

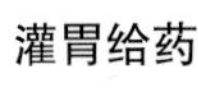

灌胃给药

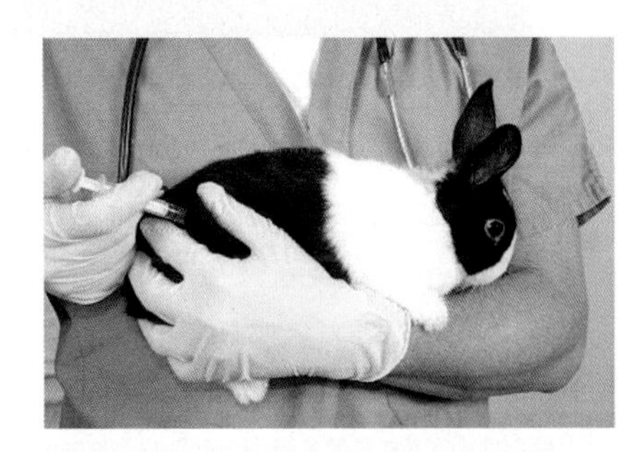

注射给药

★视觉中国网，网址链接：https://www.vcg.com/creative/1002608069

（4）直肠给药。直肠给药通常称之为灌肠，当发生便秘、毛球病等，内服给药效果不好时，采用直肠内灌注法。首先将药液加热至接近体温，然后将患兔侧卧保定，后躯高，用涂有润滑油的橡胶管或塑料管，经肛门插入直肠8～10cm深，然后用注射器注入药液，捏住肛门，停留5～10min然后放开，让其自由排便。

（编撰人：孙宝丽；审核人：刘德武）

403. 如何防治兔黄尿病？

仔兔黄尿病多数是由于仔兔吮吸了患有乳房炎母兔的乳汁而引起。发病2～3d后，仔兔陆续死亡，且死亡率极高。现将防治仔兔黄尿病的4个方法介绍如下，供养兔者选用。

（1）在母兔产仔后用大黄藤素针剂1支（每只2ml）一次臀部肌内注射。母兔在哺乳期间不会发生乳房炎。

（2）在母兔产前7d，每天肌内注射链霉素1次，每次1ml，连用3d。

（3）对已发病的仔兔，取白糖2～3g，用温热开水冲溶后，加入小儿安1包搅匀，用无针头注射器取此混合液滴注于患病仔兔口角内，每只仔兔每次滴注4～5滴，每日3～4次，连用3d即可治愈。

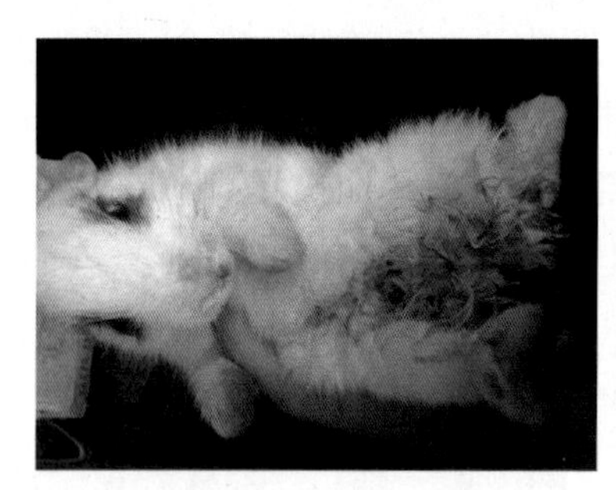

患病仔兔

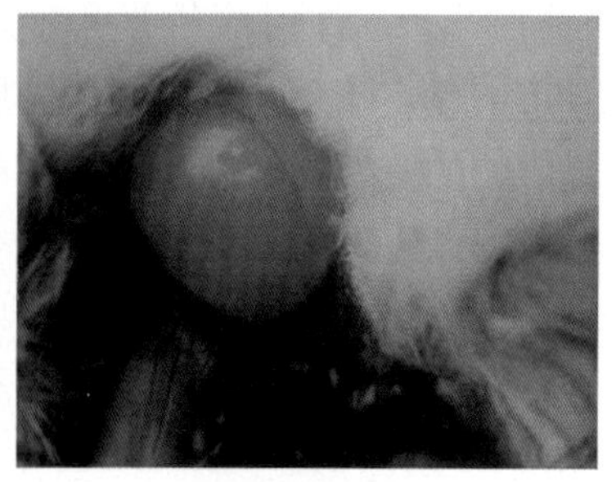

兔黄尿病

★百度图片，网址链接：https://zhidao.baidu.com/question/346221442.html
★百度知道，网址链接：https://ss2.bdstatic.com/70cFvnSh_Q1YnxGkpoWK1HF6hhy/it/u=1986273122，4036207174&fm=27&gp=0.jpg

（编撰人：邓铭；审核人：刘德武）

404. 如何预防兔病毒性出血症？

实践证明及时进行疫苗免疫接种是预防本病最有效的方法。目前使用的疫苗主要是组织灭活苗，进行颈部皮下注射。健康兔于40～45日龄首免，60日龄进行加强免疫，以后每隔半年免疫一次。有条件的兔场也可定期监测抗体水平，根据抗体水平及时调整免疫时间。注意在接种前3d要做好兔舍消毒工作，在用苗后3d内，禁用一切杀菌剂、杀虫剂，禁止喷雾消毒，以防抗体水平下降，免疫不理想或造成免疫失败。在免疫的同时一定要采取综合性的防控措施。如平时加强饲养管理，坚持自繁自养，定期消毒，封闭管理，严禁从疫区引进种兔，必须引进时先进行疫苗免疫接种，并隔离观察至少两周确认健康后方可混群饲养等。

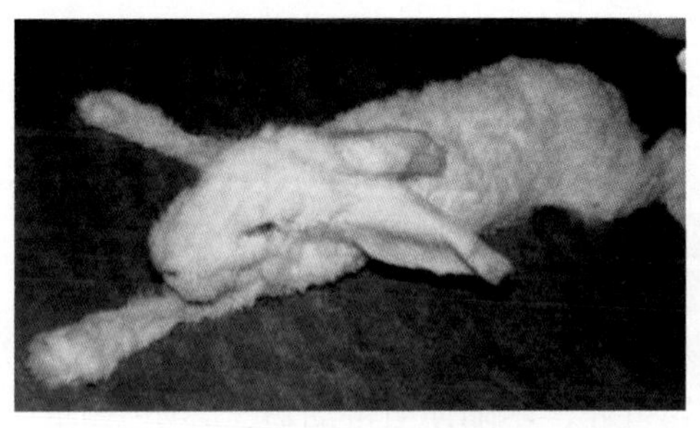

病毒性出血症表现　　病毒性出血症病毒

★南海网，网址链接：http://www.hinews.cn/news/system/2013/01/29/015404689.shtml
★全球品牌畜牧网，网址链接：http://www.ppxmw.com/cgzt59/

（编撰人：孙宝丽；审核人：刘德武）

405. 如何防治兔多杀性巴氏杆菌病？

兔多杀性巴氏杆菌病，又称兔出血性败血症，是由兔多杀性巴氏杆菌引起的一种综合性传染病。

（1）预防措施。加强各年龄段家兔的饲养管理。做好兔场的清洁卫生，确保兔舍空气质量良好，并合理安排饲养密度。仔幼兔可在35～45日龄时皮下注射兔瘟-多杀性巴氏杆菌灭活二联苗。种兔每年可采用兔多杀性巴氏杆菌灭活苗进行预防接种，一年免疫3～4次。病兔隔离治疗，严格消毒笼舍和用具。淘汰久治不愈的病兔，减少病原扩散。

（2）治疗。恩诺沙星或环丙沙星饮水或拌料，连用3～5d，还可用磺胺间甲氧嘧啶（每1t饲料添加300g）、泰乐菌素（每lt饲料添加50g）混用7d。患鼻炎、肺炎的病兔用青霉素、链霉素稀释后滴鼻，同时肌内注射青霉素，每千克体重3万～5万U，链霉素，每千克体重10～15mg，一天2次，直至痊愈。结膜炎患兔用庆大霉素滴眼，一天3次。

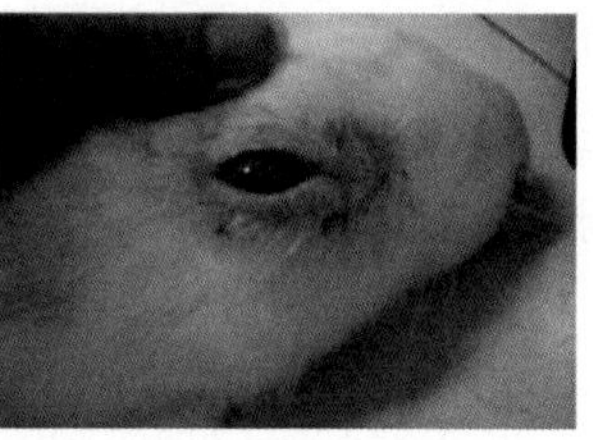

兔多杀性巴氏杆菌病临床症状

★畜禽病虫害及疫病诊断图片数据库及防治知识库。网址链接：http://www.tccxfw.com/bch/3/data/41.html

（编撰人：邓铭；审核人：刘德武）

406. 野兔热如何防治?

预防该病的方法主要在于扑杀鼠、野兔和消灭动物身上的蜱、跳蚤等吸血性寄生虫。家畜养殖者应尽可能自繁自养，不随便引进动物，必要引进时应严格检疫后方能引入。经常灭鼠、杀虫。对可疑病兔应及早扑杀消毒，病死兔不可食用，以防传染给人、畜。在该病流行地区，应驱除野生鼠、兔和吸血昆虫，死亡和濒死动物应焚烧或深埋。受污染的水源应进行消毒。对易感动物可用链霉素进行预防性用药。

发现早期病兔，应及早治疗，链霉素等抗菌素的治疗效果较好，每只肌注10万U，1日2次，连用4d；金霉素，每千克体重20mg，用5%葡萄糖注射液溶解后静脉注射，每日2次，连用3d，也可用合霉素口服。对病死兔应采取烧毁等严格处理措施，剖检病尸时要注意防止感染人。发生该病的养殖场，必须经凝集反应试验为阴性，体表寄生虫完全驱除后方可运出。被啮齿动物污染的谷物、饲料等，必须事先予以合理的处理，并检查完全无啮齿动物的存在后，方可外运。

在野外生存的野兔

★互联网，网址链接：http://www.qnong.com.cn/yangzhi/tuzi/1777.html

（编撰人：孙宝丽；审核人：刘德武）

407. 如何防治兔大肠杆菌病?

（1）做好免疫。做好家兔的大肠杆菌疫苗预防接种工作，是控制兔群大肠杆菌病传播和流行的重要措施。对于繁殖母兔，在配种前接种大肠杆菌三价苗。定期消毒，每月定期进行基本消毒，有疫病时重点消毒。

（2）加强母兔管理。母兔在怀孕期和哺乳期，应加强饲养管理。保持圈舍清洁、干燥、通风，每周应消毒1～2次。母兔饲料一般不宜随意更换，即使需要更换也应按计划逐步进行。

（3）加强饲养管理。工作人员进入兔舍要更衣换鞋、洗手消毒，外来非疫区的参观者必须更衣换鞋、洗手消毒。对外地引进的兔应隔离观察3～4周，多次检查没有大肠杆菌方可转入兔场合养。

（4）治疗。抑菌、止泻、补液等，可试用下列药物：2.5%盐酸洛美沙星，每千克兔体重用0.2ml肌内注射，2次/d；10%穿心莲注射液，每千克兔体重用0.2ml肌内注射，2次/d，或口服牛至油，2～3ml/只，20～50ml，外加维生素C lml，2次/d。取得疗效后，继续用药3d，以免大肠杆菌病复发。

病兔精神颓废

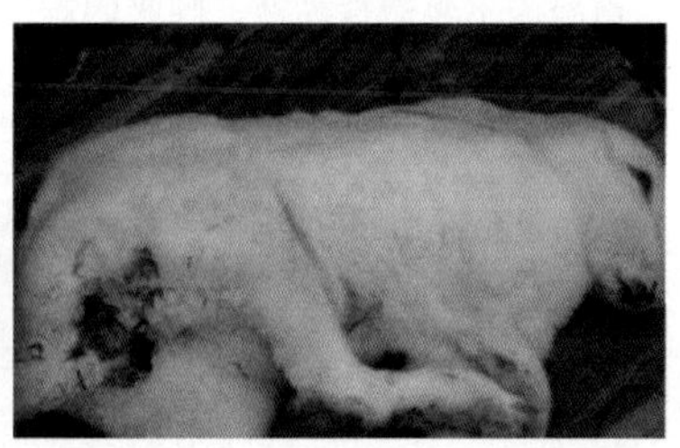
兔腹泻

★畜禽病虫害及疾病诊断图片数据库，网址链接：http://www.tccxfw.com/bch/3/data/108.html

（编撰人：邓铭；审核人：刘德武）

408. 如何防治兔支气管败血波氏杆菌病?

（1）做好清洁卫生工作。支气管败血波氏杆菌为家兔呼吸道内的常在菌，各种应激因素都可成为该病发生的诱因。因此要加强饲养管理，消除外界刺激因素，保持通风，减少灰尘，避免异常气体刺激，保持兔舍适宜的温度和湿度，避免兔舍潮湿和寒冷。定期进行消毒，保持兔舍清洁。兔舍、笼具、垫料、工作服等要定期消毒，及时清除舍内粪便、污物。

（2）坚持自繁自养。防止从发病兔场引入种兔，如果必须从外地引入种兔，应进行严格检疫。隔离观察1个月以上，经临床与血清学检查阴性，确认无病后再混群饲养。

（3）做好防疫工作。可用兔巴氏杆菌-波氏杆菌二联苗或巴氏杆菌-波氏杆菌-兔病毒性出血症三联苗预防。每只兔皮下注射1ml，每年2次。对于患兔及时隔离，对兔舍进行严格消毒；选用磺胺嘧啶滴鼻、肌内注射，同时用增效联磺片内服。对于鼻炎长期不愈的支气管肺炎兔及时淘汰。没有临床症状的假定健康兔，应用磺胺类药物加抗菌增效剂拌料预防。

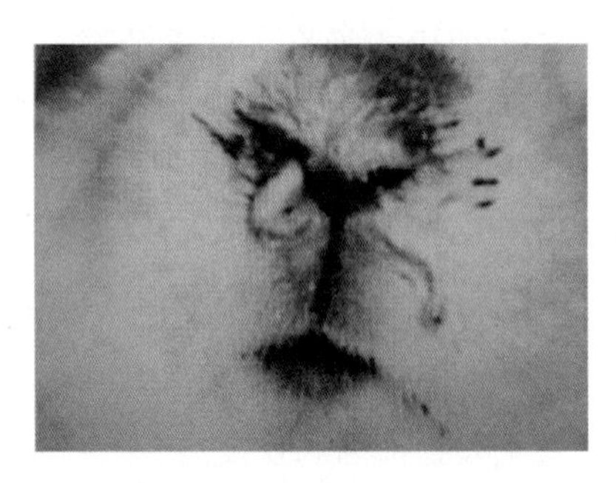

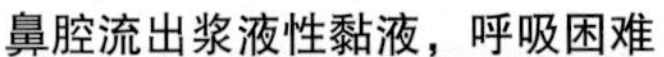

鼻腔流出浆液性黏液，呼吸困难　　气管和肺充血、出血

★畜禽病虫害及疾病诊断图片数据库及防治知识库，网址链接：http://www.tccxfw.com/bch/3/data/53.html

（编撰人：孙宝丽；审核人：刘德武）

409. 如何防治兔产气荚膜梭菌病?

目前针对该病使用的疫苗主要有：兔产气荚膜梭菌（A型）病氢氧化铝灭活苗，兔产气荚膜梭菌（A型）病与巴氏杆菌病二联灭活苗，兔瘟与产气荚膜梭菌（A型）二联灭活苗，兔瘟、巴氏杆菌病和产气荚膜梭菌病三联灭活疫苗等，其中以单价苗的效果最好。仔兔断乳后即可注射菌苗，成年兔每年2次皮下注射。

本病尚无良好的治疗药物。对发病兔可使用抗血清进行紧急治疗，每千克体重2～3ml皮下或肌内注射，连用2～3d，疗效显著。对整个兔群采取紧急接种兔产气荚膜梭菌灭活苗进行预防，成年兔每只2ml、青年兔1.5ml、幼兔1ml，一周后重复一次，基本可以控制本病。兔群中对早期轻度病兔可采取肌内注射青霉素、链霉素、环丙沙星、金霉素、红霉素和卡那霉素等抗生素药物杀灭本菌，减少毒素的产生，但对已产生的毒素不起作用。

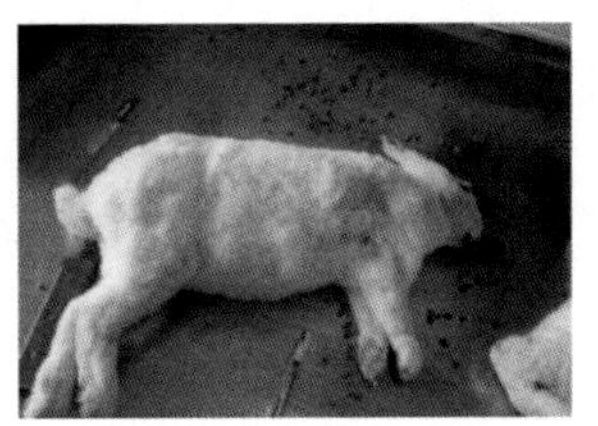

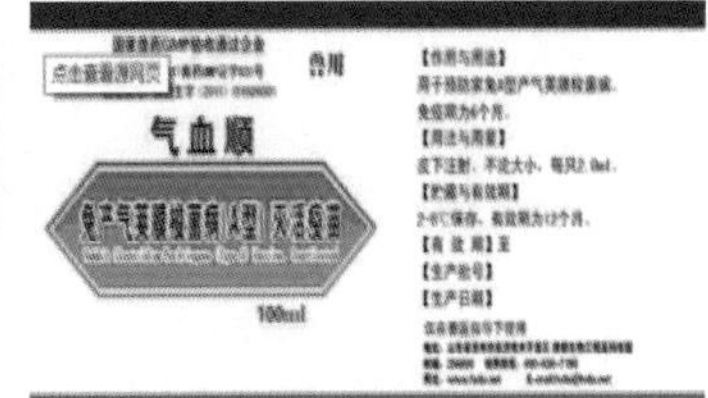

兔产气荚膜梭菌病症状　　兔产气荚膜梭菌病疫苗

★猪友之家，网址链接：http://www.pig66.com/show-1061-130356-1.html
★山东绿都生物科技有限公司官网，网址链接：http://www.lvdu.net/product/showarticle.asp?articleid=607

（编撰人：孙宝丽；审核人：刘德武）

410. 如何防治兔泰泽氏病?

兔泰泽氏病是一种以严重下痢、脱水和迅速死亡为特征的疾病，病原为毛样芽孢杆菌。

临床发病通常很急，以严重的水泻和后肢沾有粪便为特征。病兔精神沉郁，不吃，迅速脱水。死亡通常发生在出现临床症状后12～48h，少数耐过急性临床期的病兔，表现食欲不振，生长停滞。

预防：要加强日常卫生防疫措施。加强环境卫生管理，做好灭鼠工作，控制饲养密度，减少各种应激。如何从患病兔群消灭本病目前还没有什么好方法。

治疗：隔离和淘汰病兔，彻底清除粪尿后，用0.3%～0.5%次氯酸钠或1%过氧乙酸消毒圈舍、笼具及全部设备，焚烧被污染的垫料。大群发病时，可用强力霉素拌料（1g用于5kg饲料）或饮水（1g用于105kg水），连用一周。病兔可用呼泻康（盐酸土霉素粉1g）注射（50kg体重用1支），2次/d，连用4d。

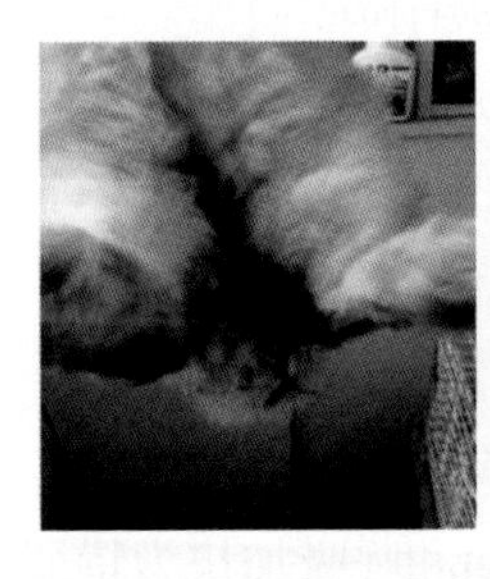

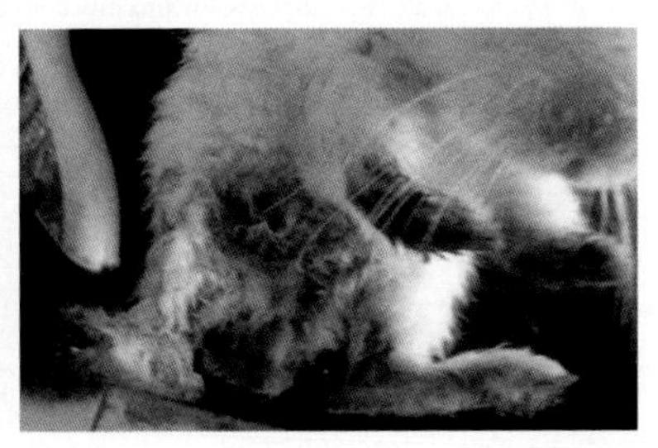

兔泰泽氏病临床症状腹泻

★百度贴吧，网址链接：http://tieba.baidu.com/p/2985101916

（编撰人：孙宝丽；审核人：刘德武）

411. 什么是兔痘，如何防治？

兔痘是由一种痘病毒引起的高度接触性传染性病。本病最早在荷兰、美国等一些国家发生。各种家兔均可感染发病，但幼兔和妊娠母兔死亡率最高。本病传播极为迅速，一旦发生几乎在兔群中不能制止。

病毒大量存在于鼻腔分泌物中，健康兔吸入或吃进被病毒污染的饲料就可感染。病初感染鼻腔，流鼻汁，扁桃体肿大，体表淋巴结也肿大，皮肤上出现一种红斑疹、丘疹，有的出现水疱，水疱期可能出血，易形成脓疱，最后形成痂皮。口鼻黏膜水肿，眼睑水肿，流泪。严重病例常引起眼炎。公兔呈现严重的睾丸炎，阴囊水肿，母兔阴唇水肿。妊娠母兔发生流产。有时出现痉挛、眼球震颤、运动失调等神经症状。一般在发病后7～10d死亡。

本病无特效药物治疗。一旦发病，需立即采取严格的隔离措施，消毒并扑杀病兔，尸体深埋或焚烧，做无害化处理，其余兔包括健康兔紧急接种牛痘疫苗，进行免疫预防，接种后很快能产生抵抗力，免疫期达半年左右。注意加强饲养管护，对兔场及器具进行彻底清洁和严格消毒。引进种兔时要严格检疫，并隔离饲养，确定无病后，方可进场。

流泪

红斑疹、丘疹

★全球畜牧品牌网，网址链接：http://www.ppxmw.com/zt64/photo/

（编撰人：孙宝丽；审核人：刘德武）

412. 如何防治兔弓形虫病？

兔弓形虫病是一种由弓形虫引起的寄生虫病。

临床症状为急性型，以突然不吃、体温升高和呼吸加快为特征。有些病例可发生麻痹，尤其是后肢麻痹。通常在发病2～8d后死亡。慢性型，病程比较长，病兔厌食而消瘦，常导致贫血。随着病情的发展，病兔可出现中枢神经症状，通常表现为后躯麻痹。病兔可突然死亡，但大多数病兔可以康复。防治措施如下。

（1）饲料中按每兔拌“弓链康散”15g，连用3d。严重病例按每千克体重肌注10%磺胺间甲氧嘧啶钠注射液0.2mg，连用2d。同时将病兔与健康兔隔离。

（2）猫是弓形虫的中间宿主，兔场内开展灭鼠活动，严禁养猫，严禁野猫进入兔场。加强饲草的管理，防止被猫粪污染。

（3）死亡兔尸体深埋或焚烧，同时对兔舍、饲养场用3%火碱溶液消毒。

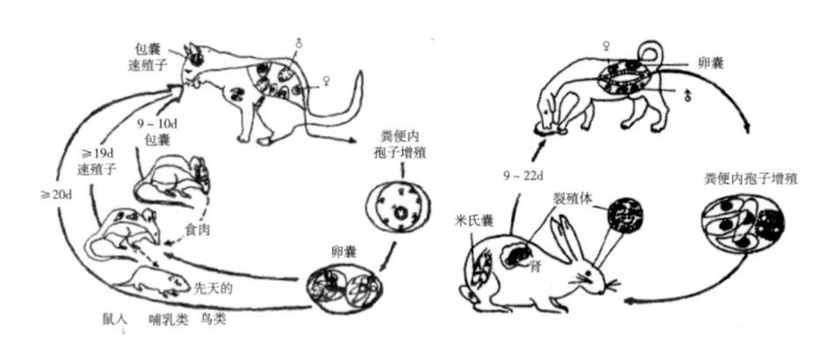

弓形虫生活史　　　兔弓形虫病传播感染途径

★农村致富经，网址链接：http://www.nczfj.com/wap/show.asp? d=12604&m=1

（编撰人：邓铭；审核人：刘德武）

413. 如何预防家兔食毛症?

家兔喜欢吃兔毛被称为食毛症。吃毛分自吃和他吃，一般以他吃为主。在群养时，当一只兔子吃毛，诱发其他家兔都来效仿，而往往是都集中先吃同一只兔。吃毛的主要原因是饲料中含硫氨基酸（蛋氨酸和胱氨酸）不足，忽冷忽热的气候是诱发因素，以断乳至3月龄的生长兔最易发病。

防治对于有食毛癖的家兔，应及时将患兔隔离，减少密度，并在饲料中补充0.1%～0.2%含硫氨基酸，添加石膏粉0.5%，硫黄1.5%，补充微量元素等，一般经过1周左右，即可停止食毛。

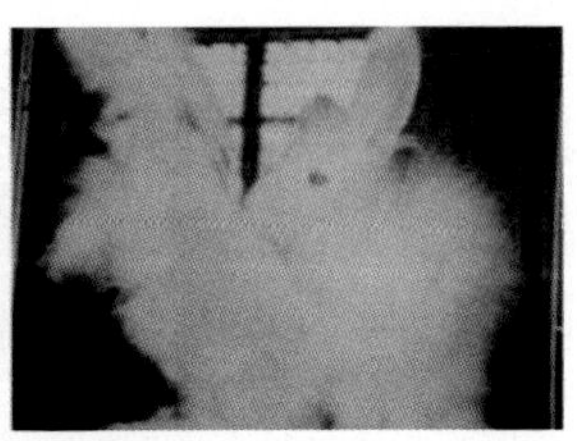

家兔食毛症临床症状

★畜禽病虫害及疫病诊断图片数据库及防治知识库，网址链接：http://www.tccxfw.com/bch/3/data/119.html

（编撰人：邓铭；审核人：刘德武）

414. 母兔的流产和死产如何防治?

引起流产与死产的原因很多，例如营养缺乏、饲料品质太差、繁殖障碍、发生疫病、用药不当、捉兔粗暴、孕兔外伤等。一般在流产与死产前无明显症状，或仅有精神、食欲的轻微变化，不易注意到。

防治措施：对流产后的母兔，加强饲养管理，排除造成本病的其他原因。对流产后的母兔，应喂给营养充足的饲料，应保持安静，注意休息，喂给营养充足的饲料并加3%的食盐。及时应用磺胺类药物、抗生素，局部清洗消毒，控制炎症以防继发感染。加强饲养管理，找出流产与死产的原因并加以排除。防止早配和近亲繁殖。发现有流产预兆的妊娠母兔，可肌内注射黄体酮15mg保胎。对习惯性流产的母兔，应及时淘汰。

（编撰人：邓铭；审核人：刘德武）

415. 如何防治母兔的乳房炎?

母兔发生乳房炎，一般在产后5～20d，因此这个时期，要加强对母兔的管理，定期检查和预防乳房炎。营养过剩母兔体质好且较肥，泌乳能力较高，乳汁过于浓稠，仔兔吮吸能力不足，就会使乳房积乳，导致乳痈、发炎。营养不良母兔体质较弱，仔兔吃不饱，对乳头的吮吸力加强，或咬破乳头，也会导致细菌感染而发炎，所以要增加母兔的营养供给。

普通乳房炎治疗：初期应将乳汁挤出，洗净乳房，然后将木工用的水胶炒煳压成粉末加入食醋，边加边搅，搅成糊状，将其均匀地抹在乳房处。每天涂抹1h，2～3d可痊愈。

乳腺炎治疗：初期可局部冷敷，中、后期用热毛巾热敷，也可用青霉素80万U、痢菌净注射液10ml和地塞米松1ml，分2次肌内注射，每天早、晚各1次，连用3d，症状即可消失、痊愈。

败血型乳房炎治疗：可局部封闭注射，用鱼石脂软膏涂抹。严重时可切开脓疱，排除脓血，切口用消毒纱布擦净，撒上消炎粉。同时做全身治疗，注射抗生素或口服磺胺类药物。

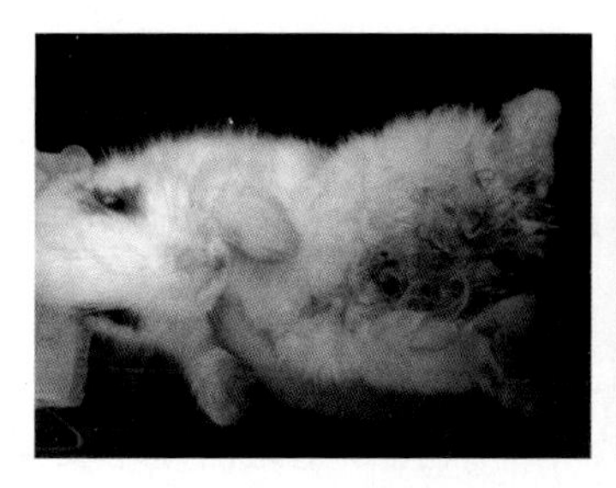
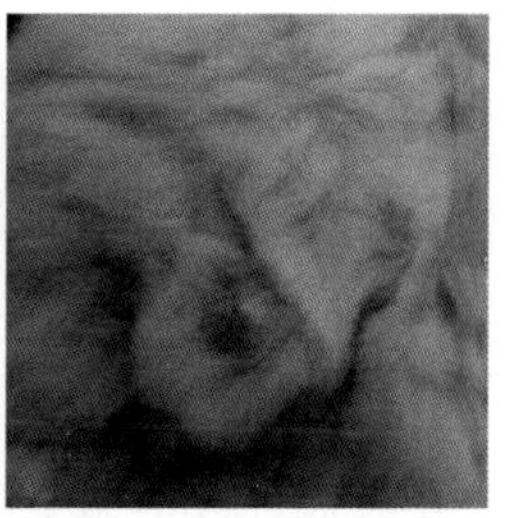

母兔乳房炎临床症状

★统筹城乡服务，网址链接：http://www.tccxfw.com/pfjt/10736.htm
★农村致富经，网址链接：http://chinabreed.com/photo/photo/

（编撰人：孙宝丽；审核人：刘德武）

416. 如何防治家兔的湿性皮炎？

家兔的湿性皮炎是皮肤的慢性进行性疾病，通常有下列3种情况。

（1）牙齿口腔疾病，牙齿咬合错位，口炎治疗不及时而引起的多涎。

（2）饮水方法不规范，用瓦罐、水槽、盘盆等供应水具不当。

（3）喂养管理不善，垫草脏湿，长期不换，有些兔腹泻时，肛门与后股之间发生湿性皮炎病。

当家兔患染该病时，局部皮肤发炎，都会脱毛糜烂、溃疡，甚至坏死，可继发多种细菌感染，常为绿脓杆菌感染，将被毛染为绿色。有人称其为“绿毛病”。其次为坏死杆菌感染，感染可通过淋巴系统和血液向全身扩散。

防治措施：消除引起长期潮湿的原因，经常更换垫草。剪除错位咬合的牙齿；及时治疗各种原因引起的口腔炎症等。减去受害部位的被毛，皮肤用消毒药消毒。患病部位每天用广谱抗生素涂抹。

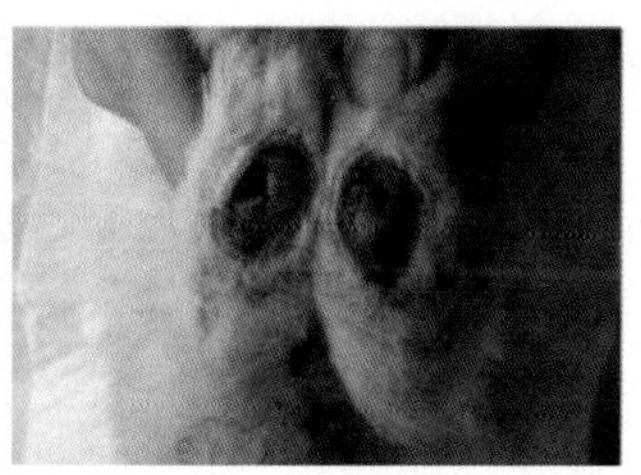

家兔湿性皮炎临床症状

★养殖一点通，网址链接：http://tu.yzydt.com/tbfz/13683990472136.html

（编撰人：孙宝丽；审核人：刘德武）

417. 如何防治兔葡萄球菌病?

兔葡萄球菌病是由金黄色葡萄球菌引起的一种兔传染病，其特征是在各种器官中形成局部化脓性炎症。

预防措施：保持养兔环境的清洁卫生，清除钉子、铁丝头、木屑、尖刺等锋利物品，以免刺伤家兔。防止兔子咬斗。哺乳母兔笼内垫草要柔软、干燥、清洁，以免新生仔兔的皮肤擦伤。观察母兔泌乳的情况，适当调剂精料与多汁饲料的比例，防止母兔发生乳房炎。刚出生的仔兔用3%碘酊、5%龙胆紫酒精或3%结晶紫石炭酸溶液等涂擦脐带开口部、防止脐带感染。发现皮肤与黏膜有外伤时，应及时进行外伤处理。母兔在分娩前3～5d，饲料中添加土霉素粉，每千克重20～40mg，或碘胺嘧啶每只兔0.5g，可预防本病。患病兔场可用金黄色葡萄球菌培养液制成菌苗，对健康兔每只皮下注射1ml。

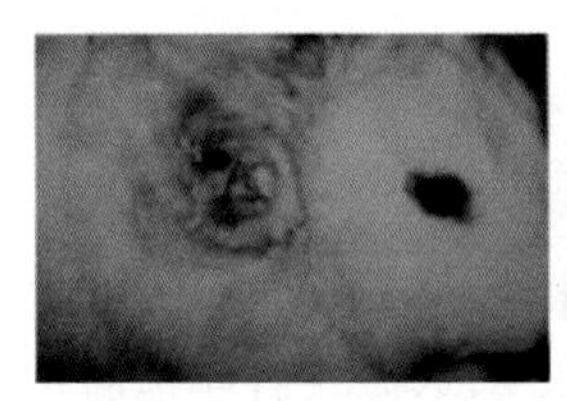
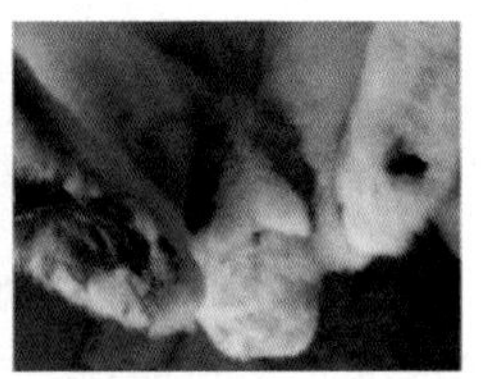

兔葡萄球菌病感染症状

★百度贴吧，网址链接：http://tieba.baidu.com/p/3739821070

（编撰人：邓铭；审核人：刘德武）

418. 怎样防治兔密螺旋体病?

兔场从外地调入种兔时，应进行检疫、临床检查和血清学筛选，阴性者方可购入。同时还须隔离观察一段时间后，方准合群。经常保持兔舍清洁卫生，分笼或分箱饲养，配种前详细检查公母兔外生殖器，对病兔和可疑病兔，停止配种，隔离饲养，治疗观察。病情比较严重、兔体衰弱者，须及时淘汰，并及时清除兔舍中的污物，并用2%苛性钠，2%～3%来苏儿水或10%热草木灰水彻底消毒兔舍、兔笼、兔箱、水槽及食槽等。

患病兔用新砷凡纳明药物，按每千克体重40～60mg，用5%葡萄糖生理盐水溶液进行耳静脉注射，隔两周后重复注射一次，同时配合青霉素注射液每天10万～20万U，分2次肌内注射，并对患兔局部先用2%硼酸溶液、0.1%高锰酸钾溶液冲洗后，涂擦青霉素软膏。

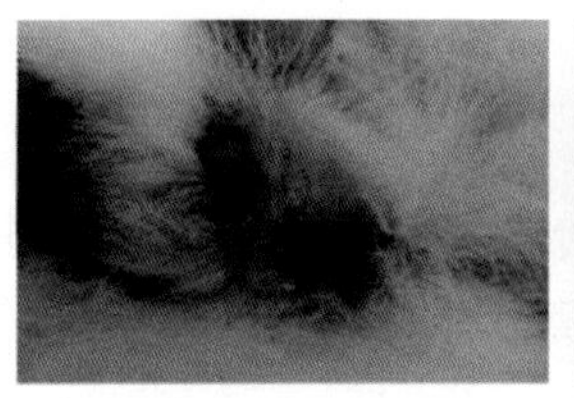

兔密螺旋体病症状

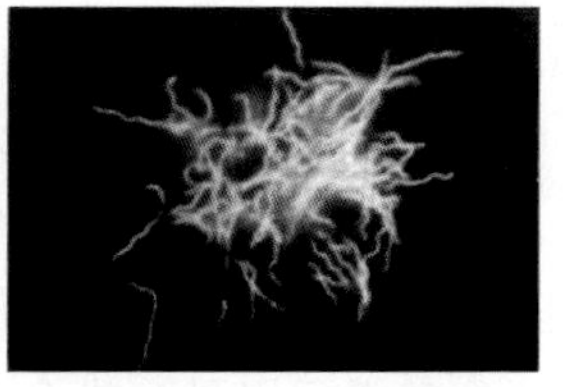

显微镜下密螺旋体病病菌

★中国畜牧信息网，网址链接：http://www.caaa.cn/illness/index.php？class=758

（编撰人：孙宝丽；审核人：刘德武）

419. 常见家兔皮肤真菌病有哪些，怎样防治？

（1）须毛癣菌病。主要发生部位是在脑门和背部，但是其他皮肤的任何部位也可能发生，患病症状为圆形脱毛，形成边缘整齐的秃毛斑，露出家兔淡红色皮肤，但是皮肤表面粗糙，并且伴有灰色鳞屑。

（2）小孢子霉菌病。该病最开始多发生在头部，如口、耳朵、鼻部、眼周、面部、嘴以及颈部等，皮肤出现圆形或椭圆形凸起，继而感染肢端和腹下。患部被毛折断，脱落形成环形或不规则的脱毛区，皮肤表面覆盖灰白色较厚的鳞片，同时伴有炎症变化，初为红斑、丘疹、水疱，最后形成结痂，结痂脱落后呈现小的溃疡。患兔剧痒，骚动不安，食欲降低，逐渐消瘦，最终衰竭而死。

（3）主要防治办法。加强饲养管理，做好环境卫生，注意兔舍内的湿度和通风透光。经常检查兔群，发现可疑患兔，应立即隔离诊断治疗，如果个别家兔患有小孢子霉菌病，最好就地处理，不必治疗，以防止成为传染源。患兔局部可涂擦克霉唑水溶液或软膏，每天3次，直至痊愈；或用40%酒精80ml，冰醋酸10ml，碘酊10ml配成外用药涂擦患处，连用3d。

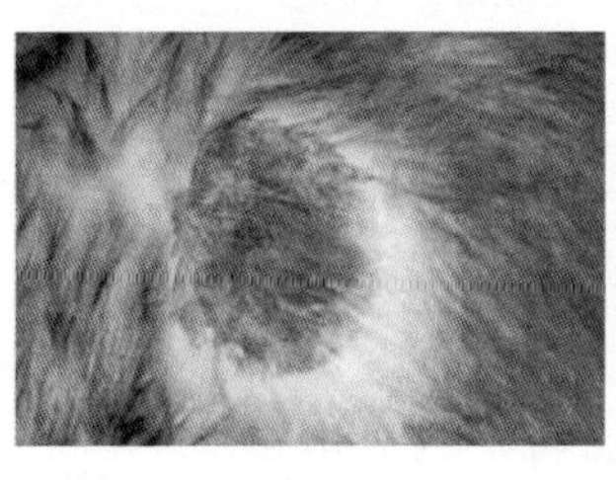

须毛癣菌病

小孢子霉菌病

★35941兽药网，网址链接：http://www.35941.com/jyfx/2014-5-17/jyfx1818.html

（编撰人：孙宝丽；审核人：刘德武）

420. 如何防治兔球虫病?

（1）预防。尽可能地减少宿主与传染源接触的机会，及时隔离疑似病兔，及时打扫兔舍清除粪便。地面、粪沟每周2～3次火碱消毒杀灭环境中的卵囊。因兔自身的生活习性，其粪尿极易污染食盒、饲料。食具要勤清洗消毒，兔笼尤其是笼底板要定期用火焰法消毒，以杀死球虫卵囊。兔粪集中堆积在固定场所，利用生物热杀灭兔粪中的卵囊。净化种兔群，可以有效预防仔兔与母兔之间的水平传播。兔舍入口处消毒池内消毒垫使用3%的火碱进行彻底消毒，严禁串舍。防止饲养员成为传播途径。

（2）治疗。目前常用的药物有：①地克珠利。为广谱苯乙氰类抗球虫药，该药广谱、高效作用于球虫的每个生命周期，药效峰期为感染后第四天，1g/t饲料，即可防治多种球虫病。②妥曲珠利。10～15g/t饲料，对球虫的两个无性周期均有作用。但是要注意，在家兔宰前的停药期为14d。③莫能菌素（20%）。50g/t饲料，作用于球虫的第一代裂殖体，药效峰期为感染后第一天。对产气荚膜梭菌有抑杀作用，可防止坏死性肠炎发生。对球虫的细胞外子孢子、裂殖子以及细胞内的子孢子均有抑杀作用。

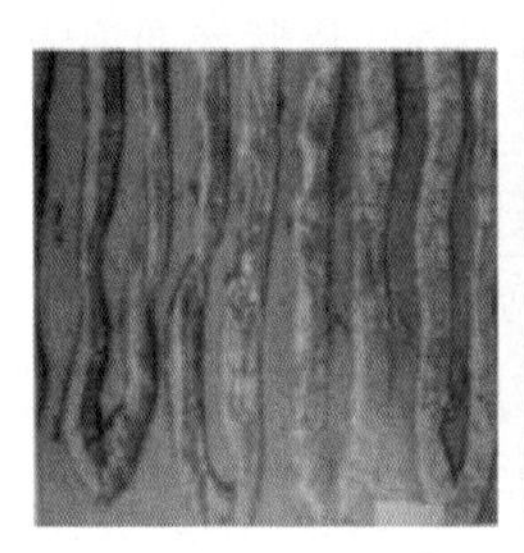

兔球虫病

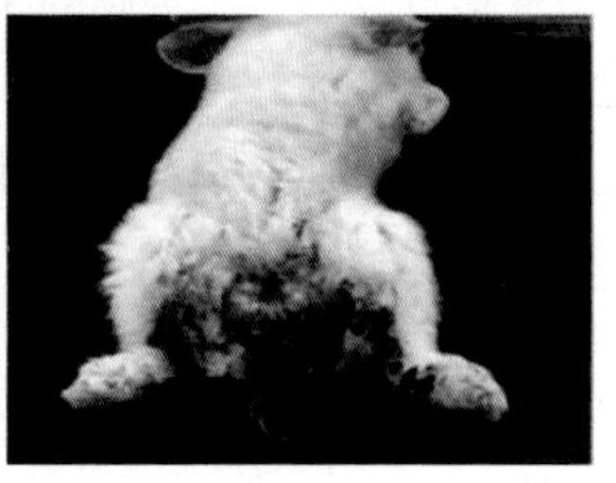

病兔

★搜狐网，网址链接：http://www.sohu.com/a/160650080_764229

（编撰人：孙宝丽；审核人：刘德武）

421. 如何防治兔螨病?

（1）首先需要彻底消灭种兔的螨病。每只兔每6个月皮下注射0.4ml虫泰净，7d后再重复注射1次。及时预防仔兔发生螨虫。用杀螨灵1 000倍稀释液浸泡仔兔1min，水温保持在36℃左右，后用干毛巾擦干兔体，注意保暖。

（2）及时治疗病兔。对病兔用阿福丁（主要成分阿维菌素），每隔10d皮下注射1次，3次为一个疗程，一般一个疗程即可治愈。同时用螨必清涂擦患部，7d后再涂擦1次，即可痊愈。

（3）对于兔螨病的预防，要把好引种关和加强日常的卫生管理。严禁引种时带入病原，要选择到无螨虫的兔场去引种，对引入的种兔隔离饲养，确无皮肤病存在时才可以进入种兔群饲养。

（4）保持兔舍、兔笼、食具、用具的清洁卫生。对病兔接触过的笼舍、用具等，用福尔马林熏蒸消毒；污物、粪便等用石灰消毒后深埋或烧毁。饲养人员要做好预防消毒，防止感染。

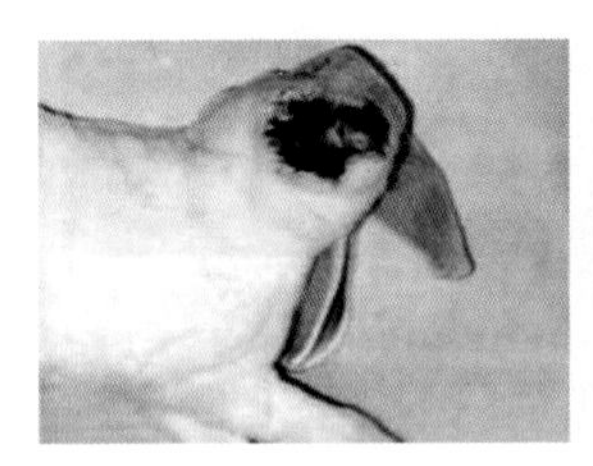

得螨病的兔

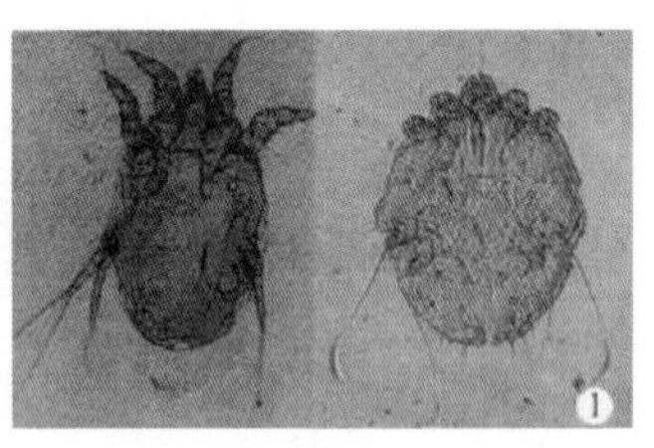

螨虫

★百度百科，网址链接：http://www.baike.com/wiki/%25E5%2585%2594%25E8%259E%25A8%25E7%2597%2585

（编撰人：邓铭；审核人：刘德武）

422. 如何防治家兔腹泻和腹胀?

（1）发病原因：①家兔品种的退化是导致兔只抗病力下降的关键。②家兔饲养由于受各种条件的制约，再加之饲养者在饲养管理方面不能按照科学的喂养方法进行饲喂。③平时的药物预防阶段，无法科学使用正确的药物及剂量。④消毒和环境卫生控制做不到位。⑤在病兔的治疗上不能及时处理，贻误治疗时机，或者不能迅速地查找病因，中断其致病因素，使兔只一直处于致病因素的侵袭中，本病在兔只因腹胀而导致发生气喘症状后，基本上没有治疗价值。

（2）综合防治：①本病的防治主要以预防为主，针对该病的发生和发展，除积极引进优良品种，提高机体的抗病之外，还要提高饲养管理水平，在天气较冷季节，注重保暖增温。②不喂霉变的饲料，或在饲料中添加脱霉护肠剂来有效中和毒素。③对不同时期易发病，有针对性地添加相应的预防药物，提倡用A型魏氏梭菌疫苗免疫，是积极应对该病发生的有效措施。④加强平时的消毒灭源工作，采取定期和不定期消毒相结合。

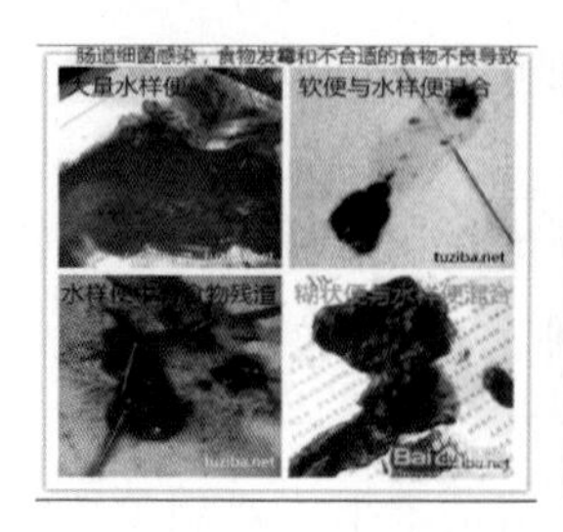

疾病导致的非正常形态粪便

★百度知道，网址链接：https://zhidao.baidu.com/question/293600668.html

（编撰人：孙宝丽；审核人：刘德武）

423. 兔肉具有哪些营养保健价值？

（1）兔肉中含有丰富的卵磷脂，是儿童、少年、青年大脑和其他器官发育不可缺少的物质，该物质具有健益智的功效。对于高血压患者来说，吃兔肉可以阻止血栓的形成，并且对血管壁也有很好的保护作用。

（2）兔肉质地细嫩，结缔组织和纤维少，比猪肉、牛肉、羊肉等肉类容易消化吸收，所以，非常适合老年人及肠胃消化不好的人群食用。

（3）兔肉兼有动物性食物和植物性食物的优点，长期食用兔肉，既能增强体质，使肌肉丰满健壮、抗松弛，延缓衰老，还不用担心身体发胖。而且它还能保护皮肤细胞活性、维护皮肤弹性，因此深受女青年们的青睐。

（4）兔肉中还含有多种维生素和8种人体所必需的氨基酸，其中人体最易缺乏的赖氨酸和色氨酸含量最多，所以，常食兔肉可防止有害物质的沉积，让儿童健康成长，有助老人延年益寿。

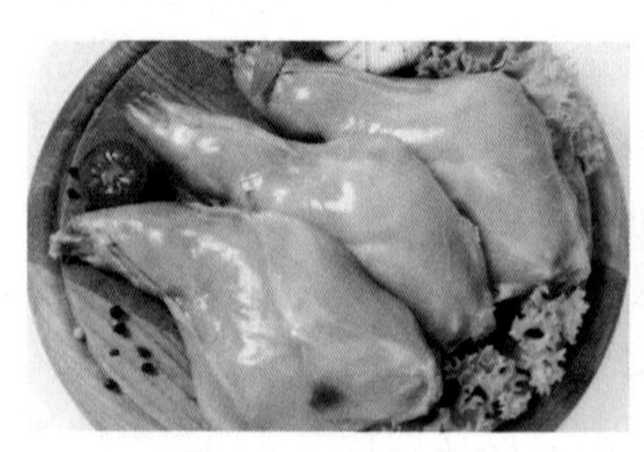

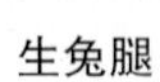
生兔腿

熟兔肉

★百度中文网，网址链接：https://ss1.bdstatic.com/70cFuXSh_Q1YnxGkpoWK1HF6hhy/it/u=324396203，1011465234&fm=200&gp=0.jpg

（编撰人：邓铭；审核人：刘德武）

424. 如何进行兔的屠宰卫生检验?

（1）屠宰前检验。以感官检验为主，辅以体温测定。健康家兔反应灵活，头位正常，两耳直竖，呈粉红色，眼睛明亮，有神，稍凸出于眼眶；被毛浓密，滑润有光泽；躯体呈圆形，腹部不下垂，营养良好，四肢干净无污垢，肛门干净，粪呈圆球形；精神活泼，行动敏捷，对周围事物反应锐敏，不易捕捉。这种类型的家兔可进行正常屠宰。如果家兔精神委顿，行动迟缓，被毛粗乱脱落，双眼无神，并有分泌物，耳垂嗜睡，或头偏向一侧，耳色苍白，四肢肛门污秽，粪便糊身，则是病态象征，这类家兔应及时隔离，做详细的视检和触检。如果无碍食肉卫生的病兔及一般性传染病和寄生虫病的病兔，应速急宰处理。但如果确诊患野兔热或兔黏液瘤病的家兔，应采取不放血的方法捕杀，尸体做工业用或销毁，并及时向有关部门报告。

（2）屠宰后检验。由于家兔的体型较小，淋巴结相对也较小，所以家兔的宰后检验主要以视检为主，按照由表及里的顺序逐一认真观察皮肤、肌肉组织、内脏器官的病理变化。正常情况下，尽量减少切割检验，以保证肉尸的完整美观。必要时剖检淋巴结，最后作出综合判定。

死兔

给兔喂食

★和讯新闻网，网址链接：http://news.hexun.com/2012-08-08/144493919.html

（编撰人：孙宝丽；审核人：刘德武）

425. 肉兔何时屠宰最好？兔宰杀致死方法有哪些？

屠宰时间的选择应考虑出肉率、肉的质量、消耗的饲料和工时以及毛皮质量等因素。一般说来，肉用仔兔在出生后120～180d屠宰为好。如果饲喂时间超过180d，则仔兔不仅消耗饲料和占用工时多，而且增重减缓，这在经济上是不合算的。根据市场在冬季销售兔肉量多的实际情况，如果肉兔屠宰时间选择在每年的

12月至次年的3月期间，则最为合算。因为此时兔的毛皮质量最好，经过一段时间的精心饲养，出肉率也会处于最高状态。同时，此间正值寒冷冬季，屠宰的兔肉可以自然冷冻，便于运输和贮藏。

宰杀兔子一般有3种方法：①击杀法。左手握住兔子两只后肢，使兔倒挂，再用右手掌狠劈它的脑后致死；也可用一根40～45cm长，直径5cm左右的木棍，猛击脑后。②气杀法。用注射器向兔耳静脉内，打进空气1～2ml，使兔死亡。③大出血法。用右脚踩住兔子两只后脚，使兔侧卧；左手握紧兔子两只耳朵并稍稍提高，右手持刀割断颈动脉、颈静脉和气管即可出血死亡。

宰杀流水线

宰杀后的兔

★食品产业网，网址链接：http://www.foodqs.cn/tradess/tradepage/trade_view_3278230.html
★世界工厂，网址链接：https://product.gongchang.com/c695/CNC1029683874.html

（编撰人：邓铭；审核人：刘德武）

426. 如何选购兔肉？

兔肉属高蛋白质、低脂肪、少胆固醇的肉类，质地细嫩，味道鲜美，营养丰富，与其他肉类相比较，具有很高的消化率（可达85%），食后极易被消化吸收。兔肉具有高蛋白低脂肪的特点，因此深受大家的喜爱。

营养学家还指出，多吃兔肉能有效预防贫血，使人面色红润。质量好的兔肉应该具备以下几个特点。

颜色：好的兔肉应是红色的，其颜色比较均匀，脂肪应为淡淡的黄色。

光泽：新鲜的兔肉应是有光泽的，暗淡无光的兔肉则为不新鲜的，在此不推荐购买。

弹性：新鲜的兔肉其肌肉组织应是有一定弹性的，用手指按压后很快就能恢复起来，并带有正常的肉的味道，而不是酸或臭的味道。

优质兔肉

★食品科技网，网址链接：https://ss2.bdstatic.com/70cFvnSh_Q1YnxGkpoWK1HF6hhy/it/u=983850381，2572866983&fm=200&gp=0.jpg

（编撰人：孙宝丽；审核人：刘德武）

427. 怎样宰杀兔子?

兔肉营养价值与消化率均居于其他各种畜禽肉类之首，含有高达24%的全价蛋白，丰富的B族维生素复合物，以及铁、磷、钾、钠、钴、锌、铜等。

现代科学研究证明，兔肉对老人、幼儿、孕妇、冠心病患者具有滋补作用。要保住兔血就把兔放水里闷死，挂起来然后再从腿开始，把皮割开往下剥。不要兔血可以先用锅将水烧至40～50℃（水不断地直往上冒泡时），倒入水桶内将兔子放进去，盖上桶盖压紧，到兔淹后，取出来去毛，放血。需要注意的是，不能用开水来杀兔子，不然，很难将兔毛拔下来，真的一毛不拔。

待宰杀兔

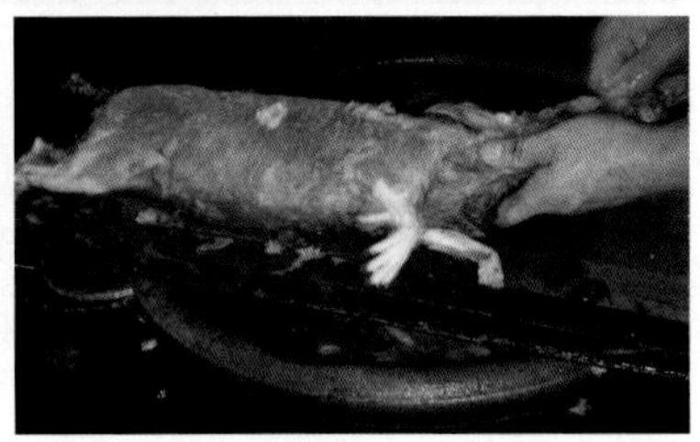

已宰杀兔

★海宁市盐官绿美健兔网，网址链接：http://www.huishangbao.com/sell/show-896650.html

（编撰人：孙宝丽；审核人：刘德武）

428. 宰兔的重要疾病如何鉴定与卫生处理?

（1）兔巴氏杆菌病。宰后剖检特征是，可见实质器官有出血点，尤其在气管喉头黏膜可看到许多小点状出血。胸膜积水，肺充血并有水肿液，也可见肺实质中有大量黄色或黄棕色的病灶，散布在整个肺叶，有时互相融合。皮下及许多脏器有脓肿，切开后流出酸奶油样的脓汁。处理：只内脏有病变者，肉尸营养良好，肌肉无病变的，肉尸高温处理后出厂，内脏全部工业用或销毁；如果仅头部有脓肿，头部做工业用或销毁，其他部分不受限制出厂。

（2）兔球虫病。常引起尸体消瘦；肝脏肿大，肝表面及实质内有白色或淡黄色的粟粒大或豌豆大的坏死性小结节，在小肠、盲肠的黏膜下。可见到多数粟粒大、灰白色球虫结节和化脓性坏死灶。取脓性物质压片镜检，可见到各个发育阶段的球虫。处理：肝脏和肠做工业用或销毁，其余部分不受限制出厂。

（3）兔黄脂病。仅见皮下脂肪和体腔脂肪呈黄色，其他组织及实质器官无任何变化。将肉尸在通风阴凉处放置24h后黄色可逐渐消退。处理：黄脂在24h内消退的可不受限制出厂；如果黄色减退，但不能完全退尽，肉尸高温处理后出厂，内脏不受限制出厂。

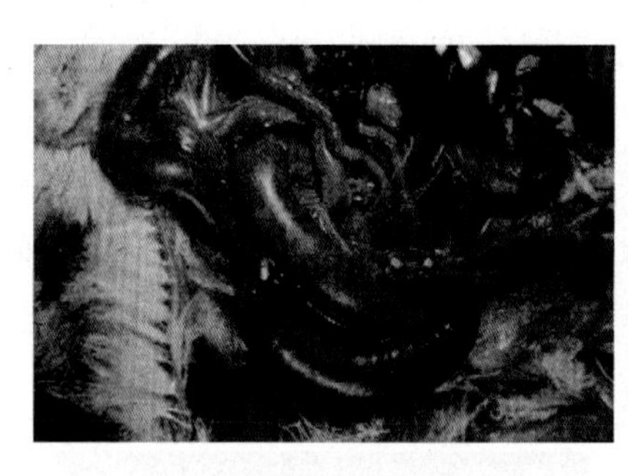

球虫病

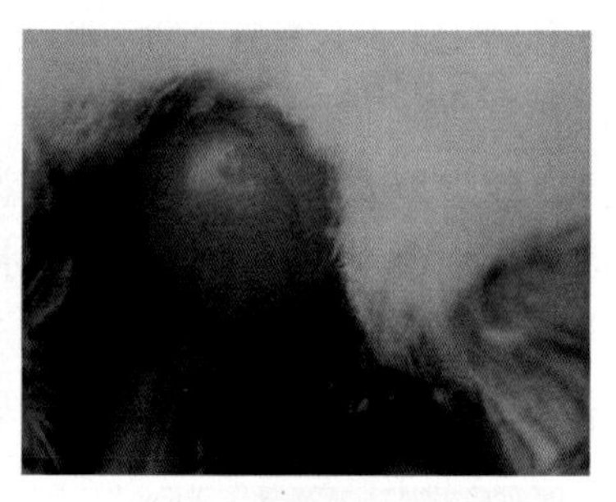

黄尿病

★中国家禽网，网址链接：http://www.zgjq.cn/ezgjq/ShowSoft.asp？SoftID=749
★百度经验，网址链接：https://jingyan.baidu.com/article/ceb9fb10f832e78cac2ba053.html

（编撰人：孙宝丽；审核人：刘德武）

429. 怎样去掉兔肉腥臊味？

兔腿洗净，放在加入黄酒和姜片的清水里浸泡1h（初步去除土腥味）。准备卤肉调料一份：大葱2段，生姜3片，八角2个，花椒一小捏，桂皮1块，丁香2粒，香叶2片，小茴香孜然粒少许，冰糖少许，冷水入锅，锅里再次加入黄酒和姜片把兔腿焯水（进一步去除土腥味）。捞出兔腿，洗净浮沫。为了改善兔腿的口感和香味，可以把卤料用油煸炒一下。把葱姜蒜也放在一起煸炒，有香味飘出的时候再加入老抽、生抽、冰糖、料酒、食盐和清水。放入兔腿，加入陈皮可以增香。

加入卤过鸡肉的老汤是重点窍门。加入两块猪腿肉（五花肉更好）可以让兔腿增香、改善口感。加盖卤煮30min。趁热把兔腿连带卤汤放入焖烧锅里面（也可以用电饭锅的保温档），加盖焖制。在焖烧锅里面焖制一夜，味道和软烂的程度都刚好。用了这几个小窍门，五香兔腿肉质软烂，鲜香味美，没有一点土腥味。

加工后的兔肉菜肴

★图行天下网，网址链接：http://www.photophoto.cn/pic/13366196.html

（编撰人：孙宝丽；审核人：刘德武）

430. 兔肉的加工方法有哪些?

（1）腌腊制品。将兔肉腌制或酱渍，再吹风，晾晒或烘烤干燥即成。如缠丝兔、板兔、风兔、咸兔、腊兔等。

（2）干燥制品。将兔肉卤煮、成型，再烘烤干燥，或切片腌制后烘烤，可加工为兔肉干、兔肉松、兔肉脯、金丝兔肉等干肉制品。

（3）香肠制品。将兔肉与猪肥膘肉分别切丁混合，或与其他肉类，如猪肉、牛肉、羊肉混合绞制，加调料，可制成兔肉腊肠、泥枣肠等香肠制品。也可经绞制，加调料，搅拌，灌装后蒸煮、烘烤或发酵、熏烤，加工为兔肉灌肠、火腿肠、色拉米香肠等西式产品。

（4）酱卤制品。将兔肉在用酱油、香辛料、调味料等制成的酱卤料中卤制，可加工为卤兔、红板兔、酱兔块、糟兔等产品。

（5）烧烤制品。将兔肉上料或腌制后，用烤炉或烤箱烧烤，可制成烤兔，如三味烤兔、五香烤兔、烤兔腿等。

（6）罐头制品。将兔肉经预处理、成型、配料后装入罐壳内，再排气密封后杀菌，可加工为罐头制品，也可用复合薄膜袋替代罐壳，制成软罐头。

（7）西式兔肉制品。由于兔肉具有较高的蛋白质含量，良好的黏着力，较低的脂肪含量，可以生产高档西式火腿类制品。

兔肉罐头

腌制兔肉

★特产延边网，网址链接：http://www.tcyanbian.com/goods.php？id=548

（编撰人：孙宝丽；审核人：刘德武）

参考文献

白凝. 2014. 公羔去势引发破伤风感染的预防[J]. 科技致富向导（4）：38-38.
鲍俊杰，张艳玲. 2014. 肉羊养殖与防疫实用技术[M]. 北京：中国农业科学技术出版社.
北京市科学技术协会. 2007. 肉兔饲养管理与疾病防治技术问答[M]. 北京：中国农业出版社.
卞吉. 2015. 加利福尼亚兔外貌特征特性及推广利用情况[J]. 特种经济动植物（9）：2-3.
卞晶. 2010. 羊草种植技术简介[J]. 现代畜牧科技（6）：103.
卞伟. 2015. 哈尔滨大白兔品种特征特性及推广利用情况[J]. 特种经济动植物（8）：2-4.
布海力且木・吐尼牙孜，阿迪力・马木提. 2013. 奶业发展中的良种繁育工作[J]. 新疆畜牧业（8）：25-26.
蔡春锋，王廷斌，朱运佳. 2016. 提高肉牛养殖经济效益的综合技术措施[J]. 兽医导刊（4）：61-61.
蔡东，陈宏权. 1991. 肉用牛营养需要和饲料营养价值的线性评估[C]. 全国草食动物饲料和饲养技术研讨及产品交流会. 169-173.
蔡俊国，王茂森，李彦霖. 2012. 集约化羊场场址选择场区规划与羊舍建设[J]. 当代畜牧（9）：12-13.
蔡志强，徐步进. 2000. 家畜早期妊娠诊断的研究进展[J]. 中国畜牧杂志，36（6）：49-51.
曹斌云，王建刚. 2006. 杜泊羊种质特性初步研究[C]. 第三届中国羊业发展大会. 219-229.
曹伯才. 2017. 肉牛呼吸道疾病综合征病理分析与防治[J]. 中国畜禽种业，13（4）：127.
曹富义，李秉诚. 2009. 无角陶赛特羊与当地寒杂羊杂交效果[J]. 中国草食动物科学，29（5）：31-32.
曹光连，高伟，常印强. 2007. 家兔四季饲养管理要点[J]. 养殖技术顾问（9）：92-93.
曹桂霞，丁玉臣，安亚民，等. 2008. 夏季奶牛产奶量下降怎么办？[J]. 今日畜牧兽医（6）：48-49.
曹竑，刘金祥. 1999. 多元杂交羔羊育肥技术及效果研究[J]. 西北民族大学学报（自然科学版）（3）：36-40.
曹辉，蒋烈戈. 2011. 断奶羔羊育肥技术[J]. 农村科技（2）：59-59.
曹秀华，2015. 浅谈冬春季家兔饲养的管理技术[J]. 农家致富顾问（8）：57-58.
曹玉佩. 2013. 养兔场粪污和病死兔的无公害处理方法[J]. 新农村（9）：30-30.
曾孝元. 2012. 浅谈牛瘤胃胀气的防治[J]. 畜禽业（2）：89.
茶汗，库来汗・泰克，解立松. 2015. 种公羊的日常饲养管理要点[J]. 湖北畜牧兽医（1）：54-54.
常晓龙. 2016. 肉牛场的选址、规划与建设[J]. 现代畜牧科技（11）：162-162.
常玉臣，王义民. 2010. 家兔人工授精技术操作要点[J]. 黑龙江动物繁殖（2）：33-34.
陈斐. 2013. 家兔夏季高效养殖要点[J]. 猪业观察（6）：51.
陈光明，浦学文，邵波. 2017. 羊粪无害化处理与应用技术[J]. 上海蔬菜（2）：59-61.
陈红，王辉，孙若芸，等. 2013. 温度对家兔的影响及其控制[C]. 第三届中国兔业发展大会会刊. 88-89.
陈静霞，余静. 2008. 兔肉的营养价值及其加工业现状[J]. 肉类研究（12）：74-76.
陈孟平，黄学康. 2015. 浅谈肉牛前胃弛缓的防治[J]. 畜禽业（6）：82-85.
陈伟生，徐桂芳. 2004. 中国家畜地方品种资源图谱（下）[M]. 北京：中国农业出版社.
陈晓华. 2014. 牛羊生产与疾病防治（全国农业高职院校十二五规划教材）[M]. 北京：中国轻工业出版社.
陈孝德. 2009. 幼年牦牛出栏时间对其生产性能的影响[J]. 中国畜牧兽医，36（1）：136-136.
陈岩锋. 2011. 中国养兔业现状与发展对策[J]. 农家科技（12）：33-34.
陈艳珍. 2011. 羊肉品质的评定指标及影响因素[J]. 黑龙江畜牧兽医（14）：53-54.
陈燕. 2010. 我国肉牛产业链各环节经济效益分析[D]. 呼和浩特：内蒙古农业大学.
陈宇瑞. 2007. 关于公牛去势方法的探讨[J]. 中国畜禽种业，3（5）：61-61.
陈玉英. 2012. 青海省牦牛牛皮蝇蛆病发病情况与防治措施[J]. 畜牧与饲料科学，33（1）：103-104.
储明星，马月辉，于汝梁，等. 1999. 小尾寒羊种质特性的研究进展[J]. 中国草食动物科学（3）：38-41.
崔洪文. 2013. 哺乳期母兔的科学饲养管理[J]. 新农村（4）：32-32.
崔洪文. 2014. 兔场选址六要素[J]. 新农村（1）：31.
崔娜，梁琪，文鹏程，等. 2013. 牛初乳与常乳的物化性质对比分析[J]. 食品工业科技，34（9）：368-372.

崔伟. 1990. 奶牛产后无乳治疗方法[J]. 中国农垦（11）：45-46.
达文政，李颖康，吴艳华，等. 2003. 肉羊专用品种——萨福克羊的类型和生产性能[J]. 中国草食动物科学（z1）：143-144.
大珂. 2001. “948”引进国际先进技术项目 波尔山羊[J]. 新农业（4）48-49.
大众网. 2013. 养兔巧喂料　三要三不要[J]. 养殖与饲料（9）：23.
戴福春. 2013. 獭兔的养殖技术与管理要点[J]. 中国养兔（2）：18-19.
戴俭达. 2006. 秋繁母兔孕期的管理[J]. 农家顾问（10）：49.
董秀英. 2015. 奶牛发情鉴定常用的方法[J]. 现代畜牧科技（6）：63.
董正德，谢小来，海龙. 2008. 肉羊饲养关键技术[M]. 哈尔滨：黑龙江科学技术出版社.
豆晓丽，樊天喜. 2013. 牛胚胎移植技术操作流程及应用前景[J]. 中国牛业科学，39（1）：86-88.
杜鹏程，张广华，刘建设，等. 2011. 獭兔养殖场建设及饲养管理要点[J]. 山东畜牧兽医，32（5）：14-16.
多杰才让. 2007. 公羔去势引发破伤风感染的预防[J]. 黑龙江畜牧兽医（8）：144-144.
范立中. 1997. 辽宁绒山羊的特点[J]. 畜牧兽医科技信息（4）：3.
方尚文. 1982. 摩拉水牛繁殖性能的研究[J]. 草食家畜（2）：38-39.
方希修，王冬梅，周春宝，等. 2000. 肥育用架子牛的选购[J]. 中国草食动物科学，2（2）：44-45.
冯建忠. 2011. 肉羊日程管理及应急技巧[M]. 北京：中国农业出版社.
冯静，仉明军. 2013. 秸秆饲料的加工与调制[J]. 新疆畜牧业，31（8）：57-59.
冯玲霞. 2012. 家兔在不同季节的饲养与管理[J]. 甘肃畜牧兽医，42（1）：20-22.
冯小鹿. 2006. 丸状配合饲料喂兔好[J]. 猪业观察（11）：40.
付宝勤. 2016. 育肥用架子牛的选择[J]. 山东畜牧兽医，37（5）：71-71.
付殿国，杨军香. 2013. 肉羊养殖主推技术[J]. 中国畜牧业（22）：52-55.
付殿国，杨军香. 2013. 畜禽养殖主推技术丛书 肉羊养殖主推技术[M]. 北京：中国农业科学技术出版社.
付连军. 2015. 妊娠、分娩母兔的饲养管理[J]. 北京农业（29）：121-122.
付茂忠. 2011. 新版养牛问答[M]. 成都：四川科学技术出版社.
付希敬. 2016. 羊血吸虫病的防治研究[J]. 农业与技术，36（8）：97-97.
高凤明，白乙尔图，刘金，等. 2014. 苏尼特羊及羊肉的品质与营养[J]. 中国畜牧兽医文摘（12）：44.
高贵涛. 2011. 农家高温堆肥制作二法[J]. 农民科技培训（3）：16.
高伟伟，李麦英. 2012. 怎样设计和建设规模羊场[J]. 农业技术与装备（3）：22-24.
高文秀，李岩，贾文发. 1992. 绵羊年龄牙齿鉴别法[J]. 吉林畜牧兽医（2）：7-8.
高文永. 2013. 兔葡萄球菌病的主要症状与治疗[J]. 养殖技术顾问（11）：194-194.
高宜行. 1985. 养兔必须喂食盐[J]. 吉林畜牧兽医（3）：43-44.
革命别克・托合塔什. 2017. 羊胃肠炎的诊断与综合防治措施[J]. 今日畜牧兽医（5）：17.
葛昊. 2012. 羊场场址选择和设施建设[J]. 现代畜牧科技（11）：43.
谷子林. 1987. 浅谈家兔引种驯化和保种[J]. 河北农业大学学报（1）：90-96.
谷子林. 2008. 养野兔应注意几个问题[J]. 农家参谋（1）：21.
谷子林. 2014. 怎样经营好中小型兔场[M]. 北京：金盾出版社.
顾佳升. 2008. 牛奶杀菌和奶制品安全[J]. 中国食品卫生杂志（3）：193-196.
顾佳韵. 2016. 全脂、低脂、脱脂奶——关于牛奶脂含量的三个秘密[J]. 康复（8）：34.
关山月. 2004. 营养舔砖及其使用[J]. 中国供销商情：乳业导刊（5）：37-38.
管乐. 2017. 兔子养殖技术研究[J]. 乡村科技（10）：54.
郭华，李丽，王哲. 2011. 提高肉兔育肥效果的技术措施[J]. 科学种养（18）：35.
郭立宏，丁昕颖，周景明. 2012. 现代育种技术在中国肉羊育种中的应用[J]. 黑龙江畜牧兽医（5）：52-53.
郭庆农. 2006. 常见牧草品种与栽培技术[J]. 养殖与饲料：饲料世界（4）：29-31.
郭天芬，高雅琴，刘存霞，等. 2007. 滩羊产业现状分析及发展建议[J]. 畜牧兽医科技信息（5）：10-11.
郭义波. 1986. 如何保存兔毛[J]. 现代畜牧兽医（2）：33.
国家畜禽遗传资源委员会. 2011. 中国畜禽遗传资源志：牛志 [M]. 北京：中国农业出版社.
哈山・玛西青. 2016. 羊瘤胃臌气的临床症状与综合防治措施[J]. 现代畜牧科技（9）：87.
韩艳辉. 2015. 浅谈兽医临床不合理用药现象[J]. 福建农业（4）：163.
好毕斯嘎拉吐. 2002. 科尔沁牛的调查分析[J]. 中国畜牧杂志，38（3）：44-45.
浩瀚，吴学扬. 2006. 科学养牛掌中宝[M]. 呼和浩特：内蒙古科学技术出版社.
何建国，陈智勇，初春玲，等. 2014. 全混合日粮（TMR）饲喂技术[J]. 中国畜禽种业（8）：35-35.

何金箭. 2015. 传染性支原体肺炎在肉牛养殖中的诊断[J]. 中国畜禽种业，11（6）：77-78.
何正军，范成强. 2001. 兔肉的加工技术[J]. 草业与畜牧（2）：58-60.
何志谦，闻芝梅. 1999. 评价蛋白质质量的新方法——蛋白质消化率校正的氨基酸记分法[J]. 卫生研究，28（1）：58-59.
洪学. 2010. 奶牛场选址与设计原则[J]. 广东奶业（2）：22-24.
侯振华. 2011. 科学养牛新技术[M]. 沈阳：沈阳出版社.
胡均雄，张斌，郝敬梅. 2014. 中西药结合治疗牛的尿石症[J]. 农家致富顾问（14）：167-168.
胡双才. 2014. 羊传染性胸膜肺炎的防治[J]. 当代畜牧（5）：55-56.
胡晓青，张妙仙，高士寅. 2000. 犊牛血尿症的防治[J]. 现代农业（6）：15.
胡永慧，黎远伦，赵露. 2017. 羊瘤胃积食的防治[J]. 中国畜牧兽医文摘，33（4）：182-182.
黄春娇. 1990. 农村实用养兔技术讲座　第二讲　我区适用的家兔品种[J]. 广西畜牧兽医（2）：46-48.
黄浩平. 2000. 皇竹草栽培技术[J]. 中国林业（7）：15.
黄惠英. 2010. 税收优惠政策有哪些[M]. 重庆：西南财经大学出版社.
黄品吕. 2002. 浅谈乳用牛的外貌选择[J]. 福建农业（8）：21.
黄山. 2016. 提高仔兔成活率的有效措施[J]. 养殖与饲料（2）：13.
黄通明. 2003. 家兔常用的饲料种类和主要养分含量[J]. 河南畜牧兽医：综合版（3）：30-31.
黄通明. 2003. 家兔对脂溶性维生素的需求[J]. 河南畜牧兽医：综合版，24（6）：37.
黄文堂. 2014. 新生仔兔不吃奶咋办[J]. 农家科技（10）：31.
黄修奇，何英俊. 2009. 牛羊生产[M]. 北京：化学工业出版社.
郑建梅. 2010. 巴美肉羊在河套地区肉羊产业中的支撑作用[J]. 中国草食动物（z1）130-132.
贾宝平. 2009. 家兔的习性与饲养技术[J]. 中国新技术新产品（24）：223.
贾建英，温飞跃. 2013. 种兔的选择技巧[J]. 中国畜禽种业（1）：63.
贾振岭. 2008. 兔泰泽氏病的防治措施[J]. 农村百事通（19）：50.
姜福义，石艳华，杨秀峰. 2000. 种公兔的饲养管理要点[J]. 中国养兔杂志（2）：37.
姜虹. 2015. 羊肝片吸虫病的诊断与防治[J]. 中国畜牧兽医文摘（6）：171.
姜怀志，张守印. 2010. 科学养羊与羊病防治400问[M]. 长春：吉林出版集团有限责任公司.
姜秀鹏，王桂娟，王红. 2012. 仔兔黄尿病的防治[J]. 中国畜牧兽医文摘（9）：45.
蒋必光，李华，王康宁，等. 1995. 五个品种兔肉品质的测定与分析[J]. 中国养兔杂志（1）：20-22.
蒋洪茂. 2008. 利用补偿生长规律设计肉牛饲养方案[J]. 科学种养（6）：41-42.
蒋文生. 2006. 新疆多浪羊品种资源的保护与开发利用[J]. 中国草食动物科学（2）：28-30.
蒋哲. 2003. 如何提高布尔山羊杂交一代的成活率[J]. 农友致富月刊（4）：23-23.
金花. 2010. 论乌珠穆沁羊的放牧管理与品种保护[J]. 现代畜牧兽医（4）：29-30.
金江. 1998. 羊皮板的防腐与储藏[J]现代农业（5）：47.
金群英. 1999. 浅议家兔的矿物质营养[J]. 浙江畜牧兽医（1）：60.
金月锁，尹以昌. 2017. 德宏水牛种质资源特性及开发利用[J]. 养殖与饲料（5）：24-26.
康世良，丁文权，王伟，等. 1991. 乳牛骨软症的调查研究[J]. 畜牧兽医学报（4）：351-356.
孔祥浩，郭金双. 1995. 家兔对非蛋白氮利用研究概况[J]. 中国养兔杂志（3）：34-35.
寇永标，马军翼，李忠顺. 2011. 冬季肉羊养殖管理技术要领[J]. 青海畜牧兽医杂志，41（2）：45.
匡刚. 2017. 影响母牛发情鉴定的因素[J]. 现代畜牧科技（8）：59.
兰翠娟. 2006. 肉兔A型产气荚膜梭菌病的诊断与防治[J]. 北方牧业（12）：22.
李斌. 2002. 母兔假孕发生的原因及防治[J]. 农业知识（8）：31.
李成元. 2015. 牛羊口蹄疫的发生、鉴别诊断及防治[J]. 中国畜牧兽医文摘（7）：171.
李春果，牛永亮. 1997. 小尾寒羊妊娠期和接产时的护理[J]. 当代畜禽养殖业（5）：3-5.
李德明. 2008. 给兔打耳号和带耳标的方法[J]. 吉林农业（3）：39.
李殿武. 2000. 家兔的公母鉴别[J]. 农业知识（6）：145-146.
李恩辉. 1984. 獭兔毛绒的特征和生长规律[J]. 毛皮动物营养（3）：25.
李付云，李增国，周连生. 2004. 德系安哥拉兔绒及其品质等级[J]. 山东畜牧兽医（2）：34-35.
李国华，胡锐，王立江，等. 2008. 日本大耳白兔种质特性的研究进展[J]. 经济动物学报，12（2）：106-108.
李宏. 2012. 育肥牛饲养管理措施[J]. 猪业观察（18）：12.
李家奎，昂宗拉姆，次卓嘎，等. 2011. 牦牛主要寄生虫的防治[J]. 中国畜牧兽医（11）：162-164.
李家田，王海峦，郑世彬. 2006. 仔兔、幼兔的饲养管理要点[J]. 特种经济动植物（12）：8.

李京霖. 2014. 山东地区家兔常用饲料原料的营养价值评定[D]. 泰安：山东农业大学.
李敬凯. 2012. 肥育期肉牛的饲养要点[J]. 养殖技术顾问（2）：12.
李俊生，张彦平. 2013. 助养殖户稳定、持续、增长，促饲料企业稳步、健康、发展——中小型饲料企业发展的几点思考[J]. 山西饲料（3）：21.
李立刚，毕凌霄，徐凯. 2017. 肉牛前胃弛缓的临床症状、鉴别诊断与防治措施[J]. 现代畜牧科技（2）：136.
李连任. 2016. 牛场消毒防疫与疾病防制技术[M]. 北京：中国农业科学技术出版社.
李亮. 2007. 论獭兔的生物学特性及其利用[J]. 湖南农机（5）：151-152.
李娜，周振勇，闫向民，等. 2014. 超声波技术在肉牛宰前评定中的应用[J]. 现代农业科技（15）：283-285.
李秋义. 2014. 兔弓形虫病的诊治[J]. 贵州畜牧兽医，38（6）：43.
李忍益. 1980. 关于乳用母牛选种问题[J]. 中国牦牛（3）：38-39.
李荣，陈辉赞，何旺辉，等. 2016. 牛羊片形吸虫病的诊断与防制[J]. 湖南畜牧兽医（3）：27-28.
李松龄. 2010. 提高肉牛养殖效益的技术措施[J]. 河南畜牧兽医：综合版，12（2）：85-86.
李文杨，刘远，张晓佩，等. 2014. 羊粪污染防治措施及无害化处理技术[J]. 中国畜牧业（14）：55-56.
李小英. 2009. 兔密螺旋体病的诊断和治疗[J]. 山东畜牧兽医，30（7）：56-56.
李晓锋，索效军，熊琪，等. 2015. 江汉水牛种质特性及开发利用建议[J]. 湖北畜牧兽医（10）：36-37.
李晓月，王宇婷，倪宏波. 2017. 牛病毒性腹泻/黏膜病的近年研究[J]. 现代畜牧兽医（3）：35-38.
李岩东. 2012. 育成牛及各阶段母牛的饲料调配[J]. 养殖技术顾问（2）：63.
李永坚，王文勇. 2009. 高原牦牛牛皮蝇蛆感染情况调查及防治[J]. 中国畜牧兽医，36（4）：168-169.
李元华，唐一国. 2004. 墨西哥饲用玉米的栽培及利用技术[J]. 草业与畜牧（4）：59-60.
李岳余，张立颖. 2016. 兔病毒性出血症的防治[J]. 中国动物保健，18（3）：27-28.
李长生，王喜萍，王丽海. 2001. 家兔的繁殖生理特性. 畜牧兽医杂志，20（4）：22-23.
李真. 2015. 提高家兔繁殖力的措施[J]. 现代农村科技（21）：36-37.
李真真. 2014. 规模化肉牛场管理信息系统的设计与实现[D]. 太谷：山西农业大学.
李振，李福彩. 2005. 饲料添加剂在现代养兔生产中的应用[J]. 兽药与饲料添加剂，10（4）：28-30.
李正飞. 2008. 母兔久配不受孕的防治方法[J]. 农村实用科技信息（2）：41-42.
李中习. 2017. 种母兔和仔兔饲养的管理要点[J]. 中国畜牧业（3）：80-81.
李子建. 2016. 规模化兔场提高仔兔成活率的措施[J]. 湖北畜牧兽医（5）：42-43.
廉勇. 2003. 新疆细毛羊[J]. 农友致富月刊（1）：12-13.
梁定有，郭月仙. 2010. 奶牛骨软症的预防和治疗[J]. 山东畜牧兽医（12）：40-41.
梁国荣，王世泰. 2012. 肉用羊场环境控制技术[J]. 畜牧兽医杂志（2）：100-101.
林伯华，齐风岚. 1996. 家兔的营养需要和饲养标准[J]. 畜禽业（2）：14-15.
林伟. 2010. 肉牛高效健康养殖关键技术[M]. 北京：化学工业出版社.
林伟伟，李桂国. 2001. 家兔受孕率低的原因及对策[J]. 山东畜牧兽医（3）：11.
林小刚. 2017. 农村地区肉羊养殖主要问题及对策分析[J]. 农技服务（8）：133.
林彦栋. 2017. 肉牛传染性鼻气管炎的临床特点、实验室诊断与防治[J]. 现代畜牧科技（3）：123.
凌宝明，余学兰，汪汉华，等. 2006. 奶牛全混合日粮（TMR）饲养技术[J]. 饲料工业（3）：50-52.
刘滨. 2016. 规模化兔场环境卫生控制综合措施[J]. 中国养兔杂志（5）：31-32.
刘臣华，马会芹，谭全民，等. 2015. 役牛咳嗽病症的辨证与治疗[J]. 黑龙江畜牧兽医（16）：112-113.
刘春梅，郭岗，王勤. 2015. 羊肠毒血症的诊断及防治措施[J]. 畜牧与饲料科学（8）：123-124.
刘耳，邹莉萝. 2013. 母牛妊娠临床——直肠检查方法附家畜发情周期、分娩期及干乳时间预告表[C]. 首届全国奶牛精细化管理高峰论坛暨奶牛精细化饲养关键技术与设施设备研讨会.
刘凤祥，郭亚利，张素娟. 2013. 牛羊口蹄疫的发生、鉴别诊断及防治[J]，畜牧与饲料科学，34（1）：138-140.
刘桂琼，姜勋平，孙晓燕. 2010. 肉羊繁育管理新技术[M]. 北京：中国农业科学技术出版社.
刘慧芳，张铁芬，王学彬，等. 2015. 规模化舍饲羊场TMR饲喂技术及应用中需注意的问题[J]. 今日畜牧兽医（7）：57-58.
刘建明. 1993. 母兔怀孕检查方法三种[J]. 农村实用工程技术（2）：12.
刘建珍. 2014. 兔支气管败血波氏杆菌病的诊治及防控措施[J]. 畜禽业（10）：82-83.
刘杰涛，耿丽平，位曼. 2014. 严防家兔饲料霉变 预防霉菌毒素中毒[J]. 科学种养（2）：46-47.
刘金萍. 2008. 肉羊引种运输应注意的问题[J]. 养殖技术顾问（8）：28.
刘曼丽，唐良美. 1992. 四川白兔部分种质特征和生产性能测定[J]. 四川畜牧兽医（1）：11-13.
刘美玉. 2000. 獭兔取皮及其保存方法[J]. 四川农业科技（2）：35.

刘宁，江涛. 2003. 兔舍环境调控技术[J]. 中国畜牧杂志，39（2）：58.
刘鹏. 2015. 家兔多杀性巴氏杆菌病防治[J]. 新农业（1）：57.
刘秋云，颜淑珍，邓江玲，等. 2007. 建立奶牛技术资料档案在牛场中的作用[J]. 养殖与饲料（1）：81-84.
刘晓海. 2016. 羊东毕吸虫病的危害、症状、实验室检查与防治措施[J]. 现代畜牧科技（11）：136-136.
刘兴伟，王世权. 2009. 运输种羊十注意[J]. 猪业观察（7）：10.
刘学军，郭菊曼. 1992. 兔肉的几种加工方法[J]. 经济动物学报（2）：30-32.
刘艳. 2004. 典型草原划区轮牧和自由放牧制度的比较研究[D]. 呼和浩特：内蒙古农业大学.
刘颖，宋志强. 2005. 羔羊代乳品的挑选和使用[J]. 新疆农业职业技术学院学报（3）：45-46.
刘远哲. 2015. 郏县红牛生长性能测定及产肉性能分析[D]. 郑州. 河南农业大学.
刘左磊. 2010. 牛传染性鼻气管炎常用实验室诊断方法[J]. 养殖技术顾问（8）：65.
卢广新. 2016. 浅谈常见羊病的发病原因及其防治措施[J]. 中国畜禽种业，12（3）：114-115.
卢继华. 2017. 羊场的环境绿化与水源管理[J]. 当代畜禽养殖（1）：34.
卢妍. 2009. 青贮玉米在畜牧业中的发展策略[J]. 畜牧与饲料科学，30（3）：52-53.
陆刚玉. 2004. 肉兔之王——新西兰兔[J]. 农村百事通（10）：40-57.
路佩瑶. 2014. 轻松学养肉羊[M]. 北京：中国农业科学技术出版社.
骆志强，陈瑛，蒋文生，等. 2004. 无角陶赛特羊与多浪羊杂交改良效果初探[J]. 中国草食动物科学，24（5）：27-28.
吕津，桑润滋. 2005. 牛羊超数排卵方法研究进展[J]. 黑龙江动物繁殖，13（1）：13-15.
麻志军，孔繁孝. 1995. 氨化秸秆技术规范及要点[J]. 青海草业（1）：37.
马春江，罗生金，吾买尔·牙合甫. 2013. 肉羊场生产管理控制体系的建立[J]. 新疆畜牧业（7）：12-13.
马景梅. 2014. 羊螨病的防治[J]. 畜牧与饲料科学（12）：82-83.
马俊儒，马相斋. 2004. 羊三联四防苗后海穴注射免疫法[J]. 中兽医学杂志（4）：33.
马俪珍，孙卫青. 2013. 羊产品加工新技术[M]. 北京：中国农业出版社.
马靓，王林元，李宽阁. 2012. 兔场消毒类型及方法[J]. 养殖技术顾问（1）：212.
马楠. 2011. 黑龙江澳佳乳业有限公司新建奶牛养殖场项目可行性研究[D]. 呼和浩特：黑龙江大学.
马永征，马冬，白娣斯，等. 2012. 巴氏杀菌乳特点及饮用价值综述[J]. 乳业科学与技术，35（5）：47-50.
马玉胜. 2007. 种用后备兔的选择与培育[J]. 猪业观察（23）：10.
马章全，冯忠义. 2009. 国内外主要绒用山羊品种资源及其评价[J]. 2008年全国养羊生产与学术研讨会. 12-15.
满红. 2011. 空怀种母兔的饲养管理[J]. 四川畜牧兽医（10）：39.
孟利. 2009. 农村家庭散养家兔腹胀腹泻病的防治[J]. 中国养兔杂志，28（8）：73.
那志军，徐彦申. 2010. 家兔兔舍的环境[J]. 养殖技术顾问（3）：178.
尼玛次仁. 2013. 羔羊痢疾的防治措施[J]. 山东畜牧兽医（5）：52-53.
聂泽京. 1991. 简明农业科技全书·畜牧篇[M]. 成都：四川辞书出版社.
牛钟相，王建民. 2005. 规模化羊场生物安全与卫生防疫措施[C]. 中国羊业发展大会会刊.
潘宝山. 2009. 奶牛产后易出血的原因分析和治疗[J]. 养殖技术顾问（10）：71.
潘丽，高述文. 2015. 牛巴贝斯虫病的诊断与防治[J]. 甘肃畜牧兽医（3）：60-61.
潘丽娟. 2011. 干牧草调制与贮藏[J]. 饲料与添加剂（6）：23
潘武灿. 2016. 牛耳静脉注射与输液方法的改进[J]. 当代畜牧（23）：23-24.
庞连海. 2011. 家庭高效肉牛生产技术[M]. 北京：化学工业出版社.
裴宇，丁旗. 2011. 沙打旺牧草的特征特性及种植技术[J]. 吉林农业（9）：137.
普宁. 2003. 乳牛的营养需要量[J]. 饲料广角（19）：49-50.
祁国军. 2014. 细毛羊羔羊早期补饲技术探讨[J]. 青海畜牧兽医杂志，44（2）：51-52.
邱自贵，李艳玲，赵万乐，等. 2016. 夏季家兔腹泻病防治[J]. 中国养兔杂志，37（4）：40-42.
曲志建. 2016. 肉牛支原体肺炎的诊断与治疗[J]. 现代畜牧科技（2）：121.
权凯，赵金艳. 2013. 肉羊养殖实用新技术[M]. 北京：金盾出版社.
权凯. 2011. 肉羊标准化生产技术[M]. 北京：金盾出版社.
全国畜牧总站. 2012. 肉牛养殖技术百问百答[M]. 北京：中国农业出版社.
任继周. 1961. 高山草原各型划区轮牧规划问题的研究[J]. 甘肃农大学报（1）：1-12.
任克良，李燕平，梁全忠. 2004. 断奶至出栏期生长獭兔营养水平的研究[J]. 中国养兔杂志（4）：17-19.
任旭平. 2007. 家兔饲养100问（修订版）[M]. 成都：四川科学技术出版社.
任振河. 1982. 科学养兔问答（二）[J]. 中国畜牧杂志（2）：40-42.

任志. 2009. 青绿饲料饲喂家兔好[J]. 饲料技术（5）：37.
荣玲. 2011. 浅谈养牛场粪污的无害化处理与资源化利用[J]. 江西畜牧兽医杂志（6）：24-26.
山西农业大学. 1981. 养羊学[M]. 北京：农业出版社.
商树岐. 1982. 养羊问答[M]. 沈阳：辽宁科学技术出版社.
尚斌，董红敏，陶秀萍. 2006. 畜禽养殖废弃物贮存设施的设计[C]. 全国畜禽健康养殖模式与产业发展学术研讨会.
沈辰峰，韩涛，王杰，等. 2016. 羔羊白肌病的诊断与防治[J]. 草食家畜（2）：40-43.
沈慧. 2011. 家兔诱导分娩四步骤[J]. 中国养兔（12）：30.
沈景林，房恒通，张晶，等. 2009. 獭兔养殖现状及饲养管理技术[J]. 吉林畜牧兽医，30（4）：39-40.
沈增炎. 1959. 母兔为什么会吃自己的仔兔[J]. 生物学教学（6）：8-9.
石传林，景宝年. 1998. 獭兔高效饲养技术[J]. 江西畜牧兽医杂志（6）：29-30.
石磊，龚瑞，尹争艳，等. 2008. 肉牛传染性牛支原体肺炎流行的初步诊断[J]. 华中农业大学学报，27（4）：572-572.
史玉侠. 2012. 导致母兔流产与死胎原因及防治技术措施[J]. 黑龙江动物繁殖（6）：50-51.
束必全. 2013. 提高仔兔的成活率的措施[J]. 湖北畜牧兽医，34（9）：55-56.
宋恩亮. 2013. 肉牛养殖专家答疑[M]. 济南：山东科学技术出版社.
宋红娟. 2011. 牛巴贝斯虫病的诊治[J]. 畜牧与兽医，43（3）：106
宋文富. 2015. 浅谈牛钱癣病的防治[J]. 山东畜牧兽医，36（8）：39
苏增华，马继红，董浩，等. 2014. 人畜共患病防控系列报道（九）野兔热[J]. 中国畜牧业（23）：40-41.
速荣宝，李红炳. 2011. 如何掌握发情奶牛最佳配种时期[J]. 云南畜牧兽医（4）：19-20.
孙刚，辛彬. 2013. 奶牛产前和产后瘫痪的防治措施[J]. 畜牧兽医科技信息（4）：58.
孙宏宇，王东. 2014. 提高母牛繁殖性能的综合措施[J]. 农民致富之友（16）：264.
孙明珠，陈贵发. 1995. 屠宰家兔的卫生检验与处理方法（1）[J]. 肉品卫生（5）：15-17.
孙涛，孔庆斌. 2011. 奶牛膘情与生产性能关系的研究进展[J]. 今日畜牧兽医：奶牛（9）：61-63.
孙耀华. 2012. 兔葡萄球菌病的防治[J]. 农村百事通（8）：30.
孙长青. 2013. 家兔对几类饲料营养物利用情况的分析. 养殖技术顾问（11）：212.
覃林茂. 2013. 标准化肉牛养殖场建设规范[J]. 当代畜牧（23）：65-67.
谭媛媛. 2016. 高档牛肉的标准和生产技术要点[J]. 现代畜牧科技（5）：25.
汤继顺，贾玉堂，李立冰，等. 2011. 肉牛养殖场适宜的粪污处理技术和经济效益分析[C]// 中国牛业发展大会.
汤永健. 2016. 野兔热的诊断及其综合防治[J]. 农业灾害研究，6（2）：21-23.
唐积超. 2015. 甘蔗梢叶的饲料化利用[J]. 养殖与饲料（4）：24-26.
陶霖. 2012. 家兔湿性皮炎的防治[J]. 农家科技（5）：33-33.
陶卫东，郑文新，高维明，等. 2007. 阿勒泰羊肥羔生产产业化技术措施及市场前景分析[J]. 新疆畜牧业（2）：7-8.
田成武. 2016. 羔羊的补饲技术[J]. 现代畜牧科技（2）：45.
田家良. 1985. 畜禽饲养管理500问[M]. 北京：人民军医出版社.
田可川. 2014. 绒毛用羊生产实用技术手册[M]. 北京：金盾出版社.
田露. 2012. 中国肉牛产业链组织模式与组织效率研究[M]. 北京：中国农业出版社.
田青，戴友权. 2016. 羊瘤胃积食的防治[J]. 中国畜牧兽医文摘，32（10）：173.
田文霞. 2012. 宋志勇. 肉牛健康养殖百问百答[M]. 北京. 中国农业出版社.
田玉祥. 2014. 导致牛呼吸困难的几种常见传染病的临床症状[J]. 养殖技术顾问（5）：187.
童碧泉. 1982. 关于我国水牛品种和类型划分问题的讨论（综述）[J]. 湖北畜牧兽医（1）：43-49.
吐尔逊哈力・木合塔尔. 2016. 羊快疫类疾病的发生与防治[J]. 当代畜牧（14）：56.
万利民. 2016. 冬季肉羊的饲养管理要点[J]. 现代畜牧科技（4）：57.
汪应梅. 2001. 养兔要喂盐[J]. 四川农业科技（2）：31.
王安奎，杨国荣，黄必志，等. 2006. 肉牛补饲糖蜜舔砖的短期育肥效果研究[J]. 中国牛业科学，32（3）：33-34.
王春华. 2016. 我国牧草饲料加工与利用的思考[J]. 广东饲料，25（9）：36-37.
王春梅. 2015. 奶牛腹泻的诊疗误区及对策措施[J]. 中国畜牧兽医文摘（2）：131-132.
王丹，薛力刚，赵权. 2014. 羊肠毒血症的诊断与防治[J]. 中国兽医杂志（11）：104.
王根林. 2004. 高效养殖奶牛专题讲座（六）——优良公牛的选择[J]. 农家致富（6）：37-38.
王贵昌. 2013. 高温季节如何预防奶牛中暑[J]. 畜牧兽医科技信息（9）：45.
王桂清. 2010. 家兔繁殖特点与配种技术[J]. 农村科学实验（11）：28.

王海超. 2015. 培育方式对羔羊生长发育和肝脏基因表达的影响[D]. 北京：中国农业科学院.
王海珍. 2015. 羊胃肠炎的防治[J]. 中国畜牧兽医文摘（8）：177.
王昊，杨双全. 2017. 羊瘤胃臌气的防治方法[J]. 云南畜牧兽医（3）：21-22.
王焕章. 2005. 羊肠衣的加工方法[J]. 肉类工业（1）：11-12.
王家富. 2000. 兔肉的营养与食疗价值[J]. 中国养兔杂志（3）：30-31.
王军. 2003. 大力发展新疆褐牛[J]. 草食家畜（2）：15.
王立克. 2014. 山羊饲养实用技术[M]. 合肥：安徽大学出版社.
王满生. 1985. 乳牛干奶法[J]. 现代农村科技（5）：27.
王倩. 2007. 畜禽养殖业固体废弃物资源化及农用可行性研究[D]. 济南：山东师范大学.
王庆泽. 2007. 母兔假孕要引起重视. 四川畜牧兽医，34（2）：34.
王淑娟，王华，宋晓晖，等. 2014. 牛病毒性腹泻/黏膜病的诊断流行病学调查及防控[J]. 中国兽医杂志，50（3）：38-40.
王松. 2007. 饲料青贮技术要点[J]. 农家参谋（6）：21.
王万平. 2014. 家兔营养中维生素的作用及在饲料中的使用[J]. 养殖技术顾问（1）：187.
王文花. 2011. 牛正常生理指标的观测[J]. 养殖技术顾问（9）：15.
王文召. 2002. 小尾寒羊的接产护羔[J]. 养殖技术顾问（11）：13.
王武强. 2008. 家兔常用饲料的营养特性及饲喂注意事项[J]. 中国养兔杂志（12）：16.
王杏龙. 2008. 奶牛健康高效养殖[M]. 北京. 金盾出版社.
王学敏. 1984. 必需氨基酸和非必需氨基酸[J]. 国际检验医学杂志（6）：30-31.
王延莉，曹鹏，刘志东. 2010. 夏季家兔饲养管理技术[J]. 现代农业科技（19）：350-350.
王洋，于静，王巍，等. 2011. 娟姗牛品种特性及适应性饲养研究[J]. 中国奶牛（11）：47-48.
王引泉，郝丽霞，石刚. 2010. 羊奶的营养与食疗特性[J]. 畜牧兽医杂志，29（1）：66-67.
王永军，康波，刘本君. 2007. 牧草半干青贮制作技术浅谈[J]. 畜牧兽医科技信息（10）：89-90.
王永忠. 1985. 长毛兔的饲养与繁育——第七讲　长毛兔的繁育（下）[J]. 江苏农业科学（10）：40-41.
王兆丹. 2010. 羊肉产品追溯系统的构建[D]. 北京：中国农业科学院.
王振学，王风云，顾国跃，等. 2000. 奶牛产后无乳或泌乳不足的综合治疗[J]. 动物科学与动物医学（2）：78-79.
王志强，陆秀玉，李德臣，等. 2011. 犊牛血尿的防治[J]. 黑龙江畜牧兽医（6）：90-91.
王志振. 2004. 购买食品温馨提醒——选购食品学几招[J]. 健康博览（3）：28-30.
王治方，冯亚杰，冯长松，等. 2015. 规模化牛场高效生态模式探讨[J]. 上海畜牧兽医通讯（6）：64-65.
韦丽敏. 2011. 家兔霉变饲料的危害和防控[J]. 中国养兔杂志（11）：18-19.
围场农牧局. 2017. 奶牛的膘情控制[J]. 养殖与饲料（6）：123.
位曼，刘杰涛，魏展. 2013. 家兔常用给药方法与操作[J]. 猪业观察（6）：63-65.
魏本胜. 2017. 正确给家兔免疫接种的技术要点[J]. 农村实用技术（1）：41-42.
魏红芳，赵金艳. 2010. 羊超数排卵的方法及影响其效果的因素[J]. 黑龙江畜牧兽医（1）：53-54.
魏焕辉. 2016. 兔痘的诊断方法及防控措施[J]. 兽医导刊（22）：148-148.
魏景钰，胡大君，隔日勒图雅. 2013. 昭乌达肉羊新品种简介[J]. 中国畜牧兽医文摘（8）：39-40.
魏宽翠. 2013. 奶牛体内胚胎采集与胚胎移植的技术研究[D]. 邯郸：河北工程大学.
魏秀莲，邓程君，孟庆翔. 2012. 肉牛生产全程质量安全追溯体系国内外研究进展[J]. 饲料研究（9）：16-17.
吴春滨. 2016. 家兔螨病的防治[J]. 中国畜禽种业，12（1）：113.
吴宏军，管延江，刘春晓，等. 2007. 三河牛品种形成及改良进展[J]. 中国畜禽种业（11）：42-43.
吴久鹏，赵峰，张楠. 2009. 羊场的建设与管理[J]. 养殖技术顾问（7）：18.
吴长庆，于洪春，张国良. 2000. 中国草原红牛品种资源现状及展望[J]. 中国牛业科学，26（6）：44-46.
武深秋. 2005. 奶牛产后常发病的预防[J]. 兽医导刊（5）：36.
夏道伦. 2013. 羔羊白肌病的预防与治疗[J]. 农家顾问（5）：44-45.
向道远. 2010. 投资养兔场应注意的问题[J]. 农家参谋（6）：21.
向凌云. 2005. 影响长毛兔产毛量的因素及提高产毛量的技术措施[J]. 特种经济动植物，8（12）：4-5.
谢大福. 1981. 母兔为什么咬吃兔崽[J]. 新农业（9）：21.
谢鸿魁. 1983. 家兔母、仔分离饲养[J]. 当代畜牧（3）：33-34.
谢淑芳. 2015. 架子牛快速育肥技术[J]. 畜牧兽医科技信息（4）：47-48.
谢永胜. 2014. 黄牛常见病防治方法[J]. 吉林农业（11）：55.
辛洪起. 1984. 毛皮用兔的经济价值和社会效益[J]. 经济动物学报（4）：1-3.

邢英新，王守星，付太银. 2004. 肉牛科学养殖技术问答[M]. 北京：中国农业大学出版社.
兴牧. 1988. 何时屠宰肉兔最合算？[J]. 现代农业（11）：19.
幸奠权. 2005. 高效益养兔的环境控制[J]. 新农村（10）：18.
熊朝瑞. 2011. 新版养羊问答[M]. 成都：四川科学技术出版社.
徐立德. 1983. 家兔的营养与日粮[J]. 草食家畜（1）：22-25.
徐琴，徐云飞. 2011. 安哥拉毛用兔品种介绍[J]. 养殖技术顾问（5）：73.
许建军，洪岩. 2011. 兔尸体剖检程序及其在兔病诊断上的应用[J]. 畜牧兽医杂志，30（3）：102-104.
许尚忠，高雪. 2013. 中国黄牛学[M]. 北京：中国农业出版社.
许希斌. 2012. 母牛繁殖力的影响因素及提高措施[J]. 养殖技术顾问（8）：54.
薛帮群，李双军. 2011. 家兔与野兔，区别何在？[J]. 河南畜牧兽医：市场版，32（2）：17.
薛剑. 2015. 家兔常用的给药方法[J]. 兽医导刊（11）：54-55.
晏翔宇. 2007. 兔密螺旋体病的防治[J]. 中国养兔杂志（5）：34.
杨宝玉，王勇. 2015. 羊肝片吸虫病的防治[J]. 湖北畜牧兽医（1）：22-23.
杨彩林. 2012. 浅析紫花苜蓿的栽培技术要点[J]. 中国畜牧兽医文摘（6）：184.
杨静. 2016. 德系安哥拉兔品种特征、性能及推广利用[J]. 特种经济动植物，19（12）：2-3.
杨静. 2016. 力克斯兔的特征特性与品种评价[J]. 特种经济动植物（5）：2-4.
杨静. 2016. 青紫蓝兔的特征特性及推广利用[J]. 特种经济动植物，19（1）：3-4.
杨静. 2016. 塞北兔的特征特性及品种评价[J]. 特种经济动植物，19（10）：2-3.
杨静. 2016. 云南花兔品种特征特性及保护利用[J]. 特种经济动植物，19（7）：2-3.
杨静. 2016. 中系安哥拉兔特征特性及推广利用[J]. 特种经济动植物，19（8）：2-3.
杨静. 2017. 法系安哥拉兔品种特征特性及推广利用情况[J]. 特种经济动植物，20（2）：2-3.
杨凌，桑润滋，张会文. 2004. 羊精液冷冻保存技术研究进展[J]. 中国草食动物科学，24（1）：49-51.
杨梅. 2017. 疫苗运输、保存与使用过程中应注意的事项[J]. 甘肃畜牧兽医，47（1）：100.
杨明爽. 1998. 母兔乏情症的治疗[J]. 新农村（10）：18.
杨绍义. 2015. 浅谈羊快疫病的诊断和防治措施[J]. 中国畜禽种业，11（4）：86.
杨树侠. 2017. 兔场卫生防疫措施探讨[J]. 中国畜禽种业（5）：89-90.
杨文广，徐文玉，尚红梅，等. 2014. 春季家兔的饲养管理[J]. 养殖技术顾问（8）：73.
杨幸丽，张爱昌，肖万魁，等. 2016. 舍饲养羊中新生羔羊与母羊的产后护理技术[J]. 现代农村科技（3）：45.
杨艳武. 2014. 奶牛早期妊娠诊断的7种方法[J]. 甘肃农业科技（5）：63-64.
杨艳鲜，纪中华，沙毓沧. 2009. 云南热区山羊生态圈养技术[M]. 昆明：云南科学技术出版社.
杨永军. 2013. 多花黑麦草种植技术[J]. 致富天地（10）：54.
杨永新，王加启，卜登攀，等. 2013. 牛奶重要营养品质特征的研究进展[J]. 食品科学，34（1）：328-332.
杨宗禄，梁正文，陶林，等. 2014. 贵州白水牛品种资源介绍与开发利用[J]. 中国畜牧业，199（17）：33-35.
叶楠楠. 2017. 羊东毕吸虫病的检疫、诊断及防治措施[J]. 现代畜牧科技（8）：158.
佚名. 1993. 墨西哥饲用玉米种植技术[J]. 当代水产（4）：26.
佚名. 1996. 关中奶山羊[J]. 现代农业科学（6）：12.
佚名. 2008. 崂山奶山羊[J]. 中国畜禽种业，4（11）：23.
佚名. 2010. 皮埃蒙特牛[J]. 乡村科技（10）：8.
佚名. 2016. 如何防控黑山羊的隐性流产[J]. 养殖与饲料（3）：25.
易宗容，冯堂超. 2013. 比利时兔与新西兰兔、加利福利亚兔、齐卡兔的杂交效果研究[J]. 黑龙江畜牧兽医（13）：137-139.
尹柏双，付连军，沙万里，等. 2013. 我国奶牛乳房炎治疗技术研究进展[J]. 畜牧与兽医，45（11）：101-103.
于凤晶. 2010. 浅谈如何提高犊牛成活率[J]. 现代畜牧兽医（6）：20-21.
于永华. 2012. 羔羊育肥技术要点[J]. 中国畜禽种业，8（4）：87.
于振洋，王凤英. 2004. 肉牛舍饲技术问答[M]. 北京. 中国农业大学出版社.
于振洋，谭雪丽. 1999. 给乏情母兔催情的十种有效方法[J]. 畜禽业（8）：64.
余宝江，王群英. 2011. 奶牛群发性口蹄疫疫苗过敏反应的救治[J]. 中国兽医杂志，47（7）：83.
余德谦. 1996. 羊血的高价值利用[J]. 中国养羊（2）：24.
俞宁宁. 2013. 獭兔养殖管理技术[J]. 福建畜牧兽医，35（1）：52-53.
俞天东. 2016. 无公害肉羊的生产管理[J]. 中国畜牧兽医文摘，32（3）：90.
袁传溪，王继英，张九涛. 2004. 肉羊生产技术问答[M]. 北京：中国农业大学出版社.

袁克炳. 2014. 提高獭兔养殖经济效益的措施[J]. 中国畜牧兽医文摘（9）：41.
袁锡寿. 2004. 商品獭兔饲养管理要点[J]. 农村实用科技信息（8）：34.
岳文斌，常红，贾兆玺，等. 2001，小尾寒羊的品种特性及利用途径[J]. 山西农业大学学报（自然科学版），21（3）：209-211.
岳文斌，杨文平. 2011. 肉羊健康养殖百问百答[M]. 北京：中国农业出版社.
翟冰. 2016. 公羊兔的饲养管理技术[J]. 现代畜牧科技（3）：15.
张爱华. 2004. 福建黄兔及其饲养管理要点[J]. 中国养兔杂志（6）：3.
张宝庆. 2000. 如何防治家兔球虫病[J]. 河北畜牧兽医（8）：32.
张冰斌. 2013. 兔大肠杆菌病的防治措施[J]. 上海畜牧兽医通讯（5）：104.
张德祥，郑德胜. 2015. 兔的生物学习性与四季管理要点[J]. 养殖与饲料（12）：30-32.
张果平. 2013. 肉羊养殖专家答疑[M]. 济南：山东科学技术出版社.
张洪涛，李胜利. 2007. 犊牛的初乳饲喂和管理指南[J]. 乳业科学与技术，30（2）：98-100.
张纪强. 2017. 肉犊牛的生理特点及其成活率提高措施[J]. 现代畜牧科技（5）：35.
张建国等，2006. 无芒雀麦的种植和利用[J]. 养殖技术顾问（5）：19.
张建军. 2012. 母兔和青年兔的饲养管理[J]. 养殖技术顾问（9）：225.
张磊，林敏，赵超. 2007. 全混合日粮（TMR）在奶牛生产中的应用[J]. 饲料博览（4）：39-40.
张礼. 2016. 白三叶的栽培技术及应用价值[J]. 农家科技旬刊（11）：120.
张明新，王春昕，李青春，等. 2006. 吉林省新吉细毛羊的育成、品种特性与利用[J]. 中国畜禽种业，2（1）：34-35.
张奇峰. 2014. 新时期肉羊业的发展道路[J]. 农业技术与装备（7）：66-67.
张荣彬. 2015. 牛口蹄疫的流行特点及防治措施[J]. 中国畜牧兽医文摘（7）：96-97.
张儒华. 2016. 综合防治羊传染性胸膜肺炎的建议[J]. 中国畜牧兽医文摘，32（8）：105.
张少东，孙胜元，邱新文. 2013. 提高断奶仔兔成活率的的饲养管理措施[J]. 中国养兔杂志（5）：47-48.
张申贵. 2006. 我国肉牛产业化发展现状及需要解决的问题[J]. 中国草食动物科学（3）：41-44.
张文. 2014. 肉羊四季放牧管理要点及注意事项[J]. 河南畜牧兽医：综合版，35（7）：41.
张乡. 2011. 提高母兔受孕率的方法[J]. 农家之友（1）：19.
张翔兵. 2014. 兔多杀性巴氏杆菌病的防治[J]. 兽医导刊（11）：75-76.
张翔宇，张翠霞，杨超，等. 2012. 肉兔生产中的杂种优势[J]. 中国养兔杂志（4）：32-34.
张晓政. 2015. 浅析新生羔羊痢疾的综合防治措施[J]. 中兽医学杂志（9）：50.
张心如. 2004. 兔的水营养生理与养兔科学供水[J]. 中国养兔（2）：31-33.
张新开. 2009. 奶牛骨软症的辨证施治[J]. 农业技术与装备（15）：28.
张秀明. 2017. 奶牛骨软症的发病原因、临床特征及中西药疗法[J]. 现代畜牧科技（4）：145.
张杨，闫向民，周振勇，等. 2014. 超声波测定技术在肉牛育种及宰前评定中的应用[J]. 安徽农业科学（23）：7 764-7 768.
张银生，王喆. 2015. 种公羊的饲养管理技术[J]. 山东畜牧兽医（10）：77.
张银生. 2016. 干清粪工艺技术要点[J]. 山东畜牧兽医，37（7）：86.
张英杰. 2014. 生态养羊一月通[M]. 北京：中国农业大学出版社.
张玉杰，王滢. 2008. 母兔催情的有效方法[J]. 中国畜禽种业（1）：31.
张占龙. 2010. 规模化饲羊场生物安全体系研究[J]. 畜牧兽医科技信息（6）：42-43.
张振华，翟频，沈幼章，等. 1997. 兔肉腥味来源的初步分析[J]. 中国养兔杂志（5）：3-4.
张正龙. 2013. 畜禽临床用药注意事项[J]. 中国畜牧兽医文摘（8）：187.
张宗军，郝飞. 2015. 规模化舍饲肉羊场的生物安全体系[J]. 中国畜牧业（1）：74-75.
赵爱民. 2016. 肉兔饲养管理技术要点[J]. 中国畜牧兽医文摘，32（3）：106-106.
赵春平，昝林森. 2016. 肉牛去势技术研究进展[J]. 家畜生态学报，37（2）：86-89.
赵洪丽. 2013. 牛口蹄疫的诊断方法和防治措施[J]. 当代畜禽养殖业（12）：20-21.
赵华，李姣. 2017. 夯实遗传改良工作基础推动肉牛产业稳步发展——2017年全国肉牛生产性能测定技术培训班在杨凌举办[J]. 中国畜牧业（10）：12-13.
赵辉. 2010. 解决母兔产后缺乳或无乳的有效措施. 北方牧业（4）：22.
赵辉玲，李立冰，朱秀柏，等. 1995. 皖Ⅲ系长毛兔系统选育中繁殖性能和生长发育特性的研究[J]. 安徽农业科学（4）：352-354.
赵集中. 2014. 青贮苜蓿的必然性和苜蓿青贮的制作过程[J]. 农民致富之友（23）：57.

赵连友，阎长海. 1982. 国内外主要奶用山羊品种（群）及生产性能[J]. 养殖技术顾问（3）：46–48.
赵世铎，韩俊彦. 1985. 养牛问答[M]. 沈阳：辽宁科学技术出版社.
赵有璋，王玉琴. 2005. 现代中国养羊[M]. 北京：金盾出版社.
赵有璋. 2011. 羊生产学. 第3版[M]. 北京：中国农业出版社.
赵玉侠. 2013. 综合预防母兔乳房炎[J]. 当代畜禽养殖业（5）：21–23.
郑灿龙. 2003. 羊肉的营养价值及其品质的影响因素[J]. 肉类研究（1）：47–48.
郑军. 1988. 家兔的蛋白质营养[J]. 畜牧兽医杂志（4）：36–39.
郑丕留. 1989. 中国家禽品种志[M]. 上海：上海科学技术出版社.
郑巍. 2012. 繁殖母兔常见疾病的防治[J]. 养殖技术顾问（2）：152.
郑旭，郭洪军，李香珍. 2003. 肉牛场的粪尿及污水处理措施[J]. 现代畜牧兽医（6）：9–10.
郅永伟. 2011. 家兔皮肤真菌病的防治实践与体会[J]. 中国养兔杂志（6）：12–14.
中国畜牧总站体系建设与推广处. 2014. 肉牛养殖关键技术问答[J]. 中国畜牧业（21）：46–49.
中国烹饪协会名厨专业委员会. 2013. 100位中国烹饪大师作品集锦. 牛羊兔菜典[M]. 青岛. 青岛出版社.
周金利. 2016. 家养家兔备好饲料好过冬[J]. 中国养兔杂志（2）：48.
周强. 2017. 羊血吸虫病的防治[J]. 今日畜牧兽医（1）：61.
周庆民，王观悦，孙宏远，等. 1997. 添饲沸石粉对畜舍氨含量影响的实验[J]. 黑龙江畜牧兽医（9）：21–22.
周盛源. 2009. 兔产气荚膜杆菌病的诊治[J]. 广西畜牧兽医，25（1）：42–43.
周占琴，等. 2012. 农区科学养羊技术问答[M]. 北京：金盾出版社.
朱桂兰. 2016. 提高母牛繁殖力的综合措施[J]. 云南农业（4）：35–37.
朱坤，耿广多. 2011. 牛尿石症的防治[J]. 畜牧与饲料科学（8）：103–104.
朱立伟. 2015. 农区肉牛秸秆饲喂技术[J]. 现代畜牧科技（4）：45.
朱文秀，贾洪洋，胡成栋. 2016. 家兔弓形虫病的诊治[J]. 当代畜禽养殖业（5）：29.
朱小甫，吴旭锦，吴辉. 2009. 兔支气管败血波氏杆菌病的调查与诊治[J]. 畜牧兽医杂志，28（3）：104–105.
朱友军. 2015. 牦牛巴氏杆菌病的诊断与治疗分析[J]. 科学种养（7）：56–57.